Convergenze

a cura di
G. Anzellotti, L. Giacardi, B. Lazzari

Lorenza Resta
Sandra Gaudenzi
Stefano Alberghi

Matebilandia

Laboratorio di matematica e modellizzazione in un parco divertimenti

Springer

Lorenza Resta
Sandra Gaudenzi
Stefano Alberghi

Liceo E. Torricelli, Faenza

Contenuti integrativi al presente volume possono essere consultati su http://extras.springer.com, password 978-88-470-2311-6

ISBN 978-88-470-2311-6 e-ISBN 978-88-470-2312-3
DOI 10.10077978-88-470-2312-3

Additional material to this book can be downloaded from http://extras.springer.com.

Questo libro è stampato su carta FSC amica delle foreste. Il logo FSC identifica prodotti che contengono carta proveniente da foreste gestite secondo i rigorosi standard ambientali, economici e sociali definiti dal Forest Stewardship Council

Layout copertina: Valentina Greco, Milano
Progetto grafico e impaginazione: Valentina Greco, Milano
Stampa: GECA Industrie Grafiche, Cesano Boscone (MI)

Springer-Verlag Italia S.r.l., Via Decembrio 28, I-20137 Milano
Springer fa parte di Springer Science+Business Media (www.springer.com)

Prefazione

Ho incontrato gli autori di questo volume per la prima volta nel 2008, all'inizio di settembre, in occasione di un convegno organizzato a Mirabilandia per presentare i risultati del loro progetto sulla modellizzazione matematica di alcune attrazioni del parco di divertimenti. Mi sono subito resa conto dell'originalità per la matematica del loro lavoro, ispirato a un'esperienza consolidata (il laboratorio senza pareti per la fisica, organizzato da Giovanni Pezzi a Mirabilandia da molti anni). L'originalità si univa all'entusiasmo e al rigore: l'entusiasmo, capace di coinvolgere studenti e colleghi in un'avventura matematica; il rigore, necessario nelle ricerche didattiche, per non perdere di vista l'obiettivo, cioè la costruzione di significati matematici.

Così sono nate un'amicizia e una collaborazione. L'amicizia crea confidenza e supporto anche nei momenti dif fdili, ma è un dato personale che resterà fuori da questa premessa. La collaborazione si è sviluppata in modo pieno come può svilupparsi tra persone che, anche s edi generazioni diverse e con compiti istituzionali diversi, hanno a cuore l'insegnamento della matematica nella scuola. L'azione comune diventa così molto di più della somma delle azioni dei singoli, perché attraverso la collaborazione nascono idee nuove, progetti, sogni.

Così Lorenza, Sandra e Stefano, sostenuti da Giovanni Pezzi, hanno affrontato sfide importanti: la partecipazione sempre più frequente a convegni nazionali, dove ormai sono conosciuti e apprezzati; l'organizzazione di una mostra di successo (la "Bottega Matematica") e di un concorso nazionale; la partecipazione e la vittoria al concorso "Centoscuole"; la partecipazione come formatori al progetto regionale Scienze e Tecnologie per l'Emilia Romagna e la costruzione di un gruppo stabile di formazione nella provincia di Ravenna e oltre.

Questo libro documenta il loro lavoro con serietà e rigore. In questi anni hanno rivisto il loro progetto alla luce delle indicazioni ricevute dai revisori dell'Unione Matematica Italiana e della letteratura internazionale, sviluppata dal gruppo internazionale ICTMA (The International Study Group for Mathematical Modelling and Application: http://www.ictma.net/), affiliato dal 2003 all'ICMI (International Commission on Mathematical Instruction). Nella letteratura internazionale di questo ambito non ho trovato, fino ad ora, progetti simili a questo. Mi auguro che questa proposta elaborata da insegnanti per altri insegnanti abbia tutta la fortuna che si merita.

Maria Grazia Bartolini Bussi
ICMI- International Commission on Mathematics Education

Indice

Introduzione

L'ambiente laboratorio di matematica è in qualche modo assimilabile a quello della bottega rinascimentale nella quale gli apprendisti imparavano facendo e vedendo fare, comunicando fra loro e con gli esperti.
Matematica 2003 "La matematica del cittadino"

Imparare divertendosi è il miglior modo di imparare ☺!
Commento di uno studente

Qual è la forma di un "giro della morte" in un ottovolante? Che traiettoria descrive il passeggero di una vorticosa giostra? Quando si guarda una ruota panoramica, si vede davvero una circonferenza?

Queste sono alcune domande cui si è cercato di dare risposta nel progetto *Matebilandia*. Il nome nasce dall'unione delle parole *Matematica* e *Mirabilandia*, il parco di divertimenti vicino a Ravenna, e riguarda un progetto didattico elaborato, a partire dal settembre 2007, da un gruppo di docenti di scuola secondaria di secondo grado, Giovanni Pezzi, Lorenza Resta, Sandra Gaudenzi, Stefano Alberghi, Lucia Paglialonga e Alessandro Foschi, molti dei quali del Liceo "E. Torricelli" di Faenza. Il gruppo si è creato per affinità d'interessi verso la fisica, la matematica e l'uso didattico delle nuove tecnologie, per una forte motivazione nel condividere la passione per queste materie con i propri studenti, per un desiderio di esplorare la realtà con "occhi matematici", e per l'intenzione di utilizzare le risorse del territorio locale.

L'idea di sfruttare un parco di divertimenti per attività didattiche era già stata utilizzata nel panorama internazionale, soprattutto in esperienze che hanno riguardato la Fisica: il parco diventava un ambiente speciale, in cui svolgere esperimenti non ripetibili in un laboratorio scolastico.

Anche in Italia, su proposta del professor Giovanni Pezzi, già nel 2001 si erano sviluppati progetti didattici nel parco di Mirabilandia, relativamente alla Fisica: si trattava di percorsi strutturati relativi a varie attrazioni del parco, quali ottovolanti, torri di caduta, ruota panoramica, giostre di rotazione. Il particolare contesto, la concretezza delle attività, l'aggancio alle sensazioni vissute, la leva posta sulla curiosità, erano punti essenziali nella conduzione di tali percorsi. Alle esperienze di Fisica sono seguite quelle relative alle Scienze Naturali, e infine, nel 2008, alla Matematica.

L'equipe d'insegnanti si è interrogata sulla possibilità di svolgere un'attività in quest'ambito, su quali contenuti trattare e quali strumenti impiegare. Dopo vari sopralluoghi, la scelta si è indirizzata sul tema delle curve matematiche, di cui il parco, con le sue tante attrazioni, si è mostrato essere una vera e propria "miniera": l'ottovolante *Katun*, la ruota panoramica *Eurowheel*, e la giostra di rotazione *Colazione da Papere* sono le attrazioni selezionate per la costruzione dei percorsi didattici.

In queste attività si modifica il "quando", il "come" e il "dove" fare matematica, passando da attività in aula a proposte specifiche di modellizzazione, all'interno di un parco di divertimenti e inserite nel contesto di un'uscita didattica. Il progetto *Matebilandia* offre importanti aspetti innovativi: affronta un tema interessante con una metodologia peculiare e percorre le tappe caratteristiche del processo di modellizzazione attraverso l'impiego di *macchine matematiche* direttamente sul posto.

Uno degli scopi principali del progetto è mostrare come la matematica sia anche uno strumento importante di esplorazione del mondo che ci circonda. Si è cercato di favorire una visione della disciplina in cui fossero presenti aspetti teorico-concettuali, storico-filosofici, pratico-applicativi, ludico-ricreativi. La proposta di stimoli verso nuovi argomenti è stata guidata dal desiderio di favorire l'avvicinamento alla cultura scientifica e di far sperimentare il gusto della ricerca di soluzioni autonome a contesti problematici reali. Un'altra finalità del progetto è avvicinare gli studenti a una metodologia di lavoro caratteristica dei processi di modellizzazione e applicazione, permettendo di sperimentarla in prima persona e magari farla propria per impiegarla anche in altri contesti. I percorsi didattici di Matebilandia si sono quindi articolati in una sequenza di fasi caratteristiche: l'osservazione, la formulazione di congetture sul modello matematico descrittivo, il lavoro con il modello matematico, la ricostruzione del grafico con macchine matematiche e/o strumenti informatici, la verifica della bontà delle proprie congetture. Per la realizzazione di questi *step* caratteristici, sono risultati fondamentali la metodologia (lavoro a gruppi, discussione collettiva con la guida) e l'impiego di strumenti anche molto diversi fra loro, alcuni molto semplici, realizzabili con materiali di recupero, altri più complessi e strutturati, concepiti espressamente per il progetto. La sperimentazione ha coinvolto, in due anni, circa 300 studenti di scuola secondaria di secondo grado, per poi diventare, dalla primavera del 2009, parte dell'offerta permanente del parco alle scuole, riscuotendo un ottimo afflusso di presenze annue dalle varie parti d'Italia: alcune migliaia di studenti sia nel 2009 sia nel 2010.

A seguito della presentazione al pubblico del progetto, si è avviata anche una collaborazione con la Prof.ssa M.G. Bartolini Bussi e con il gruppo di ricerca dell'Università di Modena, volta alla diffusione della conoscenza e all'utilizzo delle macchine matematiche nella didattica, da cui sono scaturite iniziative quali una mostra, "La Bottega Matematica", e l'apertura di un laboratorio di Macchine Matematiche a Faenza.

Un risultato importante ottenuto dal progetto Matebilandia è stato la vittoria al concorso nazionale *Centoscuole* (IX Edizione 2008), indetto dalla Fondazione per la Scuola della Compagnia di San Paolo, Torino, in cui sono stati premiati otto progetti, scelti per novità ed eccellenza.

È cresciuta, man mano, l'idea di un libro che presentasse le linee essenziali degli studi condotti, oltre a raccogliere i numerosi materiali prodotti (per le attività al parco e a scuola), le osservazioni e i risultati emersi. Si è pensato, inoltre, che potesse anche favorire la diffusione dell'iniziativa, fornire idee e proposte per la didattica, e offrire alcuni riferimenti sullo stato dell'arte della ricerca e della pratica della modellizzazione nell'insegnamento della matematica.

La struttura del libro è articolata come segue.

Nel capitolo 1 si affronta il tema della Modellizzazione e Applicazioni (M&A) collocandolo in un contesto internazionale e nazionale, cercando di evidenziarne i temi nodali dal punto di vista teorico e l'inserimento nei *curricula* scolastici di alcuni paesi europei. Sono riportate riflessioni e risultati emersi dalle recenti indagini OCSE PISA relativamente alla M&A, per poi concentrarsi sul panorama nazionale, sottolineando la presenza di questo tema nei successivi *curricula* scolastici italiani. Ampio spazio viene dato a quelli elaborati dall'UMI-CIIM, in cui si evidenzia la funzione strumentale e culturale della matematica insieme all'importanza di un utilizzo consapevole del laboratorio di matematica con l'impiego di strumenti, tecnologici e non, quali, ad esempio, software di geometria dinamica e di manipolazione simbolica, fogli elettronici, calcolatrici grafiche, materiali "poveri", macchine matematiche, similmente a quanto svolto in questo progetto. Parallelamente sono presentati contributi italiani di M&A nell'insegnamento della matematica, ricerche didattiche universitarie sul tema e link utili per reperire materiale in rete.

Nel capitolo 2, dopo una descrizione generale dei parchi di divertimento come ambienti di apprendimento, si presentano l'origine e le caratteristiche principali del progetto "Un'Aula senza pareti" a Mirabilandia e in particolare del progetto *Matebilandia*, delineando le motivazioni che hanno orientato la scelta del tema delle curve geometriche e dell'impiego delle macchine matematiche.

Il nucleo centrale del progetto è contenuto nei tre capitoli successivi, nei quali si analizza la matematica sviluppata in tre attrazioni del parco: *Katun* (cap. 3), *Eurowheel* (cap. 4), e *Colazione da Papere* (cap. 5). I tre capitoli hanno una struttura simile: dapprima si esaminano gli aspetti matematici relativi alle attrazioni, cioè la loro modellizzazione matematica, poi s'illustrano i percorsi didattici con le varie attività svolte, e infine si descrivono le macchine matematiche utilizzate, alcune delle quali ideate e realizzate appositamente per questi percorsi, spiegandone il funzionamento e fornendone la dimostrazione.

In particolare, nel capitolo 3, relativo al Katun, si analizza la modellizzazione dei profili della rampa di risalita e della prima discesa, poi si affronta lo studio di uno degli elementi più emozionanti del tracciato, il giro della morte, e la sua modellizzazione attraverso la clotoide. Il percorso didattico è descritto nella seconda parte del capitolo, dove lo studio teorico viene declinato in modo comprensibile a studenti di scuola secondaria di secondo grado. Lo studio dei tratti esaminati è suddiviso in moduli, che coinvolgono strumentazione e procedimenti diversi legati alla curve affrontate: retta, parabola, circonferenza e clotoide. Infine, sono descritte le macchine matematiche impiegate per tracciare e indagare le curve: il parabolografo a filo teso, l'inversore di Peaucellier e il *clotoidografo*.

Nel capitolo 4, per agevolare la comprensione delle attività svolte alla Ruota panoramica Eurowheel, trova spazio un inquadramento storico delle coniche (Menecmo, Apollonio, Cavalieri), che vengono poi affrontate come ombre prodotte da una circonferenza; si descrive in seguito l'opera di Dandelin che permette una sintesi tra la genesi spaziale delle coniche e la loro trattazione piana. Nel percorso didattico, lo studio delle coniche si sviluppa attorno al tema dell'osservazione prospettica della Ruota e della modellizzazione matematica della sua sagoma. Si estende poi l'analisi alle possibili ombre prodotte dalla Ruota, quando illuminata da una sorgente luminosa mobile. Nel percorso è presente infine un'attività di *problem solving*. A conclusione, sono descritte le macchine matematiche utilizzate: il prospettografo, l'ellissografo del giardiniere, l'ellissografo a croce, il modello a fili per la visione della Ruota, il modello per le ombre della Ruota.

Nel capitolo 5, il moto della giostra Colazione da Papere è modellizzato in termini di deferente ed epiciclo e si ricercano dunque le equazioni parametriche della traiettoria di una persona che si trova a bordo. Grazie a tali equazioni, si dimostra l'assimilazione della traiettoria con quella descritta da un punto di un disco che ruota internamente/esternamente a un secondo disco; si prova, quindi, l'equivalenza dei due diversi modelli interpretativi (deferente-epiciclo e rotolamento).

Nel percorso didattico, sono proposti modelli sempre più elaborati della giostra: uno "vivente", formato dagli studenti, e uno meccanico, il *paperografo*.

L'analisi della traiettoria prosegue con l'utilizzo del palmare TI-Nspire, per far comprendere meglio l'influenza dei parametri significativi su tali traiettorie. Infine, si presenta un gioco didattico, lo *spirografo*, che mostra, agli studenti, come le curve esaminate possano essere tracciate anche attraverso il rotolamento di una circonferenza all'interno/esterno di un'altra circonferenza. Il paperografo e lo spirografo sono descritti in dettaglio al termine del capitolo.

Per dare approfondimento e continuità ai percorsi svolti nel parco, si è pensato di collegarli con la programmazione didattica curricolare, predisponendo materiali e unità didattiche raccolti nel capitolo 6. Al laboratorio di matematica all'aria aperta, si affianca, quindi, un laboratorio di matematica condotto a scuola; in questo capitolo, l'insegnante potrà trovare stimoli e proposte di lavoro che si spera possano risultare utili o interessanti per l'attività didattica quotidiana.

Infine, si presentano (capitolo 7) i risultati della sperimentazione del progetto nelle scuole e l'impatto dell'attività di modellizzazione su docenti, allievi e sulla rispettiva visione della disciplina, interrogandosi sugli elementi fondamentali del cammino intrapreso.

Ringraziamenti

Gli autori desiderano ringraziare: il prof. Giovanni Pezzi per averli spinti a sviluppare i percorsi di Matematica nel parco di Mirabilandia, per l'infinita pazienza con cui ha seguito ogni passo dell'evoluzione del progetto e per il continuo supporto fornito nella preparazione dei vari materiali e nella elaborazione del testo; il Parco di Mirabilandia e la responsabile dei percorsi didattici, Barbara Malano, per aver accolto e sostenuto il progetto nella sua sperimentazione e nella diffusione alle scuole di tutto il territorio nazionale; la prof.ssa Maria Grazia Bartolini Bussi, per il sostegno e il continuo aiuto offerto al gruppo per la diffusione del progetto, per lo stimolo all'approfondimento dello stesso, per i consigli nella realizzazione di questo testo; il compianto prof. Giorgio Tomaso Bagni, per l'appoggio e i consigli forniti; il prof. Luigi Tomasi, per la realizzazione di alcune delle figure/animazioni che accompagnano il testo; il prof. Alessandro Foschi, per la realizzazione del materiale multimediale collegato al testo; la prof.ssa Lucia Paglialonga, per l'aiuto alla realizzazione del progetto e del testo; Nabore Resta e Paolo Zanotti, per la costruzione delle macchine matematiche utilizzate nei percorsi didattici; Andrea Bosi, per la realizzazione di alcuni elementi di grafica; il prof. Bruno Conti, per la revisione del testo e i preziosi suggerimenti; il prof. Sebastiano Cappuccio, per la paziente lettura e correzione del testo;

Sandra Gaudenzi, Stefano Alberghi, Maria Grazia Bartolini Bussi, Lorenza Resta, Giovanni Pezzi la prof.ssa Maria Gabriella Argnani, per la lettura del testo; la prof.ssa. Carla Zanoli, per la grande disponibilità e consigli tecnici; le prof.sse Angela Drei e Monica Pratesi, per l'aiuto e la disponibilità; la prof.ssa Laura Giovannoni, per i consigli, i suggerimenti e i materiali forniti; il Liceo "E. Torricelli" di Faenza e il Dirigente prof. Luigi Neri, che hanno supportato la sperimentazione del progetto Matebilandia; la Fondazione per la scuola, Compagnia di San Paolo di Torino, per aver favorito la diffusione del progetto Matebilandia; i professori Livia Giacardi, Giuseppe Anichini, Giorgio Bolondi, Ferdinando Arzarello, Ornella Robutti, per la grande pazienza, la disponibilità e le puntuali osservazioni; i revisori anonimi della commissione UMI-CIIM per le correzioni e i preziosi suggerimenti volti a migliorare la stesura del libro; Marina Forlizzi e Pierpaolo Riva della Springer per la disponibilità e cortesia; le ditte Bolliger & Mabillard e Zamperla, per aver fornito le mappe costruttive delle attrazioni a fini di studio; David P. Little della Penn State University, che ha permesso di utilizzare le immagini create con il suo software SpiroGraph; Doug Harrington, per aver concesso la pubblicazione di una sua immagine frattale, legata alle spirali trattate nel modulo Katun. Infine ringraziano i loro familiari: Paolo, Giulia, Gabriele, Rina, Andrea, Carlo, Anna, Irene, Elena, Lara, Samuele per l'infinita pazienza manifestata nel lungo tempo che ha richiesto la stesura di questo testo.

Capitolo 1
Modellizzazione e Applicazioni nell'insegnamento della matematica

1.1 Breve rassegna della letteratura internazionale su "Modelling & Applications"

1.1.1 Introduzione: parco di divertimenti e modellizzazione matematica

L'idea di svolgere lezioni di Matematica in un parco di divertimenti può sembrare, a una prima impressione, quantomeno singolare, se non difficilmente realizzabile. Spesso il cittadino, e così pure lo studente, associa alla parola "matematica" qualcosa che ha a che fare con regole, formule, numeri, se non addirittura, nella peggiore delle ipotesi, con insuccessi o difficoltà scolastiche. Difficilmente si pensa alle possibili connessioni tra un ottovolante, una giostra, una ruota panoramica e le usuali formule imparate negli anni della scuola: rispolverando un'immagine di matematica fatta di calcoli, equazioni e numeri, si potrebbe forse ipotizzare che fare matematica in un parco di divertimenti significhi *contare* i giri della giostra, oppure *trovare l'equazione* del "Katun"[1]. Oppure calcolare il tempo di lancio da una torre... In verità c'è molto di più.

Il piano della matematica e quello della realtà spesso sono percepiti come due ambiti diversi, separati, avvicinabili solo tramite forzature richieste dai professori di matematica.

Inoltre ne la cultura personale del cittadino non sempre vi è una concezione di ampio respiro del termine "matematica", che comprenda oltre alla visione "tradizionalmente" scolastica, anche gli aspetti di applicazione e modellizzazione propri di matematici, fisici, ingegneri, architetti, ecc, o gli aspetti storico-filosofici, o quelli ludici e ricreativi. Allargando l'orizzonte si può scoprire la matematica nei fenomeni naturali o sociali, negli artefatti umani o nelle tecnologie che quotidianamente si utilizzano.

Per esempio, in un parco di divertimenti un'attività prettamente matematica potrebbe essere quella di descrivere in termini geometrici il moto complesso di una navetta di una giostra, oppure di riprodurre e analizzare i tratti de lpercorso di un ottovolante, scoprendo che devono avere forme ben precise per produrre determinati effetti fisici, o ancora di analizzare le simmetrie presenti nelle attrazioni del parco studiandone le proprietà e le possibili applicazioni. Alcuni di questi esempi appartengono alla categoria della "modellizzazione": un termine forse ancora non molto diffuso nella pratica dell'insegnamento matematico in Italia, ma che, pur comprendendo un'ampia gamma di significati, indica sostanzialmente un'attività di osservazione della realtà, di sua traduzione in termini matematici e di applicazione dei risultati ottenuti

[1] Famosa "attrazione" del parco di Mirabilandia (RA), http://www.mirabilandia.it/

verso una pi ùprofonda comprensione del mondo. Attività di questo tipo sono comunemente chiamate di *Modellizzazione e Applicazioni* (M&A); nei prossimi paragrafi si parlerà del loro significato, oltre che di numerosi argomenti a esse collegati.

1.1.2 Alcuni termini

Se idealmente dividiamo ciò che è *matematica* da ciò che è il *mondo esterno* a essa[2], possiamo parlare di *applicazione* della matematica quando si applicano conoscenze o procedimenti matematici a contesti che non hanno a che vedere con essa, allo scopo di capirne meglio il funzionamento, risolvere problemi, spiegare fenomeni, prendere decisioni, ecc. Il mondo, la realtà esterna alla matematica, può naturalmente comprendere anche le scienze, la fisica[3], la tecnologia, tutti i fenomeni naturali e sociali. Per applicare la matematica è necessario un *modello*, sia esso implicitamente o esplicitamente riconosciuto. In questo contesto, per modello s'intende l'insieme di un campo di applicazione, o *dominio* extra-matematico *D*, di un dominio matematico *M* e di una relazione o *mappatura* tra *D* e *M* in grado di far corrispondere agli elementi di *D* quelli di *M* e viceversa.

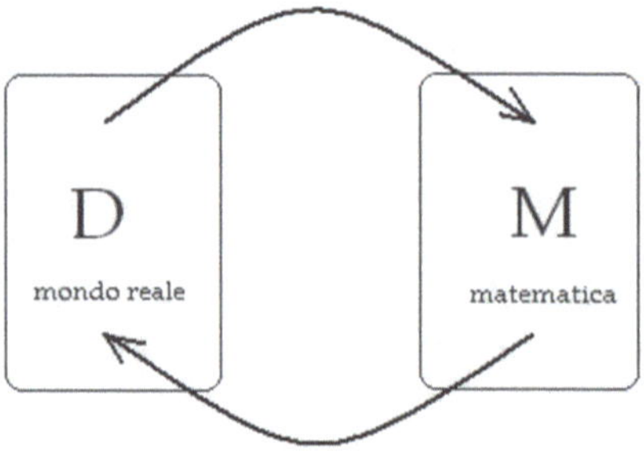

Figura 1.1 Processi di modellizzazione e applicazione

In sostanza si scelgono in *D* gli elementi, i fenomeni, gli assunti rilevanti allo scopo e si traspongono nel dominio matematico *M*. Successivamente essi vengono manipolati con gli usuali metodi matematici e i risultati sono trasposti nuovamente in *D* e interpretati. Questo processo è chiamato *ciclo di modelliz-*

[2] La terminologia utilizzata si ispira all'introduzione, scritta da M. Niss, W. Blum e P.L. Galbraith, al volume "Modelling and Applications in Mathematics Education" [Blum et al, 2007], relativo al 14° studio dell'ICMI, International Commission on Mathematical Instruction; http://www.mathunion.org/ICMI/

[3] Vi è un settore di studi a livello di istruzione universitaria chiamato proprio "matematica applicata" che tratta di meccanica dei solidi e dei fluidi. Non è naturalmente a questo a cui ci si riferisce, anche se esso costituisce un esempio particolare e assai strutturato di applicazione della matematica.

zazione e può essere ripetuto più volte finché il modello non sia sufficientemente raf fiato e i risultati del problema non siano ritenuti soddisfacenti. La scelta di D e di M, il processo di mappatura, il lavoro interno a M, l'interpretazione in D fanno tutti parte di ciò che è chiamato *modellizzazione.*

Se il termine modellizzazione indica e riassume quanto appena detto, risulta chiaro che esso non è inteso semplicemente nella sua accezione psicologica di "immagine mentale", né nel generico senso di "schematizzazione", ma indica una precisa attività matematica, tesa a esprimere in termini matematici un fenomeno reale. Bisogna prestare attenzione (Galbraith in [Blum et al., 2007]) perché neppure "fare una regressione di una o più curve su dei dati sperimentali", per esempio, può significare allora propriamente modellizzare, in quanto l'attività matematica di *fitting*, oltre a essere assai standardizzata, non permette di porre nessuna domanda sul funzionamento reale del sistema studiato, né sul miglior modo matematico di rappresentarlo. Oltre a ciò si badi che, in questo contesto, con il termine "modello" non s'intende ovviamente nemmeno un oggetto concreto, neppure se raffigura o illustra concetti o enti matematici (per esempio un modellino in gesso di un solido geometrico).

Nel dettaglio, a ben guardare, il processo di modellizzazione è composto da varie fasi: per cominciare la *concettualizzazione*, semplificazione, strutturazione di una situazione problematica (intendendo con *problema* sia un problema pratico sia un problema intellettuale) per poterla descrivere per esempio a parole; poi un'identificazione di oggetti, relazioni, condizioni che possano essere scritti nel linguaggio matematico, e una conseguente raccolta di dati e informazioni utili alla risoluzione del problema: ciò fa parte della *scelta del modello* opportuno; segue la *matematizzazione* vera e propria, cioè la trasposizione in termini matematici e il *lavoro matematico* (deduzione logica, calcolo numerico o simbolico, test statistico, ecc) che ne deriva per arrivare a delle conclusioni; infine *l'interpretazione* dei risultati relativamente al problema originale, la *validazione* del modello che dice s eesso è utile e ben funzionante. Sebbene a volte soltanto la prima parte di questo complesso processo, diciamo la scelta del modello e la matematizzazione, sia chiamata modellizzazione matematica, normalmente con questo termine s'intende *tutto* il ciclo (si veda per esempio [Borromeo Ferri, 2006]).

Analogamente col termine *applicazione* a volte s'intende solo il passaggio dal modello matematico al problema reale, quindi l'interpretazione. Se modellizzazione significa partire da un problema reale e cercare nella matematica una risposta, applicazione significa spesso partire da un fatto matematico e guardare nel mondo esterno dove questo può essere utilizzato. Muller e Burkhardt in [Blum et al., 2007] chiamano in due modi differenti i due processi:

- *applicazioni illustrative:* quelle in cui il fuoco è su un concetto matematico e l'applicazione illustra i vari domini pratici in cui quel concetto si esplica;
- *modellizzazione attiva:* quella in cui il fuoco è sulla situazione pratica per gestire la quale vengono usati strumenti matematici di diversa provenienza: in questo secondo caso la scelta di quali strumenti usare assorbe la maggior parte dello sforzo da parte dello studente.

Più in generale però, dal momento che le due operazioni hanno caratteri per certi versi simili o complementari, negli ultimi decenni si denotano tutti i passaggi in entrambi i sensi tra mondo reale e matematica con il doppio termine di “Modellizzazione e Applicazione”.

Ci si può chiedere quale possa essere un tipico problema di modellizzazione: per esempio “trovare dove posizionare dei dossi artificiali in una strada per moderare la velocità del traffico” può essere classificato come tale. Una consegna di questo tipo differisce da esercizi o problemi del genere “in un contenitore ci sono biglie rosse e gialle, le rosse sono il doppio delle gialle, in tutto sono trenta; quante sono le rosse?” oppure “le dimensioni di un campo da calcio sono...; trovarne l’area”, o altri simili. In particolare differisce da quelli chiamati normalmente problemi a parole (in inglese *word problems*), che appaiono spesso negli eserciziari, e dalle *applicazioni standard* di regole matematiche. I primi consistono infatti nella verbalizzazione di un problema puramente matematico che risulta così “travestito” da problema reale, pur non essendolo. Storicamente sono sempre stati assegnati problemi di questo tipo, anche se la loro utilità (e dannosità!) è stata studiata e compresa sempre meglio (si veda per esempio [Verschaffel et al, 2000]). Questi problemi a parole, se utilizzati consapevolmente, possono essere un utile esercizio di *interpretazione*, cioè di un’attività, comunque circoscritta, interna al ciclo di modellizzazione; ma bisogna prestare attenzione al rischio di veicolare un’immagine irrealistica e forzata della matematica e dei problemi cui essa vuole rispondere. Per *applicazioni standard* invece s’intendono quegli esempi *illustrativi* presentati a valle dell’esposizione di una regola, un elemento, un procedimento matematico: non sono ascrivibili al concetto di modellizzazione in quanto il modello matematico da utilizzare è già pronto davanti agli occhi degli studenti e inoltre in tali esercizi non interessa la reale applicabilità dei risultati. Si capisce quindi che “modellizzare e applicare” in matematica è qualcosa di più profondo e più complesso.

Sembra per lo più condivisa l’idea che la modellizzazione matematica, o perlomeno le applicazioni di tale disciplina, debbano essere presenti nei *curricula* scolastici. Questo è vero storicamente, tanto che nel 1908, anno della sua fondazione, l’ICMI dibatteva proprio i temi del rapporto matematica-realtà e del laboratorio di matematica. Tuttavia il peso e la collocazione di questo tipo di insegnamenti è stato oggetto di discussioni tra chi intendeva inserire le applicazioni o la modellizzazione all’interno dei *curricula* di matematica e chi invece intendeva tenerli “fuori” dalla matematica, e quindi all’interno delle altre discipline tecniche, scientifiche, pratiche. Si potrebbe pensare che lo studente, una volta appresa la matematica, sia già in grado di applicarla e di utilizzarla in contesti extra-matematici; oppure si potrebbe delegare, come già detto, alle altre discipline l’onere dell’applicazione, per non “perdere tempo prezioso”. Tuttavia è ampiamente dimostrato che non c’è un trasferimento automatico delle conoscenze matematiche alle altre discipline e spesso risulta infruttuosa la “delega ad altri” dell’insegnamento di tale processo di modellizzazione, che finisce inevitabilmente per focalizzarsi solo sui risultati e sulla loro efficacia.

Questa differenza di vedute rimanda a una più profonda dualità insita nell'idea di insegnare modellizzazione: un'attività utile a sviluppare competenze *intrinsecamente matematiche*, oppure una competenza importante da sviluppare *per sé*, alla quale la matematica è semplicemente funzionale. Un altro modo di descrivere questa dualità è distinguere tra *modellizzazione come mezzo* e *modellizzazione come contenuto* (o come *fine*) (Galbraith in [Blum et al., 2007]). A sostegno del primo polo si può addurre il fatto che mostrare esempi di modellizzazione, e ancor più insegnare a modellizzare, può arricchire e ampli are nel dis œnte l'idea della matematica e del suo ruolo nel mondo e nella società, illustrare e dare significato a enti e processi matematici e, di conseguenza, motivare allo studio stesso della matematica. Per esempio, come illustra Gravemejier in [Blum et al., 2007], la modellizzazione comporta l'introduzione della "complessità" in classe, ovvero permette il passaggio dalla ricerca della "verità" matematica pura e semplice a una continua ri-valutazione, ad approssimazioni successive, a sfumature di significati, alla riorganizzazione dei contenuti e dei vari aspetti del problema e consente quindi una visione più profonda e meno piatta anche della matematica stessa.

D'altro canto si può affermare che il saper modellizzare sia importante di per s é per il c ttadino, per una sua più ampia comprensione del mondo, per l'acquisizione di una flessibilità e attitudine mentale, oltre all'importanza di educare a saper fare uscire la matematica "fuori da se stessa" e a non lasciarla chiusa in un mondo percepito come astratto.

Quelle appena esposte non sono motivazioni contrapposte e in conflitto, bensì, come detto, una semplice dualità che, a seconda del momento storico, degli scopi dell'insegnamento, del livello scolastico, emerge esplicitandosi in scelte diverse.

1.1.3 Evoluzione storica dell'insegnamento della modellizzazione

L'attenzione all'insegnamento delle applicazioni della matematica ha sempre accompagnato quello della matematica stessa, fin dai tempi degli antichi popoli mesopotamici, egizi, indiani, cinesi o arabi, per i quali problemi come la misurazione della terra o dei cicli lunari erano vitali[4]. Anche nella cultura greca, accanto all'elevato livello di astrazione raggiunto nel periodo ellenistico, si ravvisa comunque una grande attenzione per l'applicazione (si vedano i casi di Eratostene o Archimede). Analoghi esempi applicativi si trovano nei volumi di matematica pubblicati dal Medioevo fino all'Ottocento, con problemi che spaziavano dalla prospettiva agli oroscopi, dalla balistica alle assicurazioni. La fisica e le altre scienze erano tanto intimamente collegate alla matematica che era difficile pensare a questa senza le altre: l'applicazione e la modellizzazione facevano in qualche modo parte "naturalmente" dell'insegnamento della matematica stessa, anche se tale distinzione (tra la matematica e

[4]Anche per quanto contenuto in questo paragrafo si fa riferimento al capitolo introduttivo di [Blum et al. 2007].

la sua applicazione) non emergeva esplicitamente come accade oggi. È con l'av ento delle geometrie non euclidee e il successivo sviluppo dell'analisi astratta e della matematica "pura" nel corso dell'Ottocento che la Matematica comincia a viaggiare su un binario completamente autonomo; da questo momento diviene dunque esplicito il riferimento a una "applicazione" della matematica e si avverte la necessità di studiare sia la matematica "pura" sia quella "applicata".

Nel corso del XX secolo, l'equilibrio tra questi due aspetti nella definizione dei *curricula* scolastici è stato tema di continuo dibattito e, a seconda del momento storico, ha portato a oscillazioni periodiche di propensione per l'uno o l'altro, causate sia da una motivazione intrinseca (la dualità di cui si parlava prima) sia da una reazione all'enfasi data all'uno o all'altro aspetto nel periodo immediatamente precedente. Correnti di pensiero più pragmatiste e utilitariste hanno insistito a intervalli successivi sul ruolo delle applicazioni a scuola per creare dei buoni utilizzatori della matematica nella professione; tuttavia poca attenzione era generalmente data all'insegnamento del *processo* di modellizzazione. Negli anni '20 si è avuto un ritorno allo studio della matematica teorica per dare una formazione mentale e personale più completa, per poi tornare, dopo la Depressione, a un'enfasi sull'utilità e l'applicazione. Dopo una nuova oscillazione, sul finire degli anni '40, a favore della matematica pura, circa a metà degli anni '50 sono nati due nuovi movimenti di pensiero: l'uno, di origine anglosassone, che prendeva spunto dalla richiesta, proveniente dal mondo industriale, di laureati che sapessero usare la matematica per risolvere problemi, anche non familiari, del mondo reale; l'altro, di orientamento detto "bourbakista", che, partendo da un insegnamento rinnovato della *matematica teorica*, si proponeva, almeno in un momento iniziale, di fornire agli studenti le conoscenze necessarie per utilizzare la matematica nel mondo. Queste due correnti presto ebbero divergenze di vedute fino a una contrapposizione netta e accesa e portarono la prima a uno sviluppo dell'insegnamento della modellizzazione, soprattutto in ambienti scientifici e ingegneristici, e come impresa educativa [Pollak, 1968], l'altra a un'enfasi spinta sulla matematica pura e sulla sua autonomia formale. Negli anni divenne tuttavia sempre più avvertita come priorità quella dell'insegnamento esplicito dell'applicazione della matematica nell'educazione, e via via nei *curricula* di molti paesi (Regno Unito, Austria, Australia, Danimarca, Germania) essa entrò nella prassi dell'insegnamento.

A livello di *ricerca* educativa, l'interesse verso la modellizzazione matematica ha preso vigore a partire dagli anni '60, anche come reazione alla entusiastica adesione di alcuni alla "matematica moderna" di tipo bourbakista. Nella sua evoluzione si possono distinguere tre fasi principali: la prima iniziò da una conferenza, organizzata da H. Freudenthal nel 1968, che mirava a favorire una presa di coscienza sul tema; la seconda, dalla metà degli anni '70 fino a tutti gli anni '90, permise lo sviluppo e la sistematizzazione delle ricerche sul tema sia a livello teorico [Blum, Niss, 1991] che storico [Kaiser-Messner, 1986] e favorì l'introduzione nei *curricula* (soprattutto negli Stati Uniti e nel Regno

Unito) di esperienze legate alla modellizzazione, anche se spesso solo a livello sperimentale, oltre che di veri e propri corsi. In una terza fase si costituì una comunità internazionale di insegnanti e studiosi di modellizzazione e applicazione nell'educazione matematica che acquistò visibilità con la serie di conferenze internazionali sul tema (*International Conferences on the Teaching of Mathematical Modelling and Applications*, ICTMA) promosse dal 1983 in poi. Dagli anni '90 si sta vivendo una fase "matura" in cui alle ricerche teoriche si sono aggiunti i risultati di molti studi ed esperienze in classe: l'ICTMA (International *Community of Teachers* of Mathematical Modelling and Applications) è ora un gruppo di studio all'interno della Commissione Internazionale sull'Insegnamento della Matematica (ICMI). Dal 2002 tale commissione ha promosso uno studio ("Application and Modelling in Mathematics Education") volto a documentare in maniera sistematica lo stato dell'arte della ricerca nel settore e a identificare le ricerche ancora necessarie. Dalla conferenza del 2004 è scaturito anche un volume [Blum et al., 2007].

1.1.4 Alcuni temi del dibattito sulla modellizzazione

Tra i vari argomenti strettamente collegati alla modellizzazione ve ne sono alcuni più rilevanti e attinenti al contenuto del presente volume. Riguardano la cosiddetta *autenticità* della situazione o del problema assegnato, i requisiti per ottenerla, gli effetti positivi che provoca; il tema delle *competenze* coinvolte nel processo di modellizzazione e nei processi a essa ancillari; le considerazioni riguardanti l'introduzione e l'accoglienza nella *pratica didattica* di problemi di modellizzazione e le conseguenze di questa. Sono tematiche oggetto di dibattito e di ricerca teorica e pratica a livello internazionale. Se ne danno qui alcuni brevi cenni, senza pretese esaustive, rimandando a [Blum et al., 2007] per ulteriori approfondimenti.

Autenticità

Spesso nei problemi proposti in aula, tanto più se descritti a parole o tratti da un libro, è assai difficile che traspaia la realtà della situazione, la problematicità o la complessità delle scelte. Lo studente molto difficilmente dimenticherà di trovarsi *a scuola*, durante *l'ora* di matematica sotto il controllo e il *giudizio* dell'insegnante e quindi molto difficilmente penserà come realistica la situazione problematica proposta. Numerosi studi ([Verschaffel et al., 2000], [DeFranco, Curcio, 1997], [Reusser, Stebler, 1997], [Saljo, Wyndhamn, 1993]) hanno da tempo evidenziato come questo fatto abbia forti conseguenze sull'esecuzione del compito assegnato, che il più delle volte verrà tradotto in linguaggio matematico, eseguito secondo predeterminati algoritmi, e null'altro.

In tali problemi *pseudo-realistici* (cioè che *sembrano* reali, ma non lo sono) gli studenti usano infatti strategie risolutive che non tengono conto affatto del realismo o del "senso" delle loro risposte. Gli studi citati hanno verificato che il compito è avvertito come autentico e i risultati degli studenti sono "sensati" se vi sono:

- precise e realistiche richieste (per esempio "fare un ordinativo di merce");
- materiali concreti con cui lavorare;
- s evi è un supervisore esterno che non sia il docente[5].

In un articolo significativamente intitolato "Meno gessetti, meno parole, meno simboli... più oggetti, più contesto, più azioni" C. Alsina (in [Blum et al., 2007]) sostiene l'utilizzo più sistematico di esperienze e oggetti concreti nella pratica quotidiana dell'insegnamento. Questi rendono molto più significativo per lo studente l'apprendimento dei concetti oltre a giocare un ruolo spesso motivante. Egli propone di utilizzare oggetti che facciano parte dell'uso abituale, di fare riferimento a luoghi noti come la propria scuola o città o parco (addirittura tenendovi la lezione) e di proporre sfide reali e non "costruite" ad arte. Non possono essere quindi "giochetti" magari presentati in maniera spiritosa, ma devono essere sfide interessanti, utili, adeguate all'età e al livello dei discenti. Sempre C. Alsina fa notare come questo tipo di lezioni sembri molto *time-consuming*, anche se in realtà sono ugualmente onerose a livello di tempo molte altre scelte che i docenti fanno. Sicuramente per fare in modo che esperienze di questo tipo non restino episodi isolati c'è bisogno di una formazione preliminare dei docenti, oltre che di preparazione della lezione stessa, degli oggetti, e di una programmazione ben strutturata.

Anche se si volessero proporre solamente *word problems*, quali potrebbero essere i criteri da seguire perché siano *autentici*? Palm (in [Blum et al., 2007]) prova a rispondere a questa domanda fissandone alcuni: definisce *compito (task) autentico* quello in cui la situazione descritta (il *contesto figurativo*):

- sia una situazione plausibile della vita reale;
- sia descritta realisticamente;
- le condizioni e i dati siano ragionevolmente ben simulati.

Per delineare e specificare bene il significato di autenticità, [Palm, 2002] introduce otto *aspetti* da valutare in ogni *task* che si propone: l'evento, la domanda, lo scopo, i dati, la presentazione, le strategie risolutive, le circostanze, i requisiti della soluzione. Lo stesso autore fornisce un interessante esempio di sperimentazione, in cui a una popolazione di studenti, divisa casualmente a metà, si assegnano sei problemi: un gruppo ha una versione più "autentica" e un'altro una versione più "scolastica" (pseudo-realistica). Quelli con la versione autentica attivano strategie più realistiche e adatte al contesto. Un esempio è riportato nelle due versioni: quella "pseudo-realistica" è di due righe ("360 studenti andranno in gita in autobus; ogni autobus contiene quarantotto studenti; quanti autobus servono?"), l'altra è di dieci righe, specifica la data della gita, come è fatto il foglio delle presenze, la compagnia degli autobus..., si dice "tu hai il compito di ordinare gli autobus", si dà un *form* da compilare, ecc. Risultato: il 95% nel secondo caso, contro il 75% nel primo, risponde correttamente.

---

5 Più avanti nel volume vengono esaminate le reazioni degli studenti a un problema aperto con tali caratteristiche (paragrafo 7.1).

Muller e Burkhardt [in Blum et al., 2007] fanno notare che ci vuole però equilibrio nel connettere la matematica a contesti "autentici", in quanto, se da una parte i dettagli della *situazione* offrono associazioni di idee importanti, dall'altra essi rischiano di *nascondere* le nozioni più rilevanti per la matematica.

Competenze

"L'attività di modellizzazione dovrebbe essere una via per esprimere le competenze matematiche e simultaneamente sviluppare nuove competenze" [Lingefjard, 2006]. Ma cosa s'intende quando si parla di competenze e di queste in relazione alla modellizzazione? Vediamo al riguardo la letteratura internazionale relativa alla modellizzazione.

La competenza *matematica*, (Niss (2004) in [Maaß, 2006]), indica: "l'abilità di capire, giudicare, fare e usare la matematica in una varietà di contesti intra ed extra matematici e in situazioni in cui la matematica gioca o può giocare un ruolo". Tomlinson e Smith (citati in Muller e Burkhardt [Blum et al., 2007]) individuano per esempio cinque tipologie di queste competenze: matematica *per s e stessa*, matematica per economia di conoscenza, matematica per la scienza, matematica per il lavoro, matematica per il cittadino.

La competenza nella *modellizzazione* matematica è descritta invece da Niss e Jensen (2002), citato in [Blomhøj, Kjeldsen, 2006], come "essere in grado, in modo autonomo e con grande perspicacia, di estrapolare tutti gli aspetti di un processo di modellizzazione matematica in un certo contesto"; Blum e Kaiser (1997), citati in [Maaß, 2006], hanno illustrato nel dettaglio le competenze della modellizzazione, ricostruendo una lista di sottocompetenze che sono collegate alla loro interpretazione del processo di modellizzazione[6].

Categoria 1. Competenze nella comprensione del problema reale e nella costruzione del modello basato sulla realtà:
- f are ipotesi per il problema e semplif icare la realtà;
- riconoscere le quantità che influenzano la realtà e identificare le variabili chiave;
- costruire le relazioni tra le variabili;
- guardare alle informazioni disponibili e distinguere in informazioni rilevanti e irrilevanti.

Categoria 2. Competenze nella costruzione del modello matematico dal modello reale:
- tradurre in linguaggio matematico (letteralmente "matematizzare") le quantità rilevanti e le loro relazioni;
- semplificare le quantità rilevanti e le loro relazioni, se necessario, e ridurre il loro numero e la loro complessità;
- scegliere la giusta notazione matematica e rappresentare graficamente la situazione.

[6] Si veda il paragrafo successivo per una descrizione dettagliata del ciclo di modellizzazione secondo [Blum, Leiss, 2005].

Categoria 3. Competenze nella risoluzione di questioni matematiche all'interno del modello matematico:

- usare strategie euristiche: come la divisione del problema in sottoparti, stabilire collegamenti con problemi simili o analoghi, riformulazione del problema, vedere il problema in forme differenti, verificare le quantità o i dati disponibili;
- usare le conoscenze matematiche per risolvere il problema.

Categoria 4. Competenze nell'interpretazione dei risultati matematici nella situazione reale:

- interpretare i risultati matematici in contesti extra-matematici;
- generalizzare le soluzioni che sono state sviluppate in situazioni speciali;
- rivedere le soluzioni del problema usando un appropriato linguaggio matematico e/o comunicare le soluzioni.

Categoria 5. Competenze nella verifica delle soluzioni:

- controllare criticamente e riflettere sulle soluzioni trovate;
- rivedere alcune parti del modello o ancora indagare fino in fondo il processo di modellizzazione se le soluzioni non sono rappresentative della situazione;
- riflettere su altri modi di risolvere il problema o sul fatto che le soluzioni possano essere sviluppate in maniera differente;
- indagare in maniera generale il modello.

Accanto alle competenze specificamente modellistiche ci sono tuttavia *competenze generali* di tipo *matematico* o anche *extra-matematico* necessarie per l'attività di modellizzazione matematica: Blum, Niss e Galbraith [Blum et al., 2007] citano, per esempio, quelle riguardanti la rappresentazione, la comunicazione, l'argomentazione, la capacità di utilizzare correttamente procedure e algoritmi matematici, così come competenze "sociali", per esempio per i lavori di gruppo.

Nel lavoro del 2006 Katja Maaß sottolinea l'importanza e l'influenza di altri aspetti, per esempio quelli meta cognitivi, nella formazione, sviluppo e attivazione delle competenze di modellizzazione:

- Gli aspetti della metacognizione[7] hanno un ruolo importante: avviare una riflessione e una discussione sui processi di modellizzazione e sulle strategie risolutive applicate; considerare i tipi di errori compiuti nella modellizzazione e cercare di comprenderne le cause migliorano molto lo sviluppo delle competenze e la loro padronanza.
- Gli studenti che manifestano "il senso di direzione" sono favoriti perché possiedono una visione più completa del processo da seguire tenendo come riferimento gli scopi che si vogliono raggiungere.
- Il lavoro di gruppo, la discussione fra pari e il lavoro autonomo agevolano lo sviluppo delle competenze di modellizzazione.

[7] Si indicano tre tipi di metacognizione: dichiarativa, procedurale, motivazionale, che possono essere brevemente sintetizzate rispettivamente in: "cosa so", "cosa faccio", "cosa voglio".

- Il contesto e il coinvolgimento emotivo possono aiutare ma anche distrarre nella risoluzione di problemi.
- La capacità di discussione e di scrittura delle proprie argomentazioni risulta necessaria nella conduzione del processo di modellizzazione.
- L'atteggiamento positivo/negativo degli studenti verso la matematica (la consapevolezza che la matematica offre soluzioni a problemi del mondo reale) e verso gli esempi di modellizzazione influenzano gli esiti del processo di modellizzazione stesso.

L'autrice aggiunge infine che anche altri fattori, per il momento non investigati, possono influenzare le competenze e il processo di modellizzazione: competenze linguistiche, ecc.

Tanner, Jones (1995), citati in [Maaß, 2006], evidenziano l'importanza della motivazione per le competenze della modellizzazione: "Le ricerche hanno mostrato come la conoscenza da sola non è sufficiente per una modellizzazione efficace: gli studenti devono anche *scegliere* di usare le loro conoscenze e di *monitorare* il processo che stanno facendo" sottolineando così gli aspetti di *volizione* e *metacognizione*. In particolare per quanto riguarda la volizione, appare fondamentale che nell'attività di modellizzazione (la quale si configura spesso come attività *autonoma*) lo studente possieda, oltre alla capacità e abilità di realizzare processi di modellizzazione, anche la *volontà* di metterli in azione.

Un'ultima suggestione viene, tra gli altri, da Muller e Burkhardt [in Blum et al., 2007] i quali osservano che poiché l'insegnamento della matematica a scuola è per forza di cose *sequenziale*, mentre le connessioni tra varie parti della matematica e tra questa e il mondo esterno *non lo sono*, le attività da fare per insegnarle non nascono "naturalmente" dall'insegnamento. L'attività di modellizzazione permette questo e consente di sviluppare competenze per così dire "olistiche", nel senso che favoriscono una visione della matematica come un tutt'uno; il che semplifica spesso anche la comprensione dei concetti propriamente matematici: "è più difficile, non più facile, capire qualcosa spezzettato in piccole regolette che apprenderlo come un tutt'uno".

Modellizzazione nella pratica didattica

Blum e Niss hanno definito cinque motivazioni per cui la modellizzazione debba essere presente nella formazione, citate da Lingefjard in [Blum et al., 2007]), che sono chiamati nel modo seguente: formativa, critica, pratica, culturale, strumentale.

- *Formativa:* promuove negli studenti attitudine/abilità/competenza creativa e di problem solving.
- *Critica:* sviluppa una risorsa di criticità nell'applicazione della matematica in contesti extramatematici.
- *Pratica:* gli studenti acquisiscono pratica con l'applicazione e la modellizzazione come cittadini o singoli individui, nel presente o nel futuro, o nella loro professione.

- *Culturale:* fornisce una visione equilibrata della matematica, le sue caratteristiche e il suo ruolo nel mondo. Questa immagine della matematica deve comprendere tutti gli aspetti essenziali della matematica, dell'applicazione della matematica e della modellizzazione matematica in altre aree.
- *Strumentale:* aiuta la comprensione dei concetti matematici, di nozioni, metodi, risultati per dare loro una costituzione completa o per fornire la motivazione allo studio di certe discipline matematiche.

Alcune di queste motivazioni si sovrappongono e l'attribuzione a loro di maggiore o minore peso produce una divers avisione nell'insegnare o imparare matematica.

L'introduzione nei *curricula* di esperienze di "modelling and application" ha stimolato numerose ricerche, alcune delle quali volte a studiare come cambiano le convinzioni degli studenti dopo che si è fatta modellizzazione in classe. In una di queste, Kaiser e Maaß in [Blum et al., 2007]), descrivono in primo luogo l'immagine della matematica posseduta dagli studenti (6 classi di età 13-14 anni) per poi riesaminarla dopo aver affrontato problemi di modellizzazione. Gli stessi autori fanno riferimento a [Grigutsch, 1996] che divide gli studenti in quattro categorie in base alle loro convinzioni sulla materia matematica:

- A: *process-oriented* (orientata ai processi: la matematica consiste in risoluzione di problemi);
- B: *application-oriented* (orientata alle applicazioni: la matematica è utile alla vita);
- C: *formalism-oriented* (orientata al formalismo: la matematica è una scienza esatta, formale e logica);
- D: *scheme-oriented* (orientata agli schemi: la matematica è una serie di regole e formule).

In seguito ai propri studi gli autori aggiungono anche tipologie di convinzioni basate su *come* viene tenuta la lezione di matematica più che sul suo contenuto:

- E: *cognitiva* (sulle capacità necessarie, le tipologie di esercizi, l'uso del linguaggio): "gli esercizi di matematica durano max 1 ora"; "in letteratura si scrive, in matematica si calcola"; "imparare non è possibile, o uno sa fare o non sa fare";
- F: *affettiva* (sulle modalità di insegnamento, il clima di classe, la propria personale comprensione): "mi sono piaciute le lezioni perché lavoravamo in gruppo"; "non mi piace quando alcuni compagni fanno arrabbiare l'insegnante"; "oggi ho capito tutto, e quando capisci ti piace".

Dopo una prima indagine relativa alle convinzioni degli studenti sono state svolte attività di modellizzazione e si è analizzato se queste avevano in qualche modo modificato l'immagine della matematica degli studenti e il loro grado di competenza nella modellizzazione.

Per quanto riguarda le convinzioni relative alla matematica posteriori ai *task* di modellizzazione, che consistevano in problemi aperti, le tipologie di studenti sono state suddivise in tre categorie:

- gli studenti con prevalenza del tipo A e B riescono bene, apprezzano gli esercizi e aumentano le loro convinzioni *application-oriented*;
- gli studenti con prevalenza del tipo F apprezzano gli esercizi e sviluppano convinzioni *application-oriented*;
- que li con prevalenza di tipo C ,D e E rif iutano questo tipo di esercizi e mantengono le proprie convinzioni.

Per quanto riguarda le competenze raggiunte a seguito del percorso sulla modellizzazione, si possono ricostruire 4 tipologie di studenti:

- *reality-distant:* distanti dalla realtà: rigettano la modellizzazione, amano la "forma" matematica; alzano barriere emotive e non imparano a modellizzare;
- *mathematic-distant:* distanti dalla matematica: amano i problemi reali, non vanno granché bene in matematica; sono entusiasti di questi esercizi e imparano a costruire *real models*, ma persistono problemi coi *math models* e nel trovare soluzioni matematicamente corrette;
- *reflected:* positivi sia verso i problemi reali sia verso la matematica; grande giovamento;
- *uninterested:* disinteressati: non sono interessati né ai problemi reali né alla matematica; nessun giovamento.

1.2 I cicli di modellizzazione

Una delle componenti principali della teoria dell'insegnamento e apprendimento della modellizzazione matematica è l'idea importante, accettata da tutti, che possa esistere un processo di modellizzazione matematica *generale*. Analiticamente è possibile descrivere un processo di modellizzazione matematica come un processo molto semplice, composto di due domini e una serie ciclica di passaggi tra uno e l'altro: ciò è stato mostrato nel precedente paragrafo. Tuttavia lo schema dello svolgimento di un tale processo può essere approfondito e raffinato e coinvolgere cinque o sei sotto-processi come è stato fatto in molti articoli. [Borromeo Ferri, 2006] indirizza e riassume questi studi mostrando come modelli differenti del processo di modellizzazione possano essere usati e siano stati usati per scopi di ricerca diversi. Ma perché schematizzare e, più in generale, studiare il cosiddetto *ciclo di modellizzazione*? [Kaiser, Blomhoj, Sriraman, 2006] rilevano la lista seguente, con sei scopi diversi di utilizzo, di uno schema generale del ciclo di modellizzazione *come strumento analitico*:

1. Analizzare i processi di modellizzazione retroattivamente, al fine di capire e validare il processo.
2. Identificare gli elementi chiave delle competenze di modellizzazione matematica.

3 Analizzare il lavoro di modellizzazione degli studenti retroattivamente per determinare con quali parti del ciclo hanno lavorato, quali passaggi hanno fatto e quali difficoltà hanno provato durante le attività di modellizzazione.
4 Come strumento per supportare il lavoro di modellizzazione degli studenti e della loro relativa metacognizione.
5 Come uno strumento didattico per organizzare corsi o progetti di modellizzazione. Con quali parti del ciclo di modellizzazione gli studenti lavorano? Come possono essere stimolati durante l'attività? E dove potrebbero aver bisogno di ess ere supportati?
6 Come un modo per definire e analizzare un elemento curricolare dell'insegnamento della matematica. Molti articoli si riferiscono alle linee guida ufficiali e alle regole dell'insegnamento della modellizzazione matematica nei loro contesti particolari e in tal modo usano il ciclo di modellizzazione generale come punto di riferimento.

Una delle descrizioni schematiche più complete del ciclo di modellizzazione è stata introdotta da [Blum e Leiss, 2005] ed è raffigurata nell'immagine seguente:

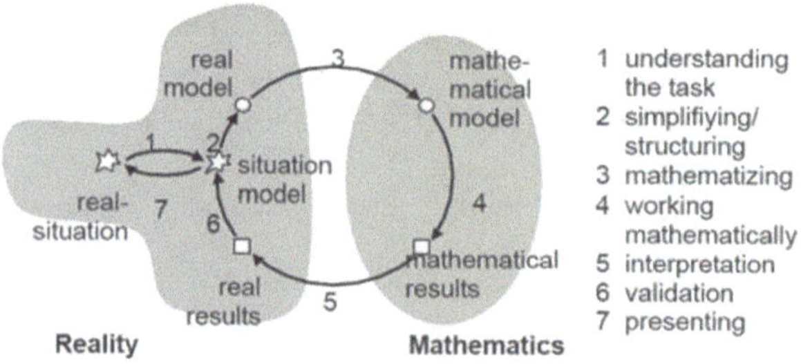

◂ **Figura 1.2** Ciclo Blum-Leiss

Come si nota, il processo di modellizzazione è suddiviso in varie fasi e di conseguenza in vari sotto-processi. Vi è sempre il polo della "realtà" (a sinistra) e quello della "matematica" (a destra), ma all'interno di ciascuno di questi sono identificati vari momenti e passaggi. In dettaglio[8] il processo si divide in sei fasi, intendendo per *fasi* le sei aree attraverso cui può passare un individuo mentre fa modellizzazione, cioè da situazione reale a risultati reali; per *transizione* si intende il *passaggio* da una fase a un'altra. Le fasi sono le seguenti:

***Real situation* (RS).** La situazione reale indica la situazione data nel problema. Può essere un disegno, un testo o entrambe. All'interno del *passaggio da RS a MRS* (*Mental representation of the situation)* l'individuo capisce più o meno il problema. Una ricostruzione mentale della situazione data si forma, a livello piuttosto implicito e principalmente inconsapevole per l'individuo. Anche se l'individuo non capisce il problema può lavorarci.

---

[8] Si seguirà l'interpretazione "psicologico-cognitiva" del ciclo di Blum-Leiss data da [Borromeo-Ferri, 2006] sulla base di uno studio empirico in classi di Ginnasio.

***Mental representation of the situation* (MRS) o *Situation Model* (SM).** L'individuo si forma una rappresentazione mentale della situazione, data nel problema. Questa *MRS* può essere anche molto differente: per esempio dipende dallo stile di pensiero matematico dell'individuo; dalla immaginazione visiva legata alle proprie esperienze; oppure dall'attenzione rivolta ai numeri e ai dati, che l'individuo vuole combinare e mettere in relazione. La differenza fra *RS* e *MRS* è data da due aspetti principali:

- semplificazione inconsapevole del compito e connessa con questo;
- preferenze individuali.

All'interno del passaggio da *MRS* e *RM* (*Real Model*) si forma un'idealizzazione e semplificazione del problema, che è a livello più consapevole. Questo succede perché durante la *MRS* l'individuo filtra le informazioni del problema. A seconda del tipo di problema, possono aumentare le richieste di conoscenze extra-matematiche.

***Real Model* (RM).** Questa fase è molto collegata al *MRS*, perché il *RM* è per lo più costruito al livello interno di un individuo. Questo significa pure che il livello di rappresentazione esterna (figure o formule) può rappresentare anche un *RM*. Questo dipende proprio dalle dichiarazioni verbali dell'individuo mentre fa una rappresentazione esterna. Nel passaggio da *RM* a *MM* l'individuo procede nella matematizzazione e sono molto importanti per lui le conoscenze extra-matematiche (dipende dal compito) usate per costruire un *MM*.

***Mathematical Model* (MM).** In questa fase, gli individui elaborano rappresentazioni esterne in termini di figure o formule. Adesso le dichiarazioni verbali degli individui sono più a livello matematico, meno a un livello riferito alla realtà. Il passaggio all'interno della matematica si completa. Nel passaggio dal *MM* ai risultati matematici, i soggetti usano le loro competenze matematiche.

Mathematical results. I soggetti riportano i loro risultati, che ottengono sulla base del modello. L'interpretazione dei risultati si ha nel *passaggio dai risultati matematici ai risultati reali*. Anche questa fase, importante, è spesso effettuata a livello inconsapevole.

Real results. I risultati matematici vengono discussi dai soggetti in base alle loro corrispondenze, per decidere se possono essere risultati reali. Durante la *validazione*, i soggetti considerano le corrispondenze fra i risultati reali e la loro *MRS*. Questa può essere corretta per i risultati o no. Sulla base dei dati, si possono avere due tipi di modi di validazione:

- *Intuitive validation* (più inconsapevole): l'individuo si accorge da solo che i risultati potrebbero essere sbagliati per motivi che non sa spiegare. Oppure egli sente che i risultati sono sbagliati, perché non corrispondono al quadro delle sue esperienze e associazioni. Così si ha una decisione intuitiva, inconsapevole e non proprio razionale.

- *Knowledge-based validation* (più consapevole): i soggetti concordano con i loro risultati sulla base delle loro conoscenze extra-matematiche oppure non concordano. Si può distinguere fra due tipi di consapevolezza: 1) consapevole, ma non basato sulle conoscenze 2) consapevole e basato sulle conoscenze. Entrambe le validazioni sono connesse con le precedenti riflessioni del soggetto. Il motivo per cui i soggetti per lo più non validano è dovuto al fatto che essi effettuano una validazione interna alla matematica. Validare per loro significa "calcolare" il modello matematico, non mettendo in collegamento i risultati con la situazione reale.

Naturalmente, non sempre è possibile identificare tutte queste fasi, e molti autori descrivono cicli di modellizzazione in maniera semplificata rispetto a quello appena presentato. La diversità nasce da una diversità di approccio e di concezione della modellizzazione; in alcuni casi dipende anche dal tipo di problema utilizzato, se complesso o no. La stessa Borromeo Ferri citando [Maaß, 2004] e [Kaiser, 2005] indica come un punto importante la separazione fra cicli di modellizzazione *usati per la ricerca* e quelli *per scopi scolastici*. Maaß e Kaiser considerano infatti una riduzione del numero delle fasi come più utile per il ciclo di modellizzazione insegnato a scuola a scopo metacognitivo, per esempio. Si potrebbero classificare le numerose letture del ciclo di modellizzazione in quattro gruppi (si veda sempre [Borromeo Ferri, 2006]):

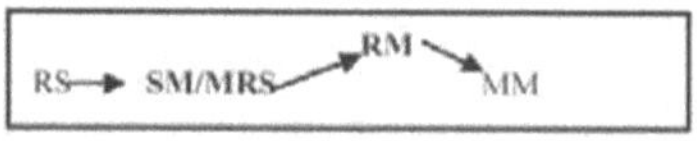

I: C'è distinzione fra modello della situazione e modello reale

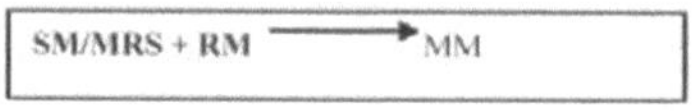

II: Si mescolano SM e RM

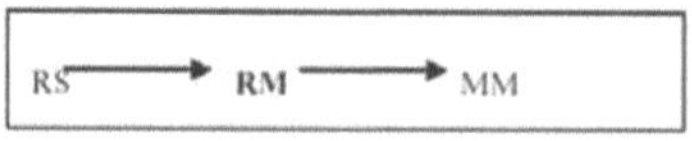

III: Non si fa distinzione fra SM/MRS e RM e si riassume in RM

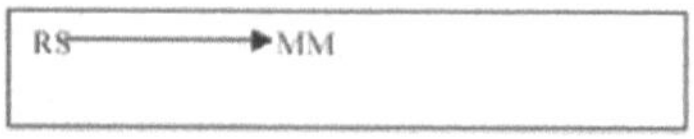

IV: Si passa dalla situazione reale al modello matematico senza distinzioni in SM/MRS e RM

A ogni modo, secondo vari autori (tra cui sempre [Borromeo Ferri, 2006] e Doerr [Blum et al., 2007]) non è detto che vi sia linearità nel percorso ciclico, ma è normale che lo studente passi da una fase a un'altra in maniera non consequenziale. Dunque gli schemi riportati sono comunque da intendere come un riferimento sintetico/normativo di ciò che accade nella pratica.

1.3 Modellizzazione e Applicazioni interne alla matematica

Numerose ricerche in campo didattico ed epistemologico hanno messo in luce la possibilità di considerare modellizzazioni e applicazioni anche all'interno della matematica.

Alcuni esempi si possono trovare nelle ricerche ed esplorazioni del campo di esperienza delle *macchine matematiche*[9] come sorgente di problemi di *Modelling & Applications* per studenti delle scuole secondarie e dell'Università:

> A Modena, le macchine matematiche sono al centro di numerose attività rivolte alle scuole secondarie [...]. A prima vista, il parabolografo di Cavalieri sembra illustrare un ciclo tra mondo reale (quello dello strumento) e matematica (l'ambiente Cabri). Questa può essere la prospettiva degli studenti che si avvicinano allo strumento per la prima volta e lo osservano come un oggetto concreto, in grado di produrre disegni. L'esplorazione dello strumento ai fini della modellizzazione non è banale e consente di approfondire molti temi collegati alle competenze richieste nella Mathematical Literacy. Tuttavia, in una prospettiva storico-culturale, il parabolografo, come macchina matematica, è, a sua volta, il risultato dell'applicazione di un'altra teoria, quella delle sezioni coniche studiate con metodi classici. In altri termini, in questo caso, il ciclo di M&A non opera tra mondo reale e matematica soltanto ma opera anche tra diverse teorie matematiche: la geometria tridimensionale delle sezioni coniche; la geometria cinematica dei tracciatori di curve; la geometria dell'ambiente Cabri.[10]

Su un terreno più epistemologico, varie ricerche hanno preso in esame la "dimostrazione", considerata da sempre una caratteristica essenziale della matematica, sia quando a essa ci si riferisce in ambito accademico, di ricerca, sia quando si pensa alla pratica quotidiana dell'attività scolastica. La dimostrazione matematica è normalmente intesa come un procedimento, generalmente deduttivo, che porta all'affermazione della verità di una certa proposizione attraverso una sequenza finita di passaggi logici, formule, costruzioni grafiche, basate su regole e assiomi. Però "le concezioni del suo

---

9 Per una breve illustrazione delle macchine matematiche e del loro impiego didattico si veda il paragrafo 1.6.

10 "Macchine matematiche reali e virtuali: Cabri come ambiente di modellizzazione" [Bartolini Bussi, 2010].

ruolo, la sua essenza e le regole cui deve attenersi sono state soggette a cambiamenti storici e culturali" [Hanna, Janhke,1993]. Basti pensare, come esempio, a Newton che non vide problemi nel dimostrare che l'integrale di x^n è uguale a $(n+1)^{-1} x^{(n+1)}$ semplicemente lavorando su un esempio numerico.

Il peso della "dimostrazione" nel *curriculum* e nella pratica didattica è stato diverso nel tempo. Un'enfasi eccessiva sul suo ruolo, una formalizzazione esasperata, esperienze negative nell'insegnamento, hanno portato a ripensamenti e rielaborazioni con una rivalutazione dell'intuizione. Si è operato uno "spostamento verso una visione pragmatica della dimostrazione" [Hanna, Janhke, 1993].

In questo "tentativo di collegamento degli aspetti formali della dimostrazione matematica alla sua dimensione pragmatica, il concetto di applicazione gioca un ruolo chiave [...]. Se la matematica è qualcosa di più di una manipolazione di vuoti simboli, s edeve ess ere in qualche modo parte del nostro sforzo di comprensione della realtà che ci circonda [...] allora occorre cercare un signif icato che tras cenda la deduzione formale e che può essere trovato nelle applicazioni, in senso lato, nella matematica stessa e nelle future scoperte e deduzioni" [Hanna, Janhke,1993].

Nella dimostrazione non è solo importante la catena logico deduttiva corret ta che, partendo da un assunto vero, porti alla conclusione di verità della tesi, ma anche la ricerca e la definizione di cosa è da dimostrare (Hanna, Janhke in [Blum et al. 2007]). Questo aspetto, che in realtà assorbe le energie del matematico spesso tanto quanto l'altro, presenta tutte le caratteristiche del processo di modellizzazione: cercare le premesse, dedurre, scrivere le conclusioni, cambiare le premesse, ecc. Per insegnare il senso della dimostrazione è necessario mostrare tutto il processo e quindi anche la prima parte.

1.4 Modellizzazione e Applicazioni e il rilevamento OCSE PISA

Il *Programme for International Student Assessment*, progetto PISA, è un ciclo di indagini triennali promosse dall'Organizzazione per la Cooperazione e lo Sviluppo Economico, OCSE, con lo scopo di ottenere una valutazione standardizzata a livello internazionale di ciò che sanno fare i quindicenni scolarizzati con le loro conoscenze e abilità (*literacy*) in alcuni ambiti ritenuti fondamentali. Le competenze oggetto dei cicli di indagine sono tre, la competenza di lettura (*reading literacy*), la competenza matematica (*mathematical literacy*), la competenza scientifica (*scientific literacy*); in ogni indagine PISA si valutano tutte e tre le competenze, ma se ne approfondisce una a rotazione; in particolare l'ambito matematico è stato approfondito nell'indagine svolta nel 2003. L'obiettivo fondamentale non è una valutazione "scolastica" degli apprendimenti, ma quello di verificare se e in che misura i giovani quindicenni abbiano acquisito alcune competenze giudicate essenziali per svolgere un ruolo consapevole e attivo nella società e per continuare ad apprendere per tutta la vita (*lifelong learning*).

La competenza matematica, secondo OCSE-PISA, è "la capacità di identificare e comprendere il ruolo che la matematica gioca nel mondo reale, di operare valutazioni fondate e di utilizzare la matematica e confrontarsi con essa in modi che rispondano alle esigenze della vita di un individuo in quanto cittadino che esercita un ruolo costruttivo, impegnato e basato sulla riflessione". È evidente che l'aspirazione è quella di assicurare che la matematica scolastica possa essere funzionale a livello pratico per tutti i giovani di oggi, cittadini-adulti di domani; si sottolinea cioè l'importanza dell'uso funzionale della conoscenza matematica in un contesto principalmente "extrascolastico" e inoltre è molto forte la richiesta di modellizzazione, con problemi nei test che cercano tutti di riprodurre problemi reali.

Nella *mathematical literacy* delle rilevazioni PISA, emerge quindi una concezione della competenza matematica come un insieme di processi che portano alla matematizzazione di situazioni problematiche, principalmente tratte dal mondo reale.

Nell'indagine OCSE-PISA, la modellizzazione rientra fra le otto competenze matematiche individuate da Niss e i suoi colleghi danesi nel 1999 e poi adottate dal PISA nel 2003, necessarie per avere un processo di matematizzazione:

- pensiero e ragionamento;
- argomentazione;
- comunicazione;
- modellizzazione;
- formulazione e risoluzione di problemi;
- rappresentazione;
- uso del linguaggio simbolico, formale e tecnico delle operazioni;
- uso di sussidi e strumenti.

Nel dettaglio la competenza di *modellizzazione* consiste nella strutturazione del campo o della situazione che deve essere modellizzata; nel tradurre "la realtà" in strutture matematiche; nell'interpretare i modelli matematici in termini di "realtà"; nel lavorare con un modello matematico; nel validare il modello, nel riflettere, analizzare e valutare un modello e i suoi risultati; nel comunicare ad altri il modello e i suoi risultati (compresi i limiti di tali risultati); e nel monitorare e controllare il processo di modellizzazione.

Queste otto competenze sono poi state organizzate in tre raggruppamenti, al fine di rendere più agevole e comprensibile la valutazione:

- il raggruppamento della *riproduzione*;
- il raggruppamento delle *connessioni*;
- il raggruppamento della *riflessione*.

Scopo infatti dell'indagine non è quello di valutare ciascuna competenza singolarmente, ma di valutare il complesso processo di matematizzazione, durante il quale vengono utilizzate contemporaneamente.

Le competenze che rientrano nel primo raggruppamento consistono nella riproduzione di conoscenze note e comprendono quelle più comunemente usate negli accertamenti standardizzati e nelle verifiche scolastiche. Tali competenze sono la conoscenza di dati di fatto e di rappresentazioni di problemi comuni, l'identificazione di equivalenze, il ricordo di argomenti e proprietà matematiche note, l'esecuzione di procedure di routine, l'applicazione di algoritmi standard e di abilità tecniche, la manipolazione di espressioni con simboli e formule standard e l'esecuzione di calcoli. All'interno della *riproduzione*, per competenza di *modellizzazione* si intende il saper riconoscere, richiamare alla mente, attivare e sfruttare modelli conosciuti e ben strutturati; nell'interpretare i modelli matematici in termini di "realtà" e viceversa; nel comunicare ad altri in modo semplice i risultati del modello.

Le competenze del raggruppamento delle *connessioni* presuppongono le competenze della *riproduzione* in quanto estendono l'attività di soluzione di problemi a situazioni che non sono di semplice routine, ma che chiamano in causa ambiti comunque familiari o semi-familiari. In questo ambito la *modellizzazione* consiste nella strutturazione del campo o della situazione che deve essere modellizzata, nel tradurre "la realtà" in strutture matematiche all'interno di contesti che, pur non essendo eccessivamente complessi, sono comunque diversi da quelli ai quali gli studenti sono abituati. Essa consiste, inoltre, nell'interpretare modelli e risultati matematici in termini di "realtà", e viceversa, nonché aspetti di comunicazione del modello e dei suoi risultati.

Ne l'ultimo raggruppamento si richiede un elemento di riflessione da parte degli studenti sui processi richiesti o utilizzati per risolvere un problema. Le competenze sono legate all'abilità degli studenti di pianificare strategie di soluzione e di applicarle affrontando ambiti problematici più complessi e meno familiari rispetto a quelli del raggruppamento delle *connessioni*. Oltre alle competenze descritte nei paragrafi precedenti, il raggruppamento della *riflessione* amplia le precedenti competenze e la competenza di *modellizzazione* consiste nella strutturazione del campo o della situazione che deve essere modellizzata, nel tradurre "la realtà" in strutture matematiche all'interno di contesti che potrebbero essere complessi o molto diversi da quelli ai quali gli studenti sono abituati, nell'interpretare modelli e risultati matematici in termini di "realtà", e viceversa, nonché aspetti di comunicazione dei risultati del modello (raccogliere informazioni e dati, monitorare il processo di modellizzazione e validare il modello risultante dal processo stesso), praticamente essere in grado di percorrere autonomamente l'intero ciclo di modellizzazione descritto al paragrafo 1.2. Tale competenza comprende inoltre il riflettere, analizzando, il criticare e l'impegnarsi in comunicazioni più complesse riguardanti i modelli e la modellizzazione.

Nei vari anni di rilevazione, le prove sono state sempre ambientate in particolari situazioni, quasi sempre tratte dal mondo reale "vicino" alla realtà quotidiana dello studente (situazione personale, scolastico/professionale, pubblica, scientifica) e hanno riguardato le quattro *idee chiave*:

- cambiamento e relazione;
- quantità;
- spazio e forma;
- incertezza.

La valutazione è stata effettuata attraverso punteggi raggruppati in sei livelli di competenza, dal livello 1, il più basso, al livello 6, il più alto. È importante notare che si parla esplicitamente di competenza di modellizzazione dal livello 4 (medio alto) al livello 6:

- gli studenti di 4° livello sono in grado di servirsi in modo efficace di modelli dati applicandoli a situazioni concrete complesse anche tenendo conto di vincoli che richiedano di formulare assunzioni;
- gli studenti di 5° livello sono in grado di sviluppare modelli di situazioni complesse e di servirsene, di identificare vincoli e di precisare le assunzioni fatte;
- gli studenti di 6° livello sono in grado di modellizzare situazioni problematiche complesse.

Nella rilevazione PISA 2006, i cui risultati sono simili alle altre rilevazioni, il punteggio medio degli studenti italiani nella scala complessiva di matematica è pari a 462, contro una media OCSE pari a 498: suddividendo gli studenti per livelli di competenze per quanto riguarda l'Italia si ha che:

- il 13,5% degli studenti si colloca sotto il livello 1 (media OCSE 7,7);
- il 19,3% degli studenti si colloca al livello 1 (media OCSE 13,6);
- il 25,5% degli studenti si colloca al livello 2 (media OCSE 21,9);
- il 22,1% degli studenti si colloca al livello 3 (media OCSE 24,3);
- il 13,3% degli studenti si colloca al livello 4 (media OCSE 19,1);
- il 5% degli studenti si colloca al livello 5 (media OCSE 10,0);
- l'1,3% degli studenti si colloca al livello 6 (media OCSE 3,3);
- si osserva quindi che, sommando le percentuali presenti nei tre livelli più alti, solo il 19,6 % degli studenti dimostra di possedere competenze di modellizzazione.

Si riporta a titolo di esempio un item in cui era richiesta anche la competenza di modellizzazione e che inoltre si collega alle esperienze didattiche di Matebilandia svolte all'Eurowheel, che saranno descritte nel dettaglio al capitolo 4.

Domanda tratta dalla rilevazione PISA 2000: Area di un continente.

La figura illustra una carta geografica dell'Antartide.
Stima l'area dell'Antartide utilizzando la scala della carta geografica.
Mostra il tuo lavoro e spiega, nel riquadro, come hai fatto la tua stima.

▲ **Figura 1.3** Antartide

Questo item può essere schematizzato come di seguito:

- classe di competenza: *connessioni*;
- idea chiave: *spazio e forma*;
- situazione: *personale*.

Nell'indagine si attribuiva il punteggio pieno 712 (livello 6 sulla scala complessiva di *literacy* in matematica, cioè il livello delle eccellenze) per la risposta corretta: area compresa fra 12.000.000 e 18.000.000 (l'unità di misura non era richiesta), utilizzando una o più figure con cui approssimare la superficie dell'Antartide.

Nel dettaglio le possibilità di risposte corrette completamente erano le seguenti:

- stima effettuata disegnando un quadrato o un rettangolo;
- stima effettuata disegnando un cerchio;
- stima effettuata addizionando l'area di più figure geometriche regolari;
- stima effettuata correttamente con un altro metodo;
- risposta corretta (tra 12.000.000 chilometri quadrati e 18.000.000 chilometri quadrati) ma non viene illustrato il procedimento seguito.

Il punteggio parziale 629 (corrispondente al livello 5) veniva assegnato se lo studente utilizzava un metodo corretto, ma la risposta era incompleta o errata. Nel dettaglio le possibilità di risposte parziali erano le seguenti:

- stima l'area disegnando un quadrato o un rettangolo – metodo corretto, ma risposta incompleta o sbagliata;
- stima l'area disegnando un cerchio – metodo corretto, ma risposta incompleta o sbagliata;
- stima l'area addizionando l'area di più figure geometriche regolari – metodo corretto, ma risposta incompleta o sbagliata;
- stima l'area utilizzando un altro metodo corretto – ma la risposta è incompleta o sbagliata.

Nessun punteggio era attribuito in caso di calcolo del perimetro e non dell'area, di altre risposte sbagliate o in caso di omissione.

In un simile quesito la percentuale di risposte esatte per l'Italia è stata bassissima, pari al 3,9% (media OCSE: 9,4%); le risposte parzialmente corrette dell'Italia sono state pari al 7,4% (media OCSE: 19,1%), il 9% delle risposte italiane sono state errate (media OCSE: 19,7%), altissimo è stato il numero di omissioni dell'Italia 73,3% (media OCSE: 48,2%), mentre il 6,4% non ha raggiunto il quesito perché in fondo al fascicolo (media OCSE: 3,7%).

Molti sono gli stimoli che si possono trarre da questo quesito e dalla sua correzione, poiché, nonostante possa sembrare molto semplice, è necessario cercare di capire quali motivi possono aver portato a una percentuale così alta di omissioni, considerando che la stima di grandezze "quantitative" è effettivamente richiesta nella vita quotidiana.

Per quanto riguarda il processo risolutivo, ci si può chiedere quali siano le fasi di modellizzazione che uno studente deve percorrere per rispondere correttamente al quesito; per fare questo si può utilizzare il ciclo di Blum.

La *situazione reale* è costituita dalla carta geografica e dal segmento diviso in cinque parti che rappresenta la scala della carta geografica. Nella fase 1 (*comprendere il compito*) lo studente deve comprendere la richiesta dell'item, è richiesta infatti una stima dell'area dell'Antartide, e non l'area "esatta" e poi si deve descrivere il metodo seguito. Ovviamente in questa fase è indispensabile la conoscenza del concetto matematico di area di una superficie.

Nella fase 2 (*semplificare/strutturare*) lo studente deve eliminare tutte le informazioni non necessarie per una modellizzazione geometrica della carta geografica dell'Antartide, è necessario schematizzare la figura in modo da eliminare per esempio le irregolarità del profilo della costa e gli elementi trascurabili nella figura ricercandone una certa regolarità.

Nella fase 3 (*matematizzare*) si avvia il processo di costruzione del modello matematico, che potrà essere un rettangolo, un quadrato, un cerchio, una somma di poligoni regolari, a seconda della rappresentazione mentale della situazione reale che lo studente si è scelto e del metodo che sceglie di utilizzare (quadrettatura, rettangoli, poligoni, circonferenza).

Nella fase 4 (*lavorare matematicamente*) il lavoro matematico consiste nel misurare le dimensioni della figura geometrica scelta, con i supporti permessi, o di più figure e nel calcolo dell'area, attraverso l'applicazione di formule note, alcune presenti anche nell'introduzione del fascicolo.

Nella fase 5 (*interpretare*) lo studente riconosce il dato numerico ottenuto come l'area di una figura la cui superficie approssima quella della superficie dell'Antartide e quindi il valore numerico ottenuto può effettivamente essere la stima richiesta.

Nella fase 6 (*validare*) lo studente può effettuare una valutazione dell'ordine di grandezza del risultato verificandone la coerenza con la richiesta.

Nella fase 7 (*presentare*) lo studente deve spiegare il metodo seguito per fare la stima.

1.5 Modellizzazione e Applicazioni nei *curricula* di alcuni paesi europei

Prima di illustrare la presenza attuale della Modellizzazione e Applicazione nei *curricula* di matematica nei paesi europei, è bene riprendere alcune considerazioni svolte da [Burkhardt et al., 2006], in merito al ruolo della modellizzazione nel *curriculum*. Secondo tali autori, la discussione sulla natura e il ruolo della modellizzazione è spesso troppo semplificata, perché l'insegnamento della matematica è influenzato principalmente dai matematici teorici che considerano la modellizzazione come una loro materia, ma hanno un atteggiamento verso la matematica molto diverso dalla stragrande maggioranza di coloro che la usano nella vita quotidiana e nel lavoro, come i cittadini o i professionisti per i quali la matematica nell'ingegneria, nella scienza, nell'economia o in altri campi è un linguaggio chiave:

> Tutti questi considerano la disciplina principalmente come un potente kit di strumenti per aiutarli a capire e risolvere problemi della vita reale. [...]

> I punti di vista "puro" e "applicato" hanno molte cose in comune, fra cui il piacere dell'eleganza della matematica, ma differiscono in altri aspetti molto importanti per la progettazione dei *curricula* scolastici, principalmente nella centralità dell'insegnamento della modellizzazione.

Per tali autori, invece, la ragione per cui la matematica è presente in modo così massiccio nei *curricula* scolastici, sia storicamente sia ai nostri giorni, è la percezione della sua utilità nel risolvere problemi estranei alla matematica: in sintesi nella nostra società tecnologica sarà sempre più importante educare dei "pensatori" e non degli esecutori, capaci di usare le proprie conoscenze matematiche per scopi non matematici.

Imparare a modellizzare con la matematica è al centro dell'imparare a fare le analisi che guidano nella comprensione e nel prendere decisioni assennate. La modellizzazione coinvolge il "guardare avanti" e il "guardare indietro", le interazioni fra le diverse fasi descritte al paragrafo 1.2.

> Tutti fanno modellizzazione matematica fin da bambini (per esempio nella gestione del portafoglio) e continuano crescendo, ma le persone non individuano in queste attività la modellizzazione, neanche gli insegnanti di matematica. Questa mancanza di consapevolezza potrebbe non importare se l'educazione scolastica sapesse costruire su queste basi informali, continuando a sviluppare l'abilità degli studenti nell'usare la matematica per capire e risolvere problemi pratici, purtroppo la maggior parte dei curricoli fallisce nel trasmettere questo. In sintesi quasi nessun adulto, che non ci lavori direttamente, usa le conoscenze matematiche apprese nella scuola secondaria superiore.

Questo si deve al fatto che per la maggior parte i *curricula* di matematica sono fondamentalmente imitativi: agli studenti è solo richiesto di affrontare compiti molto simili a quelli per i quali è stato mostrato loro esattamente come fare a risolverli. Inoltre i *curricula* sono indirizzati principalmente a persone che sono interessate alla matematica in se stessa e non al suo uso. Quando vengono introdotte delle applicazioni, il loro proposito è di illustrare e rafforzare i concetti matematici e le abilità insegnate. Tali applicazioni illustrative sono importanti ma non sufficienti a rendere le persone in grado di usare la loro matematica autonomamente per affrontare problemi pratici; per questo essi hanno bisogno di modellizzare situazioni pratiche, scegliendo e usando la matematica appropriata presa da tutto il loro bagaglio di strumenti matematici, non solo l'argomento che si sta insegnando in quel periodo. Alcuni, poi, affermano che si debba imparare molta matematica prima di poterla usare, ciò è semplicemente falso. Rimandare costantemente la ricompensa è naturalmente demotivante.

Così secondo [Burkhardt et al., 2006]. Si illustra ora brevemente la situazione in alcuni paesi europei in merito alla presenza della modellizzazione nel *curriculum* matematico.

Informazioni al riguardo si possono trovare nei report nazionali del Progetto Europeo *Reference Levels in School Mathematics education in Europe* organizzato dall'Education Committee della European Mathematical Society nel 2001.

Per quanto riguarda la Danimarca si legge:

> Per tutti i livelli, e più esplicitamente per il livello più alto A, l'insegnamento della matematica nella scuola secondaria in Danimarca deve tenere presente i seguenti tre aspetti della matematica [...]. L'aspetto della modellizzazione: Gli studenti devono acquisire una conoscenza della struttura dei modelli matematici come rappresentazioni della realtà e un'idea delle possibilità e dei limiti della loro applicabilità e inoltre gli studenti devono acquisire la capacità di sviluppare da sé processi di modellizzazione in semplici situazioni.[11]

Ne lreport re lativo all'Olanda si af ferma che:

> ... l'istruzione matematica olandese è fortemente contestualizzata. Le situazioni contestuali non sono solo usate nelle applicazioni, ma anche per introdurre e sviluppare nuovi concetti. E gli esami finali nazionali danno molto spazio ai compiti matematici contestualizzati.[12]

La Finlandia sembra dedicare molta importanza a questi aspetti. Nel report si legge, in merito ai principali obiettivi della matematica:

> Le situazioni di apprendimento dovrebbero essere nella forma di discussioni, esperimenti e problem-solving e agli studenti dovrebbe essere dati , il più spesso possibile, problemi concreti della vita quotidiana da risolvere. [...] La soluzione di problemi è un principio centrale insieme con le esigenze logico-matematiche. Il significato dei procedimenti di problem solving è sottolineato, soprattutto, nella raccolta di informazioni e nelle applicazioni conseguenti. Porre domande pertinenti, farsi un'idea del problema, circoscrivere il problema, cercare e implementare metodi appropriati di soluzione, valutarli, esprimere i risultati, sono considerati aspetti importanti dell'apprendimento.[13]

Per quanto riguarda i cosiddetti "corsi brevi" di matematica, per gli studenti di età 16-19 anni, nel report si legge, alla voce "Modelli matematici":

---

[11] "Reference Levels in School Mathematics education in Europe", National presentations, Denmark, in http://www.emis.de/projects/Ref/

[12] "Reference Levels in School Mathematics education in Europe", National presentations, Finland, in http://www.emis.de/projects/Ref/

[13] "Reference Levels in School Mathematics education in Europe", National presentations, The Netherlands, in http://www.emis.de/projects/Ref/

> Gli studenti imparano a comprendere il significato e la necessità dei modelli matematici nelle situazioni reali e acquistano familiarità con le varie possibilità di costruire modelli dei fenomeni del mondo reale. Il corso tratta le relazioni tra le variabili e gli studenti imparano le più comuni funzioni. Imparano a realizzare in pratica modelli lineari ed esponenziali e anche a usare equazioni polinomiali ed esponenziali e i logaritmi. Inoltre si abituano a valutare le condizioni, i limiti, e l'uso dei modelli.

Più avanti si dice, che:

> I "word problems", generalmente, hanno un ruolo centrale quando gli studenti imparano a percepire il mondo attorno a loro e a interpretarlo in termini matematici, e a riconoscere le situazioni problematiche e a come agire in queste. Questo è uno dei principali contenuti della matematica nella scuola di base, partendo dalla prima classe (età 7 anni). Al livello superiore de la s cuola di bas e("comprehensive school") si suppone che lo studente sia capace di costruire modelli matematici di problemi della vita quotidiana e di maneggiare espressioni letterali e formali in collegamento con il problem solving e la modellizzazione. Naturalmente la soluzione dei "word problems" continua nella scuola secondaria superiore.

1.6 Modellizzazione e Applicazioni e il laboratorio di Matematica

Nonostante i risultati dei quindicenni italiani ai rilevamenti OCSE PISA siano stati deludenti e le pratiche didattiche consolidate sul territorio spesso siano distanti dal metodo richiesto per portare all'acquisizione di competenze di modellizzazione, il richiamo alla funzione strumentale della matematica è forte anche in Italia da molto tempo.

Questa stessa sfida nell'insegnamento della matematica è presente nei *curricula* elaborati dell'UMI-CIIM *Matematica 2003. La matematica per il cittadino* per il ciclo secondario, dove però la funzione strumentale della matematica viene strettamente collegata anche alla sua funzione culturale; la matematica viene considerata come "strumento essenziale per una comprensione quantitativa della realtà da un lato, e dall'altro come sapere logicamente coerente e sistematico, caratterizzato da una forte unità culturale": entrambi gli aspetti sono da considerarsi essenziali per la formazione degli studenti, che devono inoltre essere in grado di cogliere il legame profondo fra le due funzioni della matematica, anche attraverso opportune riflessioni storiche.

I nuclei tematici fondamentali della materia su cui costruire le competenze matematiche, sia strumentali sia culturali, presentati nella *Matematica per il cittadino* sono quattro e si possono mettere facilmente in parallelo con le idee chiave del PISA:

UMI-CIIM Matematica 2003	**OCSE-PISA**
Numeri e algoritmi	Quantità
Spazio e figure	Spazio e forma
Relazioni e funzioni	Cambiamento e relazione
Dati e previsioni	Incertezza

Vengono inoltre inseriti tre nuclei trasversali, centrati sui processi mentali degli allievi:

- argomentare, congetturare, dimostrare;
- misurare;
- risolvere e porsi problemi.

Nelle spiegazioni dei tre nuclei, si ritrova la competenza di modellizzazione sia nel *misurare* sia nel *risolvere e porsi problemi*. Il nucleo *misurare* si occupa di sviluppare le abilità di effettuazione di misure, rielaborazione dei dati di misura e interpretazione di tali dati, gettando così le basi per attività di modellizzazione, nel senso di interpretazione matematica di situazioni della realtà circostante, mentre è nel nucleo *risolvere e porsi problemi* che la nozione di modello matematico diventa un'idea chiave, intesa come "la nozione che descrive in termini corretti il modo di passare da una situazione concreta, conosciuta solo intuitivamente o sperimentalmente, a un insieme di schemi formalizzati (equazioni algebriche) che la descrivono quantitativamente e che consentono, anche con l'aiuto odierno del computer, di simularne il comportamento e di formulare previsioni, da verificare poi sul campo, sulla sua evoluzione".

L'impostazione teorico-metodologica del *curriculum* di matematica dell'UMI, indicato in *Matematica 2003*, assegna un ruolo fondamentale al laboratorio didattico nell'attività di insegnamento e di apprendimento; il laboratorio non viene inteso né come nucleo di contenuto, né come processo, ma "come una serie di indicazioni metodologiche trasversali, basate certamente sull'uso di strumenti, tecnologici e non, ma principalmente finalizzate alla costruzione di significati matematici"; diventa così un luogo, anche se non in senso strettamente fisico, in cui si fondono la funzione strumentale e culturale della matematica; infatti "l'ambiente laboratorio di matematica è in qualche modo assimilabile a quello della bottega rinascimentale, nella quale gli apprendisti imparavano facendo e vedendo fare, comunicando fra loro e con gli esperti".

Gli elementi essenziali del laboratorio didattico, indicati in Matematica 2003, sono quindi:

- le *persone*, cioè studenti e insegnanti, che interagiscono fra loro in modo diverso rispetto all'insegnamento tradizionale trasmissivo-imitativo; *la costruzione di significati è infatti strettamente legata alla comunicazione e condivisione delle conoscenze in classe, sia attraverso i lavori in piccoli gruppi di tipo collaborativo o cooperativo, sia attraverso lo strumento metodologico della discussione matematica*;
- le *strutture*, cioè le aule e l'organizzazione degli spazi e dei tempi, gli strumenti quali materiali "poveri", macchine matematiche, software di geome-

tria, software di manipolazione simbolica, fogli elettronici, calcolatrici grafico-simboliche, ma anche l'uso della storia della matematica come strumento adatto a motivare adeguatamente e a indicare possibili percorsi didattici per l'apprendimento di importanti contenuti matematici;
- le *idee*, cioè progetti, piani di attività didattiche, sperimentazioni.

Se si mettono in parallelo gli elementi essenziali del laboratorio didattico appena elencati, con il cambiamento del contratto didattico tradizionale, necessario per l'insegnamento-apprendimento della modellizzazione descritto da [Burkhardt, 2006], ci si accorge che il laboratorio didattico diventa l'*ambiente* privilegiato per la modellizzazione, ma con possibilità più ampie nell'apprendimento anche della funzione culturale della matematica.

Il "profondo cambiamento del contratto didattico" e cioè dei ruoli di studenti e docenti, invocato da Burkhardt può essere schematizzato come segue:

Apprendimento imitativo	*Stile apprendimento-insegnamento per la modellizzazione*
Docente:	*Docente:*
• dirigista	• facilitatore
• manager	• consulente
• istruttore degli studenti	• accompagnatore degli studenti
Studenti:	*Studenti:*
• imitatori	• investigatori
	• manager
	• a loro volta diventano coloro che spiegano

Lo stesso autore propone strategie di insegnamento più generali, quali:

- saper condurre la discussione in classe in modo non direttivo ma dando supporto in modo che gli studenti si sentano responsabili della decisione della correttezza dei propri ragionamenti e di quelli degli altri e non aspettino risposte o conferme dal docente;
- dare agli studenti tempo e sicurezza nell'esplorazione di ciascun problema, offrendo aiuto solo quando gli studenti hanno provato e hanno esaurito diversi approcci e non al primo segnale di difficoltà;
- dare una guida e un supporto senza strutturare il problema al posto degli allievi o dando suggerimenti dettagliati;
- trovare domande supplementari che aiutino gli alunni a progredire.

Analogamente il laboratorio di matematica diventa *ufficio, officina, fucina e atelier*, dove lo studente apprende in modo esperienziale, facendo congetture e verificandole, provando e riprovando.

Si riportano a titolo di esempio due attività proposte in *Matematica 2003*, una relativa al nucleo *misurare* e l'altra *risolvere e porsi problemi.* La prima è stata scelta poiché si collega al quesito PISA 2000, descritto al paragrafo 1.4 e l'altra poiché strettamente collegata a un'attività sviluppata nel progetto Matebilandia.

Nel nucleo *misurare*, rivolta al secondo biennio, viene proposta un'attività dal titolo *Superfici scomode.* Come per ogni attività proposta, sono descritte le abilità interessate, le conoscenze, i nuclei coinvolti e i collegamenti esterni.

L'abilità da sviluppare è quella di saper determinare approssimazioni di lunghezze, aree, volumi ed effettuare una stima dell'incertezza; l'attività proposta si sviluppa nel contesto delle figure geometriche del piano, con particolare attenzione alla questione relativa all'area, da un punto di vista esatto e approssimato.

La prima fase dell'attività consiste nel proporre agli studenti un problema, cioè quello di determinare l'area di una figura piana a forma di ameba, lasciando il problema aperto e non suggerendo metodi di calcolo.

Nella descrizione dell'attività è riportato sia lo sviluppo di tutto il percorso, sia la metodologia di lavoro consigliata. Si propone di utilizzare una metodologia di lavoro di gruppo e una discussione collettiva, per la messa in comune e l'istituzionalizzazione del sapere coinvolto.

La funzione strumentale della matematica è sempre affiancata alla sua funzione culturale e anche in questa attività è presente un richiamo storico: si consiglia infatti la lettura di un brano storico di Pierre de Fermat del 1657, che illustra come il metodo della quadratura, utilizzato da Archimede per la determinazione dell'area sottesa da una parabola, possa essere esteso ad altre funzioni, scoperta determinante per la nascita del calcolo integrale.

Nel nucleo *risolvere e porsi problemi*, si è scelta l'attività dal titolo *Il biliardo*, proposta per studenti del secondo biennio. Il problema consiste nell'individuare la direzione di lancio di una biglia, che si trova in un punto *P* del biliardo, in modo che, dopo aver battuto successivamente contro le quattro sponde consecutive ripassi per il punto *P*. Il problema diventa ancora più interessante se nel laboratorio potesse essere presente un biliardo e una biglia, con cui fare prove e osservazioni.

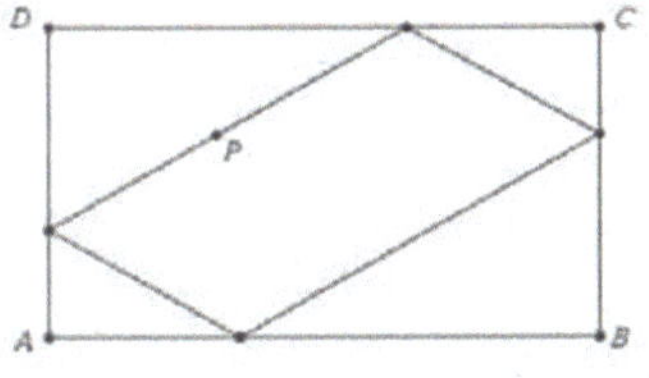

◂ **Figura 1.4** Il biliardo

Per quanto riguarda il processo risolutivo, ci si può chiedere quali siano le fasi di modellizzazione che uno studente deve percorrere per rispondere correttamente al quesito; per fare questo si può utilizzare il ciclo di Blum, supponendo che lo studente conosca le isometrie del piano, le loro composizioni, la disuguaglianza triangolare, le equazioni e i sistemi lineari e la legge di riflessione nell'urto (elastico) di una biglia.

La *situazione reale* è costituita da un biliardo e una biglia che viene lanciata, facendola sbattere sulle quattro sponde. Nella fase 1 (*comprendere il compito*) lo studente deve comprendere la richiesta del problema, la biglia non deve infatti solo tornare nella posizione di partenza, ma deve anche sbattere su tutte le sponde del biliardo.

Nella fase 2 (*semplificare/strutturare*) lo studente deve eliminare tutte le informazioni non necessarie per una modellizzazione geometrica del biliardo, cioè un rettangolo, e delle traiettorie della biglia (schematizzata con un punto) cioè quattro segmenti con gli estremi appartenenti a lati consecutivi del rettangolo.

Ne la f æe 3 (*matematizzare*) si avvia il processo di costruzione del modello matematico. Poiché il problema può risultare molto complesso, nella descrizione dell'attività si suggerisce all'insegnante, in questa fase, di proporre problemi più semplici al fine di abituare lo studente all'utilizzo delle trasformazioni geometriche come metodo di risoluzione di problemi. L'insegnante può per esempio proporre il problema noto come Problema di Erone: dati due punti A e B, posti dalla stessa parte di una retta r, determinare su essa un punto C tale che $AC + BC$ sia minimo.

Nella fase 4 (*lavorare matematicamente*) il lavoro matematico consiste nel cercare la soluzione al Problema di Erone, sfruttando la conoscenza della simmetria assiale.

Nella fase 5 (*interpretare*) lo studente è chiamato a cercare di applicare lo strumento matematico usato nella soluzione del Problema di Erone alla situazione schematizzata del biliardo. In questa fase può essere conveniente utilizzare un software di geometria dinamica per simulare il percorso della biglia fino a ottenere una congettura (la direzione secondo cui va lanciata la biglia posta in un punto P del biliardo, affinché, dopo aver battuto contro le quattro sponde consecutive, ripassi per il medesimo punto P è quella della diagonale AC – o BD – del rettangolo che rappresenta il biliardo).

Ne la f æe 6 (*validare*) lo studente può validare o confutare la congettura fatta, lavorando con la composizione di simmetrie e possibilmente provando a lanciare la biglia nel biliardo.

Laboratorio con le Macchine Matematiche

Una macchina matematica è uno strumento che ha la funzione di obbligare un punto, o una figura, a muoversi nello spazio o subire trasformazioni seguendo con esattezza una legge matematicamente determinata. Per esempio si possono annoverare tra le macchine matematiche i prospettografi e gli strumenti meccanici: tra questi, i sistemi articolati costituiti da aste rigide, perni e guide rettilinee, oppure gli strumenti a filo teso. Tutti questi strumenti sono atti a realizzare trasformazioni nel piano (i cosiddetti *pantografi*) ovvero a tracciare curve (*curvigrafi*) e in particolare coniche (*conicografi*). Alcuni di essi sono utilizzati nei percorsi di Matebilandia illustrati nel presente volume.

▲ **Figura 1.5** Prospettografo: il vetro di Durer

▲ **Figura 1.6** Ellissografo di Delaunay

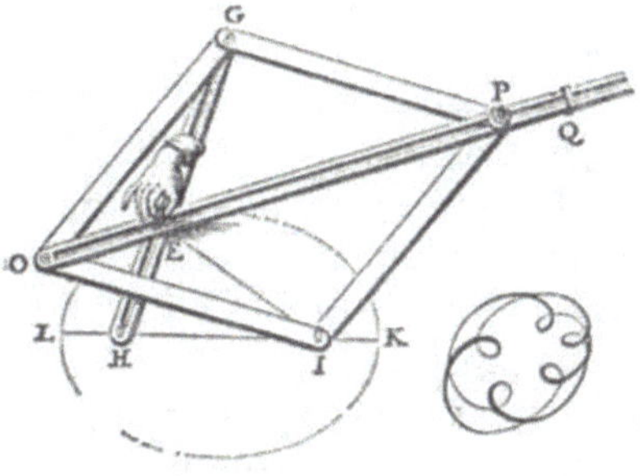

◂ **Figura 1.7** Schema di utilizzo di un ellissografo

Il Laboratorio di Macchine Matematiche dell'Università di Modena e Reggio Emilia da vari anni utilizza tali strumenti come proposta didattica per la scuola primaria e secondaria. Studi sulle implicazioni didattiche di questo tipo di metodologia laboratoriale sono stati compiuti da ricercatori della medesima università e illustrati, insieme al quadro teorico di riferimento, nel volume "Macchine Matematiche: dalla storia alla scuola" [Bartolini Bussi, Maschietto, 2006].

Matematica 2003 le cita a questo proposito:

> La possibilità di manipolare fisicamente oggetti, come per esempio le macchine che generano curve, induce spesso modalità di esplorazione e di costruzione di significato degli oggetti matematici differenti ma altrettanto interessanti e, sotto certi aspetti, più ricche di quelle consentite dall'uso di software di geometria dinamica.

L'attività con le macchine infatti costituisce un'attività propriamente di laboratorio, nella quale lavorando a gruppi e sotto la guida esperta del docente, gli studenti esplorano e utilizzano strumenti matematici. Nel Laboratorio di Modena e nei gruppi a esso afferenti l'attività è sviluppata in più fasi: dall'esplorazione dell'oggetto materiale (come è fatto, da quante aste è composto, ecc) al suo utilizzo come strumento matematico (cosa fa, quale curve traccia, quale trasformazione realizza, ecc), fino ad arrivare a congetture e dimostrazioni sui motivi geometrici del suo comportamento (perché lo fa, come si dimostra che traccia un dato tipo di curva o realizza una data trasformazione).

In tale senso l'attività con le macchine può essere vista come un'attività di M&A *interna* alla matematica (vedi paragrafo 1.3), in quanto lo studente compie una modellizzazione dell'artefatto materiale (l'oggetto reale), per poi utilizzarlo come strumento geometrico.

La didattica con le Macchine è caratterizzata dall'utilizzo in prima persona, da parte degli studenti, di *artefatti* manipolabili tramite i quali è possibile veicolare contenuti matematici. Naturalmente l'introduzione di tali Macchine ne la didattica è un passo delicato in quanto l'approccio alla comprensione e all'utilizzo di tali artefatti non è immediato: sono sì oggetti "trasparenti" che mostrano palesemente la loro struttura e il loro funzionamento, ma necessitano di un'analisi a volte molto accurata per essere compresi. Si tratta infatti, seguendo [Rabardel, 1995], di *strumenti,* ovvero particolari artefatti in cui viene materializzato e *incorporato* il pensiero (matematico, in questo caso), insieme ai loro *schemi d'uso.* Lì si distingue in tal modo dagli *utensili,* artefatti che rispondono semplicemente a esigenze pratiche.

Le Macchine sono quindi strumenti carichi di segni e significati, e proprio in virtù di questo sono in grado di trasmetterli all'utilizzatore. Seguendo [Vygotskij, 1974][14] questa funzione di tramite, riscontrabile in tutti gli artefatti culturali umani, primo tra tutti il linguaggio, è chiamata *mediazione semiotica.*

Come delineato da [Bartolini Bussi, Maschietto, 2006] per Vygotskij infatti, gli strumenti e i sistemi di segni hanno alcune caratteristiche comuni e fondamentali:

- sono il prodotto raffinato di un'attività sociale;
- agiscono sul mondo esterno e insieme producono trasformazioni sul soggetto che li utilizza;
- incorporano elementi importanti del sapere.

In un'attività di laboratorio didattico la *mediazione semiotica* avviene tra il sapere matematico (da cui le Macchine sono un prodotto culturale e materiale) e colui che, sotto la guida del docente, le utilizza.

1.7 Modellizzazione e Applicazioni nei recenti *curricula* italiani

In Italia il tema della modellizzazione, come indicazione metodologica o come argomento di insegnamento è presente da tempo nei *curricula* di matematica. Qui ci si limita a riportare solo alcuni riferimenti che investono la scuola secondaria di secondo grado, senza la pretesa di esaurire l'ampia casistica.

---

[14] Lev Semenovic Vygotskij (1896-1934), psicologo sovietico, padre della scuola storico-culturale. Centrale nel suo pensiero è l'idea che lo sviluppo della psiche viene influenzato e guidato dal contesto sociale e culturale, e così pure i processi psichici superiori (pensiero, linguaggio, memoria). Tra i principali scritti: *Storia dello sviluppo delle funzioni psichiche superiori (1931), Pensiero e linguaggio* (1934).

Nell'allegato "Gli assi culturali" al Regolamento recante norme in materia di adempimento dell'obbligo di istruzione (DM 139, 22 agosto 2007), si dice che:

> La competenza matematica, che non si esaurisce nel sapere disciplinare e neppure riguarda soltanto gli ambiti operativi di riferimento, consiste nell'abilità di individuare e applicare le procedure che consentono di esprimere e affrontare situazioni problematiche attraverso linguaggi formalizzati. La competenza matematica comporta la capacità e la disponibilità a usare *modelli matematici* di pensiero (dialettico e algoritmico) e di rappresentazione grafica e simbolica (formule, modelli, costrutti, grafici, carte), la capacità di comprendere ed esprimere adeguatamente informazioni qualitative e quantitative, di esplorare situazioni problematiche, di porsi e risolvere problemi, di progettare e costruire modelli di situazioni reali. Finalità dell'asse matematico è l'acquisizione al termine dell'obbligo d'istruzione delle abilità necessarie per applicare i principi e i processi matematici di base nel contesto quotidiano della sfera domestica e sul lavoro, nonché per seguire e vagliare la coerenza logica delle argomentazioni proprie e altrui in molteplici contesti di indagine conoscitiva e di decisione.

In maniera ancora più precisa, le "Indicazioni per il *curriculum* per la scuola dell'infanzia e per il primo ciclo d'istruzione", settembre 2007, specificano che:

> ... la matematica ha uno specifico ruolo nello sviluppo della capacità generale di operare e comunicare significati con linguaggi formalizzati e di utilizzare tali linguaggi per rappresentare e costruire *modelli di relazioni* fra oggetti ed eventi. In particolare, la matematica dà strumenti per la descrizione scientifica del mondo e per affrontare problemi utili nella vita quotidiana, inoltre contribuisce a sviluppare la capacità di comunicare e discutere, di argomentare in modo corretto, di comprendere i punti di vista e le argomentazioni degli altri [...]. Caratteristica della pratica matematica è la risoluzione di problemi, che devono essere intesi come questioni autentiche e significative, legate spesso alla vita quotidiana, e non solo esercizi a carattere ripetitivo o quesiti ai quali si risponde semplicemente ricordando una definizione o una regola. Gradualmente, stimolato dalla guida dell'insegnante e dalla discussione con i pari, l'alunno imparerà ad affrontare con fiducia e determinazione situazioni-problema, rappresentandole in diversi modi, conducendo le esplorazioni opportune, dedicando il tempo necessario alla precisa individuazione di ciò che è noto e di ciò che si intende trovare, congetturando soluzioni e risultati, individuando possibili strategie risolutive. [...] In particolare nella scuola secondaria di primo grado si svilupperà un'attività più propriamente di *matematizzazione*, formalizzazione, generalizzazione. L'alunno analizza le situazioni per tradurle in termini matematici, riconosce schemi ricorrenti, stabilisce analogie con modelli noti, sceglie le azioni da compiere (operazioni, costruzioni geometriche, grafici, formalizzazioni, scrittura e risoluzione di equazioni) e le

concatena in modo efficace al fine di produrre una risoluzione del problema [...]. Il laboratorio è una modalità di lavoro che incoraggia la sperimentazione e la progettualità, coinvolge gli alunni nel pensare-realizzare-valutare attività vissute in modo condiviso e partecipato con altri, e che può essere attivata sia all'interno sia all'esterno della scuola, valorizzando il territorio come risorsa per l'apprendimento.

Per quanto riguarda le scuole superiori di secondo grado, nelle finalità dell'insegnamento della matematica, secondo il Piano nazionale per l'introduzione dell'informatica (PNI), si dichiara che:

> Coerentemente con questo processo, l'insegnamento della matematica si è sempre estrinsecato e continua a esplicitarsi in due distinte direzioni: a "leggere il libro della natura" e a *matematizzare* la realtà esterna da una parte, a simboleggiare e a formalizzare, attraverso la costruzione di modelli interpretativi, i propri strumenti di lettura dall'altra (C.M. 6 febbraio 1991, n. 24).

Nello stesso documento appaiono riferimenti alla matematizzazione della realtà negli obiettivi di apprendimento della matematica:

> Alla fine del biennio lo studente dovrà essere in grado di: [...] *matematizzare* semplici situazioni problematiche in vari ambiti disciplinari.

Per il triennio, il PNI prevede, come obiettivi di apprendimento che:

> Alla fine del triennio l'alunno dovrà possedere, sotto l'aspetto concettuale, i contenuti prescrittivi previsti dal programma ed essere in grado di: [...] 4. affrontare situazioni problematiche di varia natura avvalendosi di *modelli matematici* atti alla loro rappresentazione (C.M. 27 settembre 1996, n. 615).

Il progetto di sperimentazione "Brocca" non solo si muove sulle stesse linee del PNI, ma allarga anche la portata dell'attività di matematizzazione là dove afferma, in relazione all'insegnamento nel biennio:

> È invece importante partire da situazioni didattiche che favoriscano l'insorgere di problemi matematizzabili, la pratica di procedimenti euristici per risolverli, la genesi dei concetti e delle teorie, l'approccio a sistemi assiomatici e formali. Le fonti naturali di queste situazioni sono il mondo reale, la stessa matematica e tutte le altre scienze. [...] Dei processi di *matematizzazione* esistono modelli storici esemplari in grado di illustrarne anche le intrinseche difficoltà: si pensi alla matematizzazione pre-euclidea in ambito geometrico e al suo difficile rigoroso approdo euclideo-hilbertiano, al sistema formale dell'aritmetica, delle teorie riguardanti i numeri

reali, alla logica, alla probabilità ecc. In tal senso proprio la riflessione sul ruolo dei modelli e del linguaggio matematico in fisica e nei sistemi complessi della biologia e della sociologia fa cogliere la portata di questo riferimento anche per la didattica della matematica.

Indicazioni simili emergono anche nelle proposte di *curricula* elaborati dall'UMI-CIIM, "La Matematica per il cittadino", in particolare nella descrizione dell'attività del laboratorio di matematica e nelle indicazioni metodologiche:

> Per esempio, l'insegnamento per problemi è assolutamente fondamentale come approccio alla costruzione del sapere, non solo nella matematica. Consiste nel porre problemi agli studenti, facendoli loro risolvere singolarmente, a gruppi, a casa o in classe, in tempi lunghi o brevi. Per problema non intendiamo solo la richiesta di ottenere un risultato a seguito di una serie di calcoli, ma la proposta di riconoscere una situazione problematica di ampia natura, formulata da altri: può trattarsi di un classico problema che ha caratterizzato la storia della matematica, o di un problema sorto da un contesto scolastico, oppure da un contesto extrascolastico, ambientale per esempio, o sportivo, o di vita quotidiana. Risolvere problemi posti da altri è certamente una competenza ambiziosa e a lungo termine ed è anche per questo che dovrebbe essere perseguita fin dalla scuola dell'infanzia. In questo ambito metodologico altrettanto fondamentale è il porsi problemi, ovvero acquisire a poco a poco l'abitudine a porsi criticamente nei confronti della matematica, della scuola, del mondo, per diventare cittadino che utilizza la matematica da persona consapevole, che ne domina le tecniche e non si fa dominare, invece, da esse.[15]

Nello Schema di regolamento recante "Indicazioni nazionali riguardanti gli obiettivi specifici di apprendimento concernenti le attività e gli insegnamenti compresi nei piani degli studi previsti per i percorsi liceali" (disponibile in forma definitiva dal 26 maggio 2010) il tema della modellizzazione trova spazio in tutti i tipi di liceo (con relative opzioni): Artistico, Classico, Linguistico, Musicale e Coreutica, Scientifico, Scienze Umane. In ogni liceo vengono poi privilegiati i collegamenti della modellizzazione con le materie caratterizzanti e al liceo scientifico, in particolare, si raggiunge un approfondimento maggiore; vengono di seguito descritte le indicazioni specifiche proprio di questo tipo di liceo.

Nell'introduzione iniziale del documento relativo al liceo scientifico, *Linee generali e competenze*, tra i gruppi di concetti e metodi che saranno obiettivo di studio compaiono: la geometria piana spaziale euclidea e analitica, il calcolo algebrico, l'analisi, gli strumenti per lo studio dei fenomeni fisici (calcolo vettoriale ed equazioni differenziali), la probabilità e la statistica, l'approccio

---

[15] http://umi.dm.unibo.it/old/italiano/Matematica2003/matematica2003.html

assiomatico, il principio di induzione e anche alcuni elementi legati alla modellizzazione. Viene specificato che:

> Al termine del percorso didattico lo studente avrà approfondito i procedimenti caratteristici del pensiero matematico (definizioni, dimostrazioni, generalizzazioni, formalizzazioni), conoscerà le metodologie di base per la costruzione di un *modello matematico* di un insieme di fenomeni, saprà applicare quanto appreso per la soluzione di problemi, anche utilizzando strumenti informatici di rappresentazione geometrica e di calcolo. Tali capacità operative saranno particolarmente accentuate nel percorso del liceo scientifico, con particolare riguardo per quel che riguarda la conoscenza del calcolo infinitesimale e dei metodi probabilistici di base.

L'argomento della modellizzazione viene poi inserito nelle sezioni che caratterizzano l'intero percorso di studio superiore, con la suddivisione descritta di seguito.

Negli obiettivi specifici di apprendimento del **primo biennio** si trova la modellizzazione in tre diversi temi:

- *Relazioni e funzioni*: obiettivo di studio sarà il linguaggio degli insiemi e delle funzioni, anche per costruire semplici rappresentazioni di fenomeni e come primo passo all'introduzione del concetto di modello matematico; in particolare, lo studente apprenderà a descrivere un problema con un'equazione, una disequazione o un sistema di equazioni o disequazioni; a ottenere informazioni e ricavare le soluzioni di un *modello matematico* di fenomeni, anche in contesti di ricerca operativa o di teoria delle decisioni.

- *Dati e previsioni*: sarà approfondito in modo rigoroso il concetto di *modello matematico*, distinguendone specificità concettuale e metodica rispetto all'approccio della fisica classica.

- *Elementi di informatica*: un tema fondamentale di studio sarà il concetto di algoritmo e l'elaborazione di strategie di risoluzioni algoritmiche nel caso di problemi semplici e di facile modellizzazione.

Negli obiettivi specifici di apprendimento del **secondo biennio** il tema della modellizzazione viene trattata nella sezione *Dati e previsioni*: "in relazione con le nuove conoscenze acquisite (cioè in collegamento alle distribuzioni doppie, ai concetti di deviazione, dipendenza, correlazione, regressione, al calcolo combinatorio e ai teoremi della probabilità) approfondirà il concetto di *modello matematico*".

Infine negli obiettivi specifici di apprendimento del **quinto anno** il tema della modellizzazione viene proposto in:

- *Relazioni e funzioni*: si tratterà soprattutto di comprendere il ruolo del calcolo infinitesimale in quanto strumento concettuale fondamentale nella descrizione e nella *modellizzazione* di fenomeni fisici o di altra natura. Inoltre, lo studente acquisirà familiarità con l'idea generale di ottimizzazione e con le sue applicazioni in numerosi ambiti.

- *Dati e previsioni*: in relazione con le nuove conoscenze acquisite (cioè distribuzioni continue e discrete di probabilità), anche nell'ambito delle relazioni della matematica con altre discipline, lo studente approfondirà il concetto di *modello matematico* e svilupperà la capacità di costruirne e analizzarne esempi.

1.8 Alcuni contributi italiani alla Modellizzazione e Applicazioni nell'insegnamento della matematica

Alcuni tentativi di introdurre la modellizzazione a scuola sono testimoniati, intorno agli anni '70, da varie iniziative in questa direzione; si può citare quanto scritto nel 1976 da E. Castelnuovo e M. Barra nel testo "Matematica nella realtà" (in cui vengono descritti i materiali presentati da un gruppo di studenti della Scuola media "Tasso" in occasione dell'Esposizione di Matematica svoltasi a Roma nel 1974):

> La realtà è comunque sempre presente: si prende spunto dalla realtà, si indaga nella realtà, si traggono, dopo aver matematizzato, regole di comportamento per la realtà" e proseguendo nella spiegazione degli obiettivi del libro gli stessi autori affermavano " lo scopo che ci siamo prefissi non è tanto quello di perseguire rigorose dimostrazioni matematiche, quanto piuttosto di abituare i ragazzi alla ricerca autonoma, proponendoci di sviluppare le possibilità di osservazione, l'intuizione, il senso critico e in generale alcune attitudini di pensiero. Ciò è particolarmente utile nella vita di oggi che, diventando sempre più complicata, rischia di non essere compresa da una larga massa di persone, in tal modo relegate a un atteggiamento puramente passivo.

La ricerca di un forte collegamento tra matematica e realtà ha portato gli autori a sviluppare materiali sia rivolti alle scuole secondarie di primo grado, sia alle scuole secondarie di secondo grado; un esempio è il libro di testo "La matematica nella realtà" di [Castelnuovo, Gori Giorgi, Valenti, 1986].

Sempre nel 1976 esce il volume "Mondo reale e modelli matematici", di Bruno Spotorno e Vinicio Villani, che fornisce varie indicazioni su possibili percorsi di modellizzazione, rivolti ad allievi del primo biennio della scuola secondaria superiore, con l'impiego di strumenti matematici di aritmetica, algebra, geometria, statistica e i primi elementi di analisi. Nella parte introduttiva del testo si cerca di dare alcune risposte a domande cruciali relative al perché si insegna, a come si insegna o si dovrebbe insegnare, a cosa insegnare.

Gli autori segnalano come "particolari difficoltà nascono per quanto concerne la matematica, per il carattere di astrazione assai spinta che tale insegnamento presenta, e per l'apparente mancanza di motivazioni e applicazioni concrete di ciò che viene insegnato" e sostengono la posizione secondo cui "la matematica è il più efficace strumento di analisi del mondo reale e quindi fine del suo insegnamento è addestrare i giovani a interpretare e costruire modelli matematici della realtà", anche sulla base di motivazioni psicologiche: "in genere nel giovane prevalgono la curiosità, la fantasia, il desiderio di autoaffermazione nell'interpretazione del mondo".

Gli autori propongono un insegnamento per problemi basato su tre momenti: "quello della matematizzazione della situazione prospettata nel problema, quello della risoluzione del problema matematizzato, quello dell'interpretazione del risultato ottenuto". Per ovviare alla possibile frammentarietà delle conoscenze, a cui un insegnamento di questo tipo può portare, viene suggerito di operare una scelta oculata dei problemi e di condurre una loro discussione approfondita, rielaborazione e generalizzazione.

A eccezione di alcuni casi, queste prime proposte di esperienze relative all'insegnamento della modellizzazione non vengono però recepite dalla maggioranza delle scuole superiori italiane; sono seguiti successivi rilanci verso questo tipo di insegnamento, soprattutto a partire dagli anni '90 fino a oggi, in accordo con le indicazioni emerse dalla "Matematica per il cittadino" UMI, dalle indagini INVALSI e OCSE-PISA, dalle Indicazioni nazionali riguardanti gli obiettivi specifici di apprendimento.

Ricerche didattiche su M&A, in ambito universitario, in particolare sulle attività di modellizzazione nelle quali è coinvolto l'uso della tecnologia, vengono portate avanti in Italia da vari gruppi.

Per esempio, da ricercatori torinesi sono stati condotti studi sul campo, coinvolgendo classi dalla scuola dell'infanzia alle scuole secondarie di secondo grado.

Sono state studiate "le strategie cognitive che vengono attivate dai bambini durante la modellizzazione di situazioni problematiche"; per esempio, nel caso di una classe quinta elementare, usando artefatti tecnologici (contapassi e calcolatrici) si indaga sulla "costruzione del significato di moto uniforme e del suo modello matematico (proporzionalità diretta) tramite rappresentazioni simboliche", si analizza come "gli strumenti influenzano la produzione di segni che mediano i concetti" e "la costruzione del sapere nasce dal lavoro collettivo di bambini e strumenti, che interagiscono durante l'attività, coordinati dall'insegnante"[16].

La tecnologia può giocare un ruolo importante anche nell'introduzione di un concetto cruciale della modellizzazione, quello di funzione:

[16] O. Robutti, "Bambini-con-tecnologie alla scuola primaria: il contapassi per descrivere grafici di moti", *Innovazione educativa*, pp. 71-82, Vol. 3, Inserto del n.8 (2007); in: http://kidslink.bo.cnr.it/irrsaeer/rivista/innoegionale8-06.pdf

> L'uso di sensori di posizione, di software di geometria dinamica o di manipolazione simbolica, può modificare, anche profondamente, il processo di insegnamento - apprendimento e di costruzione di significato per alcuni oggetti matematici, come per esempio quello di funzione [...]. Un'attività svolta con i s ensori di movimento e tes aa introdurre il concetto di funzione e a fondarne il significato sull'esperienza del movimento stesso degli studenti è stata svolta in diversi livelli scolari.[17]

L'attività di costruzione di significati matematici, partendo da esperimenti di fisica, permette di realizzare un laboratorio matematico, inteso come ambiente di insegnamento-apprendimento, in cui esplorare anche lo sviluppo del *senso del grafico* nello studente, il ruolo della gestualità, come insieme di atti simbolici carichi di significato quanto le parole[18].

Sul fronte invece dei progetti didattici, di interazione tra scuola e università, si segnalano i progetti *Innovamatica*[19] e, successivamente, *Matematica&Realtà* realizzati dal Dipartimento di Matematica e Informatica dell'Università degli Studi di Perugia e del Centro PRISTEM dell'Università Bocconi di Milano.

Matematica&Realtà (M&R) è un progetto che propone:

> ... un'educazione alla modellizzazione come motore di innovazione didattica promuovendo l'interazione dinamica tra mondo reale e mondo matematico come elemento chiave del processo di insegnamento-apprendimento. Agganciare la teoria matematica al mondo reale, oltre a stimolare l'interesse, promuove un apprendimento attivo, aiuta ad affrontare lo studio come scoperta e favorisce la comprensione dei concetti matematici. Partendo da problemi elementari con l'obiettivo della loro formalizzazione matematica, si introducono concetti e strumenti che vengono acquisiti e testati nella fase di studio del modello. Successivamente la valutazione dell'efficienza del modello consente di perfezionare gli strumenti, riflettere sulla teoria ed evidenziare ulteriori esigenze.

---

[17] D. Paola, O. Robutti, "L'uso dei sensori di movimento per recuperare le radici cognitive del concetto di funzione, FORM@RE , pp. 6- 10, Vol. 57 (2008), in: http://formare.erickson.it/wordpress/?p=1802

[18] O. Robutti, "Motion, Technology, Gesture in Interpreting Graphs", *The International Journal for Technology in Mathematics Education*, pp. 117- 126, Vol. 13, n.3 (2006); O. Robutti, "Space-time representations in young children: Thinking through gestures in motion experiments", in Christopher Andersen et al., Representational Systems and Practices as Learning Tools in Different Fields of Knowledge, Sense Publishers, Rotterdam, pp. 59- 75 (2009); F. Ferrara, "Due esperienze a confronto: il senso del grafico con e senza l'uso della tecnologia". *Ipotesi*, n.2, 2002; F. Arzarello, G. Pezzi, O. Robutti, "Modelling Body Motion: an approach to functions using measure instruments", in [Blum et al., 2007].

[19] Il progetto Innovamatica ha promosso i percorsi di Orientamatica, un progetto pilota di raccordo tra gli studi superiori e quelli universitari incentrato sull'educazione alla modellizzazione con strumenti elementari.

Attualmente il progetto nazionale M&R offre molte opportunità per docenti e studenti dei diversi ordini e gradi: per i primi vengono organizzati convegni, laboratori, sperimentazioni di percorsi didattici, mentre per gli allievi sono disponibili laboratori di potenziamento, sfide, campus per eccellenze e preparazioni ai test d'ingresso universitari[20].

Anche all'interno del progetto Lauree Scientifiche si sono sviluppati, o si prevedono per i prossimi anni, laboratori relativi alla modellistica matematica; vi sono riferimenti in tal senso anche nel documento del Ministero dell'Istruzione, Linee guida, del 29 Aprile 2010, sull'attuazione del progetto lauree scientifiche per gli anni 2010- 2012.

Esperienze didattiche che coinvolgono la modellizzazione sono presenti anche nei materiali prodotti all'interno del progetto SeT. Promosso dal Ministero della Pubblica Istruzione attorno agli anni Duemila, il Progetto per l'Educazione Scientifico-Tecnologica aveva promosso la presentazione di progetti finalizzati alla produzione di materiali e servizi per l'educazione scientifico-tecnologica, favorendo la pubblicazione e la diffusione delle buone pratiche dei docenti[21]. Tra quelli più vicini alla modellizzazione o all'interpretazione della realtà con strumenti matematici, si citano, a titolo di esempio:

- Il progetto ArAl (Percorsi nell'Aritmetica per favorire il pensiero pre-Algebrico), avente tra i suoi punti fondamentali quello di "presentare situazioni problematiche aperte la cui esplorazione porti all'attivazione del linguaggio algebrico per individuare relazioni o proprietà, elaborare informazioni e risolvere problemi, mostrandolo così agli allievi come efficace strumento di produzione di pensiero"[22].
- Il progetto "I linguaggi della matematica e delle scienze e la razionalizzazione di fenomeni ed esperienze comuni"[23] ha elaborato unità di lavoro che hanno come motivo conduttore il legame fra l'esperienza extrascolastica degli allievi e la necessità di rappresentarla e interpretarla secondo i modelli della razionalità scientifica. Alcune unità fanno riferimento all'esperienza quotidiana dei bambini riguardante fenomeni naturali, oggetti e macchine di uso comune.

È possibile oggi trovare direttamente con Internet molto materiale dedicato all'insegnamento della modellizzazione e anche associazioni o gruppi di docenti/ricercatori che promuovono lo sviluppo, la diffusione e la divulgazione di questo tema.

---

[20] Informazioni sui due progetti e sul concetto di modellizzazione da questi sviluppato in: http://www.treccani.it/Portale/sito/scuola/in_aula/matematica/modelli/mainArea.html

[21] Il progetto SeT e i materiali prodotti sono disponibili all'indirizzo: http://www.indire.it/set/area1_esperienzescuole/cm131/1.htm

[22] Maggiori informazioni sono disponibili presso il sito del progetto: http://www.aralweb.unimore.it/on-line/Home.html

[23] Vedere il sito dedicato al progetto: http://didmat.dima.unige.it/set_modelli/index.html

Si cita, a titolo di esempio, il sito realizzato dal SIMAI-DMA (SIMAI: Società Italiana di Matematica Applicata e Industriale[24]; DMA: Divulgazione Matematica Applicata) creato nel 2008 su iniziativa di un gruppo di matematici con lo scopo di divulgare la matematica a partire da quella applicata: *La matematica può allora raggiungere una divulgazione vincente proprio facendo appello alla sua anima più concreta - le applicazioni - che hanno il vantaggio di sfoggiare il doppio fascino della bellezza dell'assunto teorico e della sua utilità.*

Il sito è ricchissimo di materiali e informazioni; comprende interviste, articoli, schede divulgative, forum, giochi, richiami a eventi.

È possibile reperire in rete riferimenti a testi digitali che danno spazio alla modellizzazione, come quello elaborato dal gruppo di ricerca operante presso il Dipartimento di Matematica dell'Università di Genova, collegato al progetto MaCoSa (*MAtematica per COnoscere e per SApere*), per l'insegnamento della matematica nella scuola secondaria superiore.

Dal sito[25] si può accedere a una versione online del libro e ai materiali a esso collegati; nel testo, impostato in modo da attuare le indicazioni presenti nei nuovi programmi:

> Si dà grande importanza all'uso appropriato dei linguaggi della matematica e all'applicazione corretta dei modelli matematici (equazioni, funzioni, diagrammi) alle situazioni reali, aspetti entrambi importanti per usare consapevolmente la matematica di oggi. [...] Si è ritenuto opportuno tentare la strada di riorganizzare temi e metodi matematici, e di riflettere sui problemi del loro insegnamento, all'interno di itinerari didattici di ampio respiro conoscitivo, dando rilievo sia alla matematizzazione e alla discussione dei limiti dei modelli matematici, facendo anche riferimento a concetti di altre discipline, sia all'analisi e alla messa a punto di collegamenti, descrizioni, ragionamenti di tipo interno alla matematica.

---

[24] http://maddmaths.simai.eu/

[25] http://macosa.dima.unige.it

Capitolo 2
Un parco di divertimenti come ambiente di apprendimento

2.1 I parchi di divertimento: storia, caratteristiche e record

Quando si pensa ai parchi di divertimento, in Italia vengono in mente subito i nomi di Gardaland e Mirabilandia, ma nel mondo il loro numero è estremamente elevato e la loro tipologia molto varia: si va dai tradizionali Luna Park mobili, tipici delle feste paesane, ai parchi acquatici, essenzialmente estivi, ai parchi ambientali (marini, faunistici, botanici), a quelli tematici.

Una ricerca con Internet relativa all'argomento fornisce numeri da capogiro, con decine di migliaia di voci in risposta; non mancano poi i siti specializzati ,veri e propri portali per i fan dei parchi di divertimento[1], aggiornatissimi su ogni novità.

Mentre le prime attrazioni, come gli ottovolanti o le ruote panoramiche, hanno ormai più di un secolo di vita, il parco di divertimenti costituito come una vera e propria città del divertimento, con strade, negozi, attrazioni, è nato in tempi più recenti, precisamente nel 1955 vicino a Los Angeles: si trattava del famoso Disneyland, parco tematico centrato sui personaggi creati da Walt Disney. Il suo equivalente in Europa, Disneyland Paris, è del 1992 e il primo grande parco italiano, Gardaland, è stato realizzato nel 1975.

Tra le attrazioni simboliche dei parchi c'è indubbiamente la Ruota panoramica. La prima (Fig. 2.1), progettata dall'ingegnere americano G.W. Ferris (da cui il nome *Ferris Wheel* usato nei paesi di lingua anglosassone), fu costruita a Chicago nel 1893 in occasione della *World's Columbian Exposition,* in competizione con la Tour Eiffel, costruita pochi anni prima per l'Esposizione Universale di Parigi del 1889. Era alta 80 metri, con 36 cabine da 60 posti (40 a sedere e 20 in piedi), poteva quindi trasportare ben 2160 persone. Fu smontata nel 1904, ricostruita a Saint Louis per l'esposizione universale della città e demolita nel 1906.

◂ **Figura 2.1** Prima ruota panoramica, del 1893, progettata da G.W. Ferris

---

[1] Tra i più frequentati: http://www.parksmania.it/ ; http://www.parchionline.it

È famosa la ruota panoramica del Prater di Vienna (Fig. 2.2), realizzata nel 1897 per celebrare il cinquantesimo anniversario di regno dell'imperatore Francesco Giuseppe e ormai divenuta uno dei simboli della città. Dopo la sua prima comparsa nella pellicola *The third man* del 1949, la Ruota è apparsa nelle scene di altri film.

▲ **Figura 2.2** Ruota panoramica del Prater di Vienna

◂ **Figura 2.3** London Eye

Anche la *London Eye* (Fig. 2.3), o *Millenium Wheel*, la Ruota panoramica costruita per il nuovo millennio e che dall'anno 2000 fa parte dello *skyline* di Londra, è apparsa in molti film e spettacoli televisivi ambientati nella capitale inglese. Fino al 2006 è stata la più alta del mondo, con i suoi 135 metri di altezza; attualmente il record è detenuto dalla *Singapore Flyer*, alta 165 m, completata nel 2008, in attesa delle ruote ancora più alte in costruzione a Pechino, Berlino e Dubai.

Altre attrazioni simbolo dei parchi sono gli ottovolanti, *roller coaster* nel gergo internazionale, dove l'arditezza della progettazione, le soluzioni ingegneristiche, le innovazioni tecnologiche, trovano la loro massima espressione.

Figura 2.4 Primi esemplari di montagne russe

Il nome popolare di "montagne russe", con cui spesso vengono chiamate queste attrazioni, probabilmente è legato all'antica origine. I primi esemplari furono costruiti in Russia nel XVII secolo (Fig. 2.4): inizialmente erano semplicemente costituiti da un doppio piano inclinato, realizzato in legno e ricoperto di ghiaccio, su cui si scendeva a bordo di slitte. Poi vennero utilizzati i carrelli con le ruote, che percorrevano i "wooden coaster", ottovolanti con la struttura in legno, seguiti dagli "steel coasters" con la struttura in acciaio, e via così verso strutture sempre più avveniristiche e audaci. Anche per i roller coaster la sfida al record è sempre aperta: attualmente il record di altezza (139 m) e accelerazione (da 0 a 206 km/h in 3,5 s) è detenuto dal Kingda Ka (Fig. 2.5), nel Six Flags Amusement Park a Jackson (New Jersey, USA), ma già altri parchi in costruzione promettono di battere il primato.

Figura 2.5 Roller coaster Kingda Ka, New Jersey, USA

Nonostante i numeri da brivido per quanto riguarda velocità, accelerazioni, sollecitazioni fisiche, ecc., il numero d'incidenti che si verificano nei parchi è veramente piccolo, anzi trascurabile: possono essere considerati, a ragione, tra i luoghi più sicuri in confronto ai milioni di persone che ogni anno vi si recano. Questi risultati sono il frutto di progettazioni e costruzioni precise, manutenzioni accurate e rispetto scrupoloso delle norme di sicurezza e delle procedure di controllo.

2.2 Le attrazioni di Mirabilandia

Fra le decine di attrazioni del parco di Mirabilandia, si descrivono brevemente le caratteristiche di quelle utilizzate per le attività didattiche di fisica e di matematica.

Katun

Il Katun è un *inverted coaster*, cioè un ottovolante dove i carrelli con i passeggeri scorrono appesi ai binari. Inaugurato nel 2000, è stato fino al 2002 il più lungo d'Europa (circa 1200 m) e anche il più alto (circa 50 m) e più veloce (104 km/h con punte anche maggiori al termine della prima discesa). Il percorso si snoda in un ambiente che riproduce fedelmente delle rovine Maya; lo stesso nome Katun è un termine del calendario Maya e indica un periodo di 7200 giorni, circa vent'anni. Il percorso è caratterizzato dalla presenza di molte "figure": subito dopo la prima discesa si affronta un loop verticale a 360° (Fig. 2.6), poi lo "zero-G roll" (un avvitamento in assenza di gravità-0 *g*), il "Cobra" (Fig. 2.7) (due mezzi loop inframmezzati da due mezzi avvitamenti speculari), un loop a 270°, due avvitamenti e l'elica finale (in pratica un loop orizzontale).

Gli ottovolanti come il Katun hanno le rotaie in acciaio a forma tubolare, per cui le ruote possono correre sopra, sotto e lateralmente (Fig. 2.8), consentendo al treno di affrontare qualsiasi tipo di evoluzione in massima sicurezza. Lo spettatore lanciato sul Katun forse non immagina che la sua corsa sia controllata da un computer che sovrintende tutto, che lungo i binari ci sono freni sempre chiusi che si aprono solo al passaggio dei vagoni, che la partenza avviene solo dopo l'OK dei sistemi di sicurezza automatici e di due operatori distanti fra loro che premono contemporaneamente un pulsante.

Le attrazioni come il Katun, per la fisica, si prestano ottimamente a discutere le sensazioni provate, a misurare accelerazioni (che raggiungono valori fino a 4 *g*) e variazioni di pressione atmosferica durante il moto, ad applicare le leggi di Newton; l'interesse principale è però rivolto allo studio concreto dell'energia, analizzando esempi reali di trasformazioni di energia cinetica, potenziale, termica. Se si guarda invece il Katun con "occhio matematico", il suo profilo appare come una vera e propria miniera di curve, ogni "figura" può infatti essere descritta in termini di curve algebriche o trascendenti.

▲ Figura 2.6 Katun di Mirabilandia, vista del loop

▲ Figura 2.7 "Cobra" del Katun

◂ Figura 2.8 Ruote del treno del Katun

Eurowheel

Eurowheel, la Ruota panoramica di Mirabilandia, è l'attrazione storica, più maestosa, di Mirabilandia (Fig. 2.9) e ne è diventata il simbolo ufficiale, visibile anche a chilometri di distanza. È alta quasi 90 metri, seconda in altezza in Europa solo alla *London Eye*; dotata di cinquanta cabine, può ospitare circa 2200 persone all'ora. Illuminata da circa 50.000 lampadine, offre di notte uno spettacolo suggestivo. Un giro sull'Eurowheel dura all'incirca 15 minuti e dal punto più alto sono visibili l'intero parco, la pineta vicina, e un ampio panorama che si estende dal mare all'Appennino nelle giornate più limpide.

L'attrazione, per la fisica, permette di misurare le variazioni della pressione atmosferica in funzione dell'altezza e costituisce un bell'esempio di moto circolare uniforme da analizzare. La forma dell'attrazione, osservata da punti diversi, è invece lo spunto per un'attività matematica riguardante le coniche.

▲ Figura 2.9 Ruota panoramica di Mirabilandia

Colazione da Papere e Pentole Stregate

Colazione da Papere (Fig. 2.10) e Pentole Stregate sono giostre presenti in molti parchi di divertimento: si tratta di piattaforme rotanti su cui sono disposte tazze a forma di papera o pentole giganti, a loro volta ruotanti, in cui prendono posto i visitatori. La prima, situata nell'area del Parco di Mirabilandia dedicata ai bambini più piccoli, trae il suo nome dal tema cui è ispirata: una serie di tazze da thè a forma di papere, disposte in cerchio e con al centro una grande chioccia sopraelevata. È costituita da una base, che ruota a velocità angolare costante, su cui sono montate sei tazze, alla stessa distanza l'una dall'altra, libere di ruotare, ognuna delle quali dispone al centro di un volante che il passeggero può manovrare, regolando in tal modo la velocità di rotazione della tazza attorno al proprio asse, in intensità e verso. La piattaforma subisce all'inizio della corsa una piccola accelerazione fino a raggiungere la velocità di regime, che si mantiene costante fino alla decelerazione al temine della corsa.

Nelle Pentole Stregate (Fig. 2.11) sono presenti tre rotazioni ed entrano in gioco accelerazioni centripete anche molto intense; è adatta a un pubblico più "robusto" in fatto di sensazioni.

L'apparente semplicità di queste giostre non deve ingannare, poiché lo studio matematico non è per nulla banale e può suscitare inaspettate curiosità.

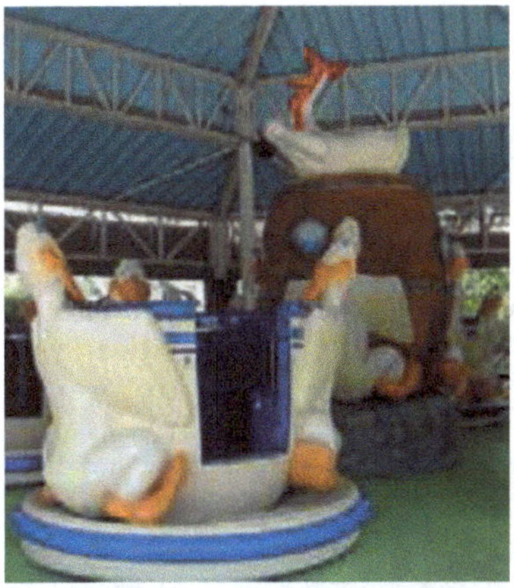

▲ **Figura 2.11** Pentole Stregate

◄ **Figura 2.10** Colazione da papere

Torri Discovery e Columbia

Si tratta di due strutture a traliccio, affiancate, alte 65 metri, sulle quali scorrono degli ascensori (o carrelli) (Fig. 2.12). Quello del Discovery viene lentamente sollevato in alto e, dopo qualche secondo di attesa, è spinto verso il basso, per poi rimbalzare verso la cima del traliccio; prima di fermarsi, compie diverse oscillazioni. Nel Columbia, invece, il carrello viene spinto, quando è ancora fermo a terra, verso la cima della torre, per poi tornare verso il basso, compiendo anche in questo caso vari rimbalzi.

Per la fisica queste attrazioni sono ideali per analizzare le sensazioni che si provano quando si è sottoposti a forti accelerazioni (circa 3 *g*), per effettuare misure di pressione e accelerazione, per affrontare il problema del moto da diversi sistemi di riferimento. Gli studenti, s diti a bordo del Discovery con un bicchiere d'acqua, quando vengono lanciati verso il basso restano molto meravigliati vedendo *l'acqua uscire dal bicchiere e salire verso l'alto* (Fig. 2.13).

▲ **Figura 2.12** Il carrello della Torre Discovery

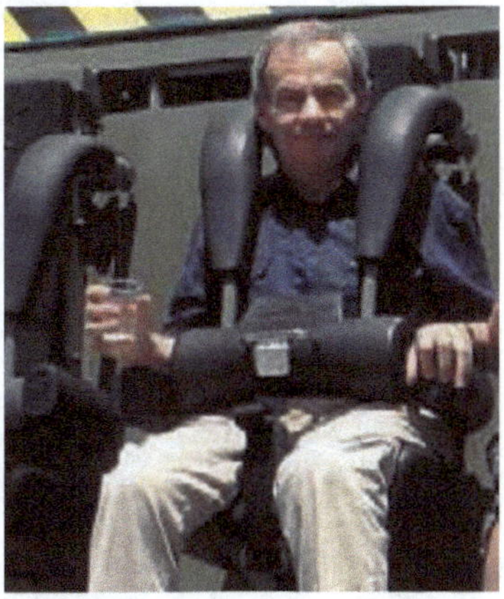

▲ **Figura 2.13** Esperimento con il bicchiere d'acqua sul Discovery

Carousel

Il Carousel (Fig. 2.14) è una giostra a due piani dove è possibile salire a bordo di cavalli e carrozze interamente dipinti a mano. Questa classica giostra, che rimanda all'infanzia, per la fisica è una piattaforma rotante preziosa per ripetere in trenta secondi l'esperienza del pendolo che Foucault realizzò in trenta ore nel Pantheon di Parigi, come prova della rotazione terrestre (Fig. 2.15). Inoltre, con dimostrazioni sperimentali, osservando per esempio il getto d'acqua deviato di una fontana di Coriolis (Fig. 2.16), si studia il ruolo delle forze apparenti nei sistemi di riferimento non inerziali.

▲ **Figura 2.14** Carousel

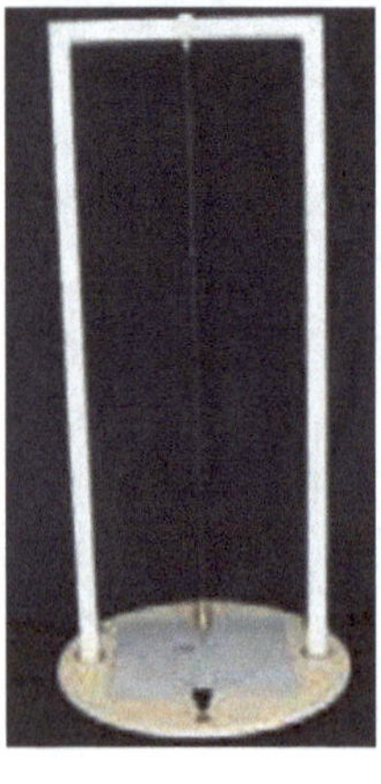

◀ **Figura 2.15** Pendolo di Foucault sul Carousel

◀ **Figura 2.16** Fontana di Coriolis sul Carousel

2.3 I parchi come ambienti di apprendimento

L'idea che i parchi diano la possibilità non solo di divertirsi, ma anche di imparare, è diffusa già da molti anni negli Stati Uniti, dove vengono organizzate ogni anno, spesso in collaborazione con le Associazioni di insegnanti, giornate dedicate alle scuole. Siti web, strumenti dedicati, libri e manuali per pianificare al meglio la visita a un parco sono piuttosto diffusi oltreoceano. Per fare solo qualche esempio, la grande catena di parchi "Six Flags", organizza in varie località degli Stati Uniti i "Physics Days"[2], mentre il parco "California's Great America" presenta i "Physics, Science and Math Days"[3].

In Europa alcune esperienze didattiche organizzate sono state svolte nel parco Liseberg, a Göteborg, in Svezia[4].

Le attività a carattere matematico che si svolgono in varie località nel mondo riguardano normalmente la ricerca e la descrizione delle forme degli oggetti che si possono incontrare girando nei parchi, in particolare nelle attrazioni stesse; si propone la misura di angoli, lati, aree e volumi delle figure geometriche corrispondenti a parti di attrazioni o si chiedono misure di natura cinematica o calcoli di tipo algebrico o statistico[5]. Le giostre dei parchi possono essere anche una buona fonte di ispirazione per l'elaborazione di problemi matematici agganciati alla realtà, come testimoniano alcune attività svolte con studenti universitari in formazione come futuri insegnanti[6].

In Italia, a parte occasionali iniziative, un'attività didattica regolare riguardante le discipline scientifiche è nata nel 2002 a Mirabilandia.

Mirabilandia, un'Aula senza pareti

All'inizio si è trattato di una sperimentazione di fisica organizzata da un gruppo di docenti del Liceo "E. Torricelli" di Faenza, città vicina al parco. È nata come attività di RicercaAzione, aggiudicandosi nell'a.s. 2001-2002 una Borsa di Ricerca dell'IRRE-ER all'interno del progetto MIUR "Borse di ricerca per insegnanti"[7]. La ricerca, dal titolo "Fisica a Mirabilandia", curata dai professori Alessandro Foschi, Giorgio Guerrini, Lucia Paglialonga, Giovanni Pezzi, aveva l'obiettivo di verif care s ee come un ambiente reale, particolarmente accattivante come un parco di divertimenti, potesse costituire un laboratorio utilizzabile per l'applicazione e la verifica di nozioni teoriche precedentemente affrontate in alcune classi liceali, in ambito sia matematico sia fisico.

---

[2] http://www.slapt.org/resources/sixflags/index.html
[3] http://homepage.mac.com/cbakken/cga/index.html
[4] http://physics.gu.se/LISEBERG/
[5] http://www.kutztown.edu/acad/coe/seced/projects.asp;
http://www.hersheypark.com/groups/schools.php
[6] Pendrill, Lindberg, "Assessment in mathematics Teacher Education," in
http://physics.gu.se/LISEBERG/M/lindberg_pendrill_09.html
[7] http://kidslink.bo.cnr.it/irrsaeer/borsric02/index.html

In seguito, dopo il successo della prima esperienza, l'attività fu inserita nei progetti didattici del parco di Mirabilandia e da allora ogni scuola può prenotare e realizzare i percorsi proposti[8], sotto la guida di tutor appositamente preparati. La necessità di confrontarsi sulle problematiche didattiche connesse ha portato alla realizzazione di convegni annuali, dal titolo "Nuove idee per l'insegnamento scientifico", che si tengono a Mirabilandia dal 2002. Col passare de ltempo questi convegni sono diventati un appuntamento fisso per i docenti, dalla scuola primaria alla secondaria, non solo per scoprire in anteprima le novità che ogni anno il parco prepara, ma anche per presentare le esperienze fatte con le proprie classi, approfondire tematiche didattiche, vivere direttamente in prima persona, nei workshop pomeridiani, le esperienze che vengono proposte agli allievi[9].

Un ruolo significativo per la buona riuscita dei percorsi didattici è sempre stato giocato, fin dall'inizio, dai tutor che gestiscono i progetti didattici con le classi: si tratta di studenti universitari di facoltà scientifiche, studenti delle ex-SSIS, laureati, tutti appositamente preparati. Per loro non è solo un'occasione di lavoro, ma anche un utile approfondimento e un'applicazione dei concetti teorici incontrati nel corso degli studi; l'esperienza poi è particolarmente proficua per coloro che si orientano verso l'insegnamento. L'attività di formazione dei tutor per molti anni si è svolta in stretto contatto con il Dipartimento di Fisica dell'Università di Bologna, che ha anche riconosciuto l'attività dei tutor valida come tirocinio. La partecipazione attiva di studenti del corso di laurea in fisica a queste attività si è tradotta anche in due tesi di laurea[10], una delle quali, in particolare, volta ad approfondire la ricaduta didattica delle attività al parco nel curriculum di fisica degli studenti delle scuole superiori.

Lo spirito di curiosità, ricerca, applicazione con cui era nato il progetto di fisica ha continuato a manifestarsi anche in seguito negli anni. Ogni nuova attrazione realizzata nel parco è una sfida per vederne le possibili implicazioni didattiche e discuterne in occasione di Convegni nazionali e internazionali. Così come dalla discussione con gli studenti sono nati stimoli che hanno portato ad approfondimenti della fisica di alcune attrazioni[11].

---

[8] http://www.mirabilandia.it/#/scuole/

[9] I programmi dei Convegni degli anni passati sono disponibili all'indirizzo: http://www.mirabilandia.it/#/scuole/

[10] M. Facchini: "Il ruolo dell'apprendimento informale nel curriculum di fisica: l'esperienza di Mirabilandia", a.a. 2004-2005, Università di Bologna, Facoltà di scienze matematiche, fisiche e naturali, Corso di Laurea in Fisica.
S. De Falco, "La fisica a Mirabilandia: riflessioni dal punto di vista di un animatore", a.a. 2006-2007, Università di Bologna, Facoltà di scienze matematiche, fisiche e naturali, Corso di Laurea in Fisica.

[11] S. Alberghi, A. Foschi, F. Ortolani, G. Pezzi, "Is It More Thrilling to Ride at the Front or the Back of a Roller Coaster?" The Physics Teacher, dicembre 2007, http://scitation.aip.org/tpt/

2.4. Un parco di divertimenti come laboratorio di fisica

La possibilità di effettuare un percorso di fisica come quello disponibile al parco di Mirabilandia può essere un'esperienza importante per gli studenti: una disciplina come la fisica, troppo spesso ritenuta ostica, noiosa, ridotta a un insieme di formule da imparare a memoria, si può finalmente associare nella loro mente a un'esperienza gradevole, nella quale i concetti acquistano tutta la concretezza legata all'esperienza percettiva e si sperimenta come "apprendere" non sia in antagonismo con un'esperienza di puro divertimento.

Un punto di forza di questi progetti, in cui il parco diventa un'"Aula senza pareti", sta proprio nella capacità di sfruttare alcuni fattori chiave per catturare l'attenzione degli studenti: il divertimento e la curiosità. A Mirabilandia, lontani dai banchi di scuola, gli studenti hanno la possibilità di vedere la fisica e la matematica in maniera divers ae di af fontarne lo studio con maggiore disponibilità; ciò su cui si fa leva, infatti, è l'interesse, la voglia di imparare, di capire, di scoprire.

L'apprendimento per la fisica al parco comincia dall'attenzione al proprio corpo e alle sensazioni che si provano salendo sulle attrazioni: concetti come velocità, accelerazione, forza centripeta, assenza di peso, ecc. acquistano una diversa concretezza quando non sono solo definizioni o formule ma diventano esperienza vissuta; dopo un giro su un'attrazione, la discussione e il confronto sulle sensazioni fisiche provate a bordo è sempre molto istruttiva. La fisica richiede anche osservazioni qualitative e misure quantitative, e agli alunni viene chiesto di farne, in questo particolare laboratorio all'aria aperta, sia a bordo delle attrazioni sia a terra, con strumenti tradizionali (cronometri, metri), con strumenti portatili per l'acquisizione elettronica dei dati in tempo reale (Fig. 2.17) e con apparecchi costruiti ad hoc, come accelerometri a molla (Fig. 2.18) o ad ago, bicchieri pieni di acqua, palline legate a elastici, che permettono di evidenziare visivamente accelerazioni, variazioni di pressione e così via.

◂ **Figura 2.17** Strumentazione portatile per la raccolta dati in tempo reale sul Katun

◂ **Figura 2.18** Accelerometro a molla e sensori sulla Torre Discovery

Il collegamento tra l'esperienza vissuta col proprio corpo a bordo delle attrazioni, la raccolta dei dati con la strumentazione portatile, la loro visualizzazione (Fig. 2.19) e interpretazione è stato il metodo di lavoro comunemente seguito.

Il parco di Mirabilandia si è dimostrato anche un buon laboratorio di ricerca didattica, per osservare e analizzare come il corpo, il linguaggio e gli strumenti mediano e supportano la transizione degli studenti dalle percezioni alla rappresentazione simbolica, come hanno indagato le ricerche condotte dal Dipartimento di Matematica dell'Università di Torino[12].

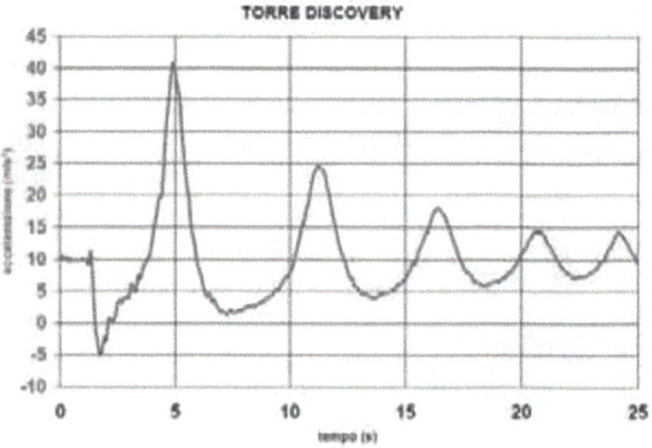

◂ **Figura 2.19** Grafico dell'accelerazione al variare del tempo sulla Torre Discovery

[12] F. Arzarello, G. Pezzi, O. Robutti, "Modelling Body Motion: an approach to functions using measure instruments", in [Blum et al., 2007], Modelling and Applications in Mathematics Education, the 14th ICMI Study, a cura di Blum, Galbraith, Henn, Niss, Springer 2007.

2.5 Un parco di divertimenti come laboratorio di matematica

La valenza didattica di quest'Aula senza pareti è sembrata tale da meritare di essere estesa oltre i confini della sola fisica. E così, nel 2008, un gruppo di insegnanti, in gran parte del Liceo "E. Torricelli" di Faenza, ha pensato di applicare la stessa metodologia anche alla matematica. L'equipe era costituita da Stefano Alberghi, Alessandro Foschi, Sandra Gaudenzi, Lucia Paglialonga, Giovanni Pezzi, Lorenza Resta. È nato il progetto Matebilandia (= Matematica a Mirabilandia) sperimentato con numerose classi nel 2008 e nel 2009, e poi inserito nei progetti didattici di Mirabilandia, a disposizione di tutte le scuole che ne facciano richiesta.

Il progetto si basa su un modo innovativo di fare didattica della matematica, coniugando anche in questo caso divertimento e apprendimento. Si rivoluziona il "quando", il "come" e il "dove" insegnare e imparare la matematica. Il Parco di Mirabilandia diventa un laboratorio reale, dove gli studenti vivono il piacere della scoperta e partecipano attivamente alla costruzione della conoscenza del proprio sapere.

La scelta del tema da trattare è stata influenzata da alcuni interessi specifici degli ideatori relativi sia alle curve matematiche sia alle macchine matematiche, nati anche in seguito a numerose letture (si cita, a titolo di esempio, il testo di Luciano Cresci *Le curve celebri* e il testo di Maria Grazia Bartolini Bussi e Michela Maschietto *Macchine Matematiche: dalla storia alla scuola*) o alla visita di alcuni musei (si cita, per esempio, la mostra *Oltre il compasso* presso il Giardino di Archimede di Firenze).

Per arrivare allo sviluppo vero e proprio del progetto si è svolta prima una fase di modellizzazione teorica delle giostre e poi una fase di elaborazione di attività didattiche realizzabili con studenti di scuola secondaria di secondo grado. Entrambe le fasi saranno descritte nei capitoli dedicati alle attrazioni del parco esaminate.

Il progetto, tra i suoi obiettivi, aveva quello di mostrare agli allievi alcune curve matematiche che appartengono a un contesto concreto, di studiarle esplorandone in modo tangibile e dinamico le caratteristiche e di collegarle ad altri contesti come la fisica e l'astronomia per dare una visione più ampia e interdisciplinare dei concetti. Si volevano modellizzare situazioni reali con l'impiego di strumenti, valutarne l'efficacia, nonché promuovere la visione della matematica come una materia aperta, in cui c'è ancora molto da scoprire e da imparare, cercando di accendere la curiosità e l'interesse degli studenti. Questi erano guidati nell'analisi di problemi reali inserendo le difficoltà in modo progressivo e stimolati a cercare soluzioni autonome, favorendo l'abitudine al problem solving e alla riflessione critica.

Un ruolo importante nel Progetto Matebilandia è occupato dalla metodologia di lavoro con cui si affrontano gli argomenti: essa comporta l'osservazione, la previsione, la modellizzazione con macchine matematiche e/o strumenti informatici, la verifica della bontà delle proprie ipotesi, il confronto tra i metodi risolutivi adottati dai vari gruppi di lavoro, la discussione sull'efficac à de le strategie risolutive, lo stimolo verso nuove curiosità. Si è orientata la scelta sia verso le calcolatrici grafiche sia verso macchine matematiche perché queste permettevano di costruire un ponte tra il mondo reale e il mondo matematico. Alcune delle macchine necessarie sono state riprodotte sulla base di modelli già presenti in musei, altre invece hanno richiesto un lavoro specifico di ideazione, progettazione e realizzazione artigianale, una sorta di modellizzazione interna alla modellizzazione dell'attrazione[13].

I temi affrontati possono inserirsi nel curriculum dell'allievo, secondo un percorso continuativo, che comprende anche una fase di revisione e approfondimento, successiva all'attività nel parco.

2.6 Macchine matematiche in un parco di divertimenti: macro-macchine e micro-macchine

Un parco di divertimenti, oltre che un assortimento di emozionanti giochi, rappresenta anche una fornita bottega di macchine matematiche. Si tratta di macchine costruite *in grande* (*macro*-macchine), dentro cui è possibile entrare per esplorarne le caratteristiche con il proprio corpo e i propri sensi. Un'esperienza che è raro poter vivere in contesti diversi da questo: si pensi ai brividi dati dalla velocità, dalle accelerazioni, dagli effetti visivi o uditivi che spesso queste attrazioni forniscono.

Un luna park, del resto, è un ambiente molto particolare, nel quale s'incrociano discipline scientifiche diverse che concorrono a creare delle "attrazioni", dei mondi, delle macchine artificiali a scopo ludico. Queste macchine molto spesso hanno il loro cuore e la loro idea portante proprio in una o due applicazioni di un principio fisico o di una legge matematica (una simmetria, una figura geometrica, un'equazione). Per esempio, su un roller-coaster contano le sensazioni visive della velocità e dell'altezza dal suolo, e le sensazioni inerziali date dalle forti accelerazioni; mentre su una Ruota panoramica il punto nodale è semplicemente l'altezza. La legge fisica o matematica, presente nell'attrazione, è fondamentale per l'ideatore, per il costruttore, per il docente di matematica e f sica in visita al parco, e soprattutto per il generico fruitore di quell'attrazione, anche se inconsapevolmente. Su tale principio l'attrazione, per così dire, "vive".

È interessante notare che spesso queste leggi o principi sono *semplici* e forse anche per tale motivo producono emozioni immediatamente percepibili. Da un punto di vista strettamente geometrico o meccanico non vi sono infatti grosse complessità: moti circolari, capovolgimenti, inerzia, velocità, altezza, combinazioni, probabilità, luce, suono. Su questi e pochi altri temi variamente e fantasiosamente combinati, si giocano la struttura e l'originalità

[13] Chi volesse cimentarsi nella costruzione di macchine e modelli (anche relativi a oggetti appartenenti ad ambiti diversi), può trovare suggerimenti utili nel testo [Cundy, Rollet, 1974].

di un parco di divertimenti. Non si sta infatti riproducendo la complessità della natura, ma si costruisce un mondo semplificato e contemporaneamente smisurato, rispetto a quello di tutti i giorni. In certi casi può essere emozionante non vedere il "trucco", non conoscere il meccanismo (per esempio un roller coaster al buio, o l'apparente imprevedibilità data dalla combinazione di più moti su una rapida giostra); in altri casi, magari, è proprio quel trucco a essere motivo di emozione, fisica o intellettiva (l'attesa per la discesa mozzafiato, l'atterraggio nelle torri di caduta, e così via).

Ci si può allora addentrare in un parco di divertimenti con l'occhio matematico, cioè con la deliberata intenzione di cercare qualcosa di matematicamente rilevante e, per un docente, di didatticamente incisivo. Per potere, però, comprendere meglio un fenomeno o un concetto è necessario che lo studente si accosti a esso consapevolmente e razionalmente, e non soltanto che abbia la possibilità di vederlo funzionare "da dentro". Si sente quindi la necessità di *riprodurre* in una forma controllabile (e magari semplificata da dettagli tecnici o estetici) quella macro-macchina che si è vista funzionare o su cui si è saliti; oppure di ricostruirne tratti della traiettoria o della forma geometrica.

Nella modellizzazione matematica di un'attrazione e nella concettualizzazione dei suoi elementi è utile cioè avere a disposizione un modello concreto della traiettoria, o un meccanismo che consenta, per esempio, di riprodurre il movimento dell'attrazione, oppure, quando possibile, un modellino *in scala* della stessa; preferibilmente un modellino su cui fare esperimenti e su cui poter variare determinati parametri: in poche parole una *micro*-macchina. Le cosiddette "macchine matematiche", se da una parte sono *meno* di un modellino in scala (sono poco "verosimili"), dall'altra sono *di più,* in quanto costituiscono già un possibile modello matematico in senso stretto, un primo tentativo di concettualizzazione. Naturalmente sono *artefatti*[14], spesso profondamente intrisi di concetti matematici per chi li ha costruiti (a scopo didattico), né più né meno di quanto lo sia il loro corrispettivo "in grande" nel parco (costruito a scopo ludico).

Essi *incorporano* sapere matematico e devono lasciarlo trasparire, in maniera agevole, a un occasionale utilizzatore (che sia mosso da un minimo interesse di indagine).

Per l'utente stare *dentro* una macro-macchina con proprie regole e avvertirne gli effetti macroscopici (fisici,visivi, ecc) è esperienza diversa e complementare rispetto allo stare *davanti* a una micro-macchina, osservabile e controllabile nei suoi meccanismi, modificabile nella sua struttura, già in parte semplificata e "ripulita dagli impedimenti". Nei percorsi di Matebilandia l'utilizzo di queste macchine didattiche, create spesso ad hoc per il progetto, viene perciò affiancato all'esperienza macrospaziale dell'attrazione che si vuole modellizzare.

---

[14] Per la distinzione tra *artefatto* e *strumento*, nonché per approfondimenti sulle implicazioni didattiche dell'utilizzo di artefatti si rimanda alla lettura di [Bartolini Bussi, Maschietto, 2006].

Capitolo 3
La matematica al Katun

Nella prima parte di questo capitolo si giustifica teoricamente la modellizzazione del profilo del Katun, nella seconda parte si spiega la sua trasposizione in percorso didattico, con la descrizione dettagliata delle attività svolte ossia l'osservazione del profilo della giostra, le congetture relative ai modelli matematici per i diversi tratti osservati, la ricostruzione delle curve-modello con macchine matematiche, la validazione dei modelli attraverso la sovrapposizione con i supporti fotografici.

In tale percorso vengono anche inserite alcune indicazioni sulla metodologia di lavoro e riflessioni relative alle tappe di modellizzazione svolte, richiamandosi allo schema di Blum Leiss.

Poiché le macchine matematiche sono essenziali nello sviluppo del percorso didattico, nell'ultima parte del capitolo se ne illustra la costruzione, il funzionamento e la spiegazione teorica relativa.

▲ **Figura 3.1** Katun

3.1 Modelli matematici per il profilo della giostra

3.1.1 Introduzione

Il profilo del Katun può essere descritto, in termini matematici, vedendolo come una serie di diverse e interessanti curve geometriche; infatti, se si osserva con attenzione tale attrazione, se ne possono individuare di note a livello scolastico: un tratto di retta può servire per descrivere la prima salita dell'ottovolante, un arco di parabola per la prima discesa, un arco di circonferenza per la sommità del "loop verticale", il famoso "giro della morte". Naturalmente queste non sono le uniche curve che possono essere riconosciute nel tracciato dell'attrazione, come si vedrà in seguito.

Per rendersi conto della ricchezza in termini matematici del percorso del Katun, si riporta la pianta dell'attrazione sul piano orizzontale (detta anche "linea di terra") realizzata con *Cabri* II *Plus*, partendo dal disegno originale, concesso gentilmente in consultazione dalla ditta costruttrice svizzera, Bolliger&Mabillard.

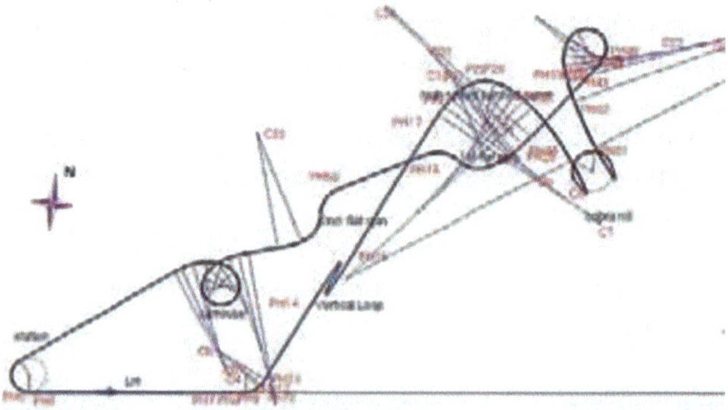

◂ **Figura 3.2** Schema del Katun ricostruito con Cabri II Plus

La visione di questo primo disegno è insufficiente a comprendere la complessità della traiettoria, che mette in gioco vari tipi di curve con diverse torsioni della curva stessa (dove i passeggeri vanno a finire a testa in giù), ma permette di inquadrare la situazione e di avere una sua visione d'insieme.

In questo disegno si possono quindi individuare alcuni tratti aventi una forma particolare:

- la salita iniziale (il *lift*): è un piano inclinato;
- la prima discesa (parabola);
- il *vertical loop* (clotoide ed evoluta);
- lo *zero g roll*;
- il *cobra roll*;
- la *high speed spiral*;
- il *carrousel*.

3.1.2 Modello matematico della prima discesa

Il principale scopo della prima discesa del Katun è quello di realizzare, anche se per poco tempo, la stessa sensazione di assenza di peso di un astronauta a bordo di uno Shuttle in orbita; utilizzando i dati registrati in precedenza attraverso un barometro e un accelerometro[1], si nota che poco dopo l'inizio della prima discesa l'accelerazione del passeggero raggiunge un valore di 0,3 g per

---

[1] Tali strumenti effettuano in automatico delle misure durante un intervallo di tempo prefissato. Vengono usati comunemente nei percorsi didattici di Fisica all'interno del parco.

poco più di un secondo, facendo così provare la sensazione di una "quasi" assenza di peso, mentre alla fine della discesa il passeggero si sente quattro volte più pesante rispetto alle condizioni normali; un profilo parabolico può essere considerato il tipo di profilo più adatto in un ottovolante per produrre tale sensazione corporea di leggerezza.

Per avvalorare quest'affermazione, non potendo misurare direttamente le dimensioni dell'ottovolante, si rende necessario passare dalla giostra a una sua riproduzione; i supporti a disposizione sono la mappa tecnica della giostra, ottenuta dalla ditta costruttrice ai fini di studio e di elaborazione di percorsi didattici, e varie foto scattate da diverse posizioni.

Si riporta la modellizzazione con *Cabri* II *Plus* della prima discesa del Katun, riprodotta sempre a partire dal disegno originale, da notare è la disposizione dei centri degli archi di circonferenza necessari per approssimare, nel modo migliore, il profilo dell'ottovolante in termini di parabola.

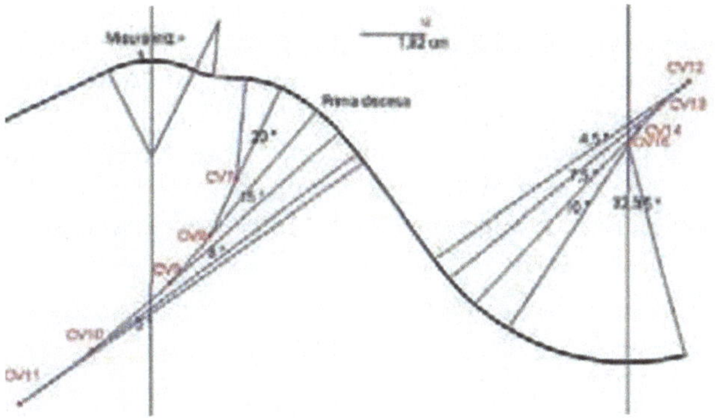

◂ **Figura 3.3** Schema della prima discesa del Katun ricostruito con Cabri II Plus

A partire dal disegno della mappa tecnica della prima discesa del Katun, è stato svolto lo studio di un piccolo tratto; si è preferito il disegno della mappa rispetto alle fotografie a disposizione per evitare problemi dovuti alle deformazioni prospettiche presenti nelle fotografie.

Con l'ausilio del software *Cabri* II *Plus*, si possono scegliere alcuni punti appartenenti a tale profilo e se ne possono leggere le coordinate in un sistema di riferimento opportuno, ottenendo quindi un insieme di coppie di numeri reali approssimati (x_i, y_i) che individuano i punti osservati.

Si riporta di seguito un particolare della mappa della prima discesa in cui sono stati evidenziati i punti scelti.

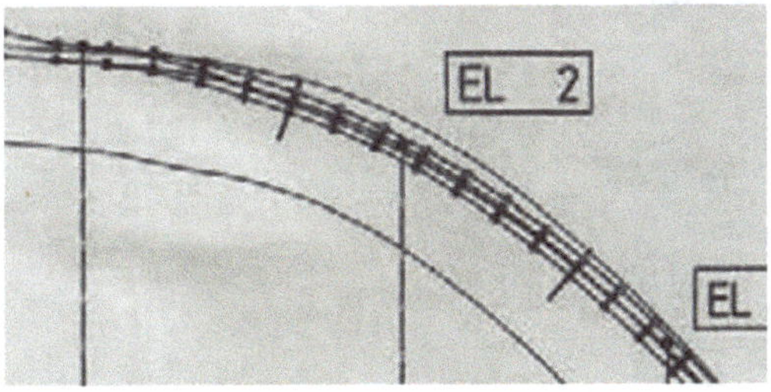

◂ **Figura 3.4** Mappa della prima discesa del Katun con punti esaminati in evidenza

A partire da queste coppie di dati misurati, si cerca di determinare se una funzione polinomiale di secondo grado, $y = ax^2 + bx + c$, il cui grafico è appunto una parabola, interpola in modo soddisfacente i punti osservati: si opera cioè un procedimento di interpolazione statistica o regressione, alla ricerca dei coefficienti della funzione interpolante.

Poiché lo scopo della ricerca è quello di modellizzare il profilo e tradurre poi tale modellizzazione in un percorso didattico destinato a studenti di scuola secondaria superiore, si sceglie di svolgere la ricerca con un software utilizzabile eventualmente anche dagli alunni in classe.

Ricerca dei coefficienti della funzione interpolante

Si ricerca quindi la curva di *best-fit*, cioè la parabola più aderente all'insieme dei punti individuati, utilizzando un foglio elettronico, nello specifico Excel.

La funzione polinomiale di II grado che si ottiene, rispetto al sistema di riferimento mostrato in figura, è $y = -0{,}027x^2 - 1{,}3182x + 9{,}8687$, con un coefficiente $R^2 = 0{,}9998$.

Il coefficiente R^2 è molto buono, anche dal grafico si apprezza chiaramente la capacità della funzione quadratica di accostarsi a tutti i punti. Si può quindi concludere che un ottimo modello matematico per la descrizione del primo tratto di discesa del Katun è un arco di parabola con asse parallelo all'asse y e concavità rivolta verso il basso. Tale modello sarà ricavato a partire da una fotografia della giostra, come sarà descritto nel paragrafo successivo dedicato ai percorsi didattici.

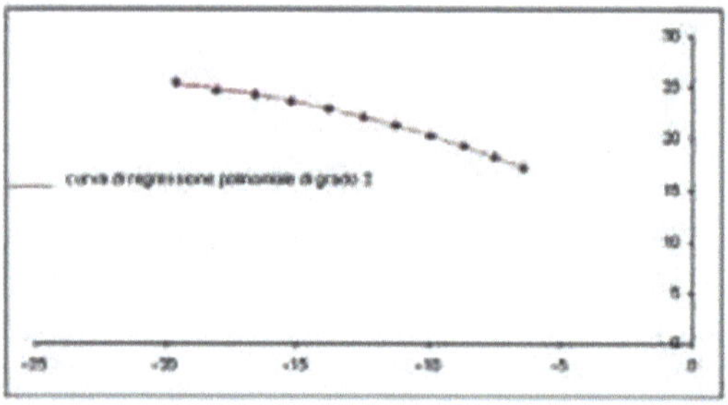

Figura 3.5 Curva di regressione relativa alla prima discesa del Katun

Figura 3.6 Loop del Katun

3.1.3 Modello matematico del loop

L'analisi matematica del loop verticale parte dall'osservazione del profilo e dall'individuazione degli elementi essenziali che lo possono descrivere in termini matematici.

A una prima osservazione, la sommità del loop sembra un arco di circonferenza, ma, guardando l'intero profilo, si nota che non "curva" in modo costante, per cui con la circonferenza non è possibile modellizzare tutto il profilo del loop. Per le sensazioni fisiche che il giro della morte deve suscitare nei passeggeri e la sicurezza che deve garantire, all'ingresso del loop, dove la velocità del treno è molto elevata, è necessario che il profilo sia "poco" curvo, che abbia cioè un raggio di curvatura sufficientemente grande, tale da consentire un'accelerazione centripeta[2] non fastidiosa per il passeggero, mentre nel punto più alto, il profilo è "molto" curvo, quindi il raggio deve essere molto più piccolo, in modo che l'accelerazione centripeta faccia rimanere ben saldi i passeggeri ai loro sedili.

Nell'analisi del loop verticale ci si è concentrati sull'elemento essenziale sopra citato, ossia la curvatura del profilo del binario su cui scorre il carrello, che varia con gradualità da un valore minimo alla base del loop a un valore massimo nella parte alta. Per meglio proseguire l'esplorazione, si rende quindi necessario un approfondimento del concetto di curvatura, come di seguito proposto.

La curvatura di una linea piana

La *curvatura* di una linea piana Γ in un punto *P* si può considerare come la misura di quanto la linea devia dalla tangente in quel punto *P*. La curvatura è una proprietà locale di una curva e non globale.

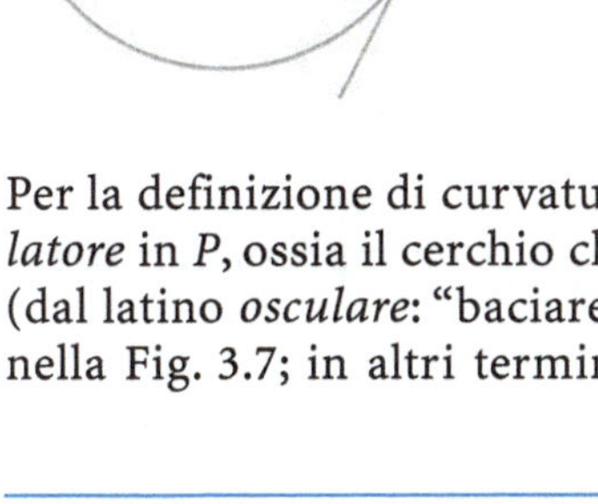

Figura 3.7 Cerchio osculatore in un punto della parabola

Per la definizione di curvatura si deve prima capire che cos'è il *cerchio osculatore* in *P*, ossia il cerchio che meglio approssima, o più poeticamente *bacia* (dal latino *osculare*: "baciare"), la curva nelle vicinanze di *P*, come mostrato nella Fig. 3.7; in altri termini è tangente alla curva e la approssima fino al

[2] L'espressione algebrica del modulo dell'accelerazione centripeta in P è $a_c = v^2/r$, con r raggio di curvatura in P.

secondo ordine. Costruito il cerchio osculatore, il valore assoluto della curvatura orientata è

$$|k| = \frac{1}{R}$$

dove R = raggio del cerchio osculatore in P, cioè $\overline{OP}$.

Data una curva γ di equazioni parametriche $(x(t),y(t))$, si definisce curvatura orientata di γ:

$$k(t) = \frac{x'(t)\cdot y''(t) - y'(t)\cdot x''(t)}{\sqrt{\left((x'(t))^2 + (y'(t))^2\right)^3}}$$

dove $x'(t)$ e $y'(t)$ indicano le derivate del primo ordine delle equazioni parametriche della curva γ, mentre $x''(t)$ e $y''(t)$ indicano le derivate del secondo ordine. Tale grandezza può essere sia positiva sia negativa; infatti individuata la direzione del versore tangente, là dove la curva piega rispetto a questa direzione verso sinistra (ossia il versore tangente tende a ruotare in verso antiorario) la curvatura orientata appare di segno positivo, mentre, al contrario, la curvatura è negativa, se la curva piega verso destra e il versore tangente ruota in verso orario.

La clotoide

La prima discesa del Katun è stata modellizzata con buona approssimazione attraverso una curva molto nota, la parabola, scelta in base a studi fisici effettuati sul quel tratto di giostra. Per quanto riguarda il loop si è scelto di cercare tra le curve matematiche meno note quella con proprietà di curvatura affini a quelle del loop e di verificare successivamente la validità di tale modello.

Una curva matematica che possiede i requisiti richiesti, cioè la gradualità della variazione di k, è la clotoide, una particolare spirale che varia linearmente la propria curvatura, le cui equazioni parametriche sono rappresentate da due funzioni integrali chiamate integrali di Fresnel[3]:

$$\begin{cases} x(t) = a\cdot\int_0^t \cos\left(\frac{\pi\cdot p^2}{2}\right)dp \\ y(t) = a\cdot\int_0^t \sin\left(\frac{\pi\cdot p^2}{2}\right)dp \end{cases}$$

dove a rappresenta un parametro di scala, che spesso per semplicità si assume abbia valore unitario.

[3] Augustin-Jean Fresnel (1788-1827) fisico francese, studiò la clotoide come curva rappresentativa di fenomeni di diffrazione.

Il grafico della clotoide in Fig.3.8 mostra un andamento a doppia spirale, con due riccioli simmetrici rispetto all'origine, in cui è presente un punto di flesso; inoltre anche da un'osservazione qualitativa si può notare che la sua curvatura vari acon continuità da un valore nullo, in corrispondenza dell'origine, a un valore infinito, in corrispondenza del centro dei due riccioli.

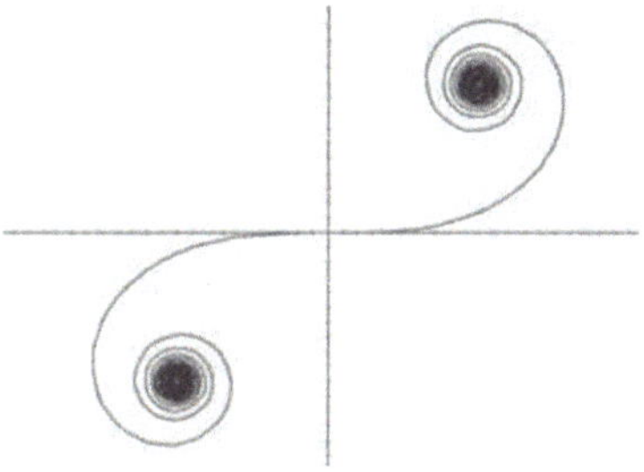

Figura 3.8 Grafico della clotoide

La presenza degli avvolgimenti attorno a due punti fissati fa associare questa curva a Cloto, la Parca della mitologia greca che avvolgeva lo stame della vita attorno al fuso. Le prime applicazioni della curva risalgono al matematico svizzero Leonhard Euler (1707 - 1783) che l'applicò nella trattazione dell'elasticità delle molle e successivamente allo scienziato francese Marie Alfred Cornu (1841 - 1902) che la studiò in ottica in relazione alla diffrazione della luce da una fenditura.

Equazione naturale della clotoide

Ogni curva può essere descritta in modo univoco utilizzando la sua *equazione naturale*, cioè attraverso le proprietà caratteristiche della sua curvatura, come afferma il *Teorema Fondamentale della teoria delle curve del piano*[4]. L'equazione naturale è l'equazione che fornisce il valore della curvatura k in funzione della lunghezza s dell'arco di curva rispetto a un'origine fissata sulla curva stessa

$$k=f(s),$$

e per il teorema suddetto a ogni equazione del tipo $k=f(s)$ corrisponde una ben determinata curva; se si richiede che la curvatura sia proporzionale alla lunghezza dell'arco di curva si ottiene la clotoide, la cui equazione risulta essere

[4] *Teorema fondamentale delle curve piane.* Sia C una curva piana. *Invarianza della curvatura per movimenti.* Sia T un movimento del piano. La curva C e la sua trasformata T(C) hanno curvature uguali in punti corrispondenti. *Unicità.* Siano C_1 e C_2 due curve contenute in un piano, le cui ascisse curvilinee siano definite nello stesso intervallo (a; b), e siano $k_1(s)$ e $k_2(s)$ le corrispondenti curvature. Se per ogni $s \in (a; b)$ si ha $k_1(s) = k_2(s)$; esiste un movimento T del piano tale che $T(C_1) = C_2$. *Esistenza.* Sia $f = f(s) : (a; b) \rightarrow R$ una funzione continua non negativa. Esiste una curva C la cui ascissa curvilinea è definita in (a; b) e la cui curvatura in ogni punto P(s) è $k(s) = f(s)$.

$$k(s) = \alpha \cdot s$$

con α costante di proporzionalità.

L'espressione parametrica, scritta nel parametro t, diventa $k(t) = \alpha \cdot s(t)$ con $s(t)$ = lunghezza dell'arco OP, dove O è l'origine fissata e P è il generico punto della clotoide di coordinate $(x(t);y(t))$.

Si può ottenere questa relazione tra la curvatura della clotoide e la lunghezza dell'arco anche partendo dalle equazioni parametriche della curva e applicando la definizione di curvatura. Occorre pertanto calcolare le derivate prime e seconde delle coordinate della clotoide. Applicando il teorema fondamentale del calcolo integrale, si ha:

$$\begin{cases} x'(t) = a \cdot \cos\left(\dfrac{\pi \cdot t^2}{2}\right) \\ y'(t) = a \cdot \sin\left(\dfrac{\pi \cdot t^2}{2}\right) \end{cases}$$

$$\begin{cases} x''(t) = -\pi \cdot a \cdot t \cdot \sin\left(\dfrac{\pi \cdot t^2}{2}\right) \\ y''(t) = \pi \cdot a \cdot t \cdot \cos\left(\dfrac{\pi \cdot t^2}{2}\right) \end{cases} .$$

Da cui la lunghezza dell'arco di clotoide OP risulta:

$$s(t) = \int_0^t \sqrt{(x'(p))^2 + (y'(p))^2}\, dp = a^2 \cdot \int_0^t \sqrt{\cos\left(\frac{\pi \cdot p^2}{2}\right)^2 + \sin\left(\frac{\pi \cdot p^2}{2}\right)^2}\, dp = a^2 \cdot t$$

mentre la curvatura

$$k(t) = \frac{x'(t) \cdot y''(t) - y'(t) \cdot x''(t)}{\sqrt{\left((x'(t))^2 + (y'(t))^2\right)^3}} = \pi \cdot t$$

si ha quindi

$$k(t) = \frac{\pi}{a^2} \cdot s(t) \text{ con } \frac{\pi}{a^2} = \alpha$$

costante di proporzionalità.

Si può riprodurre il grafico della clotoide, utilizzando la sua definizione naturale, per esempio approssimando tale grafico attraverso la giustapposizione di piccolissimi archi di cerchio osculatore di curvatura costante; il raggio di tali cerchi viene ottenuto incrementando di piccole quantità finite la curvatura della clotoide. Questo procedimento può essere ripetuto in modo automatico attraverso la sua traduzione in un linguaggio di programmazione (Java), reperibile sulla piattaforma on-line dedicata al libro (http://extras.springer.com).

L'evoluta della clotoide

Tracciando le posizioni dei centri dei cerchi osculatori della clotoide si mette in evidenza una seconda curva chiamata *evoluta*[5]. Tale evoluta è stata usata nel progetto Matebilandia per la costruzione di una macchina con cui tracciare archi di clotoide. Le equazioni dell'evoluta di una curva possono essere determinate utilizzando le equazioni parametriche della curva di partenza, attraverso le seguenti formule:

$$\begin{cases} x_c(t) = x(t) - \dfrac{x'(t)^2 + y'(t)^2}{x'(t)y''(t) - y'(t)x''(t)} \cdot y'(t) \\ y_c(t) = y(t) + \dfrac{x'(t)^2 + y'(t)^2}{x'(t)y''(t) - y'(t)x''(t)} \cdot x'(t) \end{cases}.$$

Nel caso della clotoide si ottengono le seguenti equazioni parametriche della sua evoluta:

$$\begin{cases} x(t) = \displaystyle\int_0^t \cos\left(\frac{\pi \cdot p^2}{2}\right) dp - \frac{1}{\pi \cdot t} \sin\left(\frac{\pi \cdot t^2}{2}\right) \\ y(t) = \displaystyle\int_0^t \sin\left(\frac{\pi \cdot p^2}{2}\right) dp + \frac{1}{\pi \cdot t} \cos\left(\frac{\pi \cdot t^2}{2}\right) \end{cases}.$$

Gli sviluppatori del progetto hanno battezzato tale curva *bispirale asintotica*, poiché è l'unione di due spirali aventi un asintoto verticale, che è la normale alla clotoide nel suo punto di flesso.

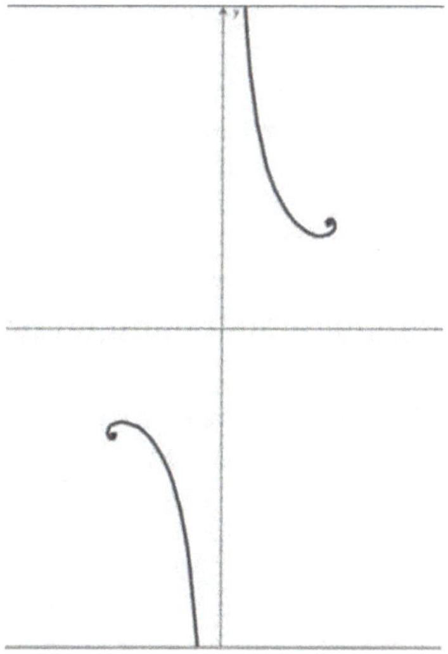

▲ **Figura 3.9a** Grafico dell'evoluta della clotoide

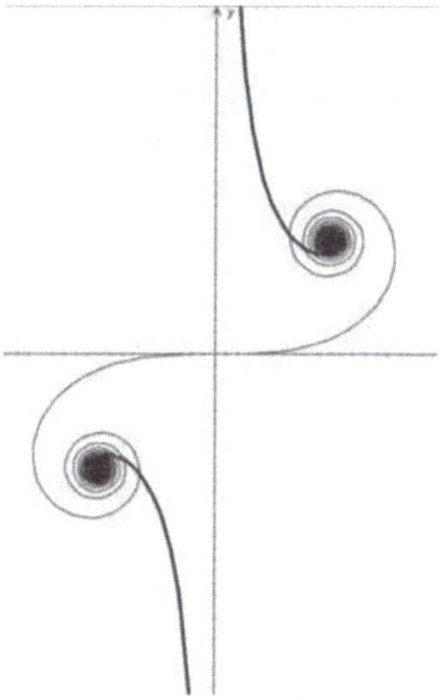

▲ **Figura 3.9b** Grafico della clotoide e della sua evoluta

[5] Si chiama evoluta di una curva il luogo geometrico dei centri dei cerchi osculatori della curva.

◂ **Figura 3.10** Arco di clotoide sovrapposto al loop verticale

Validità del modello matematico

Se si opera una sovrapposizione di una foto del loop verticale con un arco di clotoide, si può notare come questa fornisca una descrizione soddisfacente di una parte consistente del loop; per la sommità invece non risulta efficace, essendo questa descritta da un arco di circonferenza, quindi con raggio di curvatura costante. Se si applica la stess aanalisi anche al loop orizzontale presente nella giostra, risulta che la clotoide è anche in questo caso un modello matematico efficace. Si riporta, a titolo di esempio, la sovrapposizione fra il profilo di questa zona del tracciato della giostra, estratta da una mappa descrittiva, e un arco di clotoide.

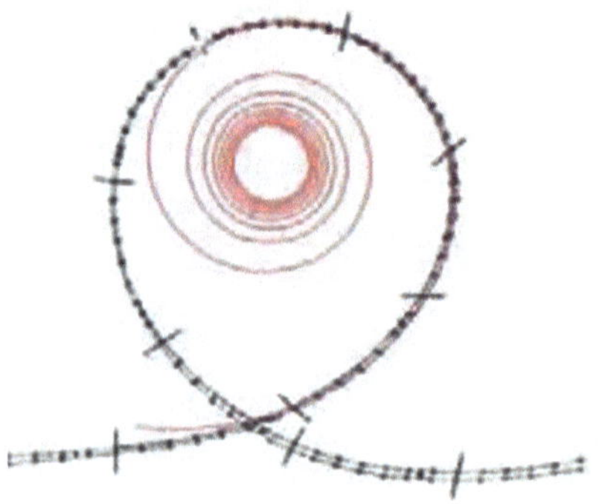

◂ **Figura 3.11** Arco di clotoide sovrapposto al loop orizzontale

Si nota, però, che il tratto di clotoide che descrive il loop orizzontale è diverso, è infatti un tratto più curvo, quindi più distante dall'origine, cioè dal punto di flesso della curva, e più vicino al punto asintotico attorno a cui si avvolge la spirale.

A conferma delle modellizzazioni fatte, si riporta un estratto della mappa tec rica de la giostra, che conferma i risultati ottenuti lavorando con i supporti fotografici; inoltre, nel disegno tecnico di costruzione del loop si ritrova proprio l'andamento dell'evoluta della curva, servita, anche in questo caso, per disegnare l'arco di clotoide come la giustapposizione di infinitesimi archi di cerchi osculatori.

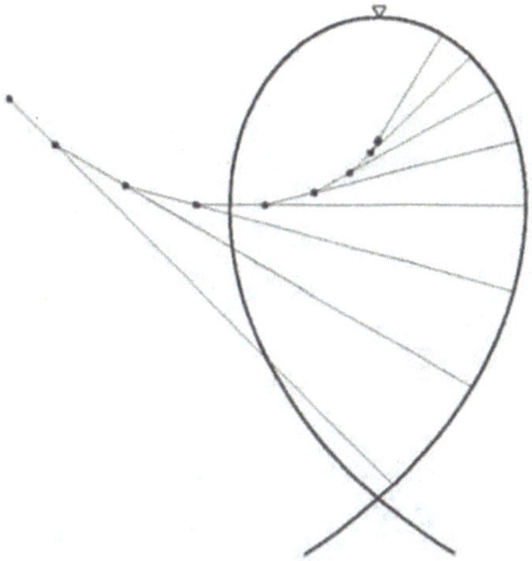

◂ **Figura 3.12** Mappa costruttiva del loop verticale con approssimazione della sua evoluta

◂ **Figura 3.13** Katun

3.2 Il percorso didattico

Il percorso didattico ideato per il Katun è pensato per studenti di biennio e triennio di scuola secondaria di secondo grado. In tale percorso gli alunni, dopo aver osservato tratti particolari del tracciato, fanno previsioni sulle curve matematiche che li descrivono, analizzano i loro profili usando vari supporti e ricostruiscono le curve ipotizzate con macchine matematiche; infine verificano la bontà del modello scelto per la descrizione del tracciato.

Gli obiettivi specifici dell'attività si possono così riassumere:

- mostrare agli allievi alcune curve, diverse fra loro, che appartengono a un contesto concreto;
- modellizzare situazioni reali con strumenti matematici e valutarne l'efficacia;
- fornire una visione della matematica complementare a quella scolastica, come uno strumento interessante per esplorare il mondo che ci circonda;
- aggiungere alle conoscenze degli alunni anche nuovi elementi che possano suscitare curiosità.

▲ **Figura 3.14** Foto prima discesa del Katun con punti in evidenza

3.2.1 La prima discesa: studio della parabola

Gli studenti osservano la prima discesa dell'ottovolante e formulano previsioni circa la forma del suo profilo; la curva ipotizzata dalla maggior parte di loro è un arco di parabola. Non potendo misurare in modo diretto le dimensioni dell'attrazione, gli studenti necessitano di un supporto concreto su cui lavorare per suffragare tale congettura. I supporti disponibili sono una fotografia, scattata da una posizione frontale o la mappa costruttiva, su cui ha già lavorato il gruppo degli ideatori del progetto: per il percorso didattico si è scelto di far lavorare gli alunni sulla fotografia perché, essendo meno schematizzata della mappa, gli studenti devono anche discriminare tra le informazioni rilevanti e quelle trascurabili, abilità importante nei processi di modellizzazione; inoltre si è ritenuto che la fotografia potesse motivare maggiormente gli studenti durante l'attività e nella riproduzione dello stesso processo in altri contesti.

Gli allievi quindi utilizzano una fotografia del tratto in esame da cui cercano di estrarre le informazioni significative. Per passare dalla fotografia del tracciato alla curva matematica che meglio lo rappresenta, occorre prima di tutto collocare nella fotografia un sistema di riferimento e leggere le coordinate di alcuni punti scelti, come mostrato nella Fig. 3.14. Per riprodurre la curva aderente al profilo, è possibile immettere le coordinate di tali punti in un foglio elettronico e, attraverso un'interpolazione statistica dei punti, disegnare la "curva-profilo", cioè la curva di migliore adattamento (*best-fit*) ai punti. Dopo aver illustrato il procedimento, per motivi logistici e temporali, si distribuisce una stampa della stessa in un foglio (Fig. 3.15), per poter svolgere le successive elaborazioni.

◂ **Figura 3.15** Curva interpolante i punti della prima discesa del Katun

Gli ideatori del progetto, avendo svolto effettivamente l'interpolazione statistica dei dati e avendo trovato che un arco di parabola presenta un ottimo accostamento ai dati hanno la sicurezza che tali dati possano essere descritti bene in termini di parabola, ma questo non è valido per gli studenti che invece si trovano di fronte al grafico di una curva di cui non hanno particolari informazioni.

Alcuni studenti ipotizzano, osservando la sua forma e basandosi sulle proprie conoscenze pregresse, che sia una parabola, ma per suffragare questa congettura devono analizzare nel dettaglio la curva; prima di tutto attraverso la ricerca degli elementi caratteristici e cioè l'asse, il vertice, il fuoco e la direttrice.

Per la ricerca dell'asse di simmetria, partendo dall'ipotesi plausibile che la curva abbia asse di simmetria verticale, gli studenti possono procedere seguendo varie direzioni; si può semplicemente piegare il foglio contenente il disegno in modo da sovrapporre i due rami della curva oppure si possono tracciare due rette orizzontali secanti la curva e disegnare la retta passante per i punti medi dei due segmenti orizzontali intercettati; o ancora, disegnata la retta orizzontale che ha due intersezioni coincidenti con la curva nel suo vertice, si può ottenere l'asse di simmetria attraverso la perpendicolare alla retta passante per tale punto.

Per la ricerca del fuoco si guidano gli studenti attraverso un percorso maggiormente articolato; si parte, infatti, da un'esperienza, in cui si osserva la riflessione di raggi di luce laser su un profilo parabolico riflettente (Fig. 3.16). Per agevolare l'utilizzo di tale strumento, sul piano di legno, su cui è montato lo specchio, sono tracciate delle rette parallele all'asse di simmetria. Quest'ultimo corrisponde alla direzione in cui il raggio incidente si sovrappone a quello riflesso.

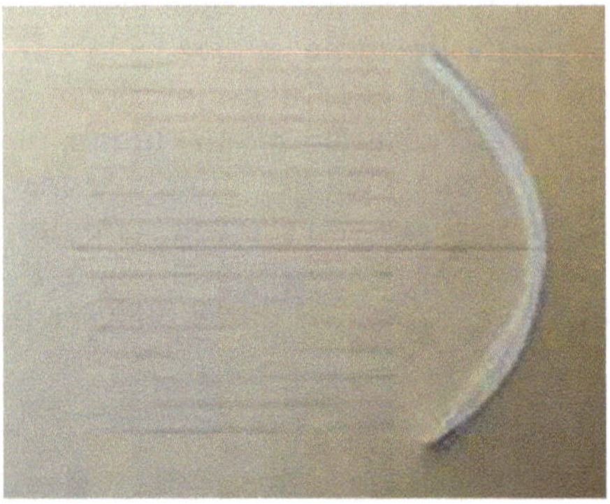

▲ **Figura 3.16** Specchio con rette

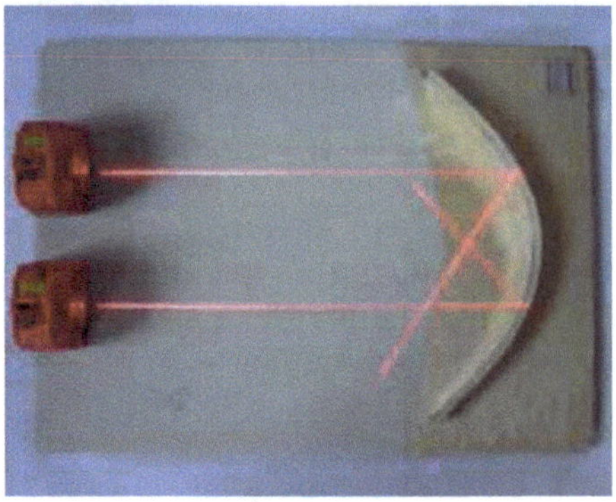

▲ **Figura 3.17** Riflessione di due raggi laser nello specchio

Si dirigono sulla superficie dello specchio due raggi laser paralleli all'asse di simmetria e si mostra come, variando la posizione dei due raggi incidenti e mantenendoli sempre paralleli all'asse, i raggi riflessi s'incontrino sempre in uno stesso punto; tale punto notevole del piano è denominato "fuoco" della parabola ed esso deve il suo nome proprio al f ato che, se i raggi solari raggiungessero lo specchio paralleli al suo asse, incendierebbero, per esempio, delle pagliuzze poste in tale punto[6].

Agli studenti si fa inoltre osservare che l'ampiezza dell'angolo di riflessione è uguale a quella dell'angolo di incidenza, e, sfruttando tale proprietà, si può, con riga e squadra, determinare il fuoco della curva-profilo: basta infatti tracciare un raggio parallelo all'ass eche inters eca la curva in un punto P e trovare il fuoco nel punto in cui il raggio rif lesso da P incontra l'asse (Fig. 3.18).

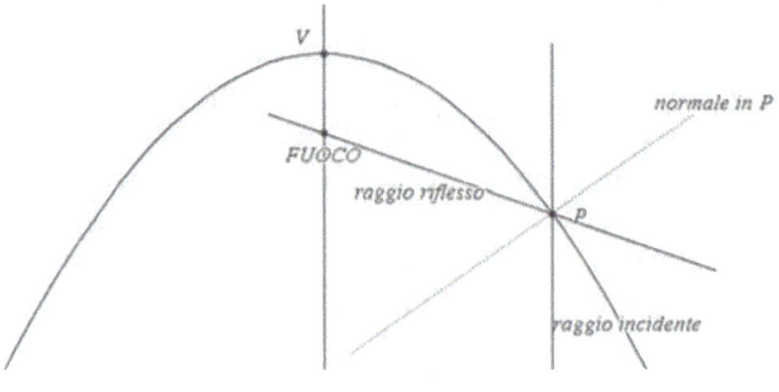

◂ **Figura 3.18** Riflessione di un raggio su un profilo parabolico

[6] È possibile ripetere un esperimento simile visitando la mostra "Oltre il compasso: la geometria delle curve" presso "Il Giardino di Archimede: un Museo per la Matematica" a Firenze.

Tale procedimento comporta alcune costruzioni intermedie: dopo aver tracciato il raggio incidente in un punto *P* a propria scelta, per disegnare il raggio riflesso è necessario costruire la normale alla curva in *P* e, a tal fine, viene illustrata una tecnica (Fig. 3.19) per tracciare la tangente a una parabola in un suo punto, usando solo la squadra[7]:

- si traccia la perpendicolare all'asse della parabola passante per *P* che interseca l'asse di simmetria nel punto *H*;
- si individua il punto *K*, simmetrico del punto *H* rispetto al vertice *V*;
- si disegna la retta passante per i punti *K* e *P*, che risulta essere la tangente alla parabola in *P*.

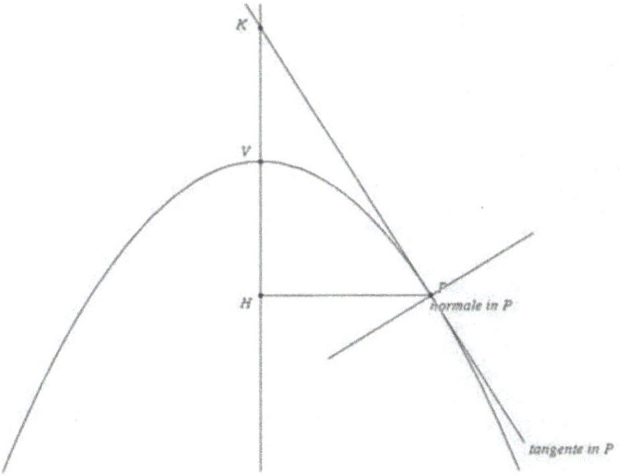

Figura 3.19
Costruzione della retta tangente in un punto della parabola di asse noto

Tracciata la tangente e poi la normale alla curva nel punto *P*, con l'uso di un goniometro, gli studenti determinano il raggio riflesso nel punto *P* e individuano il fuoco: gli alunni sono ora in grado di tracciare la retta direttrice, che infatti è perpendicolare all'asse di simmetria e la cui distanza dal fuoco è doppia della distanza tra fuoco e vertice.

Noti ora gli elementi notevoli della parabola ipotizzata, si passa alla riproduzione grafica di una parabola con tali elementi, quindi alla verifica strumentale della congettura. Servendosi della misura della distanza tra fuoco e direttrice (Fig. 3.20), gli studenti riproducono un arco della parabola con una macchina matematica detta *parabolografo a filo teso*.

Questo semplice strumento è basato sulla definizione di parabola come luogo geometrico dei punti del piano equidistanti dalla retta direttrice e da un punto fissato, il fuoco, non appartenente a essa[8]. Tracciato un arco di parabo-

[7] La dimostrazione della validità di questo procedimento per la costruzione della tangente è riportata in Appendice.
[8] Per la descrizione del funzionamento del parabolografo a filo si rimanda al paragrafo 3.3.1.

la con il parabolografo su un foglio trasparente, gli studenti lo sovrappongono sia alla curva-profilo sia alla fotografia iniziale del Katun per valutare la bontà del modello matematico scelto. La sovrapposizione, mostrata in Fig. 3.21, risulta molto soddisfacente, anche in considerazione dei materiali utilizzati, e convalida la scelta del modello.

◂ **Figura 3.20** Parabolografo a filo teso

◂ **Figura 3.21** Grafico della parabola sovrapposto alla foto della prima discesa

L'operazione di confronto tra un oggetto matematico astratto e un oggetto reale incuriosisce molto gli studenti dal momento che, in tal modo, riescono a cogliere un aspetto applicativo della matematica. In quest'ottica, si chiede agli studenti di riflettere su oggetti di uso quotidiano con forme paraboliche, come per esempio i fari delle automobili, le antenne satellitari, i radiotelescopi, e si invitano a provare a guardare anche con "occhi matematici" il mondo che li circonda.

◂ **Figura 3.22** Studenti durante la sperimentazione

3.2.2 La modellizzazione della prima discesa del Katun e il percorso didattico

Nel percorso al Katun si parte dall'osservazione della giostra, per risolvere il compito richiesto di analizzare la forma del profilo dell'attrazione. In questa fase, ogni studente percepisce la situazione reale in modo personale e forse inconsapevole, successivamente si discute la schematizzazione della situazione e la formulazione di congetture, collegandosi al bagaglio di conoscenze possedute. Per procedere nello studio, è necessario avere qualche supporto; come descritto al paragrafo 3.2.1, si sceglie una fotografia del tracciato, che insieme con la "curva-profilo" estratta da essa, rappresenta un modello della realtà. Grazie a questo, si individua un modello matematico, la parabola.

La determinazione delle grandezze rilevanti della curva tracciata, che av viene piegando il supporto cartaceo e con costruzioni riga e compasso, comporta un'estrazione di dati ed è importante non solo per descrivere il modello matematico ma anche per arrivare alla sua rappresentazione grafica tramite la macchina matematica (parabolografo a filo). L'utilizzo dello strumento e la discussione sul suo funzionamento permette una concretizzazione della proprietà della curva e poi la validazione del modello matematico, tramite il confronto con il modello reale. In questo caso non si ricava l'equazione analitica del modello matematico, che può essere determinata facilmente in altre sedi (lavoro in classe, lavoro individuale), ma se ne utilizzano solo le proprietà caratteristiche e i parametri rilevanti.

3.2.3 La rampa di risalita: studio della retta

Gli studenti vengono invitati a osservare la prima salita dell'ottovolante, in cui il carrello con i passeggeri, agganciato a una catena, viene trainato verso il punto più alto, da cui poi parte l'emozionante discesa.

In base alle osservazioni effettuate, gli studenti affermano con sicurezza che il profilo della rampa di risalita è rappresentata da un tratto rettilineo, caratterizzato da una certa pendenza rispetto al terreno; tale pendenza si può esprimere in termini di angolo che la rampa forma con la direzione orizzontale del terreno, cioè l'angolo di risalita. Il problema di determinare questa pendenza viene risolto sia utilizzando riproduzioni del tratto della giostra, come foto o mappe, sia salendo a bordo dell'attrazione, con una strumentazione opportuna, per effettuare misure specifiche.

Alcuni gruppi di alunni eseguono le misure rimanendo a terra, analizzano una foto e la mappa della giostra, inseriscono un opportuno sistema di riferimento e vi leggono le coordinate di due punti scelti sul profilo voluto; sono quindi in grado di calcolare il rapporto tra il dislivello verticale della rampa, Δy, e lo spostamento orizzontale, Δx, e di quantificare la pendenza attraverso il rapporto $\Delta y/\Delta x$.

Altri gruppi di studenti salgono a bordo dell'ottovolante con una valigetta, fissata alla protezione del carrello, contenente un sensore di pressione, una calcolatrice grafica e un'interfaccia tra questi due. Al termine della corsa, tornati a terra, gli allievi visualizzano sul display della calcolatrice l'andamento della pressione atmosferica in funzione del tempo (Fig. 3.23) e analizzano il grafico.

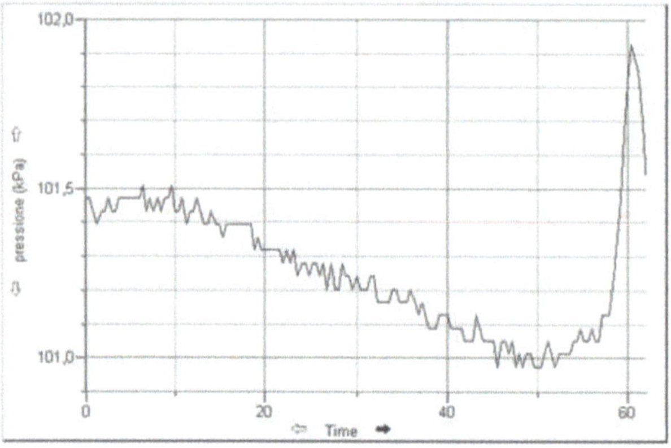

Figura 3.23 Grafico della pressione al variare del tempo relativo alla rampa di risalita

Spostando il cursore lungo il grafico, leggono le coordinate (pressione, tempo) dei punti raccolti durante il tratto della prima salita. Osservano che l'inizio della rampa corrisponde sul grafico al punto con pressione maggiore, mentre la sommità corrisponde al punto con pressione minore e, ancora, che la pressione atmosferica diminuisce in maniera pressoché lineare. I dati raccolti dagli studenti consentono di calcolare la variazione di pressione atmosferica durante la risalita, cioè la differenza tra il valore massimo e il valore minimo. Sapendo che a una variazione di 0,1 kPa di pressione atmosferica corrisponde un dislivello in altezza di circa 8 m[9], si ottiene l'altezza Δy della rampa. Ricavando dalla mappa tecnica del Katun lo spostamento orizzontale Δx, gli studenti possono calcolare la pendenza e successivamente l'angolo di risalita α pari a circa 25°.

Dal confronto dei risultati ricavati dai vari gruppi, emerge che l'angolo di risalita ottenuto con il sensore barometrico è confrontabile con quello ricavato dalla mappa del Katun.

Avendo appena studiato un tratto di retta, si chiede agli studenti se conoscono una "macchina" per disegnare tratti rettilinei; gli studenti rispondono in genere: "Una riga". Ma alla domanda successiva: "Allora, come è stata costruita la riga? Solitamente per tracciare una curva non si segue un suo prof lo: per un arco di circonferenza si usa un compasso, per la parabola si usa uno strumento specifico senza seguire una sagoma di parabola", di solito molti alunni non danno risposte immediate; alcuni propongono di seguire il profilo di un filo, altri suggeriscono di considerare un filo disposto verticalmente sotto l'effetto del campo gravitazionale. Questa proposta può risultare difficilmente implementabile in uno strumento sufficientemente preciso. Si propone allora agli allievi una macchina di rilevanza storica[10]: *l'inversore di Peaucellier* (Fig. 3.24) che traccia in modo esatto tratti rettilinei.

---

[9] Questa relazione deriva dalla legge: $p_h = p_0 e^{\frac{g\rho_0 h}{p_0}}$, come, per esempio, in: "Fisica in vacanza" di G. Pezzi, "Ipotesi", 1, 1999.

[10] L'inversore di Peaucellier fu ideato nel 1864 dall'ufficiale francese Charles-Nicolas Peaucellier ed è il primo biellismo piano che traccia un segmento di linea retta. Per la descrizione del funzionamento si rimanda al paragrafo 3.3.2.

Questa macchina fa corrispondere, attraverso una particolare trasformazione geometrica chiamata inversione circolare[11], a un punto *P*, che si muove su un arco di circonferenza, un punto *P'* che si muove su un segmento di retta.

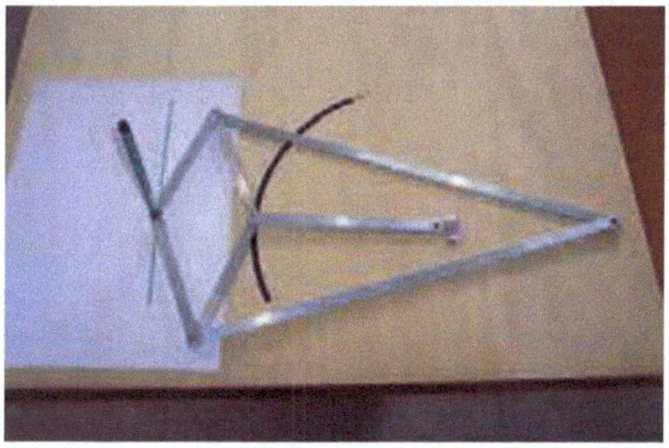

◂ **Figura 3.24** Inversore di Peaucellier

3.2.4 La parte alta del loop verticale: studio della circonferenza

Viene preso in esame il *giro della morte* e si chiede agli studenti di focalizzare l'attenzione sulla parte alta di questo *loop verticale*. Alcuni studenti descrivono questa parte del tracciato come un arco di circonferenza, altri pensano a un arco di ellisse. Per valutare la correttezza delle ipotesi formulate, occorre cercare gli elementi caratteristici della curva in esame, seguendo il metodo di lavoro già utilizzato nei moduli precedenti. Si esamina la più semplice delle ipotesi avanzate, cioè la circonferenza; nel caso in cui non fornisca una buona descrizione del profilo, si studierà come modello matematico un arco di ellisse. Le informazioni necessarie si ricavano esaminando una fotografia della sommità del loop: si osserva solamente il tratto che si ottiene posizionandosi nel punto più alto del loop e spostandosi a destra e a sinistra rispetto al tale punto come illustrato nella Fig. 3.25.

◂ **Figura 3.25** Parte circolare del loop

[11] Il tema dell'inversione circolare non viene solitamente trattato nella scuola secondaria di secondo grado, ma potrebbe essere uno spunto interessante per un approfondimento, magari con l'ausilio del computer.

Supponendo che questa parte del tracciato sia un arco di circonferenza, gli studenti determinano il centro e il raggio, utilizzando elementi di geometria sintetica. Infatti prendendo una coppia di punti P_1 e P_2 del tratto voluto, con riga e squadra, costruiscono l'asse della corda che congiunge i due punti. Ripetono la stessa costruzione per una seconda coppia di punti P_3 e P_4 disegnando così un secondo asse e individuano il centro della circonferenza nel punto di intersezione dei due assi. Il segmento che collega il centro trovato con uno dei punti del tracciato è proprio il raggio (Fig. 3.26).

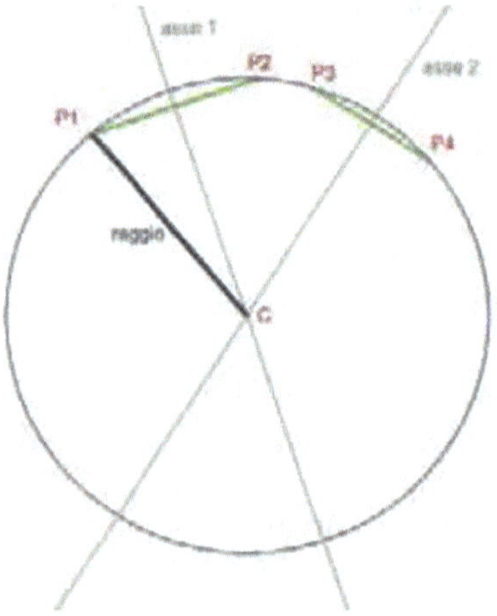

Figura 3.26 Ricerca di centro e raggio dato il disegno della circonferenza

Mediante la definizione di circonferenza, come luogo geometrico dei punti del piano aventi la stessa distanza da un punto fissato, gli studenti tracciano su un foglio di carta trasparente un arco di circonferenza usando un chiodino (centro) e uno spago (lungo quanto il raggio misurato), per operare il confronto tra il profilo teorico e quello della giostra nella fotografia. La soddisfacente sovrapposizione tra la circonferenza tracciata e la fotografia della sommità del loop, come mostrato in Fig. 3.27, evidenzia che la circonferenza è un buon modello matematico e pertanto fa escludere l'introduzione di altre curve matematiche.

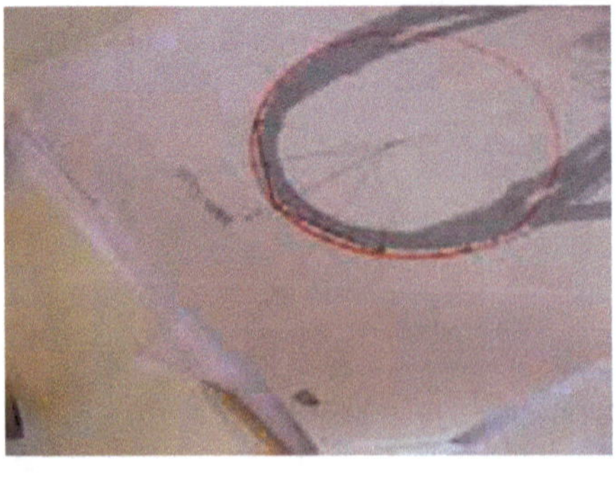

Figura 3.27 Sovrapposizione tra grafico della circonferenza e sommità del loop

3.2.5 Il loop verticale nella sua globalità: studio della clotoide

Esaminata la sommità del loop, gli alunni osservano che l'arco di circonferenza non è efficace per descrivere la parte restante del loop verticale; occorre una curva che riproduca con fedeltà la sua caratteristica forma a goccia. Un primo modo, rudimentale ma utile, per approssimare tale forma del loop consiste nel piegare opportunamente un foglio di carta: si creano due ali che si portano a combaciare appoggiandole su un piano orizzontale (Fig. 3.28).

Figura 3.28 Profilo a goccia usando un foglio di carta

Gli studenti osservano che la forma assunta dal foglio piegato assomiglia, "a occhio", a quella del loop, ma risulta difficile quantificare l'accostamento effettivo tra i due prof li. Per fornire loro una risposta, viene mostrata una foto del loop (Fig. 3.29) con sovrapposto il profilo del foglio piegato, digitalizzato con uno scanner. Il risultato appare sicuramente accettabile, quindi il profilo del foglio piegato fornisce un primo modello "elementare" e concreto del loop.

Figura 3.29 Sovrapposizione del loop con il bordo del foglio piegato a goccia

Volendo però una descrizione più accurata della forma del loop, occorre analizzare nel dettaglio le sue caratteristiche e introdurre il concetto di curvatura, attraverso un percorso esperienziale. Si presenta agli studenti un profilo metallico (Fig. 3.30) e si chiede in quali punti esso risulta più o meno curvo; basandosi sull'intuito o forse sull'esperienza quotidiana, la maggior parte degli allievi è in grado di rispondere correttamente alla domanda posta.

Figura 3.30 Profilo metallico con cerchi osculatori

Sempre facendo leva sull'intuizione, si discute del cerchio che meglio approssima il profilo metallico nelle vicinanze di un punto, chiamandolo c erchio osculatore del profilo nel punto. Per evitare che il concetto rimanga solo teorico, si forniscono agli studenti dischi di diverso diametro e si chiede loro di trovare, se esistono, i punti del profilo metallico in cui i dischi approssimano la curva. Gli alunni notano che se il profilo è molto curvo in un punto, il disco che lo approssima localmente ha un raggio molto piccolo, mentre se il profilo è poco curvo in un punto, il disco che lo approssima ha un raggio molto grande. Si prende in esame anche il caso limite in cui il profilo è rettilineo, a cui si propone di assegnare curvatura nulla. Queste osservazioni permettono di fornire agli studenti la definizione di curvatura k(P), di una curva in un suo punto P, dopo averla fatta loro sperimentare e intuire. Risulta chiaro il motivo per cui $k(P)$ si definisce come il reciproco del raggio R del cerchio osculatore nel punto P.

Tale approccio al concetto di curvatura aiuta gli studenti a comprendere come la curvatura del loop sia minore nella parte più bassa per poi crescere con continuità fino ad arrivare al valore massimo alla sua sommità. Chiariti questi aspetti sulla curvatura del loop, si introduce una curva che possiede le stesse caratteristiche di curvatura riscontrate nel giro della morte, la clotoide. Si mostra il grafico di questa curva (Fig. 3.31) e si guidano gli studenti nel ricavare, direttamente dal grafico, le informazioni più significative.

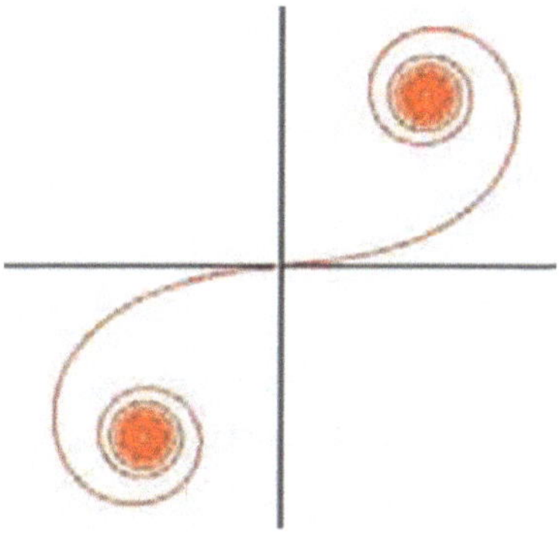

Figura 3.31 Grafico della clotoide

Analizzate le caratteristiche principali della clotoide si propone agli allievi di riprodurre un tratto del suo grafico con una macchina matematica originale (Fig. 3.32)[12].

Figura 3.32 Clotoidografo

Questa macchina, a cui è stato attribuito il nome di "clotoidografo", è costituita da un opportuno profilo in plastica (tratto di evoluta della clotoide) attorno al quale è avvolto un filo; un'estremità del filo è fissata al profilo stesso, l'altra, a cui è attaccato un pennarello, è libera di muoversi. Srotolando pian piano il filo, con l'accortezza di tenerlo sempre teso, la sua estremità libera descrive un arco di clotoide, che viene tracciato su un foglio di carta trasparente. Riprodotto l'arco di clotoide, gli studenti lo sovrappongono alla foto del loop per valutare la bontà del modello matematico e riconoscono che l'aderenza tra il profilo del loop e la curva matematica è molto buona (Fig. 3.33) nella parte del loop non descritta dalla circonferenza, visti anche gli strumenti artigianali impiegati. Per avere una descrizione matematica completa del giro della morte, è necessario unire due archi di clotoide e il tratto di circonferenza, in un "puzzle" di curve, come mostrato nello schema della Fig. 3.34.

[12] Per una descrizione dettagliata della costruzione e del funzionamento si rimanda al paragrafo 3.3.3.

◂ **Figura 3.33** Sovrapposizione del disegno di un arco di clotoide alla parte a goccia del loop

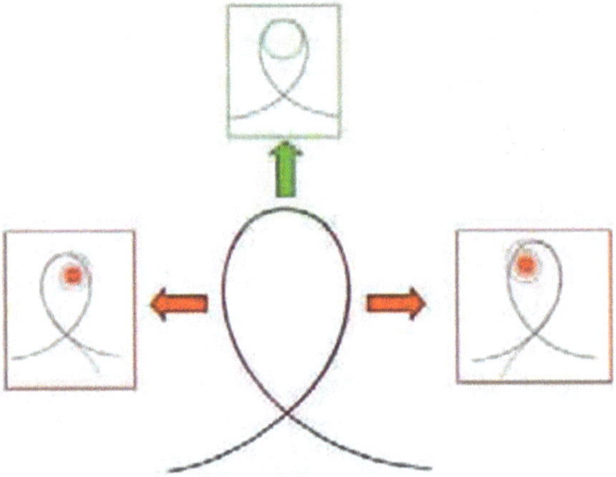

◂ **Figura 3.34** Puzzle di curve nel loop del Katun

Si riflette insieme agli allievi sul fatto che la clotoide, curva sconosciuta alla maggior parte di loro, trova moltissime applicazioni nella vita quotidiana; per esempio la clotoide viene utilizzata nella progettazione dei tracciati stradali: è inserita nel passaggio da un tratto stradale rettilineo a uno circolare, per consentire a un veicolo di subire una variazione graduale dell'accelerazione centrifuga, mentre si muove a velocità costante lungo l'arco di clotoide, o, viceversa, per consentirgli di decelerare gradualmente per mantenere un'accelerazione centrifuga costante. Anche nelle costruzioni civili (edilizia, ferrovie, ecc.) la clotoide permette di ottenere un passaggio graduale e continuo da un tracciato rettilineo a uno con curvatura non nulla. Ancora, la curva trova applicazioni in ottica e in arte: cancelli metallici, finestre, ringhiere, decorazioni, gioielli, si ispirano, o semplicemente assomigliano, al doppio avvolgimento della clotoide.

▲ **Figura 3.35** Innesti stradali

▲ **Figura 3.36** Ringhiere

Una domanda posta dagli studenti relativamente al loop riguarda le motivazioni per cui nei parchi di divertimento molti loop presentino una forma a "goccia" invece della più semplice forma circolare. Lo schema della Fig. 3.37 aiuta a comprendere questa scelta: s eil loop avesse una forma circolare, nel punto più basso, a causa del raggio di curvatura generalmente piccolo, si eserciterebbero sui passeggeri delle accelerazioni centripete ($a_c = v^2/r$) molto elevate e quindi sgradevoli o pericolos e

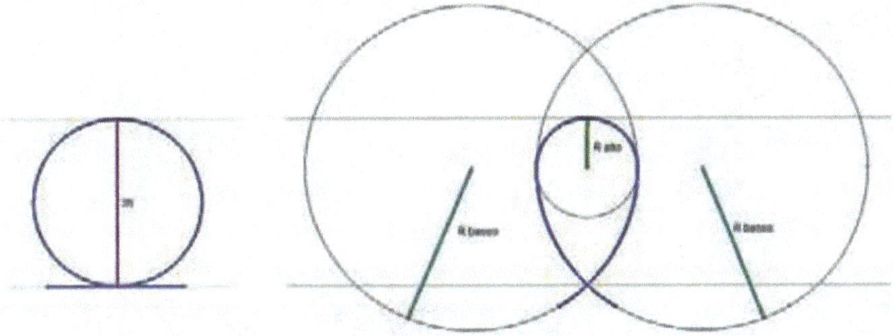

▲ **Figura 3.37** Approssimazione del loop tramite circonferenze

Inoltre, nel punto più alto del loop circolare, l'accelerazione del carrello diminuirebbe sensibilmente, mettendo a rischio la sicurezza dei passeggeri. Il profilo a forma di goccia descritto dalla clotoide consente di evitare questi due inconvenienti: nel punto più basso, infatti, il raggio di curvatura del loop è più grande rispetto al caso circolare ed è sufficiente a consentire un'accelerazione centripeta non f astidios aper i viaggiatori; nel punto più alto, si ha un raggio molto più piccolo rispetto al caso circolare, per cui l'accelerazione centripeta raggiunge valori tali da garantire la piena sicurezza della corsa e una buona adesione del carrello alle rotaie.

I tre percorsi didattici nel parco si concludono mostrando un cartellone legato alle curve matematiche esaminate, con l'intento di presentare alcune applicazioni della matematica nella quotidianità. Avendo concluso il percorso al Katun con la clotoide, particolare spirale, si propone un cartellone intitolato: *Spirali: un viaggio avvolgente tra matematica, arte e natura*!

In primo luogo, si chiede agli studenti di elencare alcuni esempi incontrati nella loro esperienza; alcune risposte sono più ricorrenti: "la chiocciola, la lumaca, i vortici, le scale", altre risposte sono più fantasiose: "la girella, lo zampirone". Oltre alle spirali descritte dagli studenti, il cartellone contiene anche qualche fotografia più curiosa o evocativa, con immagini che richiamano queste forme: la coda arrotolata del cavalluccio marino, le galassie simbolo dell'armonia dell'universo, le infiorescenze del cavolo romano, alcuni elementi architettonici, quadri (come il suggestivo "Albero della vita" di Klimt), opere d'arte con spirali frattali. La fotografia ritenuta più affascinante, secondo molti commenti raccolti, è quella della tela del ragno: è caratterizzata da una struttura formata da molteplici raggi, su cui il ragno dispone un filo con un andamento che richiama una spirale archimedea.

▲ **Figura 3.38** Coda del cavalluccio marino

▲ **Figura 3.39** Ragnatela

▲ **Figura 3.40** Moschea di Samara

▲ **Figura 3.41** Frattale con spirale

3.2.6 La modellizzazione del loop verticale e il percorso didattico

Non si è scritto in riferimento alla modellizzazione nel modulo della retta e della circonferenza, in quanto assimilabili a quanto descritto in precedenza per la parabola, mentre si evidenziano alcune specificità a proposito del percorso di modellizzazione del loop verticale.

In tal caso, l'osservazione dell'attrazione, la comprensione dell'oggetto di indagine e l'utilizzo di un supporto concreto (fotografia), come modello reale della situazione, non permettono agli studenti di arrivare a formulare qualche congettura, basata sulle conoscenze possedute, relativa al modello matematico capace di descrivere la giostra. Risulta quindi irrinunciabile un intervento da parte del tutor, che introduce alcuni concetti essenziali (curvatura, cerchio osculatore) per procedere nello studio; tali concetti non sono esposti soltanto teoricamente, ma sono sempre ancorati ad applicazioni concrete, supportati da rappresentazioni grafiche e ricollegati a esperienze vissute dagli studenti. È poi presentato il modello matematico, la clotoide, in cui si ritrovano le proprietà osservate nel loop e una macchina matematica, che permette di tracciare il suo grafico, utilizzato per la validazione del modello matematico.

Questa macchina, presentata brevemente nelle sue caratteristiche, permette di sviluppare una discussione articolata, durante una lezione in classe, anche servendosi delle tecnologie informatiche. Gli strumenti informatici, infatti, permettono di automatizzare varie procedure, di variare in modo immediato i parametri contenuti nei modelli, di ripercorrere e ripensare i procedimenti seguiti al parco, traducendoli in oggetti dinamici e manipolabili.

3.3 Macchine matematiche utilizzate

Lo studio delle curve nell'attrazione Katun, come già esposto, passa in un primo momento attraverso una parte osservativa e sperimentale, nella quale lo studente può guardare dall'esterno il tracciato dell'ottovolante, e può anche "viverlo" sulla propria pelle, salendovi e sperimentando così le relazioni tra la forma del tracciato e le proprie sensazioni corporee, seppure inizialmente in forma quasi solo emotiva.

In un secondo momento, per passare a una concettualizzazione e a uno studio matematico vero e proprio di tali curve, si è ritenuto importante costruire alcuni modelli concreti con cui gli studenti potessero interagire, modelli che in certi casi sono introduttivi di alcuni concetti di base (come quello di curvatura), mentre in altri sono vere e proprie macchine matematiche (nella fattispecie *curvigrafi*).

In tabella sono sintetizzate le principali macchine utilizzate, che verranno esaminate in dettaglio di seguito.

Tratto del percorso	Curva	Macchina matematica
Discesa iniziale	Parabola	Parabolografo a filo teso
Rampa di risalita	Retta	Inversore (meccanismo di Peaucellier)
Loop	Clotoide	Clotoidografo

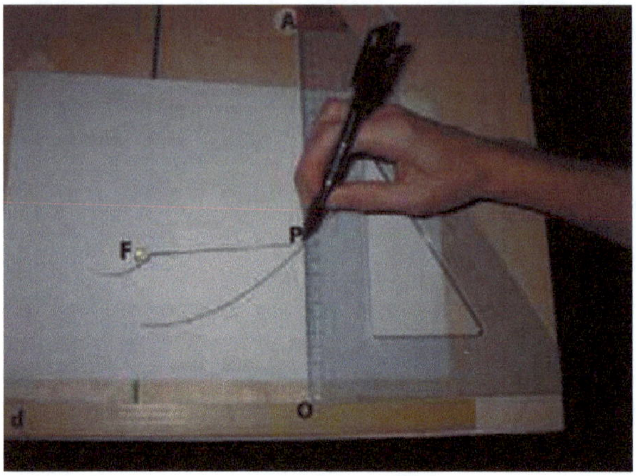

◂ **Figura 3.42** Dettaglio parabolografo

3.3.1 Il parabolografo

Per tracciare parabole, è possibile avvalersi di un curvigrafo, detto appunto *parabolografo*: ne esistono di molte tipologie, sia di tipo tridimensionale sia di tipo piano (bidimensionale)[13], in genere, questi, formati da biellismi e aste incernierate. Tuttavia, forse, tra i più semplici da costruire e da comprendere, per quanto riguarda il loro principio di funzionamento, vi sono i parabolografi *a filo teso*. Gli strumenti (curvigrafi come iperbolografi, ellissografi, parabolografi) detti "a filo teso" utilizzano in generale un meccanismo a cui è collegato un f lo, sopra il quale f ae s orrere la penna in modo da tenerlo, appunto, teso; anche nel caso del parabolografo in questione vi è un filo di lunghezza predefinita i cui estremi sono fissati al resto dello strumento.

Per i percorsi di Matebilandia, si è scelto di costruire un parabolografo con materiali poveri, per questo facilmente riproducibile in un'attività didattica in aula: esso infatti consiste in un piano di legno con il bordo orizzontale inferiore *d* in rilevo sopra il quale viene fatta scorrere una squadra da disegno. Gli estremi de lf lo sono f ss ati in un punto centrale *F* del piano di legno (tramite una puntina da disegno che può essere spostata e fissata liberamente dagli studenti) e in un punto *A*, fissato con del nastro adesivo, sulla squadra mobile. Il filo è stato tagliato di una lunghezza opportuna, pari alla distanza tra *A* e il vertice *O* della squadra in modo che, se allineato alla squadra, un suo estremo coincide esattamente con *O*. La parabola viene tracciata tenendo il pennarello appoggiato alla squadra in modo da tenere teso il filo (Fig. 3.42) e muovendo la squadra ori zontalmente lungo la guida di legno. Il punto *P* scorre quindi verticalmente lungo la squadra, ma in modo tale che la lunghezza totale del f lo (che è pari ad *AO*) corrisponda sempre al tratto *AP* più il tratto *PF*. Da ciò

---

[13] Per ulteriori informazioni sul curvigrafo si può consultare il sito del Laboratorio di Macchine Matematiche http://www.mmlab.unimore.it/on-line/Home.html nel quale sono mostrate numerose macchine tracciatrici di parabole.

risulta immediatamente che i tratti *PF* e *PO* hanno sempre la stessa lunghezza, in qualsiasi posizione si trovi la squadra. Questa caratteristica è quella saliente e assicura che la curva tracciata sia un arco di parabola: infatti *d* non è altro che la direttrice, *F* il fuoco, mentre la curva tracciata risulta formata dal luogo dei punti *P* equidistanti da fuoco e direttrice ($PF \cong PO$). Per chiarezza, sul piano di legno è stato disegnato l'asse di simmetria della parabola, *F* di conseguenza dovr àessere posizionato su di esso. Si noti che quando il bordo della squadra si sovrappone all'asse, il punto *P* identifica esattamente il vertice *V* de la parabola, a metà tra il fuoco e la direttrice.

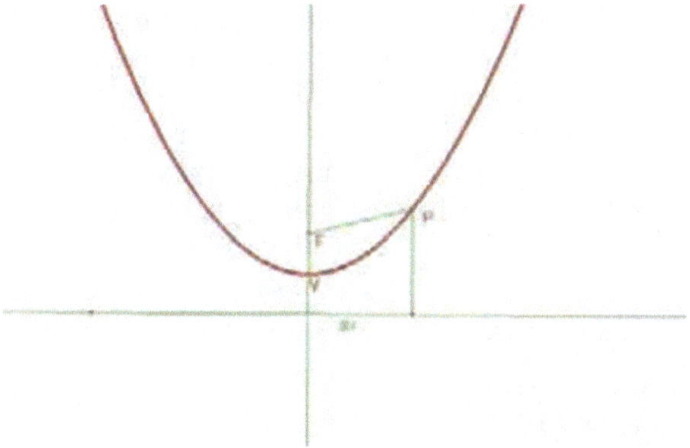

Figura 3.43 Schema semplificato del parabolografo

In questo modello di parabolografo, l'unico parametro libero modificabile dall'utilizzatore è la posizione del fuoco *F* e quindi la sua distanza dalla direttrice; al suo variare si possono ottenere tutte le parabole possibili. Infatti tutte le parabole nel piano sono riconducibili con un movimento rigido (rototraslazione) alla parabola generica con vertice nell'origine e asse di simmetria coincidente con l'asse *y*, di equazione cartesiana $y = ax^2$, che ha come unico parametro libero *a*. Tale parametro, che rappresenta l'apertura della parabola, è legato univocamente proprio alla distanza *l* tra fuoco e direttrice, dalla relazione $l = 1/(2a)$.

3.3.2 Il meccanismo di Peaucellier

Il problema di tracciare rette senza l'ausilio di guide rettilinee, per esempio la riga, è un problema che ha interessato i matematici nel XIX secolo, ma che trae le sue origini da problemi pratici di tipo ingegneristico: per esempio, quello di muovere oggetti meccanici (come pistoni) lungo percorsi rettilinei senza deteriorare le superfici guida e col minimo di attrito possibile. In questo contesto, nascono alcuni meccanismi, come quelli di James Watt (1736-1819) o di Pafnuty Lvovich Tchebicheff (1821-1894)[14], che tracciano segmenti di retta in

[14] Descritti e illustrati per esempio in [Giusti, Conti, 2000] e in http://www.mmlab.unimore.it/online/Home.html

maniera sufficientemente approssimata per scopi pratici. Tuttavia, volendo risolvere il problema da un punto di vista teorico bisogna ricorrere a meccanismi più elaborati. Tali meccanismi articolati, costituiti da aste rigide incernierate opportunamente tra loro, sono dunque in tutto e per tutto curvigrafi e vengono chiamati *guide rettilinee*.

Un importante esempio è il *meccanismo di Peaucellier*, dal nome del matematico francese che nel 1864 lo ideò[15]. Agli studenti viene presentato con la motivazione di cercare uno strumento che sia analogo al compasso (il quale traccia circonferenze senza averne il profilo), o al parabolografo, ma che serva per tracciare segmenti: lo spunto è lo studio della rampa rettilinea di salita del Katun, come già descritto in precedenza.

Ne è stato approntato un esemplare in legno e metallo, nel quale un pennarello, posto in un apposito foro, può essere mosso per tracciare il segmento desiderato.

L'artefatto è costituito da quattro aste di metallo di uguale lunghezza, incernierate a due a due; a due vertici opposti sono collegate due aste identiche, a loro volta fissate a un punto fisso, mentre un terzo vertice è collegato con un'asta a un punto nel piano (Fig. 3.44).

◂ **Figura 3.44** Inversore

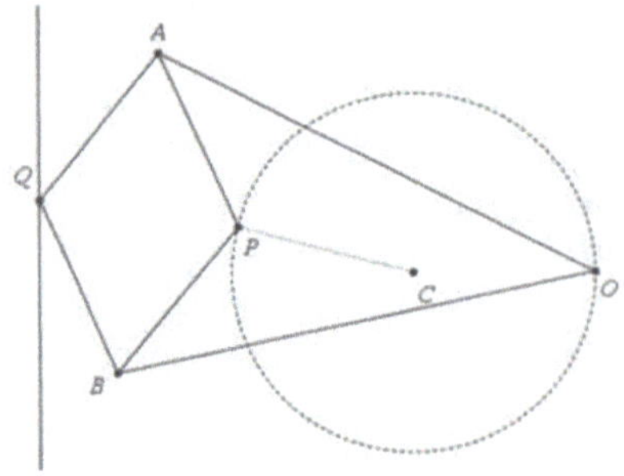

◂ **Figura 3.45** Schema semplificato dell'inversore

[15] Charles Nicolas Peaucellier (1832-1913). Altri meccanismi che tracciano rigorosamente rette sono stati ideati per esempio da Harry Hart (1848-1920) e da Alfred B. Kempe (1849-1922); (si veda per approfondimenti http://www.mmlab.unimore.it/on-line/Home.html

Volendo descrivere in termini matematici la macchina si può affermare che è costituita da un rombo articolato di vertici $AQBP$ (Fig. 3.45) i cui vertici A e B sono collegati a un punto O fissato (da segmenti tra loro congruenti). In questo modo i punti P e Q si corrispondono in una trasformazione geometrica detta "inversione circolare". Inoltre P è collegato a un punto C, tale che $PC \cong CO$ e quindi P appartiene alla circonferenza di centro C e raggio CO.

Per capire meglio il funzionamento della macchina, è necessario dare la definizione di *inversione circolare.*

Sia Γ una circonferenza di centro O e raggio R, si definisce inversione circolare rispetto a Γ la funzione che associa a ogni punto P del piano distinto da O il punto Q appartenente alla semiretta uscente da O e passante per P tale che

$$\overline{OP} \cdot \overline{OQ} = R^2 \ .$$

Il punto Q è detto *punto inverso* di P rispetto alla circonferenza Γ. Si può dimostrare che s e l punto P descrive una circonferenza passante per O, il punto Q descrive un tratto rettilineo non passante per O.

Nel caso del meccanismo di Peaucellier, il punto O è il centro della circonferenza rispetto a cui si fa l'inversione e quindi, poiché il punto P è vincolato, da un'asta rigida fissata in C, a seguire una circonferenza γ di centro C e raggio

$$r = \overline{CP} = \overline{CO},$$

si ha che il punto Q descrive un tratto rettilineo s perpendicolare alla direzione data dal segmento OC. Nella macchina di Peaucellier utilizzata nel percorso didattico, l'arco della circonferenza è contrassegnato in nero per facilitarne la comprensione da parte degli studenti.

Dimostrazione del funzionamento della guida rettilinea di Peaucellier

Nella dimostrazione che segue si fa riferimento alla Fig. 3.46.

Si consideri la circonferenza γ di centro A e raggio AP e la secante tracciata da O, passante per A.

Siano D e T i punti di intersezione di tale secante con γ, con D più vicino a O rispetto a T.

Si considerino ora i punti O, P, Q (con P,Q appartenenti a γ poiché $AQ \cong AP$ per ipotesi), si dimostra che tali punti sono allineati, infatti:

- il triangolo OPB è congruente al triangolo OAP per il terzo criterio di congruenza ($OA \cong OB$ per ipotesi, $OP \cong OP$ per proprietà riflessiva della congruenza, $AP \cong PB$ per ipotesi) e in particolare $A\hat{P}O \cong O\hat{P}B$;
- il triangolo AQP è congruente al triangolo QBP per proprietà del parallelogramma (rombo) $AQBP$ e in particolare $Q\hat{P}A \cong B\hat{P}Q$;
- poiché $A\hat{P}O + Q\hat{P}A + B\hat{P}Q + O\hat{P}B \cong$ *angolo giro,* per congruenze precedenti si ha che $A\hat{P}O + Q\hat{P}A \cong B\hat{P}Q + O\hat{P}B \cong$ *angolo piatto.*

Si consideri la circonferenza di centro A e raggio $AD \cong AT \cong AQ \cong AP$ e le due secanti OT e OQ, secanti la circonferenza rispettivamente nei punti D e T, e nei punti P[16] e Q; per il *teorema delle secanti*, si ha la seguente proporzione:

$$\overline{OP} : \overline{OD} = \overline{OT} : \overline{OQ}$$

da cui

$$\overline{OP} \cdot \overline{OQ} = \overline{OD} \cdot \overline{OT} \quad (1).$$

Dato che

$$\overline{OD} = \overline{OA} - \overline{AD}$$

e che

$$\overline{OT} = \overline{OA} + \overline{AT} = \overline{OA} + \overline{AD},$$

sostituendo nella (1) le espressioni appena ricavate si ha

$$\overline{OP} \cdot \overline{OQ} = \left(\overline{OA} - \overline{AD}\right) \cdot \left(\overline{OA} + \overline{AD}\right) = \overline{OA}^2 - \overline{AD}^2 \quad (2),$$

quindi il prodotto risulta costante, dipendendo solo dalla differenza dei quadrati dei parametri iniziali, cioè le due lunghezze fissate dell'asta

$$\overline{OA} = \boldsymbol{a}$$

e dell'asta

$$\overline{AD} = \overline{AP} = \boldsymbol{b}.$$

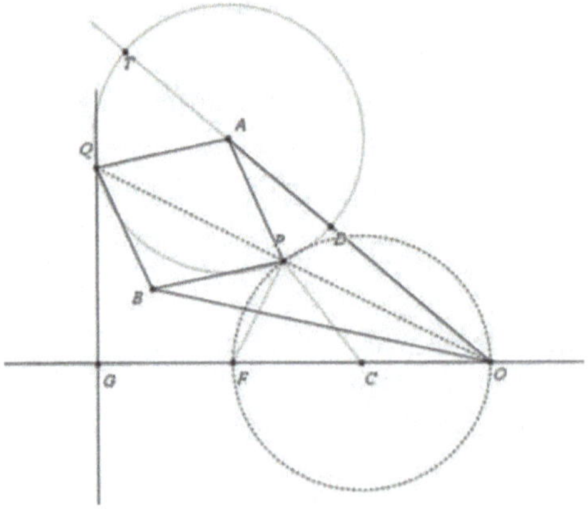

Figura 3.46 Schema della dimostrazione del funzionamento dell'inversore

[16] Il punto P appartiene sia alla secante, per dimostrazione precedente, sia alla circonferenza e quindi appartiene alla loro intersezione, non possono esserci altri punti intersezione, oltre a Q e a P, perché una retta e una circonferenza hanno al più due punti in comune.

Posto $k = a^2 - b^2$, si considera l'inversione circolare rispetto alla circonferenza di centro O e raggio $\sqrt{k}$, applicata ai punti del cerchio di centro C e raggio

$$\overline{CO} = \overline{CF} = \overline{CP} = r$$

(dove F è l'estremo del diametro passante per O).

Sia G il corrispondente in tale trasformazione del punto F, dovrà quindi essere

$$\overline{OF} \cdot \overline{OG} = k \quad (3).$$

Considerando la (2) e la (3), si ha quindi

$$\overline{OP} \cdot \overline{OQ} = \overline{OF} \cdot \overline{OG}$$

che si può anche pres entare con la proporzione

$$\overline{OF} : \overline{OP} = \overline{OQ} : \overline{OG} \quad (4).$$

Considerando che la validità della (4) dimostra la similitudine dei triangoli OQG e OPF e che OPF è un triangolo rettangolo in quanto inscritto in una semicirconferenza, si deduce che anche OQG è un triangolo rettangolo, con angolo retto nel vertice G.

Si è così dimostrato che al variare del punto P sulla circonferenza di centro C e raggio r, $O\hat{G}Q$ è s empre retto e che il luogo geometrico di Q, al variare di P sull'arco di circonferenza di centro C, è la retta perpendicolare alla retta passante per OC[17].

3.3.3 Il clotoidografo

Nello studio del giro della morte del Katun si considerano due curve distinte, la sommità del loop è descritta da un arco di circonferenza mentre la parte restante del loop è descritta da due archi di clotoide. Se la realizzazione della macchina per tracciare la circonferenza non ha richiesto sforzi particolari (spago e chiodo), quella per tracciare la clotoide, il "Clotoidografo", ha richiesto un lavoro molto più consistente.

L'intenzione degli ideatori di Matebilandia era, infatti, quella di costruire un clotoidografo a filo, in cui *non* si dovesse utilizzare il profilo della curva che si voleva disegnare, per rimanere in linea con gli altri strumenti curvigrafi proposti, nei quali la curva non viene mai tracciata seguendo un profilo materiale della curva.

[17] Per una dimostrazione analitica si rimanda al paragrafo 6.1.3.

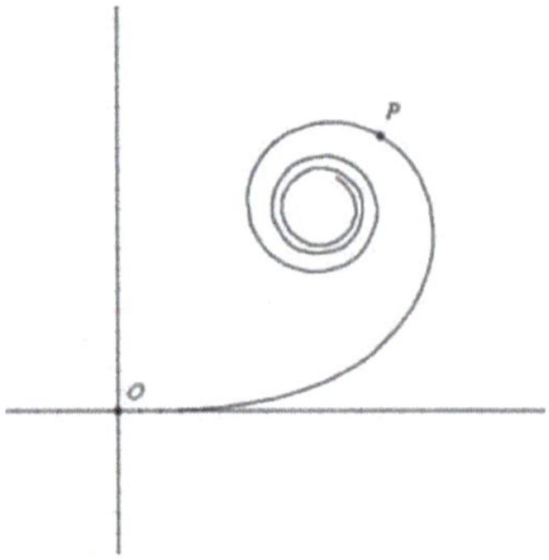

Figura 3.47 Arco di clotoide

Per ideare questo strumento ci si è serviti della definizione "naturale" della clotoide e del concetto di *evoluta* di una curva. *La clotoide è quella curva tale per cui la curvatura k(s) è direttamente proporzionale alla lunghezza dell'arco di curva misurata a partire da un'origine O fissata.* Quindi il raggio del cerchio osculatore, che meglio approssima la curva in un punto *P*, è inversamente proporzionale alla lunghezza dell'arco di curva *OP*; inoltre se in ogni punto *P* di una curva si conosce il centro e il raggio del cerchio osculatore, diventa possibile tracciare la curva come unione di "infiniti" archi di circonferenza "infinitesimi". Il luogo geometrico formato dai centri dei cerchi osculatori di una curva *C* viene chiamato *evoluta* della curva *C*.

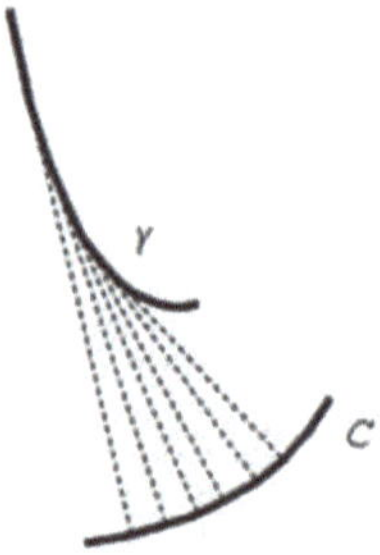

Figura 3.48 Evoluta γ di una curva C

Il clotoidografo, realizzato dal gruppo di lavoro di Matebilandia, consiste in una lastra bianca di plexiglas avente esattamente la forma descritta dal luogo dei centri dei cerchi osculatori della clotoide, cioè dall'evoluta della clotoide. Attorno a tale lastra è arrotolato un filo, avente un estremo fissato alla lastra stessa e l'altro estremo, ancorato a un pennarello, libero di muoversi. Srotolando il filo, con l'accortezza di tenerlo sempre teso e perpendicolare al pennarello, la lunghezza del filo rappresenta in ogni posizione la lunghezza del raggio del cerchio osculatore e il pennarello traccia un arco di clotoide. Questo tipo di costruzione, una volta illustrate le definizioni di curvatura, evoluta ed evolvente con relativi esempi, permette di mostrare agli studenti con sufficiente evidenza la caratteristica saliente (in questo contesto) della clotoide, ovvero che il raggio di ciascuno dei cerchi osculatori cresce gradualmente con l'evolversi della traccia lasciata dal pennarello. Tale caratteristica, come è già stato sottolineato in precedenza, è anche legata al motivo per cui essa viene usata in alcuni roller-coaster. In figura si può notare come sia possibile evidenziare la lunghezza del "raggio istantaneo" di curvatura, in quanto essa è proprio *la lunghezza del filo* tra il pennarello e il punto di contatto con la sagoma bianca. È altresì ben visibile come questa lunghezza cambi con continuità: si può anzi misurarla e mostrare come essa sia inversamente proporzionale alla lunghezza dell'arco tracciato (a partire da un opportuno punto *O*) (Fig. 3.49).

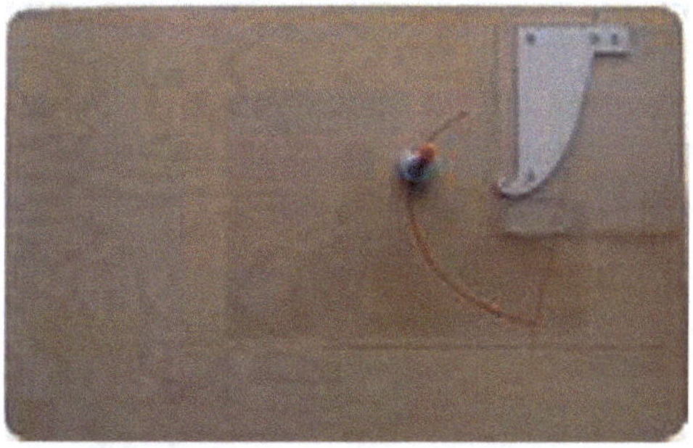

Figura 3.49 Dettaglio clotoidografo

Questo clotoidografo ha dei limiti di utilizzo, nel senso che svolgendo (o avvolgendo) il filo si può tracciare solo un piccolo *arco* di clotoide. Tale limite è evidenziato da una riga rossa tracciata sul supporto di legno in cui esso è installato, superata la quale il f lo non aderisce più al prof lo in plexiglas e la curva tracciata diventa un arco di circonferenza. Tuttavia l'arco di clotoide disegnato risulta sufficientemente ampio e della grandezza di scala giusta per essere sovrapposto, con ottima approssimazione, alla fotografia del profilo del loop del Katun scelta per il percorso didattico.

All'interno del percorso compiuto dal treno del Katun vi è anche un tratto a "loop orizzontale" e pure questo può essere approssimato con una clotoide: scegliendo opportunamente la scala è infatti possibile tracciarne una da poter sovrapporre anche a questo tratto di percorso.

L'idea del filo, avvolto attorno alla sagoma dell'evoluta della curva richiesta, risolve il problema di come tracciare la clotoide senza seguirne il profilo, ma, naturalmente, ne apre uno successivo, quello di trovare la forma dell'evoluta della clotoide.

Una scelta può essere quella di proporre agli studenti il profilo dell'evoluta *così com'è*, richiedendo loro un "atto di fiducia" che *quella è proprio la curva* opportuna; tale scelta è legittima, ma per alcuni può risultare insoddisfacente e può far apparire l'introduzione di tale evoluta come un artificioso *deus ex machina*.

Se dunque si vuole evitare questo, è possibile eventualmente introdurre un procedimento per costruirla, un metodo approssimato ma comprensibile da parte di studenti di scuola secondaria superiore senza conoscenze di analisi[18]. Esso si basa sulla costruzione della clotoide e della sua evoluta passo passo, tracciando piccoli archi di cerchio successivi, diminuendo a ogni step l'apertura del compasso, cioè il raggio del cerchio osculatore, in maniera inversamente proporzionale alla lunghezza dell'arco tracciato e seguendo, quindi, nuovamente la definizione "naturale" di clotoide, in maniera questa volta non continua bensì discreta. Tale procedimento può essere eseguito a mano con il compasso ed è anche implementabile su calcolatore (la sagoma di plexiglas del clotoidografo usata nel percorso di Matebilandia è stata costruita proprio utilizzando questo metodo implementandolo in linguaggio di programmazione Java[19]. Le curve che ne risultano sono tanto meglio approssimate quanto più piccoli gli archi di cerchio tracciati.

Alcune immagini, ottenute con il programma utilizzato per costruire il grafico dell'evoluta della clotoide, sono mostrate nella seguente Fig. 3.50, dove la clotoide è in rosso, mentre la sua evoluta in nero.

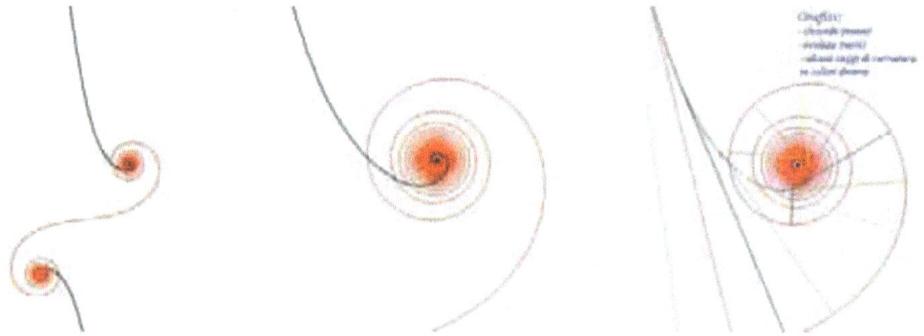

▲ **Figura 3.50** Grafico di clotoide ed evoluta realizzate con il programma Java

Dettaglio del procedimento per la costruzione del grafico di una curva e della sua evoluta

Sia $k = k(s)$ l'equazione della curvatura di una curva, in funzione della lunghezza s dell'arco rispetto a un'origine O fissata sulla curva stessa. Si inizializzano alcuni elementi:

- un punto P di partenza;
- un vettore unitario tangente $\vec{t}$ per determinare la direzione in cui muoversi;

---

[18] Nel caso gli studenti abbiano conoscenze di analisi è possibile usare le definizioni che utilizzano le derivate di primo e secondo ordine (si veda il paragrafo 3.1).

[19] Il sorgente del programma è disponibile sulla piattaforma online http.//extras.springer.com

- una lunghezza iniziale s_0 dell'arco *PO*;
- la lunghezza fissata Δs degli archi di circonferenza da tracciare.

Oltre a stabilire il vettore tangente, risulta comodo fissare anche un vettore unitario normale $\vec{n}$, ruotato di 90° in senso antiorario rispetto al primo.

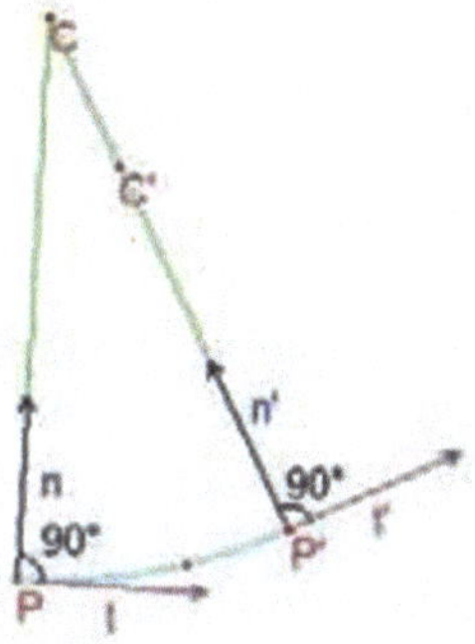

Figura 3.51 Vettori tangente, normale, centro di curvatura in due step successivi

Si pone per convenzione che, s ela curvatura $k(s)$, in un punto *P*, risulta positiva, allora l'arco di curva (l'arco di circonferenza Δs) viene tracciato nel verso del vettore tangente $\vec{t}$, mentre s ela curvatura risulta negativa, viene tracciato in verso opposto a quello di $\vec{t}$. Inoltre, nel caso in cui la curvatura k(s) in un punto *P* sia positiva, il centro del cerchio osculatore si trova nello stesso verso del vettore normale $\vec{n}$, mentre, se $k(s)$ è negativa, viene preso nel verso opposto. Nel caso limite in cui $k(s)$ si annulla, si traccia un tratto rettilineo di lunghezza Δs nella direzione di $\vec{t}$.

Si comincia la costruzione dal punto di partenza *P* e si apre il compasso di una quantità pari al raggio di curvatura, che è il reciproco della curvatura:

$$R = \frac{1}{|k(s_0)|},$$

essendo $s=s_0$ (lunghezza iniziale) nel punto *P*.

Per tracci ะe il primo arco di cerchio Δs si osserva che il centro *C* del cerchio osculatore si trova nella direzione di $\vec{n}$, a distanza

$$R = \frac{1}{|k(s_0)|}$$

dal punto P e dalla parte di $\vec{n}$ se $k(s_0) > 0$ o dalla parte opposta di $\vec{n}$ se $k(s_0) < 0$.

I punti *C* e *P* sono quindi legati dalla relazione:

$$\overrightarrow{OC} = \overrightarrow{OP} + \frac{1}{k(s_0)} \cdot \vec{n}$$

dove O è l'origine del sistema di riferimento (O non è riportata in Fig. 3.51 solo per lasciare lo schema più leggibile).

Una volta determinato con univocità il centro voluto C e il raggio R, si traccia l'arco di circonferenza Δs nel verso di $\vec{t}$ se $k(s_0) > 0$ o dalla parte opposta di $\vec{t}$ se $k(s_0) < 0$. Siccome P è il primo estremo dell'arco di circonferenza Δs, sia P' il suo secondo estremo. Poiché il segmento CP, distanza del punto P dal centro C, ha subito una rotazione di angolo

$$\Delta\theta = \frac{\Delta s}{R},$$

la stessa trasformazione viene applicata ai vettori normale e tangente che sono "ancorati" al punto P ed è quindi possibile tracciare i vettori $\vec{t'}$ e $\vec{n'}$.

Risulta così determinato il punto di arrivo P', i nuovi vettori $\vec{t'}$ e $\vec{n'}$, la lunghezza totale dell'arco di curva risulta ora $s=s_0+ \Delta s$, avendo incrementato la lunghezza precedente della curva del tratto Δs; è possibile quindi ripetere il procedimento appena applicato per trovare gli elementi successivi: C', P'', $\vec{t''}$ e $\vec{n''}$. Ripetendo in modo ciclico tali operazioni, le posizioni successive del punto P formano il grafico approssimato della curva voluta avente curvatura $k(s)$, mentre le posizioni successive del punto C forniscono il grafico approssimato dell'evoluta della curva.

In appendice è riportato l'algoritmo per la costruzione della clotoide e della sua evoluta in linguaggio di progetto.

Capitolo 4
La matematica all'Eurowheel

In questo capitolo sono introdotti la modellizzazione della Ruota (Fig. 4.1) e alcuni elementi storici utili per il percorso didattico. La trattazione delle coniche da parte di Menecmo, di Apollonio e le diverse tipologie di coniche prodotte intersecando un cono con un piano sono richiamati per affrontare il problema della visione della Ruota. È centrale, per il percorso didattico, il contributo di Cavalieri, che per primo raccolse tre diversi approcci alle coniche riconducibili alla sezione di un cono, alla traccia lasciata da meccanismi nel piano, all'interpolazione per punti.

Per l'analisi de le ombre prodotte dalla Ruota, si considerano gli apporti di G. Desargues e di P. de La Hire. Grazie al teorema di Dandelin si arriva a una sintesi tra la genesi spaziale delle coniche e la loro trattazione analitica piana.

▲ **Figura 4.1** Eurowheel

La modellizzazione è trasposta nelle attività del percorso didattico: visione della Ruota e sua esplorazione, ricostruzione di curve con macchine matematiche, studio delle ombre della Ruota e analisi con modelli meccanici e infine attività di *problem solving*. Indicazioni sulla metodologia di lavoro e riflessioni sulla modellizzazione secondo lo schema di Blum Leiss completano la presentazione del percorso.

Infine si descrivono alcune macchine matematiche con particolari di costruzione o collegamenti storici o dimostrazioni del loro funzionamento.

Introduzione

Gli elementi essenziali della giostra sono le 50 cabine, collegate consecutivamente da 50 aste che formano un pentacontagono[1] regolare, e i 50 bracci, che le collegano al centro della Ruota. Guardando la figura di un pentacontagono regolare inscritto in una circonferenza (Fig. 4.2) e confrontando il lato del poligono con l'arco corrispondente, risulta chiaro che l'osservatore, di fronte alla Ruota panoramica, ha la percezione di un'enorme circonferenza con centro nel logo pubblicitario.

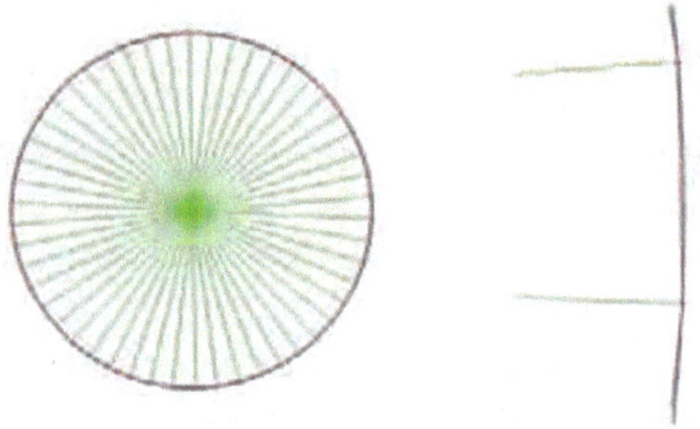

Figura 4.2 Pentacontagono inscritto in una circonferenza

Dopo aver schematizzato la Ruota come una circonferenza di raggio 42 m, dedotto dalle mappe tecniche, l'oggetto dello studio matematico svolto è stato il profilo della Ruota visto da una persona a terra, che osserva la Ruota attraverso un quadro trasparente, chiamato piano di osservazione, e può seguirne il profilo con un dito o un pennarello. I "raggi visivi" partono dal bordo della Ruota (Fig. 4.3) e convergono nel punto di osservazione, formando un cono obliquo, per cui la visione della Ruota, da parte della persona, corrisponde alla sezione di questo cono con il piano di osservazione e risulta essere una sezione conica.

Figura 4.3 Schema della visione della Ruota

[1] Poligono di cinquanta lati.

4.1 Alcuni elementi di storia delle coniche

4.1.1 Menecmo, Apollonio, Cavalieri

Lo studio e il disegno delle coniche può essere condotto in tre modi diversi, come afferma Bonaventura Cavalieri[2] nella sua opera intitolata *Lo specchio ustorio, overo trattato delle s ettioni coniche et alcuni loro mirabili effetti intorno al lume, caldo, freddo, suono, e moto ancora* (Fig. 4.4), pubblicata nel 1632, che si compone di cinquantacinque capitoli.

L'autore propone tre diversi approcci alle coniche che sono utilizzati nel percorso didattico relativo sia alla Ruota (sezione di un cono e traccia con meccanismi piani) sia al Katun (traccia con meccanismi piani, interpolazione).

Figura 4.4 Frontespizio del testo "Lo specchio ustorio..." di B. Cavalieri

Nel capitolo XLI, *Le costruzioni dello Specchio ustorio*, Cavalieri suddivide infatti i metodi per il tracciamento delle coniche in tre gruppi. Nel primo, le curve si ottengono meccanicamente per *invention solida*, ovvero secando un cono; nel secondo per *invention piana vera*, cioè con l'impiego di particolari strumenti mobili nel piano; nel terzo con costruzioni geometriche *per punti continuati*, cioè interpolando punti costruiti. Vengono trattati solo i primi due metodi perché collegati al percorso didattico svolto, descritto nel paragrafo 4.2.

Nel lavoro di modellizzazione relativo alla visione della Ruota panoramica, il profilo osservato della Ruota e individuato sul piano di osservazione si può interpretare come una conica ottenuta per *invention solida*.

---

[2] Bonaventura Cavalieri (1598 - 1647), matematico italiano influenzato da Galileo Galilei, è famoso per il metodo degli indivisibili per il calcolo di aree e volumi, metodo che rappresenta una tappa importante nello sviluppo storico del calcolo integrale.

4.1.2 Le coniche ottenute per "invention solida"

Ne lcapitolo I del trattato, Cavalieri riporta la def inizione generale di cono:

> Il cono è quel corpo solido che da' prattici suol essere chiamato Piramide rotonda che fu da Euclide nell'11° libro alla def.18 (preso in senso men' universale) definito nascere dalla revolutione del triangolo rettangolo, stando fermo un de' lati che stanno intorno all'angolo retto, fino che esso triangolo ritorni di onde si partì: ma perché questa definitione comprende solamente i coni che hanno l'asse della revolutione perpendicolare alla base, perciò riceveremo da Apollonio Pergeo la definitione universale posta nel principio de' suoi Elementi Conici in questa maniera. Se da un punto posto fuori del piano d'un dato circolo sarà tirata una retta linea sino alla circonferenza di esso circolo, di qua e di là indefinitamente prolungata, quale si rivolga intorno alla circonferenza fino che ritorni di onde si partì; la superficie descritta dalla detta linea si chiamerà superficie conica, e cono si dirà il solido rinchiuso dalla detta superficie e dal circolo proposto qual vien chiamato base del cono, e cima [vertice] il ponto soprapreso. Asse poi vien detta la retta linea che congiunge essa cima con il centro del circolo, che è di lui base, quale quando sta perpendicolarmente sopra la base fa che il cono si chiami equicrure [equilatero], e quando sia inchinato sopra di quella fa che si dica cono scaleno. Di quelli s'intende la definitione di Euclide, e di questi quella d'Apollonio dentro la quale vengono parimente rinchiusi i coni d'Euclide, per essere questa più universale e però basterà che noi ci appigliamo a questa per farci capaci d'ambedue le sorti dei coni in un colpo solo, il che più chiaramente s'intenderà dalle quì poste figure[3].

Se si applicano tali termini per modellizzare l'osservazione della Ruota, si ottiene che la base del cono è la Ruota, la cima corrisponde al punto in cui si trova l'osservatore e il cono visivo così generato risulta scaleno, o meglio, obliquo. Un cono, a base circolare, è obliquo (Fig. 4.5) quando l'asse, cioè la retta che congiunge il vertice V con il centro O della base, non è perpendicolare al piano della base. In un cono obliquo si chiama triangolo massimo il triangolo che si ottiene intersecando il cono con un piano s perpendicolare al piano p della base e passante per l'asse OV.

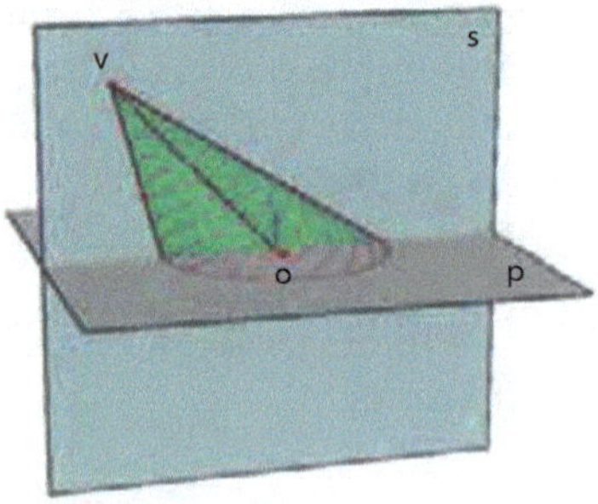

Figura 4.5 Cono obliquo con triangolo massimo

[3] Il testo originale, le trascrizioni e la riedizione in linguaggio odierno si trovano, per esempio, nel sito http://www.imati.cnr.it/~gianna/ted-2002-old/bonetti/testo.htm

La visione del profilo della Ruota è la curva che si ottiene "secando" il cono visivo con un piano di osservazione, in accordo con quanto afferma Cavalieri nel capitolo II:

> Conciosiacosa che il cono possi esser segato, over troncato da diverse sorti di superficie, ora però non intenderemo, che sia segato con altro che con superfici piane. Fa dunque di mestieri andar considerando in quanti modi sia possibile tagliarlo si che ne venghino fatte differenti sezioni di specie; e perché il comun segmento di due superficie è sempre linea perciò intenderemo noi, che un piano tagli il cono in che modo si voglia, taglia anco la superficie di esso cono, composta dalla superficie conica e dalla base, talor la conica sola, e però nella superficie di esso cono vien sempre generata una linea che è il comun segmento della superficie del cono e del piano segante. Questa linea adunque può con nome comune dirsi Settion Conica, se ben Apollonio non suol chiamare ogni tal linea settion conica, ma solamente alcune, come qui da basso s'intenderà.

Questa definizione si lega al modello di conica proposto da Apollonio da Perga[4], il quale, usando un cono generico e tagliandolo con piani diversamente inclinati, ottiene tutte le curve già scoperte da Menecmo[5] che usava invece solo coni **retti**. Nella teoria di Menecmo, vengono usati tre tipi di coni retti, generati dalla rotazione attorno a un cateto di un triangolo rettangolo, tutti tagliati con piani perpendicolari all'ipotenusa del triangolo:

- se il triangolo rettangolo è isoscele, dalla sua rotazione si ottiene l'*orthotome* (Fig. 4.6), che significa semplicemente "sezione di un cono rettangolo"; la curva individuata dal piano sezione è una parabola;
- se il cateto attorno cui ruota il triangolo è maggiore dell'altro cateto, si ottiene *l'amblitome* (Fig. 4.7), che significa "sezione di un cono acutangolo"; la curva individuata dal piano sezione è un'ellisse;
- se il cateto attorno cui ruota il triangolo è minore dell'altro cateto, si ottiene *l'oxitome* (Fig. 4.8), che significa "sezione di un cono ottusangolo"; la curva individuata dal piano sezione è un'iperbole.

---

[4] Apollonio da Perga (261- 190 a.C.), matematico e astronomo greco noto come "Il grande geometra", ha dato un contributo importantissimo alla sistemazione della teoria delle sezioni coniche, gettando solide fondamenta per gli studi successivi. La sua fama di astronomo è legata all'introduzione degli *epicicli* e *deferenti* per descrivere i moti planetari.

[5] Menecmo (seconda metà del IV secolo a.C.), matematico greco discepolo di Eudosso e maestro di Alessandro Magno, si occupò di geometria ed è famoso per i suoi studi sulle sezioni coniche e per aver sviluppato alcune soluzioni al problema della duplicazione del cubo.

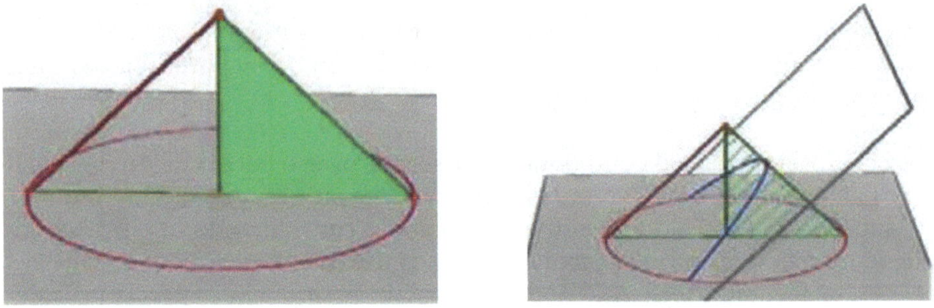

▲ **Figura 4.6** Orthotome e la sezione con un piano perpendicolare all'ipotenusa del triangolo generatore

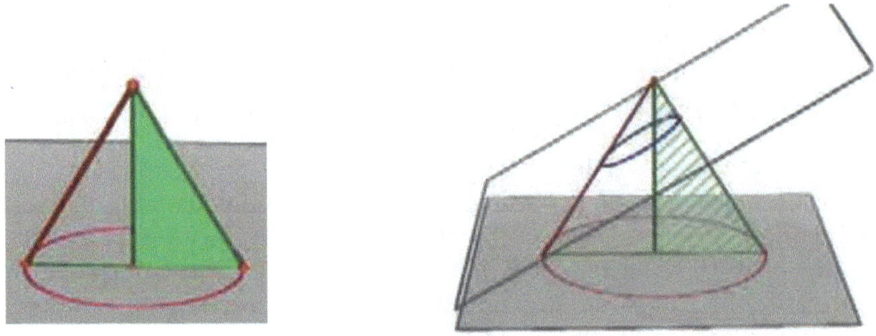

▲ **Figura 4.7** Amblitome e la sezione con un piano perpendicolare all'ipotenusa del triangolo generatore

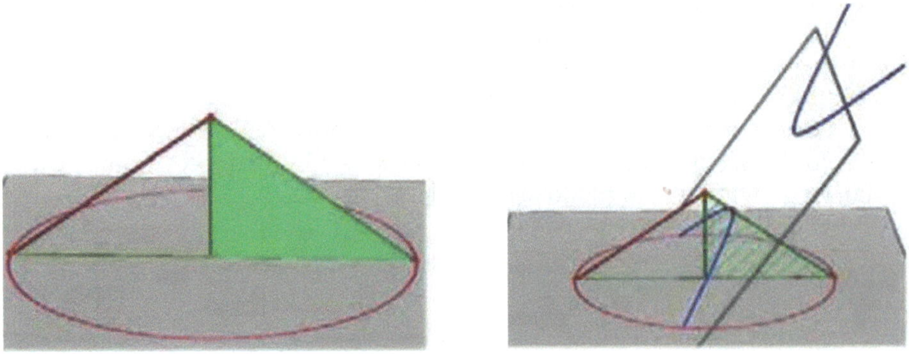

▲ **Figura 4.8** Oxitome e la sezione con un piano perpendicolare all'ipotenusa del triangolo generatore

I nomi attuali *parabola*, *ellisse*, *iperbole* sono dovuti ad Apollonio, che li prese probabilmente dai pitagorici e li riadattò alla propria teoria.

Si considerano ora i vari tipi di sezioni coniche, che si possono ottenere sul cono **obliquo** al variare della posizione del piano di sezione, oggetto di indagine nel percorso didattico (paragrafo 4.2).

Le posizioni, in cui si ottiene come sezione una **circonferenza,** sono le seguenti:

- Il piano di osservazione è parallelo alla Ruota, cioè alla base del cono; contrariamente a quanto succede nel caso del cono retto, in quello obliquo il piano di sezione perpendicolare all'asse del cono non fornisce una circonferenza, ma un'ellisse.
- Si taglia il cono con un piano p_1 passante per l'asse e perpendicolare al piano della base, in modo da formare il triangolo massimo *VCD* (Fig. 4.9), poi si considera un piano p_2 perpendicolare al piano p_1 tale che, intersecandolo, s'individuano due punti *H* e *K* sui lati *VC* e *VD* rispettivamente, in modo che *HVK* sia simile al triangolo *VCD* ma *in senso contrario*, cioè con gli angoli congruenti che si formano su lati diversi, come mostrato in figura. Data la peculiarità del procedimento descritto, se ne riporta la dimostrazione.

Dimostrazione

Se *VCD* è il triangolo massimo relativo al cono di vertice *V* e base il cerchio di diametro *CD*, si tagli il cono con un piano p_2 perpendicolare al triangolo *VCD*, che individua dalla parte del punto *V* un triangolo *VKH*, simile al triangolo *VCD*, in modo che l'angolo *VKH* sia congruente all'angolo *VCD*. Si vuole dimostrare che la curva *HFK* di intersezione fra questo piano e il cono è una circonferenza, con *F* punto qualunque appartenente alla curva.

Si consideri un punto *G* appartenente alla circonferenza di base e si conducano dai punti *F* e *G* le distanze rispetto al piano del triangolo *VCD*. Si ottengono così i segmenti *FL* e *GM* che risultano tra loro paralleli. Si tracci da *L* la retta parallela al diametro *CD*, che interseca i lati *VC* e *VD* rispettivamente nei punti *N* ed *E* (Fig. 4.10).

In tal modo il piano pass ante per le rette *LF* e *NE* risulta parallelo alla base de lcono (*Euclide* Prop. XI 15) e individua una circonferenza di diametro *NE*; si ha quindi che il triangolo *NFE* è rettangolo e il quadrato di lato *FL* (indicato in seguito con *q*(*FL*)) è equivalente al rettangolo di lati *NL* e *LE* (indicato come *r*(*NL*, *LE*)) per il secondo Teorema di Euclide. Il triangolo *NLH* è simile al triangolo *LKE* per il I criterio di similitudine; si ottiene quindi la seguente proporzione $HL : LN = LE : LK$, da cui *r*(*LE*, *LN*) è equivalente al *r*(*HL*, *LK*); per la proprietà transitiva dell'equivalenza si ha che *r*(*HL*, *LK*) è equivalente al *q*(*FL*), quindi per il teorema inverso del secondo teorema di Euclide si dimostra che il triangolo *FHK* è rettangolo, per cui, al variare di *F* sulla curva intersezione tra cono e piano, si ottiene una circonferenza di diametro *HK*.

cvd

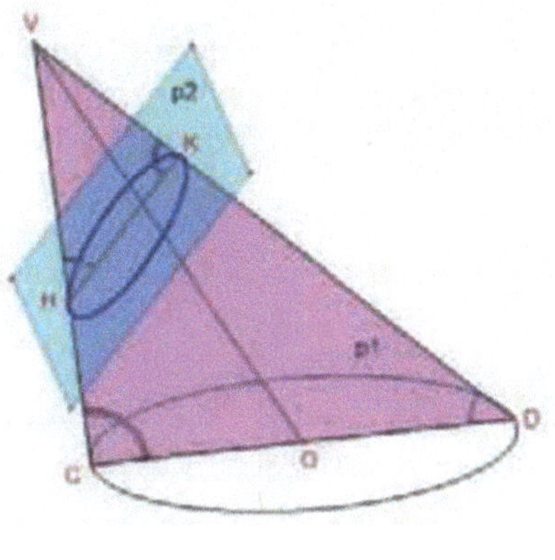

◂ **Figura 4.9** Piano di sezione che individua una circonferenza

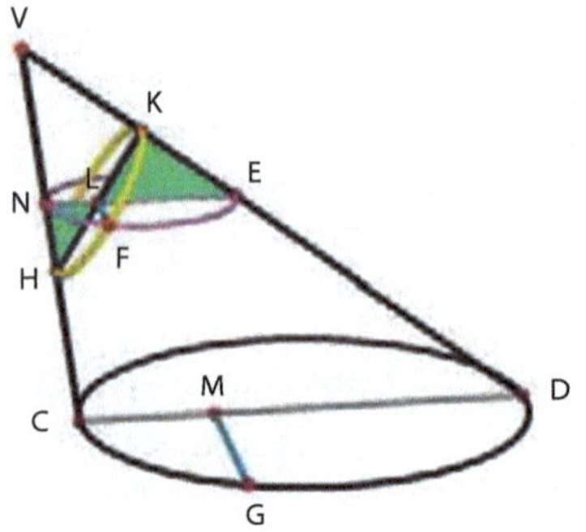

◂ **Figura 4.10** Costruzione necessaria nella dimostrazione

- Si ottiene un'**ellisse** se il piano di sezione interseca entrambi i lati del triangolo massimo *VCD* (Fig. 4.11a-b) o anche se interseca un lato del triangolo massimo *VDC* e il prolungamento dell'altro lato (prolungamento avente origine appartenente alla base del cono).
- Si ottiene una **parabola** s eil piano di s ezione è parallelo a un lato del triangolo massimo *VDC* (Fig. 4.11c).
- Si ottiene un'**iperbole** se il piano di sezione interseca un lato del triangolo massimo *VDC* e il prolungamento dell'altro lato (prolungamento avente origine nel vertice del cono) (Fig. 4.11d)[6].

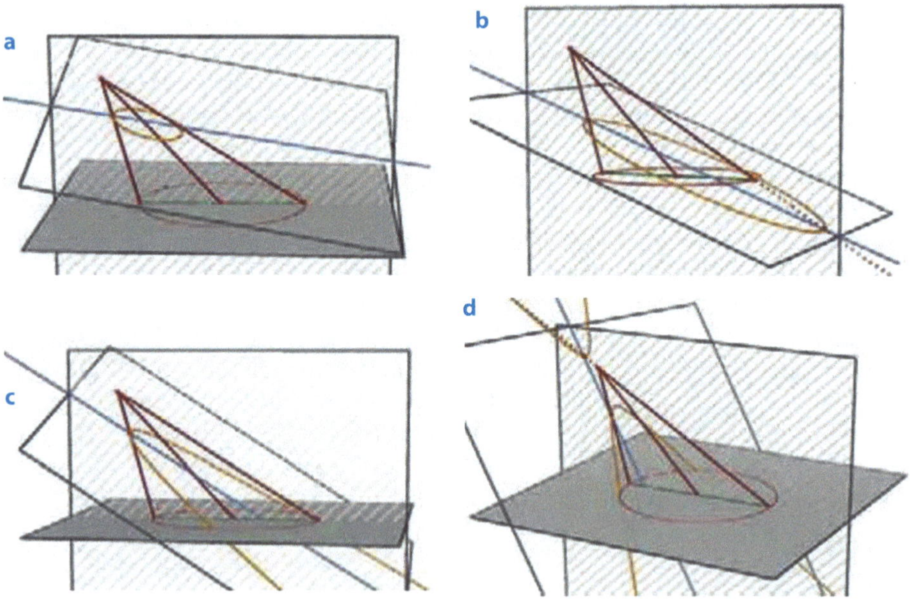

▴ **Figura 4.11 a-b** Sezioni ellittiche del cono obliquo; **c-d** Sezioni parabolica e iperbolica del cono obliquo

[6] Le dimostrazioni relative alle tre coniche sono reperibili nel sito dell'Associazione Macchine Matematiche: http://www.macchinematematiche.org/

L'analisi delle sezioni coniche può essere ugualmente condotta in relazione all'angolo che il piano di sezione forma con l'asse del cono, sia nel caso più generale del cono obliquo sia nel caso, usualmente presentato, del cono retto, che si riporta di seguito.

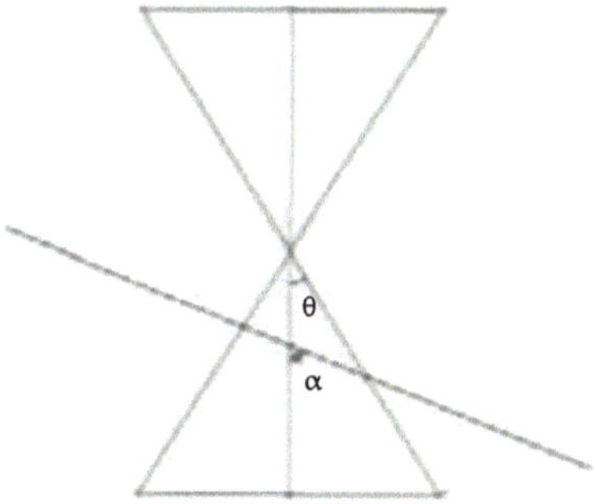

◂ **Figura 4.12** Angolo di apertura del cono e angolo acuto associato al piano sezione

Nel caso del cono retto, se s'indica con θ l'angolo di apertura di un doppio cono e con α l'angolo acuto che il piano di sezione (non passante per il vertice) forma con l'asse del doppio cono (Fig. 4.12), sono state studiate le curve tracciate negli schemi sottostanti (Fig. 4.13) e descritte nella tabella.

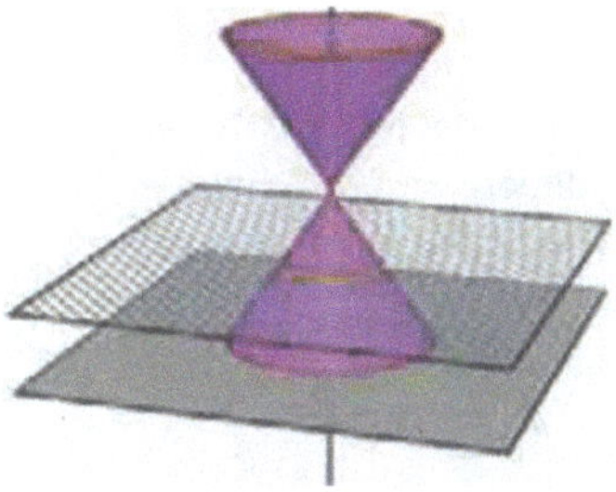

$\alpha = \pi/2$, circonferenza

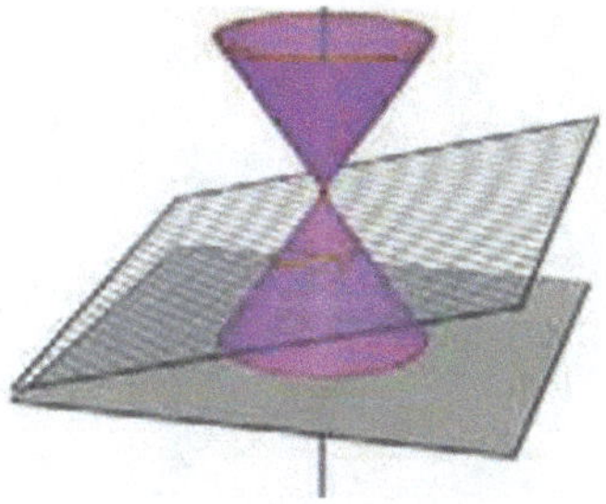

$\alpha > \theta$, ellisse

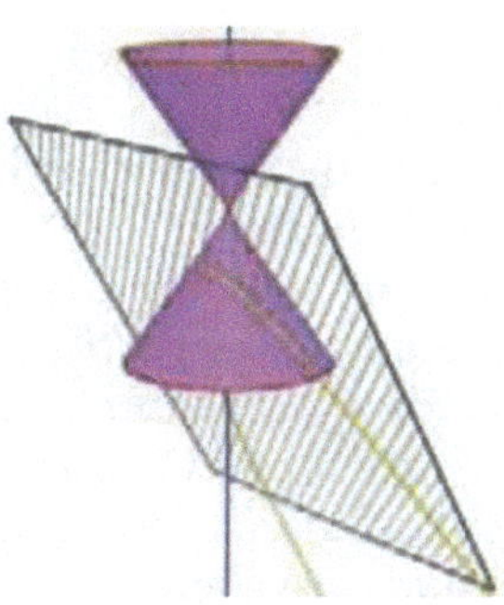

$\alpha = \theta$, parabola

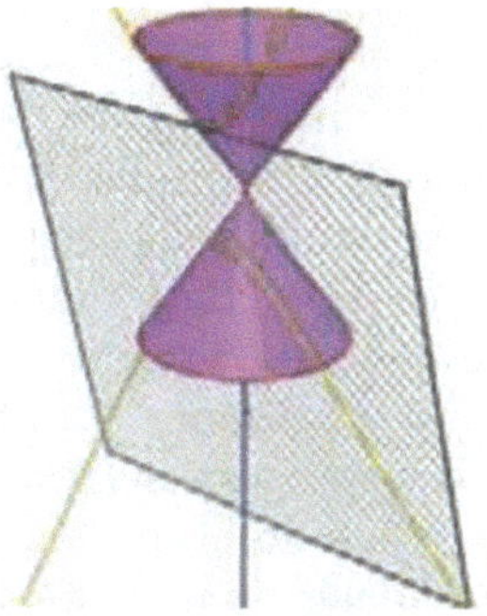

$\alpha < \theta$, iperbole

▴ **Figura 4.13** Sezioni coniche al variare dell'angolo α individuato dal piano di sezione

Posizione del piano di sezione *p*	Relazione tra l'angolo θ di apertura del cono e l'angolo acuto α formato dal piano con l'asse del cono	Sezione Conica
Piano *p* perpendicolare all'asse del cono	$\alpha = \pi/2$	Circonferenza
Piano *p* secante le generatrici del cono	$\alpha > \theta$	Ellisse
Piano *p* parallelo a un piano tangente lungo una generatrice del cono	$\alpha = \theta$	Parabola
Piano *p* parallelo a due generatrici del cono	$\alpha < \theta$	Iperbole

Figura 4.14 Immagine dal testo di Cavalieri del metodo del giardiniere (figura XXVI)

4.1.3 Le coniche ottenute per "invention piana vera"

Nel percorso didattico relativo alla Ruota, dopo aver analizzato le coniche come curve intersezioni fra un cono obliquo e un piano di sezione, si rende necessario il disegno di un'ellisse dati i suoi elementi caratteristici. Per fare questo, ci si riconduce a quanto descritto da Cavalieri nel capitolo XLV, *Dei particolari modi di descrivere le Settioni Coniche che s'aspettano all'invention piana vera*, di cui si riporta la traduzione del testo, in cui viene descritto il modo per tracciare l'ellisse, con il metodo oramai noto con l'appellativo "del giardiniere" (Fig. 4.14), che fa parte del gruppo di strumenti a filo proposti da Cavalieri.

> Questi modi li potiamo distinguere in due membri principali, il primo dei quali sarà il modo di descriverle con un filo, il secondo poi sarà di farle con

istrumenti sodi, come righe di legno o di metallo. Quanto al primo ridurrò solamente a memoria il modo di descrivere l'Ellisse con un filo usato da tutti i prattici, cominciando da questo per esser più trito e noto a ciascheduno. Sia dunque nella 26. figura un filo di che longhezza si voglia, e presi in un piano come si voglia due punti distanti per minor intervallo che non è il filo, quali siano O,E si metta l'un dei capi del filo in uno, come in O e l'altro capo nel rimanente, cioè in E, e sia il filo OCE dentro il quale sia posta la punta dello stile NC, che sia C, che possa scorrere liberamente su e giù per il filo; e per i punti O,E si tiri la retta OE di qua e di là indiffinitamente prolongata; scorra poi la punta C fino che abbia dato una volta attorno i due punti O,E tenendo sempre tese le due parti del filo OCE da lui separate si che siano dritte (nel che è difettosa quest'operatione per non ci poter noi mai di questo assicurare, cioè che questa tensione sia fatta con tal temperamento che queste parti tese ora non siano più longhe, ora più corte) e abbia descritto la linea ACBF è manifesto per la seconda proprietà dell'Ellisse, che fu dichiarata nel Cap. 18 che questa sarà ellisse e suoi fochi saranno i punti O,E, diametro primo AB e secondo quella retta linea che sega AB nel mezzo perpendicolarmente terminata nell'Ellisse AMBF qual sia MF che passi per R e che divida AB in parti uguali, qual poi si chiama centro dell'Ellisse; sì come MF si dice anco diametro minore o maggiore secondo che sarà minore o maggiore del diametro AB.

4.1.4 Le coniche come proiezioni/ombre di una circonferenza (Desargues, de La Hire)

Nell'ultima parte del percorso didattico proposto viene studiata la forma dell'ombra della Ruota prodotta da una sorgente luminosa posta a distanza infinita o finita rispettivamente: si può schematizzare il problema riconducendosi alle proiezioni/ombre di una circonferenza. Infatti le proiezioni di un oggetto (posto su un piano π) da un punto V su un piano π' possono essere anche interpretate come ombre dell'oggetto prodotte su un piano π' da una sorgente luminosa posta in V.

Nel laboratorio di Macchine Matematiche dell'Università di Modena ve ne sono varie che permettono di riflettere su questa situazione. Se ne riporta una, a titolo di esempio (Fig. 4.15), in cui si possono interpretare i fili presenti nel modello, sia come raggi "visuali" che partono da una curva e convergono nell'occhio di un osservatore, sia come raggi luminosi uscenti da una sorgente luminosa e tangenti rispetto a una curva. Se s'indica con π' il piano orizzontale e con π quello verticale, nella prima accezione si può descrivere la curva su π (circonferenza) come immagine prospettica della curva giacente su π' (ellisse), mentre nella seconda accezione la curva che giace su π' (ellisse) può essere considerata come ombra di quella sostenuta da π (circonferenza).

Ciascun filo uscente da V mette in corrispondenza un punto P di π con un punto P' di π' realizzando una particolare trasformazione geometrica tra i piani π e π', chiamata prospettività. Infine, rifacendosi all'impostazione di Apollonio (antecedente alle due interpretazioni appena descritte), i fili del modello possono rappresentare le generatrici di un cono, che viene tagliato dai piani π e π' generando due curve sezioni coniche. Quest'ultima impostazione è stata adottata in una delle unità didattiche dedicate alla Ruota (paragrafo 6.2), in cui si ricavano le equazioni analitiche di una famiglia di sezioni coniche a partire da quelle del cono.

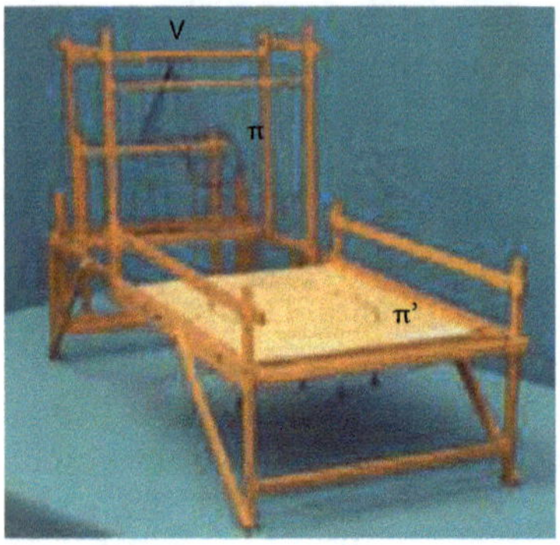

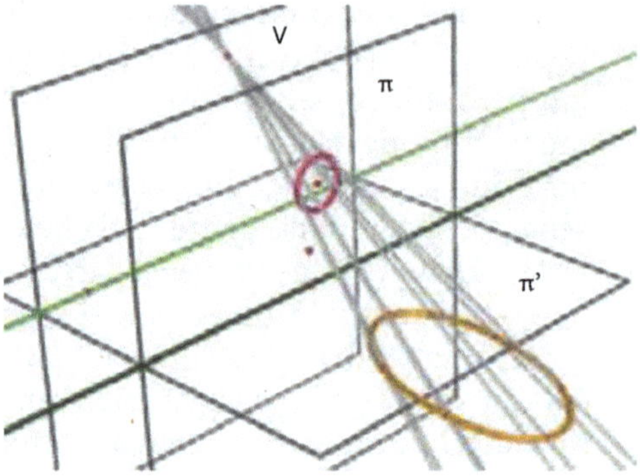

▲ **Figura 4.15** Macchina matematica (con relativo schema) che mostra l'ellisse come ombra di una circonferenza e viceversa la circonferenza come prospettiva dell'ellisse

Il matematico francese Girard Desargues[7] conosceva le sezioni coniche di Apollonio e approfondì l'argomento dando un suo importante contributo: nel 1639 scrisse il testo *Brouillon project d'une atteinte aux evenemens des rencontres du Cone avec un Plan*[8], in cui applicò alle coniche concetti e strumenti della geometria proiettiva, di cui può essere considerato uno dei più importanti fondatori. Impiegò termini che nel linguaggio moderno si traducono come punto all'infinito della retta, retta all'infinito del piano, prospettiva, operazioni per proiezione e sezione, ecc. e riuscì a fornire una visione unificata delle coniche come anamorfosi[9] di un cerchio.

Un'altra macchina matematica (Fig. 4.16), fedele al modello della teoria delle sezioni coniche di Apollonio e ricollegabile all'opera del matematico fran-

---

[7] Girard Desargues (1591-1661), matematico e ingegnere militare, si dedicò alla geometria, alle sue applicazioni all'arte e alla prospettiva ed è considerato uno dei fondatori delle geometria proiettiva. Esiste anche un teorema a lui intitolato, il teorema di Desargues, il quale afferma che se due triangoli sono in prospettiva rispetto a un punto, sono in prospettiva anche rispetto a una retta. Da sottolineare la sua visione unificata delle coniche attraverso le proprietà invarianti per proiezione.

[8] "Bozza di un saggio su quello che si ottiene sezionando un cono con un piano".

[9] L'anamorfosi, dal greco *anamórphosis* che significa trasformazione, rigenerazione, è la deformazione di un'immagine secondo precise regole prospettiche: viene creata un'immagine che risulta non identificabile o deforme ma, se l'osservatore si dispone in una particolare posizione o se riflessa su uno specchio piano o curvo, diventa riconoscibile.

cese Philippe de La Hire[10], allievo di Desargues, materializza la prospettività tra un'ellisse e una circonferenza, ma in questo caso è la circonferenza a essere l'ombra dell'ellisse e, viceversa, l'ellisse è prospettiva della circonferenza.

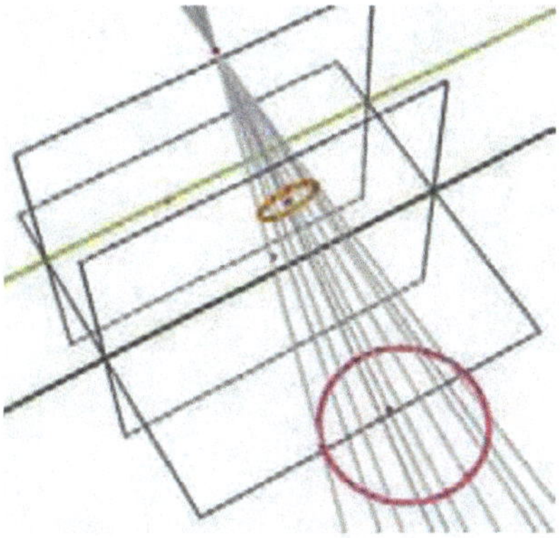

◂ **Figura 4.16** Schema della macchina di de La Hire

Grazie ai fondamentali contributi di numerosi matematici (tra cui G. Del Monte, G. Desargues, B. Pascal, S. Stevin, P. de La Hire) la trattazione delle coniche venne inserita nella teoria delle proiezioni *intesa come lo studio delle proprietà delle figure che si conservano per proiezione, in altre parole, essere una conica (non degenere) è un invariante proiettivo*[11].

Le macchine matematiche storiche, in Fig. 4.15 e nello schema di Fig. 4.16, sono assimilabili rispettivamente al modello delle ombre e al modello a fili utilizzati nel percorso didattico (paragrafi 4.2 – 4.3) (Fig. 4.17a-b).

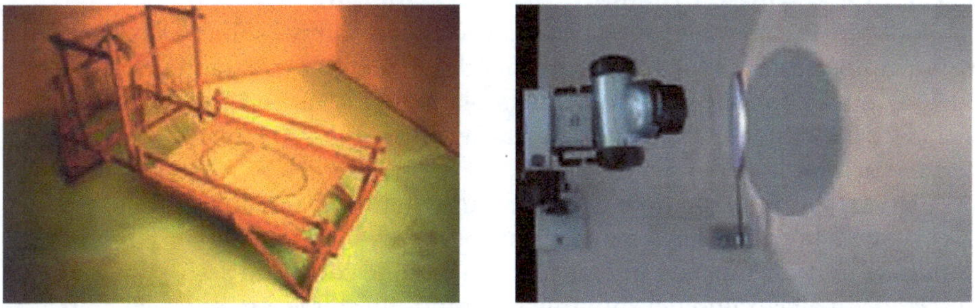

▴ **Figura 4.17a** Parallelo tra la macchina storica e il modello delle ombre di Matebilandia

[10] Philippe de La Hire (1640-1718), matematico, astronomo, fisico, naturalista e pittore, influenzato da Desargues in ambito matematico, studiò le coniche dal punto di vista della geometria proiettiva, dando un particolare contributo alla teoria della polarità. È anche autore di un trattato sulle epicicloidi, nel quale presenta vari risultati interessanti relativi a queste curve.

[11] Bartolini Bussi, Maschietto, "Macchine Matematiche: dalla storia alla scuola", Springer, 2006.

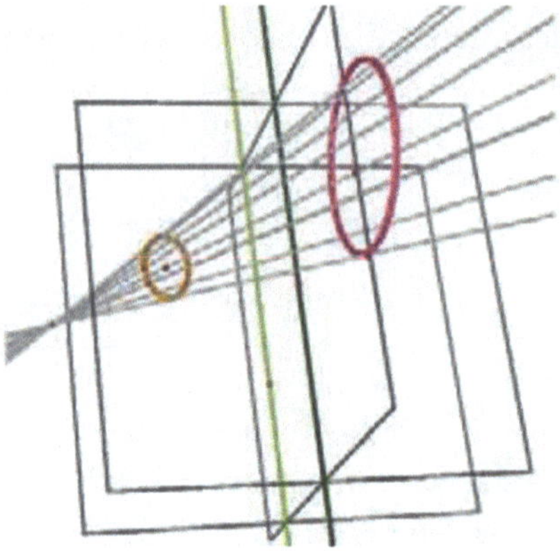

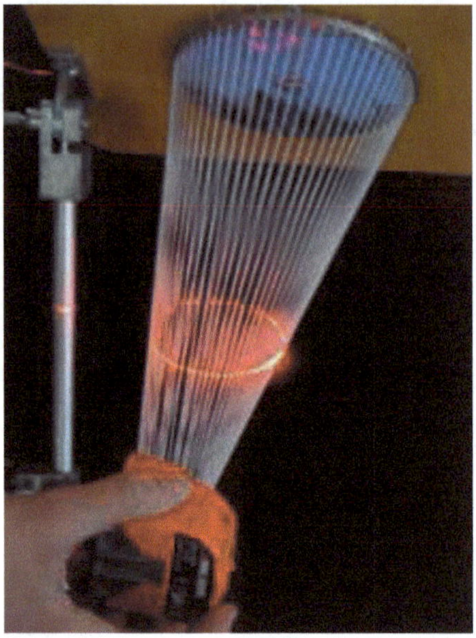

▲ **Figura 4.17b** Parallelo tra lo schema della macchina storica e il modello dei fili di Matebilandia

L'analisi delle ombre prodotta da una sorgente luminosa, oltre ad aver avuto un ruolo importante nella storia della matematica, ed essere parte dell'esperienza sensoriale della maggior parte delle persone, si può inserire in varie proposte didattiche per le scuole secondarie di primo e secondo grado[12] e rientra nel programma di corsi di studio legati all'arte, all'architettura, all'ingegneria, ecc.

4.1.5 Una visione d'insieme: le sfere di Dandelin

Dopo aver introdotto le sezioni coniche sia come curve "solide", sezioni piane di un cono, sia come luoghi geometrici del piano, è interessante legare le due visioni, quella solida/sintetica e quella piana/analitica, come venne formulato nel 1822 dal matematico franco-belga Germinal Pierre Dandelin[13], attraverso le sfere di Dandelin.

Dati un cono e un piano nello spazio, una sfera di Dandelin è una sfera interna al cono e tangente sia al piano sia al cono; essa interseca il piano in un unico punto e il cono in una circonferenza. Ogni sezione conica ha associata una sfera di Dandelin a ciascuno dei suoi fuochi; quindi un'ellisse, per esempio, possiede due sfere di Dandelin, entrambe tangenti alla stessa falda del cono.

---

[12] A titolo di esempio si cita il celebre testo di Emma Castelnuovo e Mario Barra "Matematica e Realtà", Boringhieri, 1976.

[13] Germinal Pierre Dandelin (1794-1847), matematico belga, militare e professore di ingegneria, è famoso per il teorema sulle sfere di Dandelin relativo alle sezioni coniche, che generalizzò passando dal cono a un iperboloide di rotazione; diede contributi anche in algebra e probabilità.

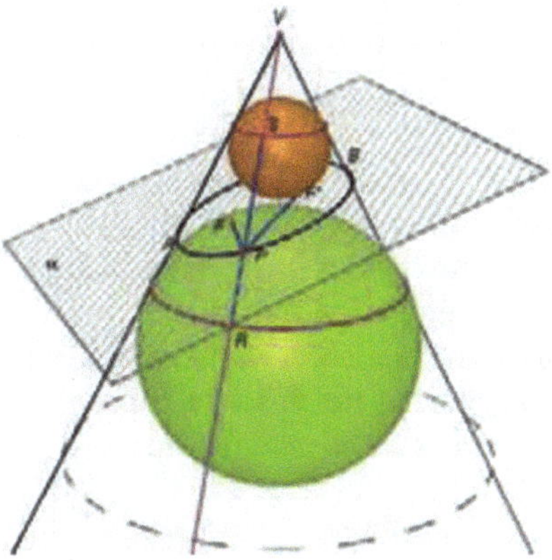

Figura 4.18 Sfere di Dandelin nel caso della sezione ellittica

L'uso delle sfere di Dandelin risulta fondamentale nella dimostrazione del teorema seguente:

> L'intersezione tra un cono circolare retto e un piano α, non passante per il vertice del cono, è una conica (ellisse, iperbole o parabola) i cui fuochi F_1, F_2 sono i punti di tangenza tra il piano e le sfere tangenti al piano α e al cono. Le direttrici sono le rette d_1, d_2 di intersezione tra il piano α e i piani delle circonferenze di contatto tra il cono e le sfere tangenti (le sfere sono due nel caso dell'ellisse e dell'iperbole e una nel caso della parabola).

Si dimostra il teorema, nel caso dell'ellisse, mostrando come l'ellisse ottenuta come sezione di un cono corrisponde al luogo geometrico dei punti del piano, per cui è costante la somma delle distanze da due punti fissati. Le dimostrazioni relative agli altri tipi di coniche sono riportate nel paragrafo 6.2.2.

Dimostrazione

Si consideri un'ellisse ottenuta tagliando un cono con un piano α (Fig. 4.18) e si considerino poi due sfere inscritte nel cono, una sopra e l'altra sotto l'ellisse, in modo che siano tangenti al cono e al piano π come mostrato in figura. Sia P un punto generico dell'ellisse e sia r la retta, appartenente al cono, che passa per P e per il vertice V del cono. Siano poi S e R i punti di intersezione di r rispettivamente con la prima e la seconda sfera. La lunghezza dei segmenti VS e VR non dipende dalla retta r, non dipende cioè dalla scelta del punto P sull'ellisse; ne segue che la lunghezza del segmento SR è anch'essa costante ed è pari alla somma di PS e PR. Siano ora F_1 e F_2 i punti di tangenza tra il piano dell'ellisse e delle due sfere considerate; poiché le rette PS, PF_1 sono entrambe tangenti alla prima sfera, ne segue che $PS \cong PF_1$; analogamente, poiché le rette PR e PF_2 sono entrambe tangenti alla seconda sfera, segue che $PR \cong PF_2$. Ne consegue che:

$$\overline{PF_1} + \overline{PF_2} = \overline{PS} + \overline{PR} = \overline{SR} = \text{costante}.$$

Viene così dimostrato l'enunciato del teorema e in particolare si ha che i fuochi dell'ellisse coincidono con i punti di tangenza F_1, F_2.

cvd

Infine per inserire un altro tassello nella visione unificata delle coniche, si può dimostrare che se un punto P percorre una qualunque conica, pur variando sia la distanza di P dal fuoco F_2 sia la distanza di P dalla retta d_2, si mantiene costante il rapporto tra queste due distanze. Tale rapporto, chiamato eccentricità e, assume valore compreso tra 0 e 1 nel caso dell'ellisse, pari a 1 nel caso della parabola, uguale a 0 nel caso della circonferenza e superiore a 1 nel caso dell'iperbole.

4.2 Il percorso didattico

Il percorso didattico ideato per la Ruota (Fig. 4.19) è rivolto a studenti di biennio e triennio della scuola secondaria di secondo grado. L'attività, della durata complessiva di due ore, si può pensare suddivisa in due parti: nella prima si studiano alcuni aspetti relativi al profilo della Ruota, nella seconda, si risolve un problema concreto a essa collegato.

Figura 4.19 Ruota panoramica

Figura 4.20 Vista laterale della Ruota

4.2.1 Il profilo osservato della Ruota

S'inizia l'attività chiedendo agli studenti di guardare la Ruota panoramica e di indicare la forma del suo profilo osservato da una determinata posizione (Fig. 4.20). Le risposte solitamente non risultano tutte concordi: alcuni sostengono che la forma sia circolare, altri che sia ellittica. Per verificare quale possa essere la migliore delle ipotesi avanzate, si propone di seguire una tecnica adottata dai pittori del Rinascimento, per riprodurre la "vista reale" degli oggetti tridimensionali, utilizzando uno strumento chiamato prospettografo.

Questo (Fig. 4.21a-b, paragrafo 4.3), è formato da un *quadro di osservazione dotato di mirino* attraverso il quale è possibile inquadrare la Ruota e tracciarne il profilo su un foglio trasparente fissato al quadro del dispositivo, che è una lastra di plexiglas.

a

b

Figura 4.21
a Prospettografo: vetro di Durer;
b Prospettografo di Matebilandia

Basandosi sulla forma del profilo disegnato sul foglio, gli studenti affermano che la curva matematica che meglio lo rappresenta potrebbe essere un'ellisse. Per controllare la bontà del modello matematico adottato, occorre analizzare in modo dettagliato tale curva ed estrarre dal disegno le informazioni più significative. In primo luogo, si controlla se la curva possiede particolari simmetrie: si riconoscono due assi di simmetria in maniera elementare, se si piega il foglio lungo ciascuna retta e si osserva che le parti del tracciato in cui è suddivisa la curva si sovrappongono esattamente; l'intersezione tra questi due assi individua il centro di simmetria della curva. Si procede poi misurando la lunghezza dell'asse maggiore a e minore b della curva e, conseguentemente, si determina la distanza $2c$ tra i fuochi della curva ipotizzata, usando la relazione

$$2c = 2 \cdot \sqrt{a^2 - b^2}\,.$$

Figura 4.22 Il metodo del giardiniere

Trovati tutti gli elementi caratteristici dell'ellisse, se ne può tracciare il grafico, applicando il cosiddetto "metodo del giardiniere". Dopo aver distribuito loro un filo e due chiodi, gli studenti tagliano il filo di lunghezza pari a $2a$, asse maggiore della curva, e fissano due chiodi (corrispondenti ai fuochi della curva) alle due estremità del filo a una distanza pari alla distanza focale $2c$ (Fig. 4.22). Collocata la punta del pennarello entro il filo, si disegna l'ellisse, avendo cura di tenere il filo ben teso e di mantenere il pennarello sempre perpendicolare al piano del foglio. Confrontando il grafico così ottenuto con la traccia del profilo della Ruota riportata sul foglio trasparente (Fig. 4.23), si può osservare una buona corrispondenza. Pertanto, tenuto conto della semplicità del metodo adottato e dei materiali impiegati, si può concludere che l'ipotesi che il profilo della Ruota sia descritto da un'ellisse trova una valida conferma.

Figura 4.23 Sovrapposizione fra la sagoma e la curva matematica

Può risultare interessante presentare agli studenti altri strumenti, efficaci e di rilevanza storica, per tracciare un'ellisse e analizzare la loro struttura e funzionamento. Uno di questi (Fig. 4.24) è l'ellissografo a "croce" o di "Proclo": è formato da due guide perpendicolari tra loro (da cui nasce la denominazione "a croce") entro cui scorrono due perni T ed R fissati a un'asta rigida; in un'estremità dell'asta rigida è collocata una penna P che, facendo muovere i perni entro le guide, traccia una curva ellittica.

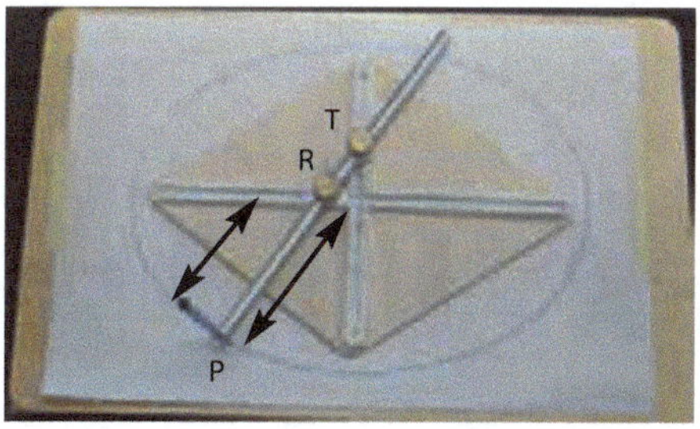

◂ **Figura 4.24** Ellissografo a croce con semiassi in evidenza

Il perno più lontano T dista dal pennarello P di una quantità pari al semiasse maggiore (Fig. 4.23), mentre quello più vicino R dista da P di una quantità pari al semiasse minore dell'ellisse che si vuole tracciare. Lo si può vedere, portando i due perni, rispettivamente, nell'origine della croce (Fig. 4.24): in tale modo il pennarello P si troverà, in un caso, su un vertice dell'asse maggiore e quindi a distanza a dal perno T posto al centro, nell'altro sul vertice dell'asse minore e quindi a distanza b dal perno R posto al centro.

Una dimostrazione relativa al suo funzionamento si può trovare nel paragrafo 4.3.5.

▴ **Figura 4.25** Esplorazioni con l'ellissografo a croce

Dopo aver analizzato il profilo della Ruota osservata da un particolare punto posto a terra, si chiede agli studenti se la forma di questo si modifica osservando la Ruota da posizioni diverse dello spazio circostante oppure variando l'inclinazione del piano del prospettografo. Per aiutarli nel trovare risposta a questi interrogativi, si utilizza un modello concreto in grado di riprodurre la visione della Ruota. In esso s'ipotizza che da ogni punto del bordo della Ruota partano dei raggi visivi che convergono nel punto di osservazione; l'insieme dei raggi visivi forma un cono "visivo" che, intersecato dal piano del prospettografo, individua la curva disegnata dall'osservatore. Nel modello, la Ruota è rappresentata da un disco di metallo, con tanti fori lungo il bordo, da cui partono fili elastici, che convergono in un piccolo anello, che rappresenta il punto *V* di osservazione (Fig. 4.26).

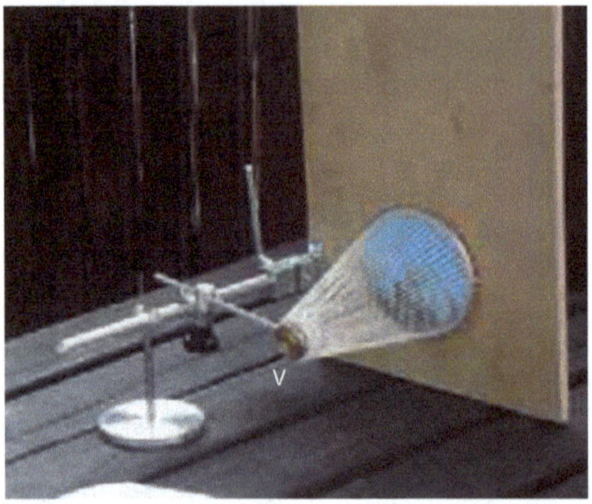

Figura 4.26 Modello a fili per la visione della Ruota

La scelta di realizzare i raggi visivi con fili elastici è motivata dall'esigenza di far variare nello spazio tridimensionale la posizione del punto *V* di osservazione. In tal modo, è possibile: spostare il vertice *V* del cono a destra e a sinistra, riproducendo il movimento laterale rispetto alla Ruota; muovere il vertice *V* avanti e indietro, simulando che l'osservatore si stia avvicinando o allontanando dalla Ruota; infine alzare o abbassare il punto *V*, supponendo che l'osservatore stia cambiando quota rispetto al piano del terreno. Per rappresentare il piano di osservazione del prospettografo si utilizza un "piano" laser[14], che evidenzia sul cono di fili la curva di sezione (Fig. 4.27).

Figura 4.27 Modello a fili con piano laser di sezione

[14] Alcuni laser in commercio, usati per esempio nell'edilizia, possono proiettare una linea, e non solo un punto, producendo una lama di luce.

In una prima esplorazione con la macchina, si tiene fissa la posizione del piano p di osservazione e si fa variare il punto di vista V; successivamente, viene proposto agli studenti di mantenere fisso il punto V e di modificare la posizione del piano p. Prima di compiere effettivamente le suddette esplorazioni, viene chiesto agli studenti di prevedere le tipologie di curve che si possono ottenere; poi i gruppi di allievi cercano di riprodurle, utilizzando macchina e laser in maniera autonoma. Per agevolare l'analisi completa di tutte le curve possibili[15], si consiglia di posizionare opportunamente il vertice in modo che il cono risulti retto, con l'asse perpendicolare al piano di base.

La circonferenza e l'ellisse si ottengono subito posizionando il piano laser, in modo che sia secante rispetto ai raggi del cono. Sono necessari, invece, alcuni tentativi prima di visualizzare un ramo di iperbole, in quanto il piano di osservazione deve essere parallelo a due generatrici del cono. La parabola, curva di passaggio tra l'ellisse e l'iperbole, corrisponde alla posizione del piano laser parallelo a una sola generatrice del cono.

Gli studenti sono invitati a riflettere sulle procedure messe in atto mediante la compilazione di alcune schede di lavoro, che permettono di riassumere il quadro completo delle curve analizzate.

Se il tempo a disposizione e il background della classe lo permettono, dopo la discussione sul caso del cono retto, grazie alla flessibilità del modello meccanico si può allargare l'analisi delle coniche al caso del cono obliquo, presentato nel paragrafo 4.1.

4.2.2 La modellizzazione del profilo della Ruota e il percorso didattico

In coerenza con le tappe di modellizzazione proposta nel ciclo di Blum Leiss (paragrafo 1.2), si analizza il percorso didattico descritto.

Si parte dall'osservazione della situazione reale, la Ruota panoramica, mirata alla comprensione del compito assegnato ossia lo studio della forma del profilo osservato della Ruota. Si spoglia la Ruota della sua dimensione tridimensionale e delle sua struttura complessa (con raggi, intelaiature, cabine, ecc.) per reinterpretarla e semplificarla in termini di forma geometrica piana. Per poterla studiare sorge la necessità di un supporto concreto e fissato in maniera stabile, come una fotografia o una sua immagine. Con l'impiego del prospettografo, si ottiene un'immagine bidimensionale dell'oggetto voluto, concretizzando l'effettiva "ripulitura" dell'oggetto osservato dalle informazioni non rilevanti: l'unico elemento tracciato è il contorno della Ruota, che diviene il modello reale della situazione.

Da questo si arriva poi al modello matematico: gli studenti, insieme al tutor, scelgono tra le curve conosciute quella che meglio descrive la forma rilevata, l'ellisse. Il tipo di misure effettuate sul modello reale e i semplici calco-

[15] Nel paragrafo 4.3 è presente una collezione completa di fotografie di tutte le coniche (non degeneri) che si possono ottenere con questo strumento.

li svolti sul modello matematico associato permettono di conoscerne i parametri in maniera univoca e di ricostruirne il grafico con macchine matematiche. Esse costituiscono una sorta di "ponte", che permette di passare dal modello matematico a quello reale, attraverso la validazione del modello matematico, che avviene con la sovrapposizione fisica tra il grafico del modello matematico e il modello reale della situazione.

Grazie alle macchine, s'indagano con profondità le caratteristiche della curva matematica in esame: si esplora lo strumento, si cerca di comprenderne il funzionamento e si può riprendere, al rientro a scuola, la discussione sullo sviluppo storico di questi strumenti e dei concetti matematici in essi incorporati (le coniche per gli ellissografi e la prospettiva unita alla geometria proiettiva per il prospettografo).

Ogni gruppo di studenti, durante l'attività, ottiene curve leggermente differenti dovute alla diversa posizione del piano del prospettografo e del punto di osservazione, ma, in ogni caso, il metodo di lavoro fornisce risultati coerenti fra loro. Si riflette sulla validità del modello adottato, cercando di capire quando la modellizzazione risulta efficace, al variare dei parametri, da cui dipende la costruzione dell'immagine bidimensionale.

4.2.3 Le ombre della Ruota

Un altro aspetto, relativo alla Ruota panoramica, riguarda la forma dell'ombra prodotta dalla stessa quando è illuminata da una sorgente luminosa.

In primo luogo, viene considerato il caso reale in cui la Ruota è illuminata dal Sole: le previsioni degli studenti sono per lo più concordi sulla forma dell'ombra assimilabile a un'ellisse. Infatti la curva che si ottiene intersecando il piano del terreno con il cilindro d'ombra (Fig. 4.29) individuato dalla Ruota è proprio un'ellisse; i raggi luminosi possono essere considerati paralleli (Fig. 4.28), perché la sorgente luminosa si trova a distanza molto elevata dalla Ruota.

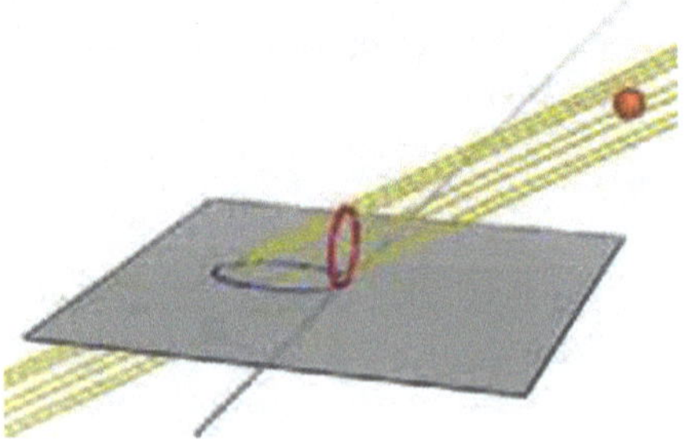

▲ **Figura 4.28** Simulazione dell'ombra solare della Ruota

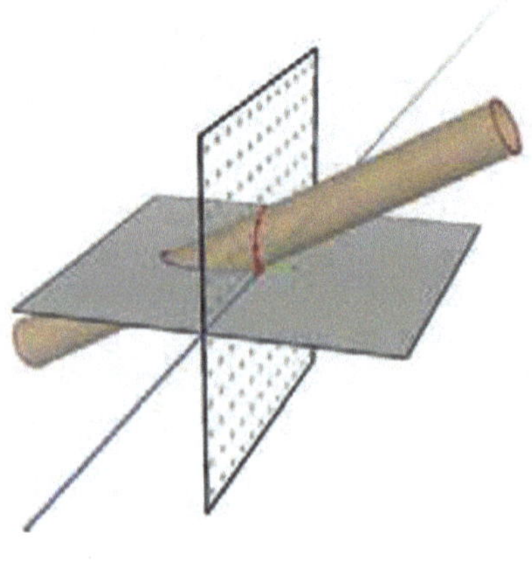

▲ **Figura 4.29** Ombra solare come sezione di un cilindro

È possibile fornire una conferma concreta di questo risultato facendo osservare agli studenti alcune fotografie relative all'ombra della Ruota, scattate da satelliti (Fig. 4.30).

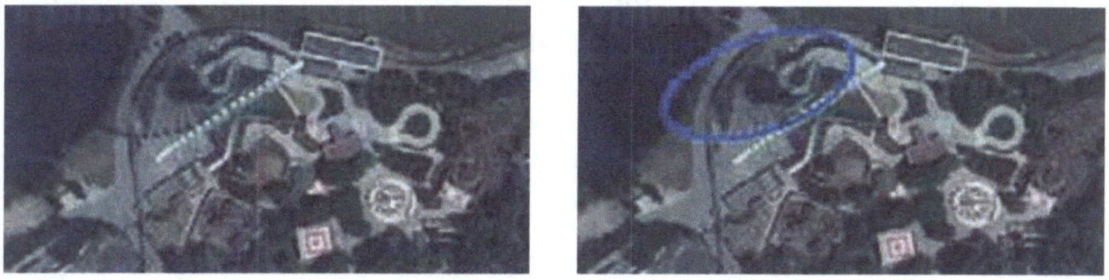

▲ **Figura 4.30** Immagine dal satellite dell'ombra solare della Ruota (sovrapposizione di un'ellisse all'ombra della Ruota)

Nel caso di una sorgente luminosa posta nelle vicinanze della Ruota, con raggi luminosi che si diramano in tutte le direzioni, gli studenti non sempre comprendono esattamente il tipo di curve che descrivono l'ombra della Ruota. Per aiutarli, si rappresenta la formazione dell'ombra di un punto della Ruota con uno schema semplificato (Fig. 4.31) e s'introduce un nuovo modello, il "modello delle ombre" (Fig. 4.32), formato da un disco metallico che rappresenta la Ruota, da una lampada regolabile in altezza, che rappresenta la sorgente luminosa, e da una lastra in legno, che rappresenta il piano del terreno.

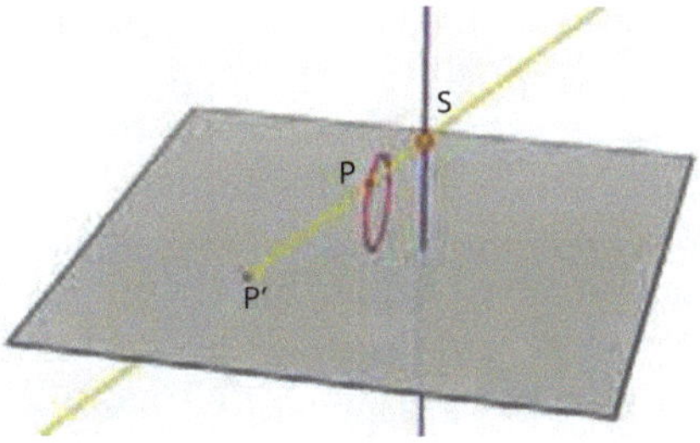

◂ **Figura 4.31** Schema dell'ombra prodotta da un punto della Ruota

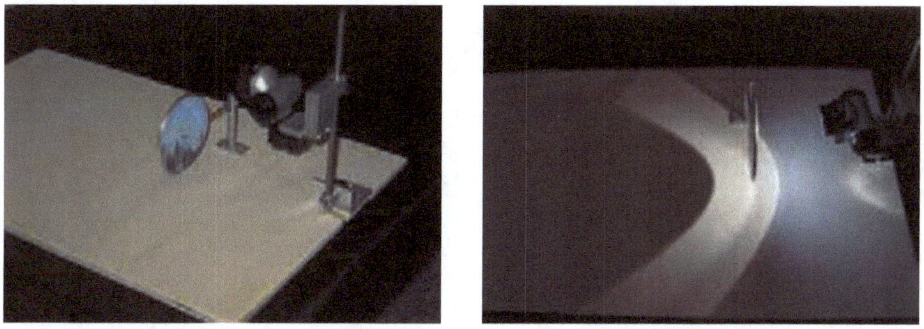

▲ **Figura 4.32** Modello delle ombre

Il modello viene presentato inizialmente nell'assetto più familiare per gli studenti: la lampada si trova a un'altezza maggiore rispetto alla sommità della Ruota e quindi proietta sul piano orizzontale un'ombra ellittica, poiché tutte le generatrici del cono d'ombra intersecano tale piano. Vari studenti sono sorpresi nel vedere che, abbassando la lampada, l'ellisse si allunga sempre di più fino a trasformarsi in una parabola quando la lampada si trova alla stessa quota rispetto al punto più alto della Ruota. Le ragioni di questa trasformazione si possono comprendere riflettendo nuovamente sullo schema (Fig. 4.33): il raggio di luce che tocca la sommità della Ruota, risulta parallelo al piano del terreno, quindi non genera alcuna ombra, per cui la curva-ombra della Ruota risulta aperta.

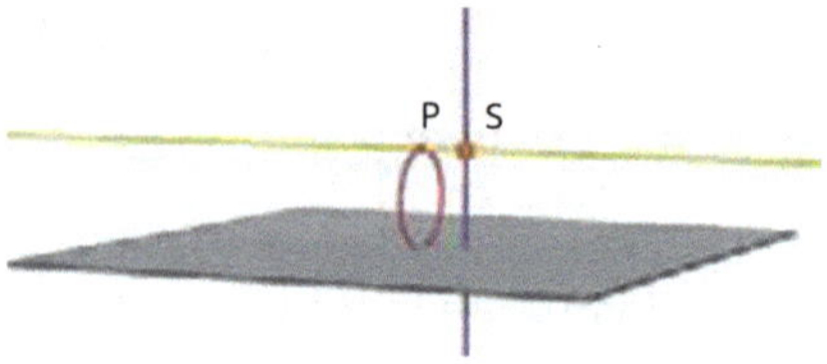

◂ **Figura 4.33** Raggio uscente dalla sorgente luminosa e passante per la sommità della Ruota

Facendo scendere ulteriormente la torcia, l'ombra cambia nuovamente caratteristiche, anche se le differenze sono meno marcate. La curva che descrive l'ombra è sempre aperta, ma ha un andamento pressoché rettilineo, quando ci si allontana dal vertice.

Quest'osservazione qualitativa delle curve-ombra può diventare il punto di partenza per un'analisi quantitativa del problema. Una volta rientrati a scuola, si può condurre uno studio analitico delle curve-ombra, descrivendole come intersezioni tra il piano del terreno e il cono d'ombra individuato dalla Ruota, come presentato nel paragrafo 6.2.1.

Per concludere l'attività, risulta interessante un confronto relativo a un possibile impiego dei due modelli introdotti per la genesi spaziale delle sezioni coniche (Fig. 4.34): nel modello con i fili, si varia la posizione del piano di sezione e si tiene fisso il cono "visivo", mentre nel modello delle ombre si varia la forma del cono d'ombra e si tiene fisso il piano di sezione.

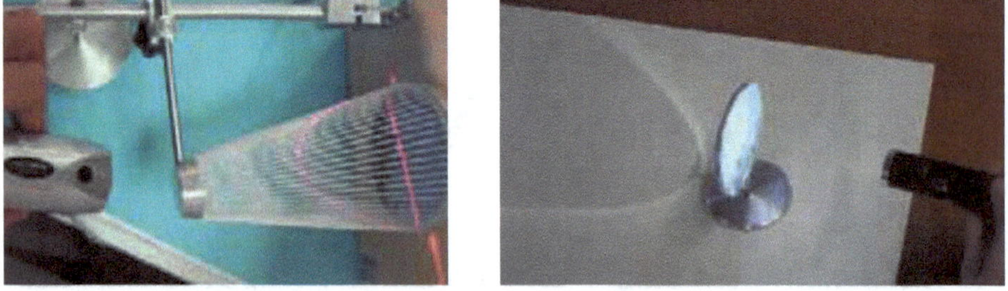

▴ **Figura 4.34** Confronto tra le diverse macchine per la genesi spaziale delle coniche

La possibilità di analizzare lo stesso concetto matematico con modalità che si differenzino per caratteristiche fisiche/geometriche o con diversi approcci mentali, può migliorarne la comprensione, abituare gli studenti a una visione critica e flessibile dei problemi e agevolarli nella ricerca di strutture di sintesi/unificazione anche nello studio di situazioni reali.

4.2.4 Le coniche in vacanza

Dopo aver visto le sezioni coniche legate alla Ruota del parco, si chiede agli studenti in quali altri contesti reali possono averle incontrate. A questo proposito, si mostra un cartellone intitolato "Le coniche in vacanza", composto da fotografie di coniche riscontrabili in montagna, al mare o in alcune città; si riporta qualche immagine a titolo d'esempio.

◂ **Figura 4.35** Una funivia si muove lungo un arco di ellisse

Nella prima (Fig. 4.35), una cabina scorre tra due piloni successivi di una funivia, descrivendo con buona approssimazione un arco di ellisse, dato che si mantiene costante la somma delle distanze da due punti fissati.

◂ **Figura 4.36** Tetto ellittico di un planetario in Danimarca. © 1999-2011 Getty Images, Inc. Tutti i diritti riservati

In Fig. 4.36 si evidenzia il tetto ellittico del planetario "Tycho Brahe" a Copenhagen, ottenuto come sezione tra un cilindro e un piano secante non perpendicolare all'asse del cilindro.

▲ **Figura 4.37** I cavi sospesi del ponte si dispongono come parabole

Difficile non rimanere affascinati dal Golden Gate Bridge (Fig. 4.37), a San Francisco (USA), in cui i cavi sospesi, sostenuti da tiranti verticali (in loro assenza i cavi sospesi si disporrebbero come una catenaria), si dispongono come parabole, oppure dalla torre del porto di Kobe (Giappone) (Fig. 4.38), avente struttura di iperboloide (a una falda) che, sezionato con un piano verticale, individua due rami di iperbole.

◂ **Figura 4.38** Due rami di iperbole descrivono il profilo laterale della torre a sinistra

4.2.5 Problem-solving alla Ruota

Nella seconda parte del percorso didattico, mantenendo gli studenti suddivisi in gruppi, si assegna loro un problema concreto relativo alla Ruota e si chiede di individuarne una soluzione in maniera autonoma.

Il problema proposto è quello di "trovare quanto nastro fluorescente si deve utilizzare per rivestire il bordo della Ruota". Per rispondere al quesito ogni gruppo può utilizzare alcuni strumenti messi a disposizione: righe, squadre, cordelle metriche, barrette metalliche, bilance, barometri on line, teodoliti e un telefono cellulare.

Le strategie, che più spesso vengono seguite, si possono riassumere come segue.

Misurare il lato del poligono regolare

La quantità di nastro richiesta si può determinare osservando la struttura metallica, un poligono regolare di 50 lati (pentacontagono[16]), che collega le cabine consecutive della Ruota, e ricavando il suo perimetro.

Per trovare la lunghezza del lato di tale poligono, gli allievi utilizzano la cordella metrica e misurano la distanza tra due studenti allineati a due cabine consecutive, poste in corrispondenza dell'accesso della Ruota al pubblico. L'approssimazione nella misura del lato dipende sia dalla lieve inclinazione della cordella metrica sia dai problemi legati all'effettivo allineamento degli studenti con le cabine della Ruota, sempre in movimento.

Misurare l'altezza della Ruota usando il teodolite e applicando la trigonometria

Si considera la Ruota non come un poligono regolare, ma come una circonferenza (vedere anche introduzione al capitolo 4), di cui si vuole determinare il diametro.

Gli studenti osservano la sommità della Ruota con il mirino di un teodolite e leggono l'ampiezza dell'angolo α di visuale sul goniometro fissato al teodolite (Fig 4.39-40).

◂ **Figura 4.39** Teodolite

[16] Si possono trovare i nomi dei poligoni regolari nel sito: http://mathforum.org/dr.math/faq/faq.polygon.names.html

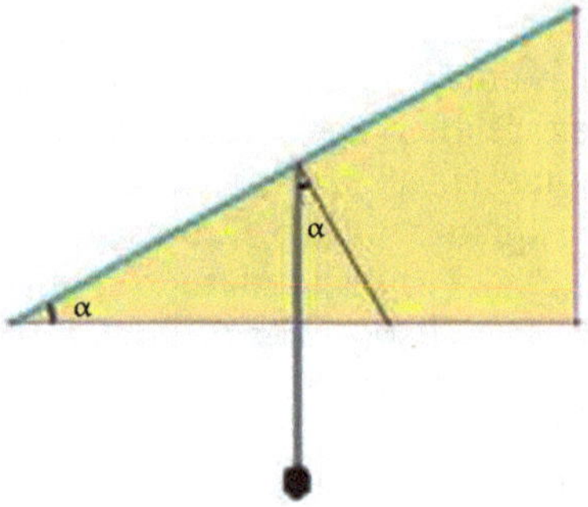

Figura 4.40 Schema di utilizzo del teodolite

Si considera poi un triangolo rettangolo (Fig. 4.40) avente un cateto parallelo al terreno e passante per il punto *A* di osservazione, e come ipotenusa il segmento che collega il punto *A* alla sommità C_1 della Ruota (Fig. 4.41). Nota la distanza AB_1 fra il punto di osservazione e la base della Ruota, viene applicata la relazione tra la tangente goniometrica dell'angolo α e le misure dei cateti del triangolo e si determina la lunghezza del cateto C_1B_1. Per trovare l'altezza *h* della Ruota rispetto al terreno, si sommano la lunghezza di C_1B_1 e la misura *p* della distanza del mirino *A* da terra.

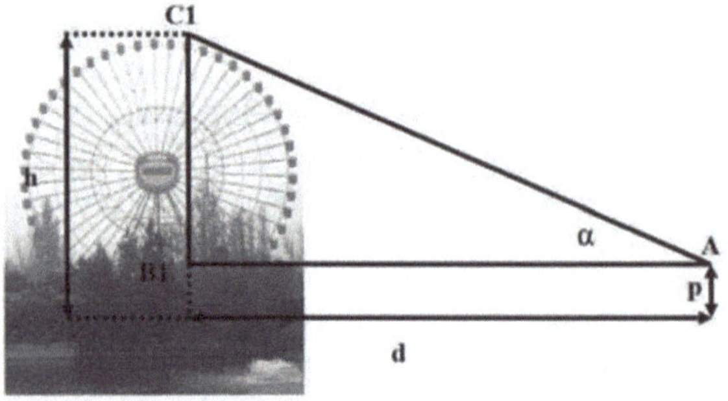

Figura 4.41 Schema per la misura dell'altezza della Ruota con la trigonometria

Altezza della Ruota:

$$h = \overline{C_1B_1} + p = \overline{AB_1} \cdot tg\alpha + p\,.$$

Per ricavare la misura del diametro della Ruota occorre sottrarre al risultato l'altezza della base della Ruota, dovuta al dislivello tra il punto di triangolazione e il punto di accesso alla Ruota (collocato su un piccolo dosso).

Misurare l'altezza della Ruota usando il teodolite e applicando la similitudine

In questa variante del procedimento, gli studenti, dopo aver determinato l'angolo di visuale sul teodolite, posizionano due regoli di metallo imperniati fra loro (Fig. 4.42), in modo che un regolo sia sovrapposto al lato del mirino e l'altro sia orizzontale.

▲ **Figura 4.42** Teodolite con sovrapposti due regoli di metallo

La corretta posizione del secondo regolo può essere controllata con una livella o usando un filo a piombo, fissato a un'estremità del primo regolo. I due regoli, che creano un angolo congruente all'angolo α di visuale, formano un triangolo rettangolo $A\hat{B}C$ (Fig. 4.43), che risulta simile al triangolo rettangolo $A\hat{B}_1C_1$ (avente un cateto parallelo al terreno e passante per il punto A di osservazione, e come ipotenusa il segmento che collega il punto A alla sommità C_1 della Ruota). Nota la distanza AB_1 tra la base della Ruota e il punto di triangolazione, attraverso la similitudine gli studenti determinano l'altezza della sommità della Ruota.

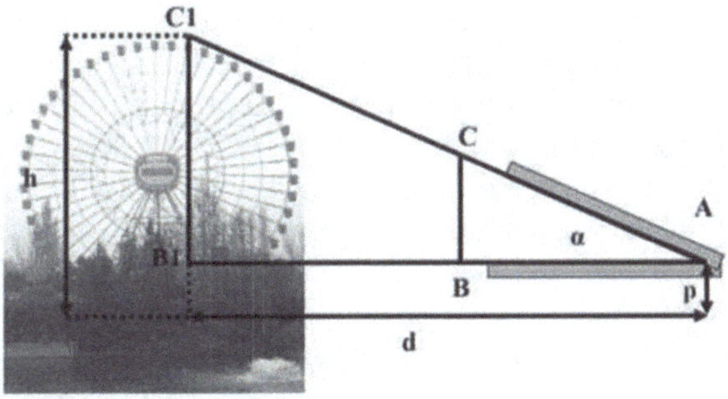

◂ **Figura 4.43** Schema per la misura dell'altezza della Ruota con la similitudine

All'altezza della vetta della Ruota rispetto al terreno si sottrae l'altezza della base della Ruota e si ricava il raggio della Ruota e quindi la lunghezza della circonferenza.

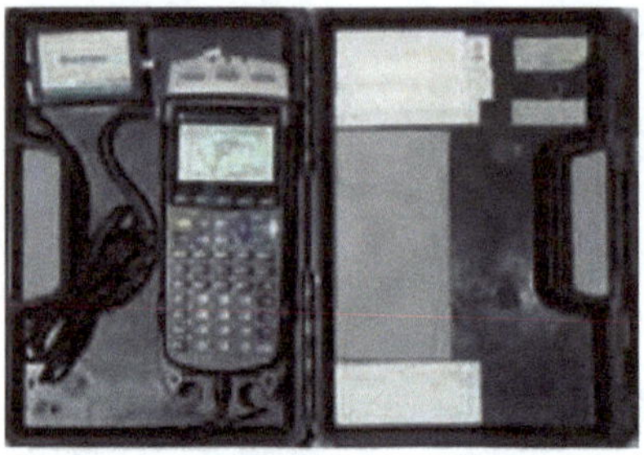

Figura 4.44 Sensore barometrico on-line con valigetta per salire sulla Ruota

Misurare l'altezza della Ruota usando il sensore barometrico on-line

Gli studenti salgono a bordo della Ruota e avviano la strumentazione composta da un sensore barometrico on-line (Fig. 4.44), collegato con un'interfaccia a una calcolatrice grafica. Gli studenti leggono, direttamente sul display della calcolatrice, il valore della pressione atmosferica in corrispondenza del punto più basso della Ruota, tengono monitorato l'andamento della pressione durante tutto il giro panoramico e si annotano il valore in corrispondenza del punto più alto della Ruota, in cui il raggio di sostegno della cabina risulta verticale.

Sapendo che a una variazione di 0,1 kPa di pressione atmosferica corrisponde un dislivello in altezza di circa 8 m[17], dalla differenza tra la pressione massima (misurata alla base della Ruota) e quella minima (misurata sulla vetta) si ottiene la misura del diametro della Ruota, da cui si ricava la lunghezza della circonferenza.

Durante la conduzione dei procedimenti i gruppi riflettono sulle operazioni eseguite, sulle cause di incertezza e cercano di ottimizzare le scelte per migliorare le misure effettuate, quando non risultano verosimili; lavorando in tal modo, in tutte le sperimentazioni finora svolte, i procedimenti proposti dagli allievi hanno portato a risultati confrontabili fra loro e vicini alla soluzione effettiva.

4.2.6 La modellizzazione nel problem solving della Ruota

Dopo aver descritto il problema relativo alla Ruota, "trovare quanto nastro fluorescente si deve utilizzare per rivestire il bordo della Ruota", si propone agli studenti di svolgere questa modellizzazione in piena autonomia, con il tutor presente solo per fornire strumenti, attrezzature, eventuali supporti o informazioni mancanti. Già in partenza i vari gruppi di studenti hanno percezioni mentali differenti della giostra; infatti non assumono tutti lo stesso modello matematico, per descriverla: alcuni schematizzano la Ruota come una circonferenza, concentrandosi sulla sua visione "d'insieme", e altri come un poligono, sottolineando la disposizione delle aste della struttura portante.

La scelta di queste ipotesi condiziona il procedimento risolutivo e la ricerca delle grandezze necessarie per realizzare l'obiettivo: per gli studenti che

[17] Questa relazione deriva dalla legge: $p_h = p_0 e^{\frac{g\rho_0 h}{p_0}}$. Si veda, per esempio, l'articolo: "Fisica in vacanza" di G. Pezzi, *Ipotesi*, 1, 1999.

hanno formulato l'ipotesi della circonferenza è importante trovare l'altezza della Ruota, da cui dedurre il raggio, per gli altri è sufficiente misurare la lunghezza del lato del poligono ipotizzato.

In conseguenza alle diverse scelte operate, il "lavoro matematico" si svolge a un livello tecnico differente:

- il metodo utilizzato per il poligono regolare richiede passaggi matematici elementari;
- nei metodi basati sulla circonferenza con applicazione di trigonometria-similitudine è necessario rappresentare graficamente la situazione, assimilabile al calcolo dell'altezza di un oggetto, reperire informazioni aggiuntive legate alla planimetria del parco e applicare alcune formule matematiche;
- nel metodo in cui si utilizza la strumentazione barometrica, occorre gestire anche conoscenze extra-matematiche, oltre a concetti di base della matematica come il pensiero proporzionale.

Questi procedimenti portano a risultati non sempre attendibili: tali difformità motivano gli studenti a rivedere le operazioni eseguite e a cercare le cause di possibili errori. Si modificano alcune azioni, si ripetono misure con maggiore accuratezza (come l'angolo di osservazione della Ruota, che influenza in maniera decisiva il risultato, o il lato del poligono della Ruota), si considerano aspetti trascurati nel primo approccio, come l'altezza dell'occhio delle osservatore o l'altezza iniziale della giostra. Il controllo critico dei risultati permette a tutti gli studenti di arrivare alla discussione finale in maniera più sicura: emergono diversi stili cognitivi nell'approccio al problema e i valori ottenuti vengono giudicati accettabili e confrontabili tra loro, senza un giudizio di preferenza di un metodo rispetto all'altro. Molti studenti, coinvolti in questa attività, hanno scritto sui questionari di gradimento di aver molto apprezzato questa proposta, perché ha consentito di liberare la creatività, di esprimere le proprie idee e confrontarle criticamente con i compagni.

L'abilità nel risolvere problemi e la riflessione sulle strategie percorribili sono molto formative e rilevanti per la preparazione matematica e culturale degli allievi. Il problem solving, infatti, oltre a essere una metodologia importante dell'apprendimento in campo matematico e scientifico, risulta cruciale anche in molti altri ambiti: per esempio, per migliorare le capacità gestionali, imprenditoriali, sociali e comunicative in campo economico, aziendale, tecnologico, ecc. Come evidenziato anche dalle parole del filosofo K. Popper[18]:

> ... la ricerca scientifica consiste nel risolvere problemi [...] la vita è costituita da problemi da risolvere e, quindi, apprendere a risolvere problemi significa apprendere a vivere.

---

[18] Karl Raimund Popper (1902 - 1994), filosofo, epistemologo austriaco di nascita e britannico d'adozione, è considerato uno dei protagonisti della filosofia del Novecento. Propose la falsificabilità come criterio di distinzione tra scienza e non scienza: le osservazioni sperimentali a favore di una teoria non sono mai sufficienti a provarla definitivamente (induzione), basta anche un solo dato osservativo che la smentisca per confutarla e abbandonarla.

4.3 Macchine matematiche utilizzate

La descrizione analitica delle varie parti della macchina, dei movimenti possibili e del funzionamento è presente all'interno del percorso didattico, perché ne è parte integrante; qui si presentano alcuni aspetti storici, teorici o gallerie di immagini.

4.3.1 Prospettografo

Il prospettografo (Fig. 4.45), fa la sua apparizione alla fine del '400 e viene usato, soprattutto dai pittori, per circa due secoli. Quello impiegato nel percorso didattico si rifà al "vetro" di Durer, descritto da Albrecht Dürer[19] nel suo trattato "Geometria dei mestieri". Esso consiste in un vetro e in un mirino: se si mette l'occhio "saldamente appoggiato" al mirino e si ricalca sul vetro ciò che si vede all'interno della cornice, esso permette di riprodurre su un piano l'immagine di un oggetto tridimensionale, *come l'occhio lo vede.* In questo prospettografo si possono impostare a piacere sia la distanza tra il mirino e la lastra, sia la direzione verso cui puntare lo sguardo, in modo da ottenere la migliore proiezione della Ruota sul piano di plexiglas; trovandosi l'osservatore sul piano del terreno, l'immagine che ne ricava è quella di un'ellisse.

◂ **Figura 4.45** Prospettografo ricostruito per Matebilandia

Il prospettografo fa parte della grande varietà di macchine per la prospettiva (vetri, griglie, sportelli, veli, fili, ecc.), e si basa sull'ipotesi che la visione avvenga attraverso un fascio di raggi visivi (la cosiddetta "piramide visiva", Fig. 4.46)

[19] Albrecht Dürer (1471 – 1528), pittore, incisore, matematico e xilografo tedesco, è considerato uno dei massimi esponenti della pittura tedesca rinascimentale; nei suoi numerosi viaggi entrò in contatto anche con le opere del Rinascimento italiano.

che partono dall'oggetto e convergono nel mirino a cui è appoggiato l'occhio. Tale piramide veniva intersecata dal piano del vetro venendo così a creare l'immagine prospettica.

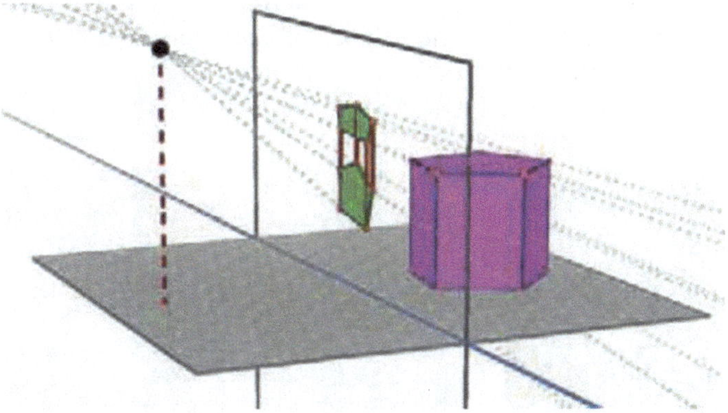

◂ **Figura 4.46**
Piramide visiva

Le macchine per la prospettiva continuarono a essere utilizzate da pittori, scultori, ma anche militari e topografi, fino all'avvento della camera oscura, circa due secoli dopo. I nuovi spazi di pensiero che l'utilizzo di queste macchine contribuirono a formare si tradussero in concetti (proiezione, sezione, infinito ed elementi impropri, ecc.) che entrarono a far parte della geometria, grazie alle opere di B. Pascal, G. Desargues, G. Keplero, S. Stevin.

4.3.2 Modello a fili per la visione della Ruota

Tenendo fissa la posizione della Ruota e variando la collocazione del vertice del cono e la posizione del piano di osservazione (piano laser), si riesce a riprodurre l'osservazione della Ruota da vari punti di vista. Si riporta una collezione di foto (Fig. 4.47) delle diverse sezioni coniche, che si possono ottenere con questa macchina; per semplicità inizialmente si è utilizzato un cono **retto**:

a b c d

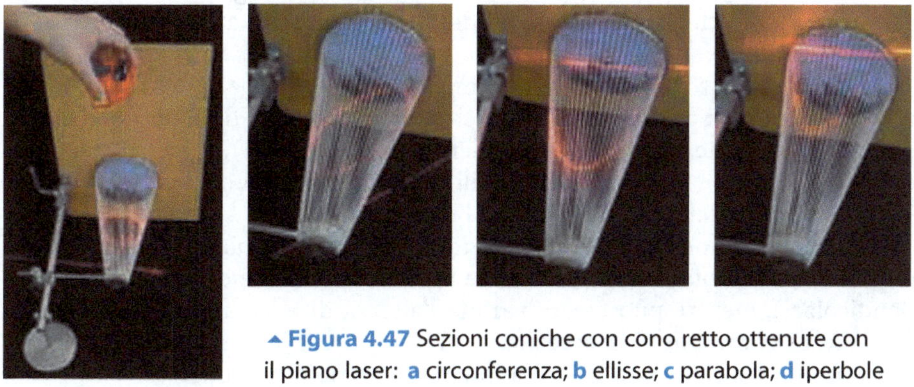

▴ **Figura 4.47** Sezioni coniche con cono retto ottenute con il piano laser: a circonferenza; b ellisse; c parabola; d iperbole

Naturalmente si ritrovano tutte le coniche, anche nel caso di cono **obliquo**; questo tipo di esplorazione è meno immediata, ma più attinente al tipo di osservazione reale fatta dagli studenti durante il percorso didattico, dal momento che il loro punto di osservazione è laterale rispetto alla Ruota e si trova a quota inferiore rispetto al suo centro. Si riporta una collezione di foto (Fig. 4.48) delle diverse sezioni coniche, che si possono ottenere con questa macchina, impostando il cono di fili in modo che sia obliquo.

a b c d

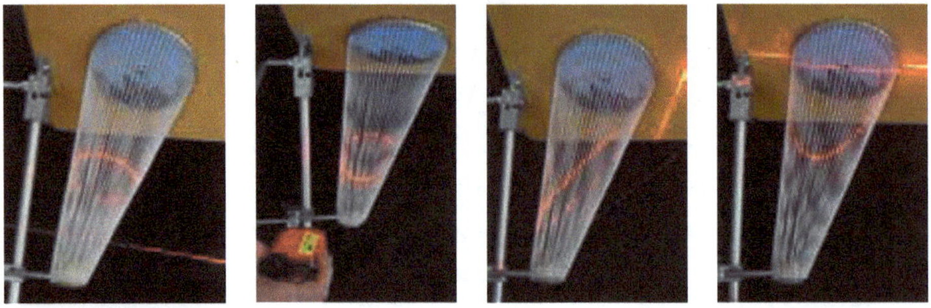

e

▲ **Figura 4.48** Sezioni coniche con cono obliquo ottenute con il piano laser; **a** circonferenza (prima posizione); **b** circonferenza (seconda posizione); **c** ellisse; **d** parabola; **e** iperbole

4.3.3 Modello delle ombre

Si riporta nella pagina a fronte una collezione di foto (Fig. 4.49) delle diverse sezioni coniche ottenute come ombre di un cerchio proiettate da una torcia sul piano orizzontale.

Dal confronto tra queste due macchine per la genesi spaziale delle coniche, emerge che esse si differenziano oltre che per gli elementi fissi/variabili, anche per la disposizione reciproca di tali elementi: la Ruota (R), il vertice del cono (V), la sezione (S). Se nel modello a fili gli elementi sono disposti nell'ordine V-S-R, in quello delle ombre seguono l'ordine V-R-S.

In questo secondo caso, la collocazione relativa tra il piano della sezione S e quello della Ruota R non può essere modificata (le due superfici sono perpendicolari), mentre può essere variata l'altezza di V, creando così un'intera famiglia di coni obliqui, a eccezione del caso in cui la lampada si trova alla stessa quota del centro della Ruota in cui si crea un cono retto.

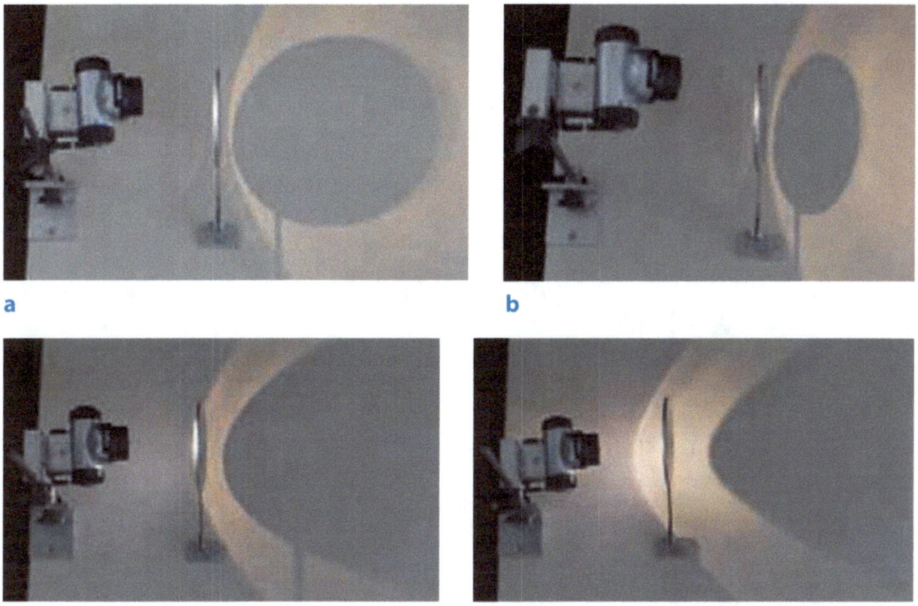

a b c d

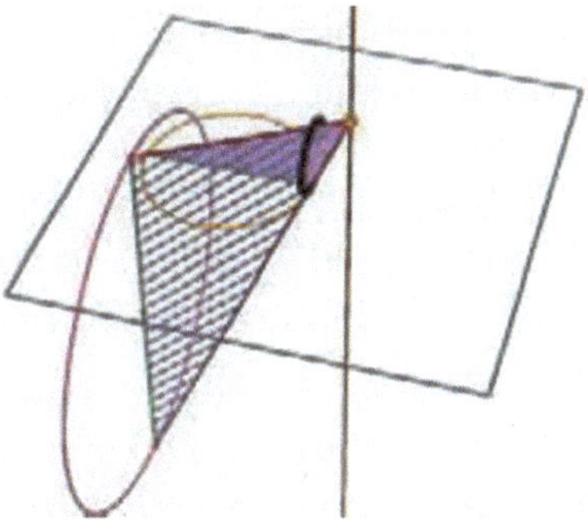

▲ Figura 4.49 Sezioni coniche generate dal cono d'ombra obliquo e dal piano di legno: a circonferenza (si crea un triangolo scuro simile in senso contrario al triangolo massimo (rigato), visibile nello schema a fianco (riferimento al paragrafo 4.1.2)); b ellisse; c parabola; d iperbole

4.3.4 Ellissografo a filo teso

Un'ulteriore possibilità d'analisi delle coniche, tramite l'impiego di macchine matematiche, si basa sulla loro definizione come luogo geometrico.

Tra i numerosi curvigrafi, che permettono di tracciare l'ellisse, nel percorso didattico sono stati utilizzati l'ellissografo a filo teso (Fig. 4.50), meglio conosciuto come "metodo del giardiniere" e quello "a croce" (Fig. 4.52), vedi paragrafo seguente.

In quest'ambito, viene trattata solamente l'ellisse, quindi si parla di alcuni *ellissografi*, ma è molto interessante analizzare il funzionamento e gli schemi d'uso anche di altri conicografi come: il parabolografo di Cavalieri, l'iperbolografo a filo teso, l'ellissografo di Delaunay, ecc.[20]

[20] Una ricca collezione di più di duecento macchine matematiche si trova nel Laboratorio di Macchine Matematiche dell'Università di Modena: http://www.museo.unimo.it/theatrum/macchine/_00lab.htm

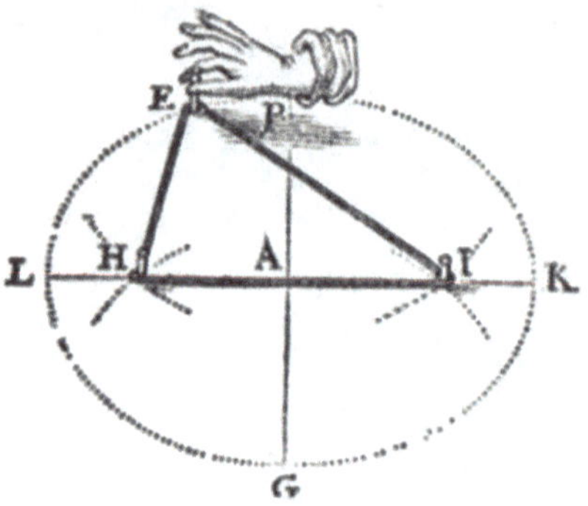

◂ **Figura 4.50** Ellissografo a filo teso

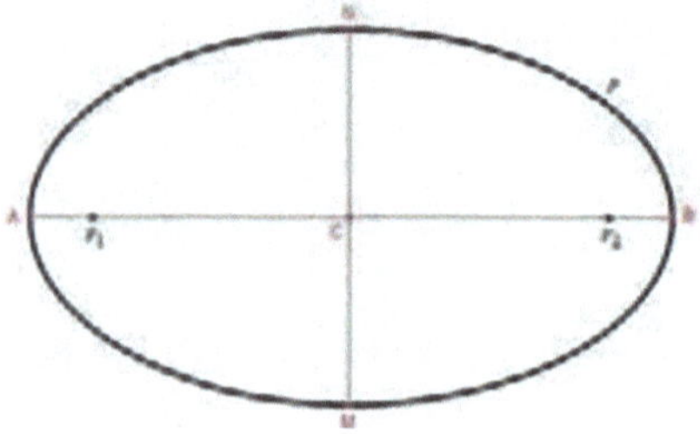

◂ **Figura 4.51** Ellisse con punti in evidenza

Se si applica il metodo del giardiniere per costruire l'ellisse, si riesce a mostrare che l'asse maggiore della curva tracciata, in effetti, è pari alla lunghezza del filo: è sufficiente portare il pennarello sull'asse maggiore dell'ellisse, allineandolo così con i due fuochi (nello schema di Fig. 4.51 corrisponde a spostare P in B) e notare che siccome

$$\overline{F_1B} + \overline{F_2B} = 2a$$

e poiché $F_1A \cong F_2B$ allora deve essere

$$\overline{F_1B} + \overline{F_1A} = 2a$$

e cioè

$$\overline{AB} = 2a.$$

Un'ulteriore osservazione riguarda la relazione a^2-b^2=c^2 tra semiasse maggiore a, semiasse minore b e semidistanza focale c. Quando il pennarello P si trova nel punto N, per la simmetria della configurazione, il filo di lunghezza $2a$ individua il triangolo isoscele F_1NF_2 avente i due lati congruenti di lunghezza pari ad a, quindi per il teorema di Pitagora

$$\left(\overline{CN}\right)^2 + \left(\overline{CF_2}\right)^2 = \left(\overline{NF_2}\right)^2,$$

ovvero b^2+c^2=a^2.

Per approfondire l'analisi, può essere modificata la distanza tra i fuochi, mantenendo costante la lunghezza del filo, o viceversa, essere variata la lunghezza del filo, fissata la distanza focale: in ciascuno dei due casi, si possono ottenere tutte le ellissi possibili, eccetto che per un parametro di scala. Infatti, in entrambe le eventualità, varia il rapporto c/a ovvero l'eccentricità e dell'ellisse. La circonferenza viene ottenuta come caso particolare dell'ellisse con eccentricità nulla, corrispondente al caso in cui i due fuochi coincidono.

4.3.5 Ellissografo a croce

Un secondo ellissografo, più complesso e preciso del precedente, è detto "a croce" o "di Proclo" dal nome del suo ideatore, Proclo Licio Diadoco[21].

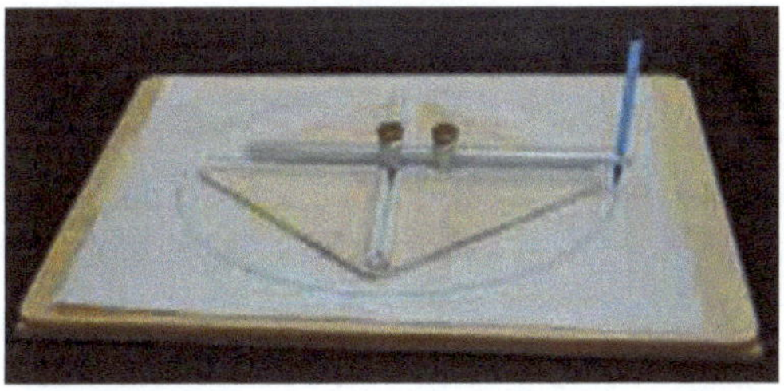

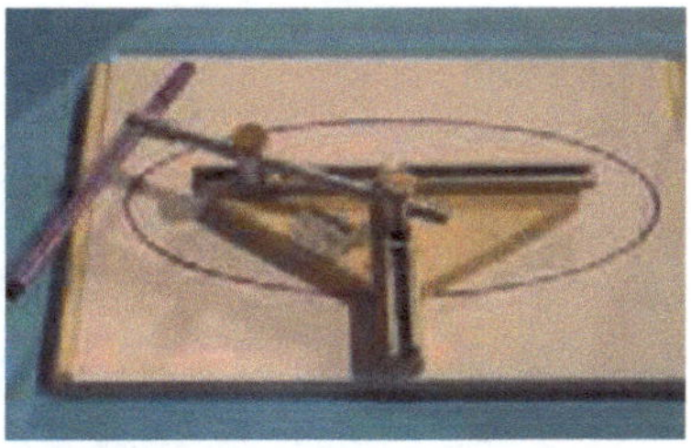

▲ **Figura 4.52** Ellissografo a croce (e versione "tascabile" dello stesso)

In questa macchina si possono scegliere le posizioni dei due perni R e T, in modo da impostare a piacere le lunghezze dei due semiassi dell'ellisse ed esaminare come varia la forma dell'ellisse e la sua eccentricità. Come si può vedere dall'immagine (Fig. 4.52), vi è però una dimensione minima e massima entro cui fare variare il valore di a e b rispettivamente, dovuta alle dimensioni fisiche delle guide rettilinee in cui scorrono i perni. Nella versione "tascabile", in cui le guide ortogonali hanno lunghezze più ridotte, si possono tracciare ellissi di dimensioni minori ma di eccentricità maggiore.

Si riporta ora la dimostrazione matematica dell'ellissografo a croce con due modalità diverse fruibili in base alla specifica preparazione degli studenti.

Entrambe le dimostrazioni collocano un sistema di assi cartesiani con origine nel centro della macchina e assi cartesiani individuati dalle guide ortogonali e dimostrano che il luogo dei punti tracciati dalla macchina ha equazione analitica pari a:

$$\frac{x^2}{a^2}+\frac{y^2}{b^2}=1.$$

[21] Proclo Licio Diadoco (412 – 485), filosofo bizantino, neoplatonico e studioso di filosofia, grammatica, retorica latina, diritto romano e matematica.

Dimostrazione con la similitudine

I due perni R e T individuano con P i due segmenti

$$\overline{RP} = b \text{ e } \overline{TP} = a;$$

se si proietta il punto P sugli assi cartesiani (Fig. 4.53), s'individuano due triangoli rettangoli, TLP ed RPS simili tra loro ($L\hat{T}P \cong R\hat{P}S$); quindi si può scrivere

$$\overline{PL} : \overline{RS} = \overline{TP} : \overline{RP}.$$

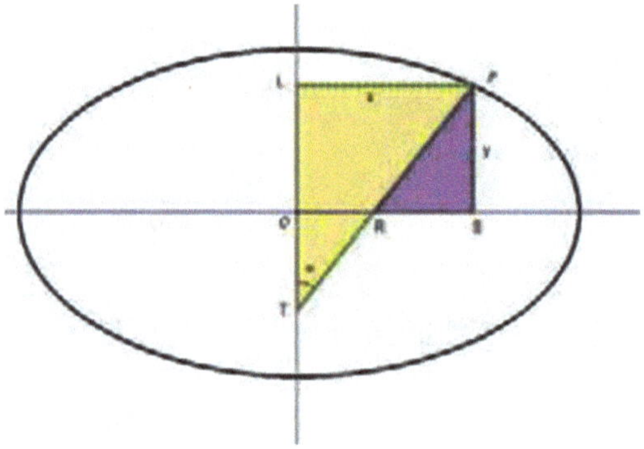

Figura 4.53 Schema per la dimostrazione dell'ellissografo a croce

Assegnando al generico punto P, tracciato dalla macchina, le coordinate $(x;y)$ e applicando il Teorema di Pitagora al triangolo RPS, risulta che:

$$\text{RS}=\sqrt{b^2 - y^2}.$$

La proporzione iniziale quindi diventa:

$$x : \sqrt{b^2 - y^2} = a : b$$

da cui

$$xb = a\sqrt{b^2 - y^2};$$

elevando al quadrato i due membri dell'equazione si ottiene

$$x^2 b^2 = a^2 (b^2 - y^2),$$

da cui l'equazione dell'ellisse.

Dimostrazione con la trigonometria

Gli angoli *LTP* e *RPS* sono congruenti, perché alterni interni delle rette parallele *LT* e *PS* tagliate dalla trasversale *TP*, e si chiami α la loro ampiezza. Assegnate al generico punto *P*, tracciato dalla macchina, le coordinate $(x;y)$, si applica la definizione di seno nel triangolo rettangolo *LPT*, e quella di coseno nel triangolo rettangolo *PRS*:

$$\mathrm{sen}(\alpha) = x/a$$
$$\cos(\alpha) = y/b.$$

Sostituendo le due relazioni nell'identità fondamentale della goniometria $\mathrm{sen}^2(\alpha) + \cos^2(\alpha) = 1$, si ottiene l'equazione dell'ellisse.

Capitolo 5
La matematica a Colazione da Papere

In questo capitolo vengono illustrate le attività connesse al percorso didattico presso la giostra Colazione da Papere. Il suo movimento può essere descritto in termini di un modello epiciclo-deferente in cui i singoli punti in moto descrivono curve epicicloidali. Il primo paragrafo affronta alcuni aspetti teorici connessi a tali curve e a questo tipo di moto: sono date definizioni, ricavate equazioni e illustrate alcune curve notevoli. È mostrata l'equivalenza tra il moto epiciclo-deferente e quello di rotolamento di una circonferenza su un'altra. Si definisce una terna opportuna di parametri in grado di descrivere adeguatamente le curve tracciate nei vari casi.

Nel secondo paragrafo viene descritto nei dettagli il percorso didattico proposto agli studenti: attività di movimento, osservazioni qualitative del moto della giostra, utilizzo di modelli meccanici, del palmare e di giochi didattici.

Nell'ultimo paragrafo si trattano la struttura e il funzionamento delle macchine matematiche utilizzate durante il percorso: il cosiddetto "paperografo" e lo "spirografo".

▲ **Figura 5.1** La giostra Colazione da Papere

5.1 Modelli descrittivi e interpretativi

5.1.1 Descrizione della giostra

La giostra è costituita da una piattaforma, che ruota a velocità angolare costante, su cui sono montate sei tazze libere di ruotare, e guidate dai passeggeri.

Oggetto dello studio matematico è la traiettoria seguita da una persona seduta dentro una tazza; nella giostra in movimento, si compongono, infatti, due moti rotatori, quello della piattaforma a velocità angolare costante w_1, e quello delle tazze.

Per determinare la traiettoria *geometrica* si preferisce, per ragioni intuitive, partire dal movimento che la genera, per poi prendere in considerazione alcune grandezze *fisiche* legate al moto della giostra: tempo, velocità, frequenza.

Le dimensioni della giostra sono note e sono state determinate sulla planimetria:

- distanza tra la chioccia (centro piattaforma) e il volante della tazza (centro tazza): $r_1 = 2{,}38\ m$;
- distanza tra il volante della tazza e lo schienale del sedile della tazza: $r_1 = 0{,}53\ m$.

Inoltre viene misurata la frequenza di rotazione della piattaforma (numero giri al secondo) $f = 1/T = 0{,}0637$ *giri al secondo*.

Per completare lo studio sono state calcolate altre grandezze caratteristiche, qui di seguito riportate:

- lunghezza della circonferenza descritta dal centro della tazza: $L = 2\pi r_1 = 14{,}95\ m$;
- velocità *tangenziale* del centro della tazza: $v = L / T = 0{,}952\ m/s$;
- velocità *angolare* della piattaforma: $w_1 = 2\pi/T = 0{,}400\ rad/s$;
- velocità *angolare* della tazza: w_2 = dipendente dalla scelta del passeggero.

Lo studio delle traiettorie è stato condotto supponendo costante la velocità w_2 della tazza.

5.1.2 Modello matematico della giostra

Se si considera il moto di una singola tazza, si può schematizzare la giostra con due piattaforme circolari rotanti. Ne deriva che il modello fisico-matematico più adatto per interpretare il moto della giostra è quello costituito da un *deferente* e un *epiciclo*. Con *epiciclo* si indica una circonferenza, il cui centro è vincolato a muoversi su una seconda circonferenza di raggio maggiore, detto *deferente*. Il termine, di origine greca (*epì - kyklos*) è composto dal prefisso *epì* (*sopra*) e dal sostantivo *kyklos* (*cerchio*), significa quindi *sopra il cerchio*. Lo schema fu ideato dagli astronomi antichi per conciliare l'ipotesi della terra al centro dell'universo e il moto apparente dei pianeti sulla volta celeste. È di Tolomeo, astronomo e matematico del II secolo d.C., la messa a punto di un modello completo del sistema planetario, con la Terra immobile al centro dell'universo e i pianeti in moto su circonferenze, epicicli di raggio r_2, i cui centri si muovevano a loro volta su altre circonferenze, deferenti di raggio r_1, con al centro la Terra[1].

---

[1] Si veda per esempio il "Dizionario degli scienziati e dei tecnici" [Dragoni, Bergia, Gottardi, 1999].

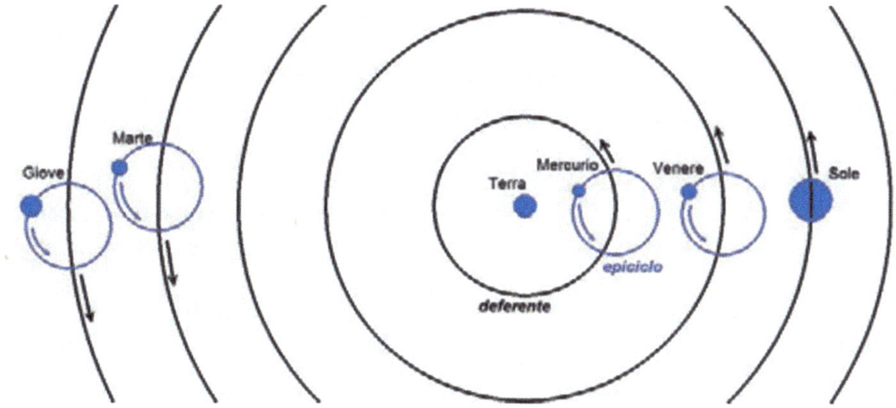

▲ **Figura 5.2** Rappresentazione schematica del sistema tolemaico

Nella giostra Colazione da Papere, come si nota nello schema, si evidenziano i seguenti elementi:

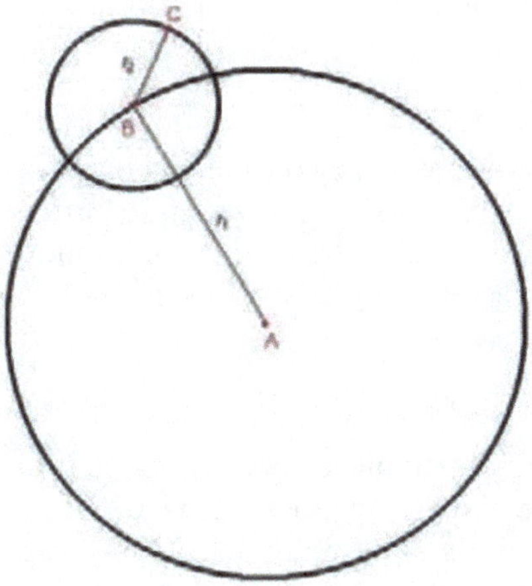

◀ **Figura 5.3** Rappresentazione schematica della giostra Colazione da papere

A= chioccia, centro della piattaforma;
B= volante della tazza;
C= persona seduta dentro la tazza;
deferente: circonferenza di raggio AB= r_1
epiciclo: circonferenza di raggio BC= r_2

Inserendo un sistema di riferimento cartesiano con origine nel centro della piattaforma **A**, si può stabilire la posizione della persona **C** al variare del tempo t: si trovano infatti le coordinate del vettore $\overrightarrow{AC}$ in funzione del tempo, come somma vettoriale dei vettori $\overrightarrow{AB}$ e $\overrightarrow{BC}$.

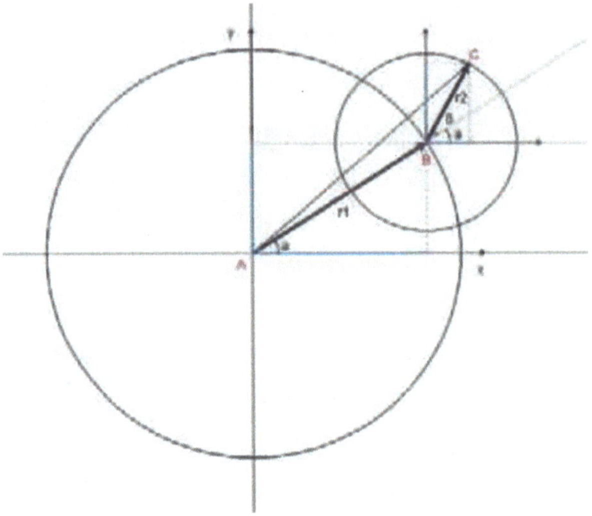

Figura 5.4 Introduzione di un sistema di riferimento cartesiano nella schematizzazione della giostra

Per conoscere le coordinate del vettore $\overrightarrow{AB}$ si considera la lunghezza r_1 del vettore e l'angolo che forma con la direzione positiva orizzontale, pari ad $\alpha = w_1 \cdot t$ poiché $\overrightarrow{AB}$ si muove con velocità angolare costante w_1:

$$\overrightarrow{AB} = (r_1 \cdot \cos\alpha; r_1 \cdot \sin\alpha) = (r_1 \cdot \cos(w_1 t); r_1 \cdot \sin(w_1 t)).$$

Analogamente per conoscere le coordinate del vettore $\overrightarrow{BC}$, si considera la lunghezza r_2 del vettore e l'angolo che forma con la direzione positiva orizzontale, pari ad $\alpha + \beta$; se si suppone costante la velocità angolare w_2 della tazza, si ha che si muove a velocità angolare complessiva pari a $w_1 + w_2$, da cui $\alpha + \beta = w_1 \cdot t + w_2 \cdot t$:

$$\overrightarrow{BC} = (r_2 \cdot \cos(\alpha + \beta); r_2 \cdot \sin(\alpha + \beta)) = (r_2 \cdot \cos(w_1 t + w_2 t); r_2 \cdot \sin(w_1 t + w_2 t)).$$

Si fa notare che w_2 così definita è la velocità angolare della tazza per un osservatore posto sulla piattaforma, e cioè rispetto a un sistema di riferimento solidale con essa, di origine B e asse delle ascisse allineato con il raggio AB. La velocità angolare per un osservatore a terra è, invece, per l'appunto $w_1 + w_2$.

La somma delle componenti dei singoli vettori fornisce le coordinate parametriche del vettore $\overrightarrow{AC}$ in funzione del tempo t:

$$\begin{cases} x(t) = r_1 \cos(w_1 t) + r_2 \cos(w_1 t + w_2 t) \\ y(t) = r_1 \sin(w_1 t) + r_2 \sin(w_1 t + w_2 t) \end{cases} \qquad (1)$$

che sono le equazioni parametriche della curva cercata, di cui si riporta una traccia ottenuta con un'animazione in *Cabri* II *Plus* (Fig. 5.5)

A queste curve viene assegnato il nome di "epicicloidi e ipocicloidi", ma per capire perché tale denominazione sia appropriata, occorre presentare le curve suddette e mostrare come siano assimilabili alle curve traiettorie nel modello deferente-epiciclo.

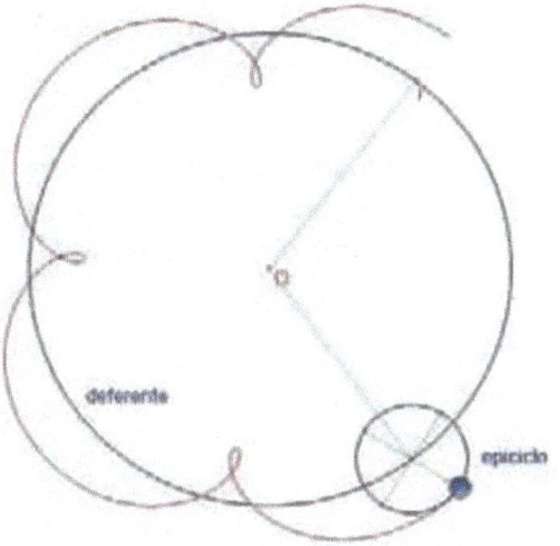

◂ **Figura 5.5** Traiettoria nel modello deferente-epiciclo

5.1.3 Epicicloidi e ipocicloidi

Molte curve si definiscono in modo cinematico: si riporta di seguito la definizione data da Lockwood E.H. ("A book of curves", 1961) di *roulette*, in generale, e, in particolare di epitrocoidi e ipotrocoidi (i termini sono sinonimi rispettivamente di epicicloidi e ipocicloidi):

> If a curve rolls, without slipping, along another, fixed curve, any point or line which moves with rolling curve describes a *roulette*. [...] The term *trochoid* has the same meaning as roulette. It is used more particularly for the roulettes traced by a circle rolling on a fixed circle. These are called epitrochoids or ipotrochoids according as the circle rolls on the outside or inside of the fixed circle.[2]

Roulette è quindi una curva generata da un punto *P*, solidale con una curva detta *generatrice*, la quale rotoli senza strisciare su un'altra curva detta *direttrice*.

---

[2] "Se una curva rotola, senza scivolare, lungo un'altra curva, fissa, ciascun punto o linea che si muove con la curva in movimento descrive una *roulette*. [...] Il termine *trocoide* ha lo stesso significato di roulette. È usato più in particolare per le roulette tracciate da un cerchio che rotola sopra un cerchio fisso. Queste sono chiamate epitrocoidi o ipotrocoidi a seconda che il cerchio rotoli all'esterno o all'interno del cerchio fisso." E.H. Lockwood, A book of curves, Cambridge University Press (1961).

Figura 5.6 Ingranaggi a ruote dentate di forme non circolari © Musée des arts et métiers-cnam, Paris/Photo M. Favareille

Se la direttrice è una circonferenza, di raggio a, e anche la generatrice è una circonferenza, di raggio b, che rotola senza strisciare esternamente (*sopra*) alla *direttrice*, indicata con h la distanza del punto P dal centro della circonferenza mobile (*generatrice*) si hanno le seguenti curve:

- $h = b$ epicicloide semplice (dal greco *epi-* "sopra", *kiklos* "cerchio", *eidos* "forma");
- $h < b$ epicicloide contratta;
- $h > b$ epicicloide estesa.

Se il rotolamento avviene all'interno (*sotto*) della direttrice, si hanno le seguenti curve:

- $h = b$ ipocicloide semplice (dal greco *ipo-* "sotto");
- $h < b$ ipocicloide contratta;
- $h > b$ ipocicloide estesa.

Si analizzeranno di seguito, dettagliatamente, le curve sopra definite.

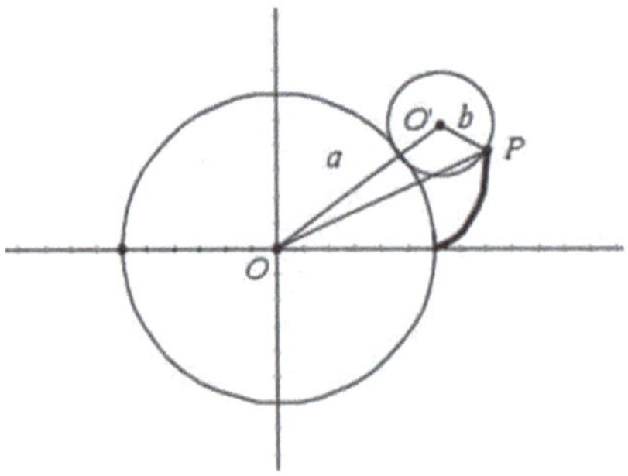

Figura 5.7 Costruzione di un'epicicloide

Le epicicloidi

Sia a il raggio della circonferenza fissa, *direttrice*, sia b quello della circonferenza mobile, *generatrice*, e sia α l'angolo percorso, quindi formato dal vettore OO' con la direzione positiva orizzontale. Il vettore posizione di P è uguale alla somma

$$\overrightarrow{OP} = \overrightarrow{OO'} + \overrightarrow{O'P}$$

con

$$\overrightarrow{OO'} = ((a+b)\cdot\cos\alpha;(a+b)\cdot\sin\alpha).$$

Mentre la circonferenza mobile percorre un arco pari ad $a\cdot\alpha$ il punto P percorre sulla generatrice un arco di lunghezza pari a

$$O\hat{O'}P\cdot b,$$

da cui si ot tene che l'angolo percorso

$$O\hat{O'}P,$$

indicato in seguito con la lettera γ, è

$$\gamma = \frac{a\alpha}{b};$$

ne risulta che l'angolo formato dal vettore $O'P$ con la direzione positiva orizzontale è $\gamma + \alpha + \pi$ e quindi:

$$\overrightarrow{O'P} =$$

$$(-b\cdot\cos(\gamma+\alpha);-b\cdot\sin(\gamma+\alpha)) = (-b\cos\left(\frac{a\alpha}{b}+\alpha\right);-b\sin\left(\frac{a\alpha}{b}+\alpha\right)) = (-b\cos\left(\frac{a+b}{b}\alpha\right);-b\sin\left(\frac{a+b}{b}\alpha\right))\cdot$$

L'equazione parametrica delle epicicloidi risulta:

$$\begin{cases} x(\alpha) = (a+b)\cos\alpha - b\cos\left(\dfrac{a+b}{b}\alpha\right) \\ y(\alpha) = (a+b)\sin\alpha - b\sin\left(\dfrac{a+b}{b}\alpha\right) \end{cases} \qquad (2)$$

Le ipocicloidi

L'ipocicloide si ottiene quando la circonferenza mobile rotola internamente alla circonferenza fissa.

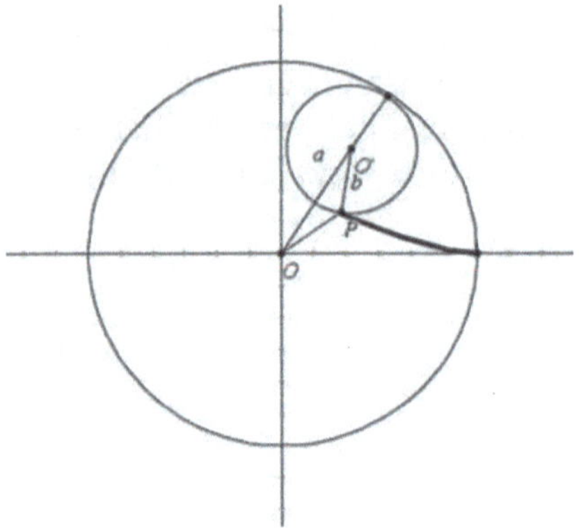

Figura 5.8 Costruzione di un'ipocicloide

Sia a il raggio della circonferenza fissa, *direttrice*, sia b quello della circonferenza mobile, *generatrice*, e sia α l'angolo percorso, quindi formato dal vettore OO' con la direzione positiva orizzontale; il vettore posizione di P è uguale alla somma

$$\overrightarrow{OP} = \overrightarrow{OO'} + \overrightarrow{O'P}$$

con

$$\overrightarrow{OO'} = ((a-b)\cdot\cos\alpha;(a-b)\cdot\sin\alpha).$$

Mentre la circonferenza mobile percorre un arco pari ad $a\cdot\alpha$, il punto P percorre un arco pari ad

$$(\pi - O\hat{O'}P)\cdot b,$$

da cui si ottiene che l'angolo percorso

$$(\pi - O\hat{O'}P),$$

indicato con $(\pi - \gamma)$, è

$$\frac{a\alpha}{b};$$

si ha che l'angolo formato dal vettore $O'P$ con la direzione positiva orizzontale è $2\pi - (\pi - \gamma - \alpha) = \pi + \gamma + \alpha$, quindi

$$\begin{aligned}\overline{O'P} &= (b\cdot\cos(\pi+\gamma+\alpha);b\cdot\sin(\pi+\gamma+\alpha)) = (-b\cdot\cos(\gamma+\alpha);-b\cdot\sin(\gamma+\alpha))\\ &= (-b\cdot\cos(\pi-\frac{a\alpha}{b}+\alpha);-b\cdot\sin(\pi-\frac{a\alpha}{b}+\alpha))\\ &= (b\cos\left(\frac{a\alpha}{b}-\alpha\right);-b\sin\left(\frac{a\alpha}{b}-\alpha\right))\\ &= (b\cos\left(\frac{a-b}{b}\alpha\right);-b\sin\left(\frac{a-b}{b}\alpha\right))\end{aligned}$$

L'equazione parametrica delle ipocicloidi risulta

$$\begin{cases} x(\alpha) = (a-b)\cos\alpha + b\cos\left(\dfrac{a-b}{b}\alpha\right) \\ y(\alpha) = (a-b)\sin\alpha - b\sin\left(\dfrac{a-b}{b}\alpha\right) \end{cases} . \qquad (3)$$

Sostituendo $-b$ al posto di b e riflettendo sulle proprietà delle funzioni seno e coseno, si ottengono le stesse equazioni delle epicicloidi, per cui le due equazioni parametriche si possono riassumere in un'unica forma

$$\begin{cases} x(\alpha) = (a+b)\cos\alpha - b\cos\left(\dfrac{a+b}{b}\alpha\right) \\ y(\alpha) = (a+b)\sin\alpha - b\sin\left(\dfrac{a+b}{b}\alpha\right) \end{cases} \qquad (4)$$

in cui, se b assume valori negativi, l'equazione parametrica individua un'ipocicloide, se b assume valori positivi, si ha un'epicicloide.

Si riportano alcuni casi particolari di epicicloidi e ipocicloidi.

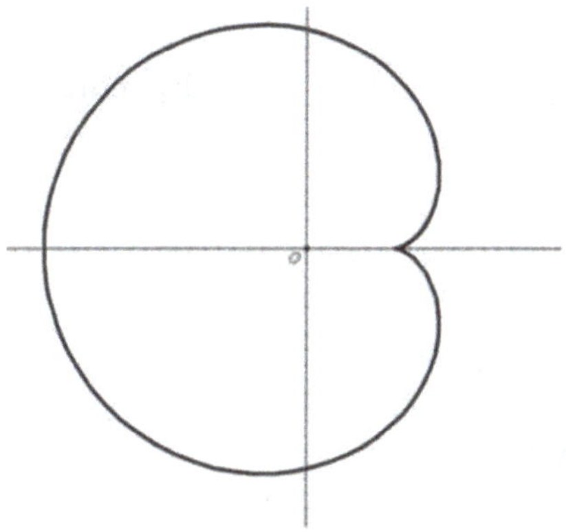

Figura 5.9 Cardioide

La cardioide

È una particolare epicicloide che si ottiene per valori dei raggi della direttrice e generatrice legati dalla relazione $b = a$

$$\begin{cases} x(\alpha) = a(2\cos\alpha - \cos(2\alpha)) \\ y(\alpha) = a(2\sin\alpha - \sin(2\alpha)) \end{cases} .$$

È chiamata così dal greco "kardia" (cuore) proprio perché ne richiama la forma.

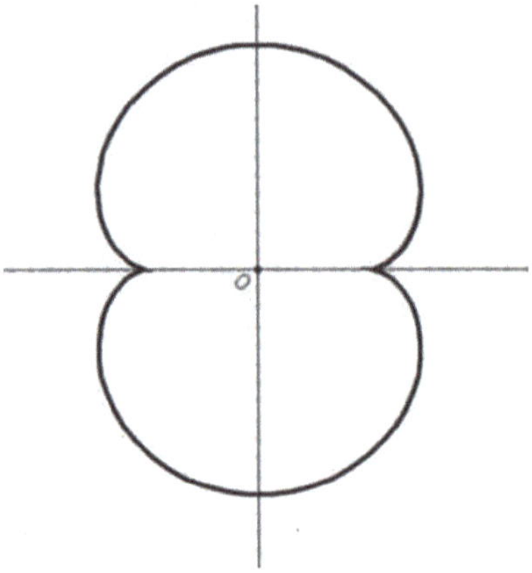

Figura 5.10 Nefroide

La nefroide

È una particolare epicicloide, che si ottiene per valori dei raggi della direttrice e generatrice legati dalla relazione $a = 2b$

$$\begin{cases} x(\alpha) = \frac{1}{2}a(3\cos\alpha - \cos(3\alpha)) \\ y(\alpha) = \frac{1}{2}a(3\sin\alpha - \sin(3\alpha)) \end{cases}.$$

Anche in questo caso, è chiamata così dal greco "nephros" (rene) perché ne richiama la forma.

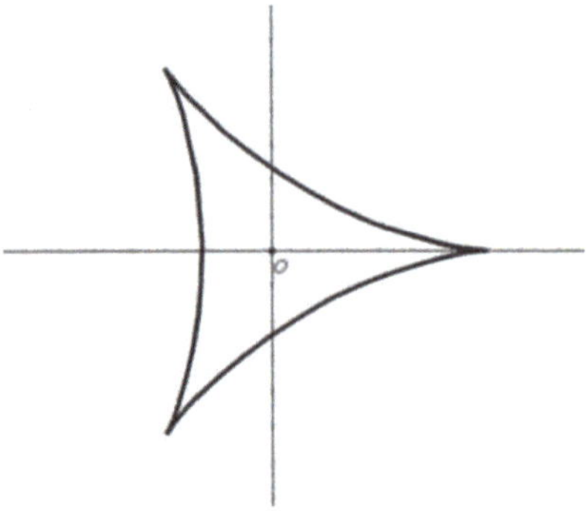

Figura 5.11 Deltoide

La deltoide

È una particolare ipocicloide, che si ottiene per valori dei raggi della direttrice e generatrice legati dalla relazione

$$b = \frac{1}{3}a$$

(oppure

$$b = -\frac{1}{3}a$$

nell'equazione unificata (4))

$$\begin{cases} x(\alpha) = \frac{1}{3}a(2\cos\alpha + \cos(2\alpha)) \\ y(\alpha) = \frac{1}{3}a(2\sin\alpha - \sin(2\alpha)) \end{cases}.$$

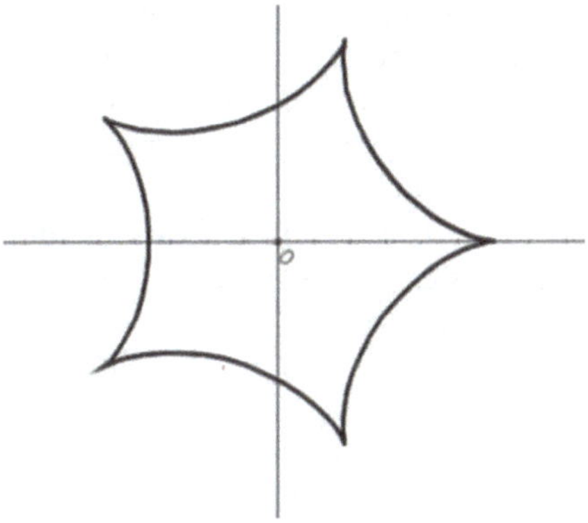

◂ **Figura 5.12** Stella

La stella

È una particolare ipocicloide, che si ottiene per valori dei raggi della direttrice e generatrice legati dalla relazione

$$b = \frac{1}{5}a$$

(oppure

$$b = -\frac{1}{5}a$$

nell'equazione unificata (4))

$$\begin{cases} x(\alpha) = \frac{1}{5}a(4\cos\alpha + \cos(4\alpha)) \\ y(\alpha) = \frac{1}{5}a(4\sin\alpha - \sin(4\alpha)) \end{cases}.$$

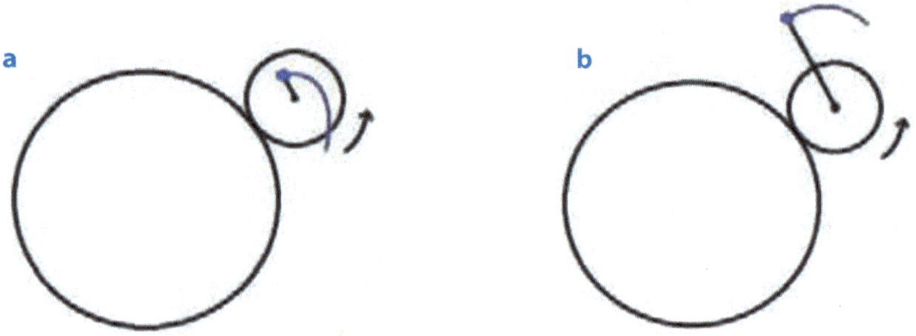

▲ **Figura 5.13 a** Formazione di una epicicloide contratta; **b** formazione di una epicicloide estesa

Le epicicloidi e ipocicloidi contratte ed estese

Le epicicloidi (ipocicloidi) contratte ed estese si ottengono se la circonferenza generatrice rotola senza strisciare esternamente (internamente) alla circonferenza direttrice e se la distanza h del punto P dal centro della circonferenza mobile è, rispettivamente, minore o maggiore del suo raggio b; si mostrano alcune curve di esempio (Fig. 5.14).

Come si può notare, nelle epi/ipo-cicloidi estese vengono a formarsi dei cappi, di dimensione tanto maggiore quanto maggiore è il valore di h. Tali cappi s compaiono nel caso (h=0) di epi/ipo-cicloidi semplici.

Le equazioni parametriche sono:

$$\begin{cases} x(\alpha) = (a+b)\cos\alpha - h\cos\left(\dfrac{a+b}{b}\alpha\right) \\ y(\alpha) = (a+b)\sin\alpha - h\sin\left(\dfrac{a+b}{b}\alpha\right) \end{cases} . \qquad (5)$$

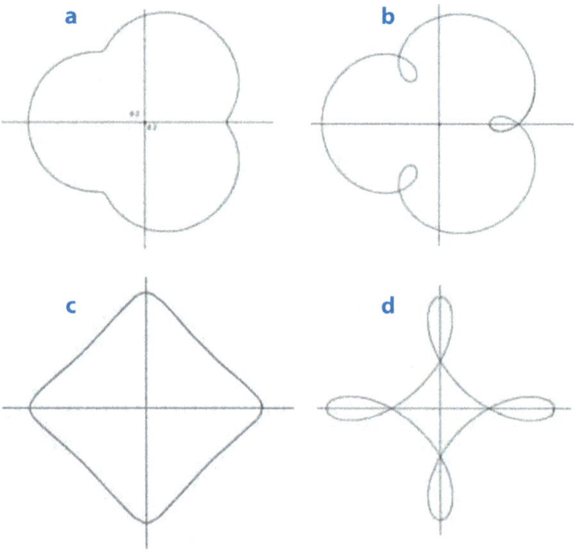

◂ **Figura 5.14 a** Epicicloide contratta; **b** epicicloide estesa; **c** ipocicloide contratta; **d** ipocicloide estesa

5.1.4 Equivalenza fra le traiettorie nel modello "deferente-epiciclo" e il modello "a rotolamento"

Per assimilare le epicicloidi e ipocicloidi così ottenute alle traiettorie nel modello deferente epiciclo, occorre fare una precisazione. Nel ricavare le equazioni al paragrafo 5.1.2 si è scelta come posizione iniziale di C quella indicata in Fig. 5.15 con C alla massima distanza da A; infatti sostituendo $t = 0$ nelle equazioni (1) le coordinate di C risultano $(r_1 + r_2, 0)$; tale scelta è più intuitiva e in linea con il percorso effettivamente sperimentato dagli studenti, anche nel modello vivente (si veda paragrafo 5.2).

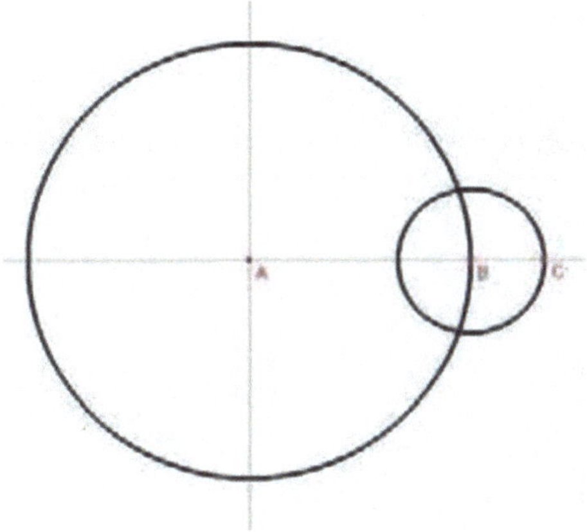

◂ **Figura 5.15** Modello epiciclo-deferente utilizzato nel paragrafo 5.1.2

Invece nel rotolamento di una circonferenza all'esterno di un'altra, si è scelto il punto iniziale della traiettoria nella posizione P più vicina al centro della circonferenza fissa (Fig. 5.16); infatti per $\alpha = 0$ nella (2) si ottiene (a;0).

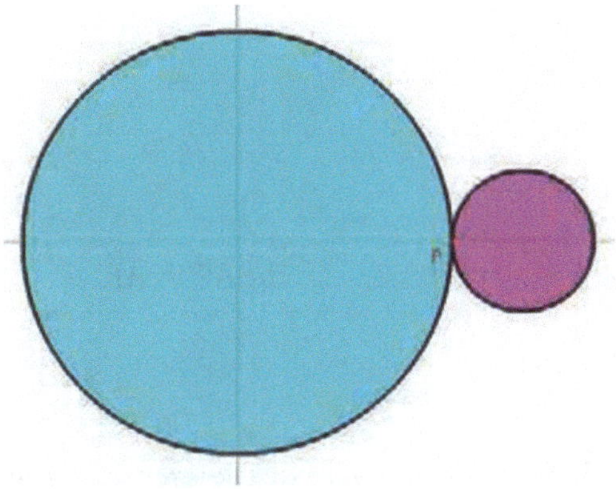

◂ **Figura 5.16** Modello a rotolamento utilizzato nel paragrafo 5.1.3

Se si sceglie quindi di descrivere il moto della traiettoria deferente-epiciclo nel caso in cui il punto C abbia come posizione iniziale quella più vicina ad A, come nella Fig. 5.17, le equazioni della curva cambiano.

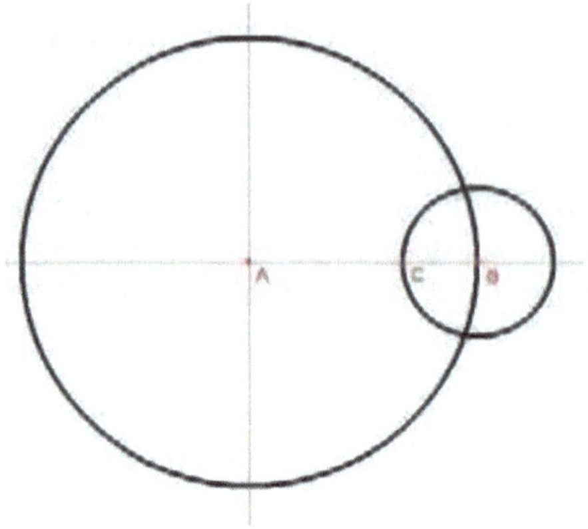

◂ **Figura 5.17** Ridefinizione del modello epiciclo-deferente

Si inserisce un sistema di assi cartesiani, con origine nel centro della piattaforma A, si stabilisce la posizione della persona C al variare del tempo t, trovando le coordinate del vettore $\overrightarrow{AC}$ in funzione del tempo.

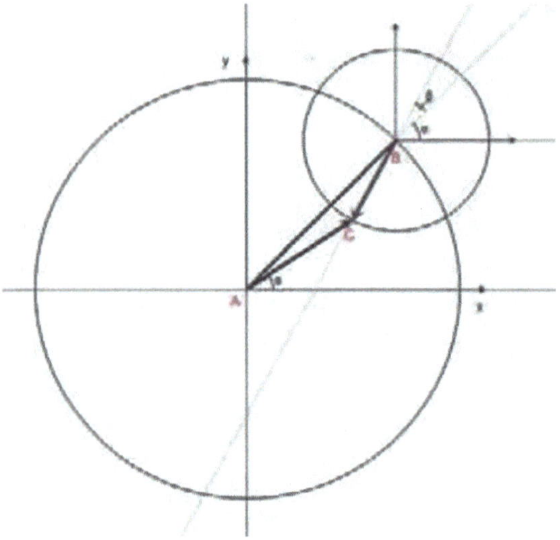

◂ **Figura 5.18** Introduzione di un sistema di riferimento cartesiano nel modello epiciclo-deferente

Analogamente a quanto già descritto al paragrafo 5.1.2, si ha che $\overrightarrow{AC} = \overrightarrow{AB} + \overrightarrow{BC}$ con

$$\overrightarrow{AB} = (r_1 \cdot \cos\alpha; r_1 \cdot \sin\alpha) = (r_1 \cdot \cos(w_1 t); r_1 \cdot \sin(w_1 t)),$$

dove r_1 è il raggio del deferente e w_1 è la velocità angolare del deferente; per le coordinate del vettore $\overrightarrow{BC}$, si considera la lunghezza del vettore, pari a r_2, e l'angolo formato dal vettore con la direzione positiva orizzontale, pari in questo caso a $\pi + \alpha + \beta$; se si suppone la velocità angolare dell'epiciclo costante e si indica con w_2, si ha che

$$\overrightarrow{BC} = (r_2 \cdot \cos(\pi + \alpha + \beta); r_2 \cdot \sin(\pi + \alpha + \beta)) = (-r_2 \cdot \cos(\alpha + \beta); -r_2 \cdot \sin(\alpha + \beta)$$

$$= (-r_2 \cdot \cos(w_1 t + w_2 t); -r_2 \cdot \sin(w_1 t + w_2 t))$$

da cui le equazioni risultano

$$\begin{cases} x(t) = r_1 \cos(w_1 t) - r_2 \cos(w_1 t + w_2 t) \\ \\ y(t) = r_1 \sin(w_1 t) - r_2 \sin(w_1 t + w_2 t) \end{cases} . \qquad (6)$$

A questo punto, vale la pena fare un'altra precisazione. Si vede come nell'equazione soprastante, dove le coordinate x e y dipendono dalla variabile tempo t, i parametri siano quattro (le due velocità angolari w_1 e w_2, e i due raggi r_1 e r_2). Tuttavia la velocità angolare rappresenta una variazione angolare *nel tempo* (una variabile *fisica*), mentre la geometria della curva non può dipendere da tale variabile. Essa è modificata solo dal *rapporto* (adimensionale) che intercorre tra le due velocità: tanto è vero che, scelti r_1 e r_2, ciò che influenza la traiettoria è soltanto tale rapporto e non il particolare valore delle singole velocità. In tal modo, il numero di *gradi di libertà* del sistema diminuisce di una unità, risultando dunque essere pari a 3 e non a 4 (come poteva apparire in un primo momento).

Dunque, formalmente, eseguendo la sostituzione di variabile

$$\alpha = w_1 t ,$$

ovvero

$$t = \frac{\alpha}{w_1},$$

con α espresso in radianti, le equazioni (6) diventano

$$\begin{cases} x(\alpha) = r_1 \cos\alpha - r_2 \cos(\alpha + \frac{w_2}{w_1}\alpha) \\ \\ y(\alpha) = r_1 \sin\alpha - r_2 \sin(\alpha + \frac{w_2}{w_1}\alpha) \end{cases} \qquad (7)$$

dove compare solo il rapporto tra le velocità angolari. Chiamando

$$w = \frac{w_2}{w_1}$$

tale rapporto le (7) diventano

$$\begin{cases} x(\alpha) = r_1 \cos\alpha - r_2 \cos(1+w)\alpha \\ y(\alpha) = r_1 \sin\alpha - r_2 \sin(1+w)\alpha \end{cases} \quad (8)$$

nella variabile α, e dipendono dai tre parametri liberi r_1, r_2 e w, come si voleva.

Tali equazioni saranno confrontate con le equazioni (5) ottenute dal modello a rotolamento.

Il funzionamento della giostra Colazione da Papere è infatti assimilabile al rotolamento senza strisciare di una circonferenza su un'altra; se si considera il centro della circonferenza che rotola (la *generatrice*), esso descrive una circonferenza che corrisponde al *deferente* della giostra (la circonferenza descritta dal centro della tazza). La circonferenza descritta dalla persona seduta dentro la tazza se la giostra fosse ferma (ovvero l'*epiciclo* della giostra), corrisponde, nel modello a rotolamento, alla circonferenza con raggio h centrata nel centro della generatrice.

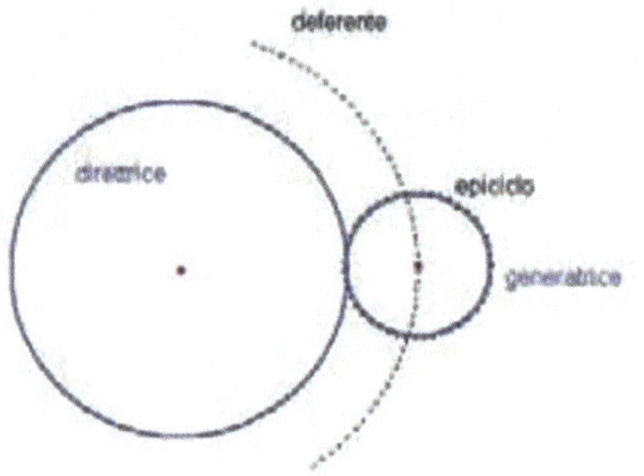

◂ **Figura 5.19** Una possibile assimilazione del modello a rotolamento al modello epiciclo-deferente, nel caso di epicicloide semplice

È vero che, nel rotolamento di una circonferenza su un'altra, cambia sempre il punto di contatto tra le due circonferenze, ma il centro della circonferenza generatrice effettivamente descrive una circonferenza di raggio $a+b$, se il rotolamento è esterno, oppure a-b, se il rotolamento è interno, quindi si può ricondurre al caso di epiciclo e deferente. Si possono, però, distinguere le seguenti situazioni:

- Se il rotolamento è esterno, i versi di rotazione del punto sulla generatrice, rispe to al suo centro e del centro della generatrice, rispetto al centro della direttrice, sono *concordi*. Assimilando il rotolamento al modello deferente-epiciclo, si può affermare che il deferente ha centro nella circonferenza fissa e raggio $a+b$, mentre l'epiciclo ha centro nella circonferenza che rotola e ha raggio h.
- Se il rotolamento è interno, i versi di rotazione del punto sulla generatrice rispetto al suo centro e del centro della generatrice rispetto al centro della direttrice sono *discordi*. Assimilando il rotolamento al modello deferente-epiciclo, si può affermare che il deferente ha centro nella circonferenza fissa e raggio a-b, mentre l'epiciclo ha centro nella circonferenza che rotola e ha raggio h.

Viceversa, tornando alla giostra Colazione da Papere, si può affermare che se la tazza viene ruotata nello stesso verso in cui ruota la piattaforma, volendo assimilare il moto a un rotolamento, si deve considerare il caso in cui una circonferenza di raggio opportuno b rotola esternamente a una circonferenza di raggio opportuno a; mentre, se la tazza viene ruotata nel verso opposto a quello della piattaforma, assimilando tale moto a un rotolamento, si deve considerare il caso in cui una circonferenza di raggio opportuno b rotola internamente a una circonferenza di raggio opportuno a.

Si vuole verificare l'equivalenza delle equazioni analitiche:

modello deferente epiciclo — *rotolamento*

$$\begin{cases} x(\alpha) = r_1 \cos\alpha - r_2 \cos(1+w)\alpha \\ y(\alpha) = r_1 \sin\alpha - r_2 \sin(1+w)\alpha \end{cases} \quad (9) \qquad \begin{cases} x(\alpha) = (a+b)\cos\alpha - h\cos\left(\dfrac{a+b}{b}\alpha\right) \\ y(\alpha) = (a+b)\sin\alpha - h\sin\left(\dfrac{a+b}{b}\alpha\right) \end{cases} \quad (10).$$

Per assimilare le equazioni della traiettoria nel modello deferente–epiciclo alle equazioni di un rotolamento, è necessario determinare le relazioni reciproche tra le variabili che in esse compaiono, da cui si pone

$$\begin{aligned} &1.\quad (1+w) = \frac{a+b}{b} \Rightarrow 1+w = \frac{a}{b}+1 \\ &2.\quad r_1 = a+b \\ &3.\quad r_2 = h \end{aligned} \qquad \text{da cui } (11) \qquad \begin{aligned} &1.\quad w = \frac{a}{b} \\ &2.\quad r_1 = a+b \\ &3.\quad r_2 = h \end{aligned}$$

$$\text{e poiché } \begin{cases} a+b = r_1 \\ \dfrac{a}{b} = w \end{cases} \quad \text{risulta } (12) \begin{cases} 1.\ a = \dfrac{w}{1+w} r_1 \\ 2.\ b = \dfrac{1}{1+w} r_1 \\ 3.\ h = r_2 \end{cases}.$$

Si può osservare che, con questa trasformazione, a e b dipendono entrambe esclusivamente da w e r_1 e viceversa w e r_1 dipendono da a e b[3].

[3] Si noti che condizione necessaria all'esistenza di un valore finito per w è che $b \neq 0$, condizione che peraltro deve essere soddisfatta perché siano definite le stesse equazioni (10) per il modello a rotolamento. Viceversa per avere valori finiti per a e b deve essere $w \neq -1$. Questa condizione è necessaria per il modello a rotolamento; tuttavia questa non è una condizione di esistenza per le equazioni (9) del modello a epicicli; e infatti $w=-1$ implica che w_2 sia l'opposto di w_1, cioè epiciclo e deferente ruotano alla stessa velocità ma in senso opposto: ciò che si ottiene è semplicemente una circonferenza (così come per il caso $w=0$).

Questo significa che fintanto che le possibilità di scelta sui parametri, e cioè il numero di gradi di libertà del sistema, rimangono pari a 3, tutte le scritture sono equivalenti, siano esse per il sistema epiciclo-deferente o per il sistema a rotolamento. Del resto, le curve che possono essere prodotte dai due sistemi sono esattamente le stesse.

Se, invece, per esempio, si considerassero solo le curve tracciate da un punto che stesse *sulla* circonferenza mobile del sistema a rotolamento, ovvero epi- (o ipo-) cicloidi semplici, un parametro risulterebbe fissato da una nuova relazione [$h = b$ nelle equazioni (10) o analogamente $r_2 = r_1 / (1+w)$ nelle equazione (9)] e i gradi di libertà scenderebbero a 2.

I tre parametri, [r_1, r_2, w] nel primo sistema e [a, b, h] nel secondo, possono inoltre essere riaccomodati, in modo da diventare significativi per una descrizione della curva. Per esempio, si può introdurre la terna:

$$\left[w; (1+w)\frac{r_2}{r_1}; r_1\right] \text{ per il modello epiciclo-deferente.}$$

o, il che è equivalente, la terna

$$\left[\frac{a}{b}; \frac{h}{b}; a+b\right] \text{ per il modello a rotolamento.}$$

In entrambe, il modulo del primo parametro rappresenta il *numero di giri* (o *di petali,* o *di punte*), il secondo la *grandezza dei cappi* (se tale parametro è in modulo maggiore di 1, essendo in questo caso la curva una epi/ipo-cicloide *estesa*) o il *grado di smoothness (rotondità) delle punte* (quando è in modulo minore di 1, epi/ipo-cicloide *contratta*), il terzo un *parametro di scala,* che indica una sorta di "grandezza media" della curva.

Ciò può essere utile nella fase di esplorazione di tali curve, o se si vuole ottenere una precisa modifica geometrica a una curva, di cui sono già noti i parametri.

Si considerino, per esempio, i valori caratteristici della giostra

$$r_1 = 2{,}38\ m;\ r_2 = 0{,}53\ m.$$

Posto $w_1 = 0{,}400$ rad/s e $w_2 = 1{,}2$ rad/s, e quindi $w = 3$, la traiettoria che si ottiene è quella in Fig. 5.20.

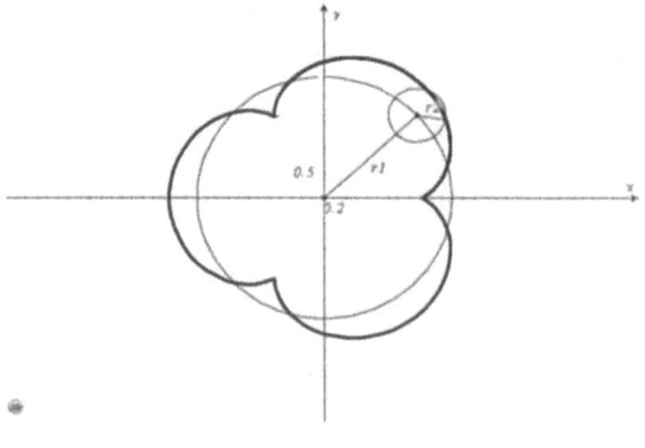

◂ **Figura 5.20** Modello epiciclo-deferente per una traiettoria a tre petali

Utilizzando le formule appena ricavate, tale caso si può assimilare a un rotolamento con parametri:

$$a = \frac{3}{4} r_1 = 1{,}785m$$

$$b = \frac{1}{4} r_1 = 0{,}595m$$

$$h = 0{,}53m$$

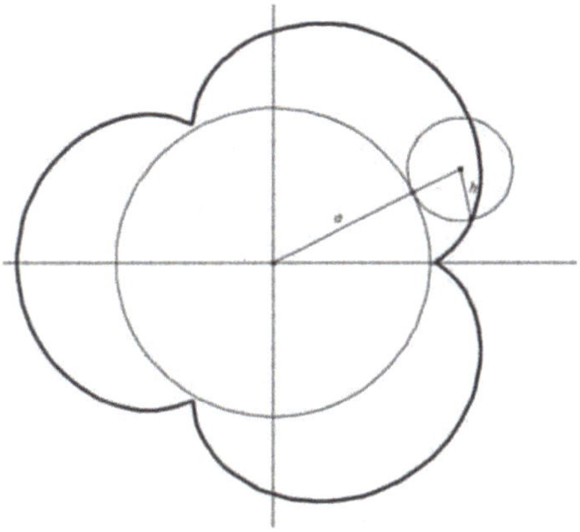

◂ **Figura 5.21** Modello a rotolamento per una traiettoria a tre petali

Le traiettorie, ottenute con i due diversi metodi di tracciamento, sono sovrapponibili punto per punto; inoltre, essendo $h<b$ si ha un'epicicloide *contratta*.

La *terna* rappresentante i parametri geometrici risulta infatti essere [3; 0,89; 2,38] e ciò significa: 3 petali, epicicloide contratta (0,89<1), di scala 2,38.

Se ora si pongono w_1= 0,400 rad/s e w_2= 2 rad/ s per cui $w = 5$, la traiettoria che si ottiene è quella in Fig. 5.22.

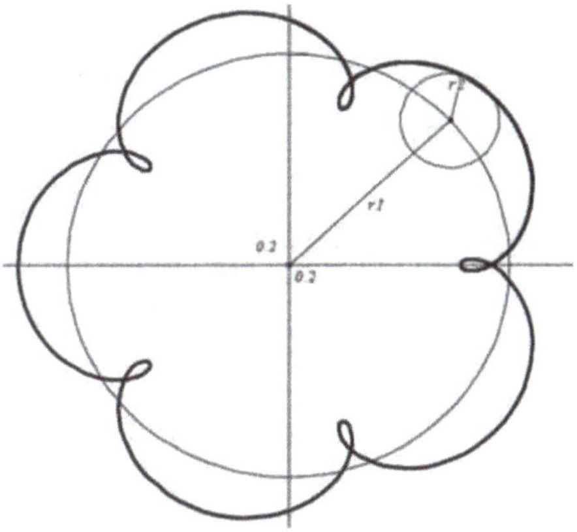

◂ **Figura 5.22** Modello epiciclo-deferente per una traiettoria a cinque petali

Utilizzando le formule appena ricavate, tale caso si può assimilare a un rotolamento con parametri:

$$a = \frac{5}{6} r_1 = 1{,}98\bar{3}m \qquad b = \frac{1}{6} r_1 = 0{,}39\bar{6}m \qquad h = 0{,}53m\,.$$

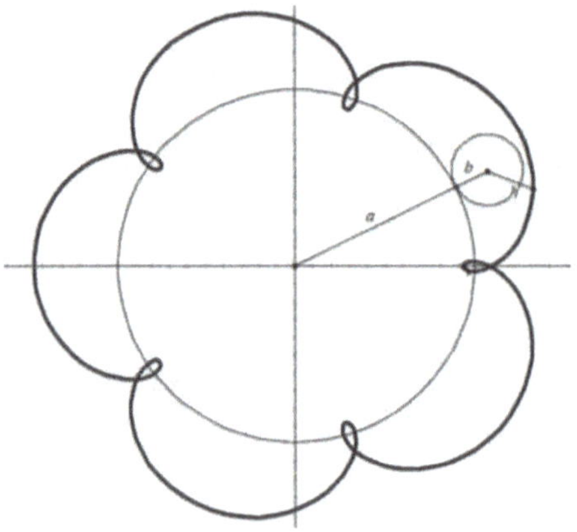

◂ **Figura 5.23** Modello a rotolamento per una traiettoria a cinque petali

Le due traiettorie sono ancora sovrapponibili punto per punto; inoltre essendo $h>b$ si ha un'epicicloide *estesa*.

La *terna* rappresentante i parametri geometrici risulta in questo caso essere [5; 1,34; 2,38] e ciò significa: 5 petali, epicicloide estesa (1,34>1), di scala 2,38 (la stessa di prima: il "raggio medio" r_1 è lo stesso).

Invertendo la velocità dell'epiciclo, si ha che w_1= 0,400 rad/s e w_2= -2 rad/s, per cui w = -5. La traiettoria questa volta risulta essere un'ipocicloide, come in Fig. 5.24.

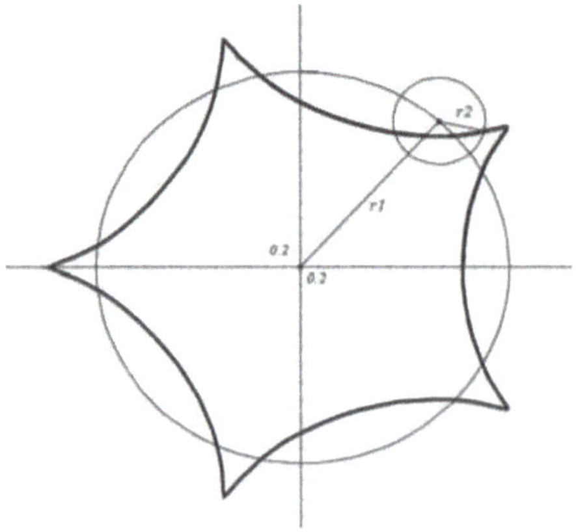

◂ **Figura 5.24** Modello epiciclo-deferente per una traiettoria a cinque punte (ipocicloide)

Con le consuete trasformazioni di variabili si ottiene:

$$a = \frac{5}{4} r_1 = 2{,}975m \qquad b = -\frac{1}{4} r_1 = -0{,}595m \qquad h = 0{,}53m$$

dove b è negativo, trattandosi di ipocicloide, e $h < |b|$; quindi trattasi di ipocicloide contratta (senza cappi), come in Fig. 5.25.

La terna risulta essere perciò: [-5; -0,89; 2,38].

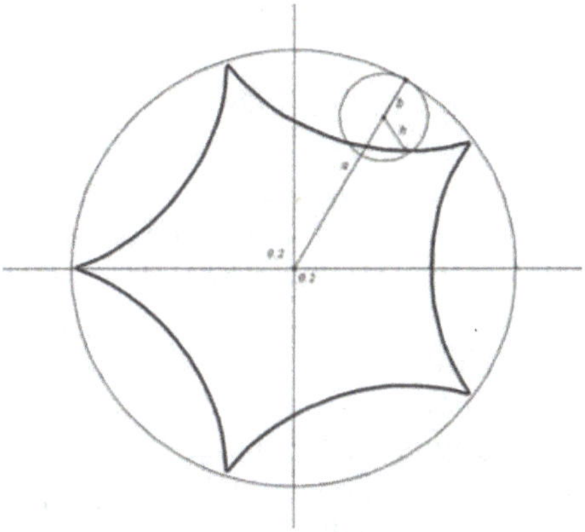

◂ **Figura 5.25** Modello a rotolamento per una traiettoria a cinque punte (ipocicloide)

5.2 Il percorso didattico

Il percorso didat ico ideato per Colazione da Papere è rivolto a studenti di biennio e triennio di scuola secondaria superiore. L'attività prevede l'esplorazione e il progressivo approfondimento del moto e della traiettoria descritta da un passeggero salito sull'attrazione.

5.2.1 Prime osservazioni

Per iniziare si chiede agli studenti di capire quali siano gli elementi importanti, per descrivere la struttura della giostra e il moto di una persona a bordo dell'attrazione. La struttura è schematizzata come una piattaforma che ruota a velocità costante, all'interno della quale sono collocate sei tazze, libere di ruotare attorno al proprio asse. La maggior parte degli studenti riesce facilmente a cogliere alcuni degli elementi significativi della giostra ai fini di una sua descrizione in termini fisici e matematici, mentre all'impronta non è in grado di prevedere la traiettoria seguita da una persona a bordo di una tazza.

Si procede nell'analisi dei parametri fisici caratteristici della giostra: si vuole misurare la velocità tangenziale e angolare della piattaforma, senza preoccuparsi inizialmente della velocità angolare della tazza, essendo impressa dai singoli passeggeri, e quindi arbitraria. Gli allievi trovano la velocità tangenziale del centro della tazza, calcolando il rapporto tra la distanza percorsa da questo, pari alla lunghezza della circonferenza $L = 2\pi \cdot r_1$, e il tempo impiegato a percorrerla, cioè il periodo T della giostra. Il valore del raggio r_1 della piattaforma viene fornito dalla scheda tecnica, mentre viene chiesto agli alunni di misurare il periodo T, mediante l'uso di cronometri. Anche un'operazione semplice, come la misura di un intervallo di tempo, richiede una certa attenzione nella scelta del punto di riferimento da traguardare e nell'evitare i periodi transitori di accelerazione e decelerazione nella parte iniziale e finale della corsa.

Siccome molti studenti non hanno familiarità con il concetto di velocità angolare, esso viene quindi introdotto attraverso un confronto tra il moto rettilineo uniforme e il moto circolare uniforme, in cui alla distanza lineare del primo corrisponde un angolo "spazzato" dal raggio vettore nel secondo. Prendendo come riferimento un unico giro, l'angolo "spazzato" è pari all'angolo giro, l'intervallo temporale al periodo T e per la velocità angolare della giostra si ottiene $w_1 = 2 \cdot \pi / T = 0{,}40 \text{ rad / s}$.

Gli alunni notano che la traiettoria descritta da una persona a bordo della giostra è influenzata dalla velocità impressa dal passeggero al volante della tazza: quando questo è fermo, la traiettoria della persona risulta essere una circonferenza. Se invece la tazza viene fatta ruotare a velocità costante, qualche ragazzo è in grado di osservare che: "Se si muove nello stesso verso, la traiettoria è un fiore, se invece si muove in verso opposto è una stella". Al contrario, per la maggior parte degli studenti è necessaria un'ulteriore riflessione sul moto; due studenti, quindi, vengono fatti salire sulla giostra: uno, con una torcia luminosa in mano, nel ruolo di "tedoforo", l'altro impegnato a far ruotare la tazza in maniera regolare e costante. Seguendo con cura il moto della torcia, gli studenti riescono a notare che nel caso di rotazioni concordi della piattaforma e della tazza, viene descritta effettivamente una sorta di fiore, mentre, con rotazioni discordi, si forma una specie di stella; con le parole di una di loro, si ha "prima una curva con i cappi in dentro e poi una curva con i cappi in fuori".

Figura 5.26 A bordo della giostra

5.2.2 "Modello vivente" della Giostra

Dopo questa prima descrizione del moto della giostra, si chiede agli studenti di riprodurlo in prima persona, usando corde messe a disposizione. Nella simulazione, un primo studente A rimane fermo al centro dello spazio considerato, tenendo in mano una fune che lo collega a un secondo studente B; questo, a sua volta, si collega con un'altra fune a un terzo studente C (Fig. 5.27).

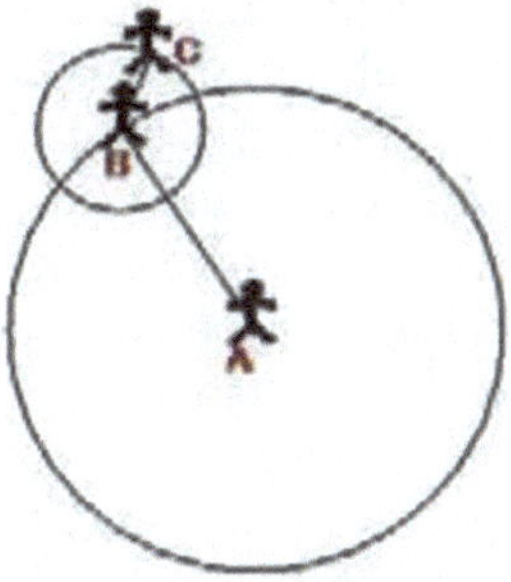

◂ **Figura 5.27** Schema del "modello vivente"

Lo studente B, che simula il centro della tazza, ruota attorno ad A con velocità angolare w_1 e lo studente C, che simula una persona seduta in una tazza, ruota attorno allo studente B con velocità angolare w_2 rispetto a B. La realizzazione pratica di questo modello "vivente" richiede alcuni accorgimenti e un po' di pratica: per esempio, lo studente C dovrà muoversi assai velocemente per ruotare attorno a B che, invece, dovrà camminare molto lentamente attorno ad A. Dopo alcuni giri, gli allievi prendono il giusto ritmo nella riproduzione del moto e lasciano traccia della traiettoria usando un piccolo zampillo d'acqua che bagna il terreno.

◂ **Figura 5.28** Il "modello vivente" della giostra Colazione da Papere

In questo contesto concreto, gli studenti riescono più facilmente a prevedere l'influenza di alcune grandezze fisiche sulla forma della traiettoria; per esempio, affermano con sicurezza che se la velocità dello studente C aumenta, allora aumenterà anche il numero dei cappi della curva disegnata sul suolo.

5.2.3 Le equazioni della traiettoria del moto

Partendo dallo schema seguito nel modello vivente, si propone, tramite un ragionamento guidato dal tutor, di passare da un'osservazione qualitativa e un po' approssimativa della traiettoria a una sua descrizione formale. Scelto un sistema di riferimento con origine nello studente A, vengono disegnati tre vettori, uno che collega A e B, uno che unisce B a C e infine il vettore risultante *AC*. Ragionando sulle ampiezze degli angoli formati dai vettori *AB* e *BC*, con la direzione orizzontale (Fig. 5.27), si determinano le componenti dei vettori *AB* e *BC* da cui si ottengono quelle del vettore *AC*, la cui punta descrive tutte le posizioni occupate da un persona seduta dentro una tazza. Esprimendo l'angolo coperto in funzione del tempo impiegato e della velocità angolare, si ottiene una descrizione della posizione del punto C al variare del tempo, data dalle equazioni parametriche della traiettoria:

$$x(t) = r_1 \cos(w_1 t) + r_2 \cos(w_1 t + w_2 t)$$
$$y(t) = r_1 sen(w_1 t) + r_2 sen(w_1 t + w_2 t)$$

La deduzione dettagliata di tali equazioni è riportata nel paragrafo 5.1.2.

Queste curve vengono presentate con il loro nome tecnico, epicicloidi e ipocicloidi, a seconda che le due rotazioni abbiano verso concorde o discorde rispettivamente. L'espressione analitica della traiettoria mette in evidenza il tipo di dipendenza dai parametri significativi della giostra: la curva, come previsto da vari studenti, è influenzata dalle dimensioni della piattaforma della giostra, della tazza e dalle rispettive velocità angolari.

5.2.4 Applicazioni delle curve ad altri contesti

Quando il tempo e la preparazione pregressa della classe lo permettono, lo schema del modello vivente viene utilizzato come spunto per presentare possibili applicazioni delle curve in esame ad altri contesti.

Alcune classi hanno già incontrato tali curve nello studio della fisica o dell'astronomia, per esempio, nella descrizione del moto della Luna attorno alla Terra rispetto al Sole.

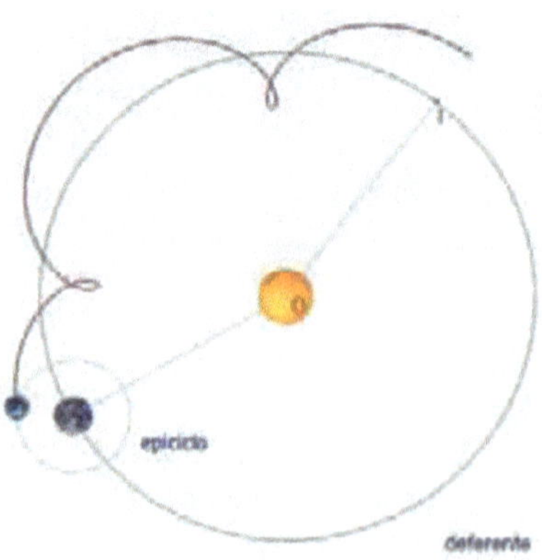

◂ **Figura 5.29** Epicicli del moto lunare nel sistema solare (sistema eliocentrico)

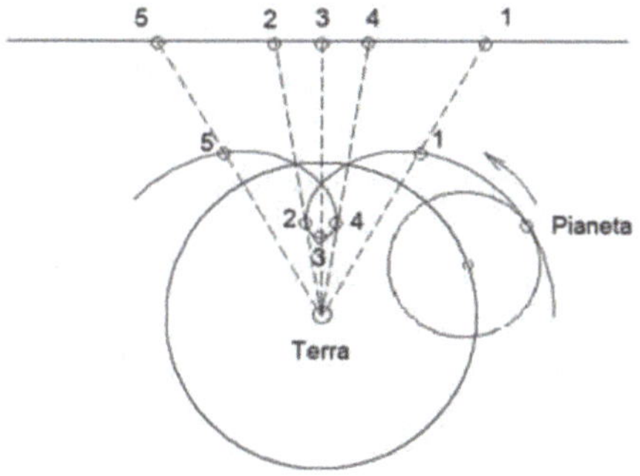

Figura 5.30 Moto planetario apparente: epicicli e moto retrogrado (sistema geocentrico)

Tali traiettorie, come già detto nel paragrafo 5.1.2, erano presenti nella rappresentazione del moto dei pianeti secondo il modello tolemaico, e spiegavano anche il loro moto retrogrado. Infatti (vedi Fig. 5.30), se si traccia un piccolo arco dell'epic cloide percors adal pianeta e ne si fa la proiezione con origine la Terra, il pianeta sembra andare avanti, poi tornare indietro e ripartire in avanti, riproducendo cos ìla visione da Terra del moto retrogrado.

5.2.5 Modello meccanico della giostra

Si torna all'analisi dettagliata della traiettoria del moto, per ottenere una ricostruzione precisa del suo grafico. Un primo strumento molto suggestivo per guidare gli alunni nello studio di tali curve è un modellino meccanico della giostra (Fig. 5.31). Si tratta di un meccanismo a bracci mobili, con pulegge e ruote dentate che riproduce il sistema epiciclo-deferente sopra descritto[4]. È stato ideato e realizzato appositamente per i percorsi di Matebilandia e, traendo spunto dal nome della giostra, è stato chiamato *paperografo*.

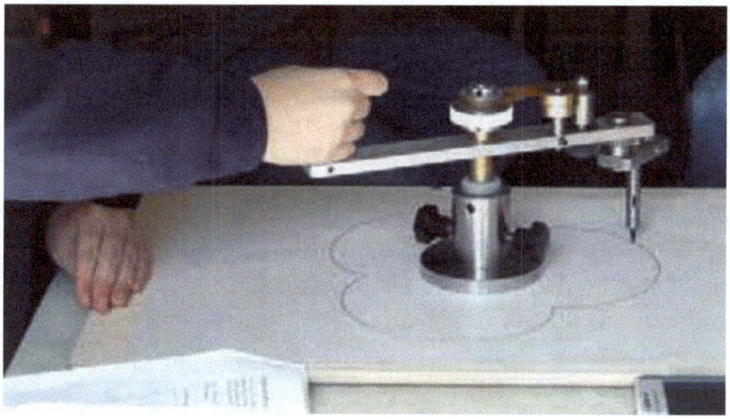

Figura 5.31 Il paperografo

[4] La spiegazione tecnica del modello si trova nel paragrafo 5.3.

Chiedendo agli studenti di descrivere il modello meccanico, emerge che molti di loro trovano abbastanza agevolmente le corrispondenze tra il braccio lungo del modello e il raggio della piattaforma della giostra, tra il braccio corto e il raggio della tazza e infine tra la posizione della penna e quella di una persona seduta dentro la tazza.

Quando si fa tracciare una curva con il modello, gli studenti rimangono in genere favorevolmente colpiti dalla pulizia del tratto e dalla perfetta chiusura della curva tracciata. La prima che si disegna è una curva con tre "petali", una sorta di trifoglio, in quanto il raggio piccolo compie tre rotazioni[5] in una rivoluzione del raggio grande. Questo rapporto, uno a tre, tra il numero dei giri della tazza e quelli della piattaforma coincide con il rapporto delle rispettive velocità angolari.

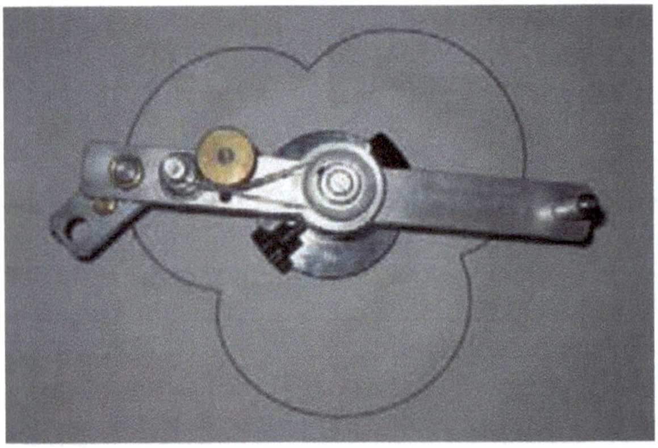

◂ **Figura 5.32** Un fiore a tre petali tracciato con il paperografo

Agli studenti viene poi chiesto di prevedere la forma della traiettoria al variare dell'assetto del modello meccanico, cominciando dall'immaginare il cambiamento della curva, se si aumenta la velocità angolare, con cui ruota la tazza. Per confermare o confutare le ipotesi avanzate, si cambia l'assetto del modello, utilizzando una combinazione di pulegge, che corrisponda a una maggiore velocità angolare della tazza rispetto a quella della piattaforma, per esempio ne lrapporto c inque a uno. Come molti allievi si aspettano, il numero di petali della curva aumenta e il modello meccanico traccia una curva a cinque petali, chiamata *ranuncoloide*, in quanto ricorda la forma del ranuncolo o del fiore di prugno, melo, albicocco, ciliegio, ecc. (Fig. 5.33).

[5] Coerentemente con quanto detto in precedenza, il *numero di rotazioni* si determina prendendo come sistema di riferimento quello solidale con la piattaforma rotante: indica cioè quante volte la penna si viene a trovare a distanza massima dal centro della piattaforma durante una rivoluzione completa. Se si prendesse, invece, un riferimento non solidale con la piattaforma, per esempio il foglio di carta, il numero di rotazioni sarebbe di un'unità più grande.

▲ **Figura 5.33** Un fiore a cinque petali tracciato con il paperografo; ranuncoli; fiori a cinque petali

Gli studenti devono, poi, provare a figurarsi come cambierà la curva, se aumentano le dimensioni della tazza della giostra. Si modifica nuovamente la configurazione del modello meccanico, spostando la penna in una posizione più lontana dal centro del braccio corto e si osserva che le dimensioni dei cappi e la dimensione massima dei petali aumentano (Fig. 5.34).

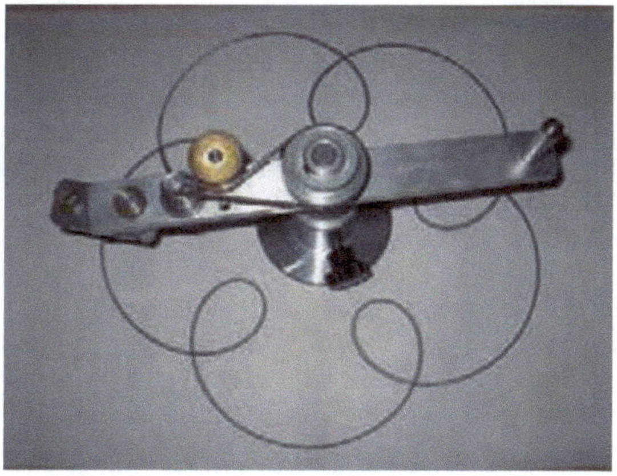

◂ **Figura 5.34** Figura tracciata inserendo il pennarello nell'alloggiamento esterno

È più difficile prevedere come varia la traiettoria, quando aumenta la dimensione della piattaforma. Il modello meccanico non è d'aiuto perché non è predisposto per realizzare un assetto di questo tipo e, allora, viene proposto uno strumento più flessibile, che permetta un'esplorazione rapida e completa di tutte le possibili situazioni.

5.2.6 Simulazione del moto della giostra con i palmari

Gli allievi, suddivisi in gruppi, lavorano con un palmare[6], seguendo un percorso guidato di esplorazione delle curve, aperto anche alle loro proposte e curiosità, che viene illustrato di seguito.

◂ **Figura 5.35** Palmare TI-Nspire™ CAS Handheld with Touchpad. Photo used with permission from TI. http://education.ti.com

Si utilizza un file già predisposto, contenente le equazioni parametriche della curva, ricavate in precedenza per via analitica.

Ai parametri della curva sono assegnati i valori reali della giostra (Fig.5.36):

- r_1: raggio della piattaforma = 2,38 m;
- r_2: raggio della tazza = 0,53 m;
- w_1: velocità angolare della piattaforma = 0,40 Hz;
- w_2: velocità angolare del volante della tazza = 2,0 Hz = 5 * w_1 .

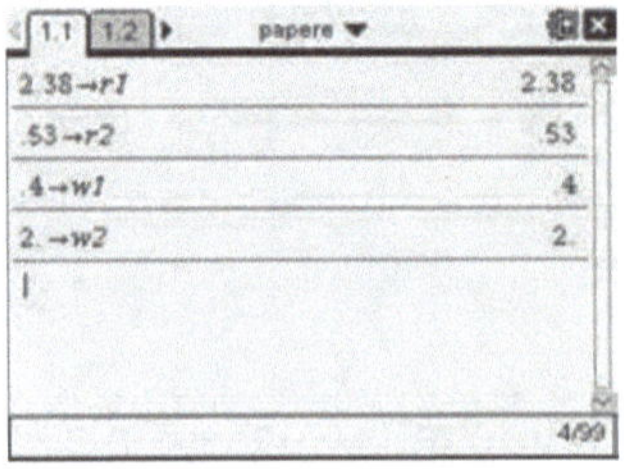

◂ **Figura 5.36** Inserimento dei parametri

[6] Si tratta del sistema TI-Nspire della Texas Instruments.

Gli studenti si servono di questa sorta di "fabbrica di curve", per osservare il grafico della curva descritta dalla giostra, al variare dei valori dei parametri significativi. Il caso iniziale è costituito proprio dal grafico della curva a cinque petali, ottenuta manualmente con il modello meccanico (Fig. 5.37).

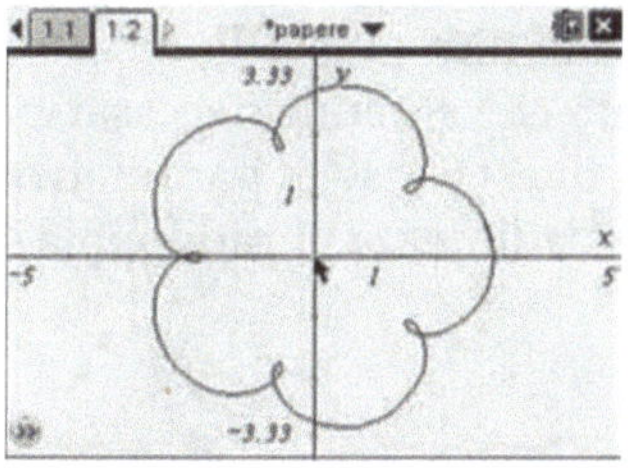

◂ **Figura 5.37** Curva a cinque petali tracciata con TI-Nspire

Si ripete il percorso di esplorazione svolto per il modello meccanico, ampliandolo con l'analisi dei casi, in cui questo non era efficace. In questa fase è importante la metodologia di lavoro: prima gli studenti formulano le previsioni sulle curve, poi rispondono ai quesiti sulle schede di lavoro e infine controllano le ipotesi, visualizzando il grafico sul palmare.

Per comprendere meglio l'influenza di ciascuna grandezza sulla traiettoria, se ne modifica il valore, una alla volta, secondo il metodo di lavoro "per variabili separate". Per esempio, raddoppiando il valore del raggio della tazza, si osserva, come già visto col modello meccanico, che il grafico mostra un aumento della dimensione dei cappi della curva (Fig. 5.38). Infatti, riferendosi a quando mostrato nel paragrafo 5.1.4., il parametro $(1+w)\ r_2 / r_1$, che rappresenta la "dimensione dei cappi", raddoppia al raddoppiare di r_2.

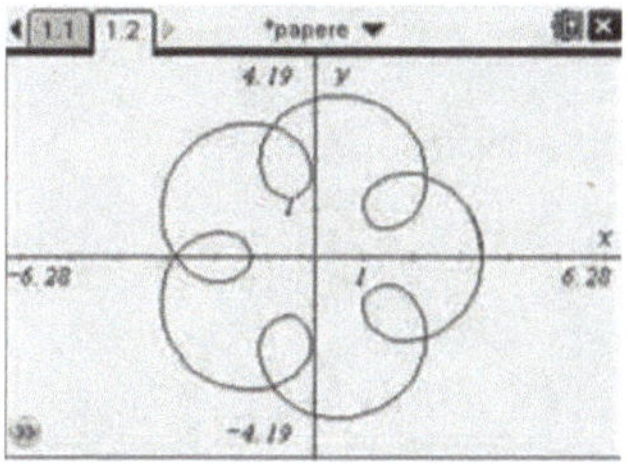

◂ **Figura 5.38** Curva a cinque petali con cappi più grandi

Raddoppiando invece w_2, raddoppia il numero dei petali (Fig. 5.39).

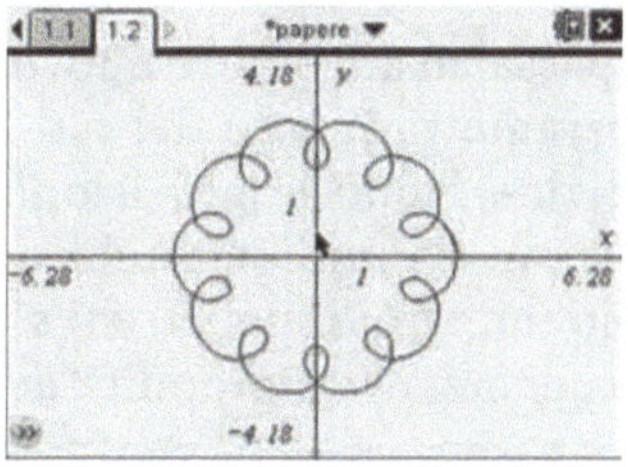

◂ **Figura 5.39** Curva a dieci petali

È molto apprezzato dagli studenti il fatto che, quando nell'ambiente algebrico del palmare si varia il valore di una grandezza, vengono aggiornati in modo automatico sia le equazioni sia il grafico della curva.

Una volta completata l'analisi delle grandezze r_2 e w_2 associate alla tazza, si procede prendendo in esame quelle legate alla piattaforma. Assegnando un valore doppio al raggio r_1 della piattaforma si nota che diminuisce la dimensione dei cappi, mentre aumenta quella del fiore, tanto che si rende necessario cambiare la scala del grafico (Fig. 5.40a, b). Anche in questo caso, il parametro $(1+w)\ r_2/r_1$, che rappresenta la "dimensione dei cappi", dimezza al raddoppiare di r_1, mentre il parametro di scala r_1 raddoppia.

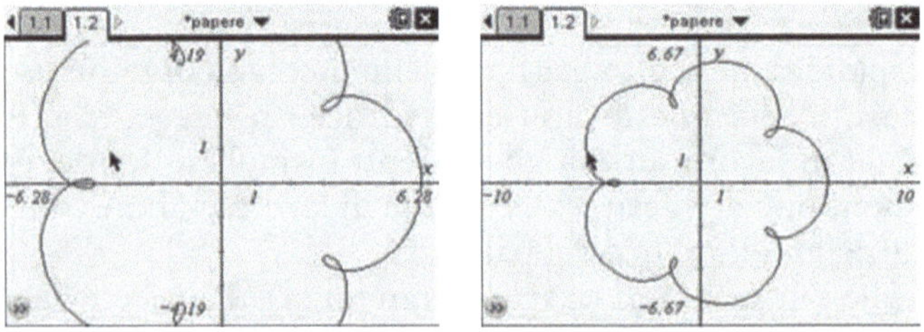

Figura 5.40
a Curva ottenuta raddoppiando il valore del raggio della piattaforma;
b riduzione della scala del grafico precedente

Nell'ultimo caso proposto, si può duplicare la velocità angolare della piattaforma e trovare, in modo inverso rispetto a prima, che si dimezza il numero di petali in uno stesso giro della giostra (Fig. 5.41), diventando pari a 2,5, e cioè 5 petali in 2 giri.

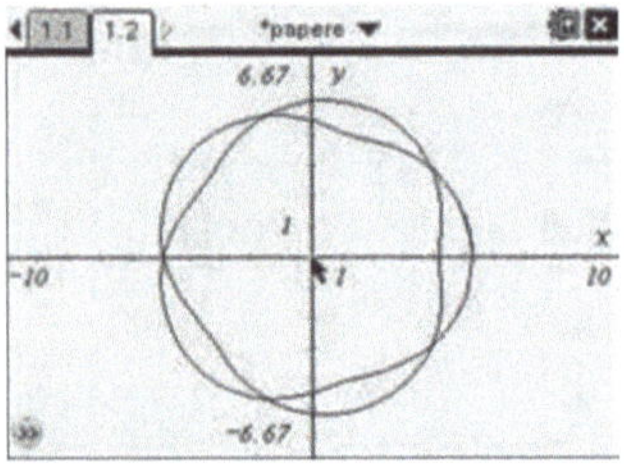

Figura 5.41 Curva ottenuta raddoppiando la velocità della piattaforma

Anche se i parametri liberi del sistema sono in realtà tre, si ritiene più intuitivo permettere agli allievi di agire su tutti e quattro i parametri fisico/geometrici del sistema.

Completata l'esplorazione a variabili separate, si passa ad affrontare nuove situazioni, come la variazione congiunta di tutti i parametri. Il caso del raddoppio di tutti i parametri contemporaneamente divide molto le previsioni degli studenti: c'è chi, per esempio, si aspetta che la curva sia immutata, chi si immagina una curva con dimensioni doppie e doppio numero di petali, chi si immagina, correttamente, una curva simile alla precedente, ma ingrandita di un fattore 2 (Fig. 5.42).

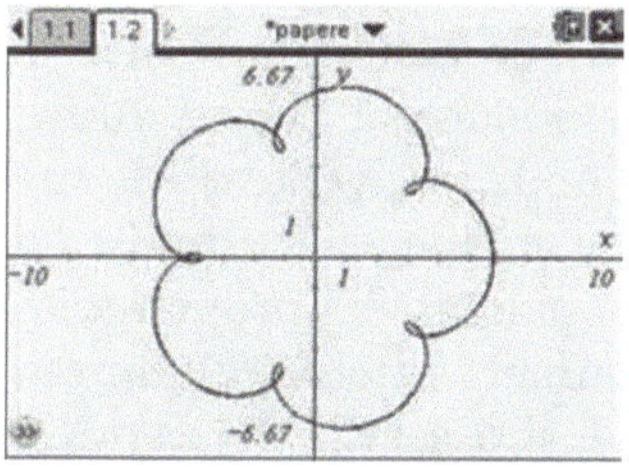

◂ **Figura 5.42** Nuova curva, ottenuta raddoppiando il valore di tutti i parametri

Se, infatti, si considerano nuovamente i parametri della terna di paragrafo 5.1.4, raddoppiano in questo caso r_1 e r_2, ma non w. Di conseguenza, il numero di petali [w] e la dimensione dei cappi, [$(1+w)r_2/r_1$], rimangono immutati; raddoppia soltanto il parametro di s cala [r_1].

Con i palmari, si può ottenere una risposta rapida anche a una eventuale domanda degli studenti: "Si può tracciare il grafico della curva anche nel caso in cui le rotazioni siano discordi?": è sufficiente mettere un segno negativo davanti a una delle due velocità angolari della giostra (quella della tazza o quella della piattaforma) per avere la risposta (Fig. 5.43).

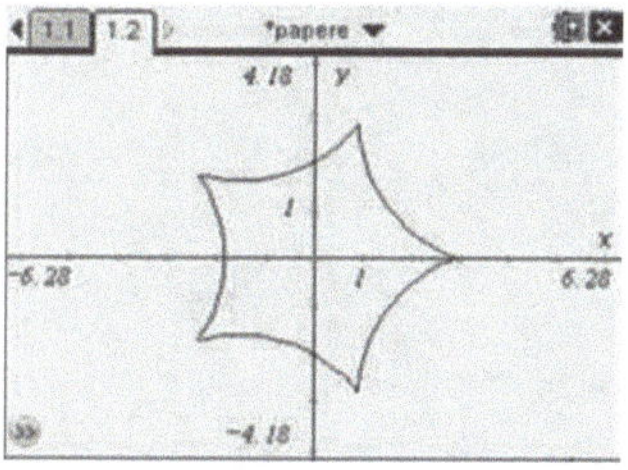

◂ **Figura 5.43** Curva ottenuta impostando i versi di rotazione discordi

Il risultato, gradevole dal punto di vista estetico, anche in questo caso ricorda alcune forme presenti nella realtà che ci circonda; richiama alla mente, per esempio, il contorno di una stella marina (Fig. 5.44).

◂ **Figura 5.44** Stella marina

Un altro problema, che si può affrontare, è relativo alle condizioni sotto le quali la traiettoria si chiude o rimane aperta; per ragionare su questo nuovo quesito, ci si può riferire alla giostra stessa o al suo modello vivente o alle sue simulazioni, meccanica e informatica. Gli alunni nuovamente sono stimolati a fare le loro previsioni e a verificarle, con l'ausilio del palmare. Si propongono casi, in cui il rapporto delle velocità angolari[7] è un numero intero, un numero razionale e un numero irrazionale rispettivamente, e si osserva la traiettoria ottenuta in ciascuna di queste situazioni. Quando il rapporto è un numero intero *k*, la curva è composta da *k* petali e si chiude in un solo giro della giostra. Se invece il rapporto delle velocità è un numero razionale *m/n* (ridotto ai minimi termini), la curva possiede *m* petali e si chiude in *n* giri della piattaforma. Infine, quando il rapporto delle velocità è un numero irrazionale, la traiettoria non si chiude, rimane aperta e, se si visualizza un numero sufficientemente alto di rivoluzioni, le curve tracciate sullo schermo del palmare "riempiono", per così dire, una corona circolare (con raggio interno pari alla differenza fra i raggi della piattaforma e della tazza e con raggio esterno pari alla somma dei due raggi). Nelle tre figure, sono mostrate alcune "istantanee" della stessa curva aperta ($w_1=2$, $w_2=8\sqrt{2}$) al crescere del numero di giri della piattaforma (Fig. 5.45a, $t<3{,}4$; Fig. 5.45b, $t<16$; Fig. 5.45c, $t<60$).

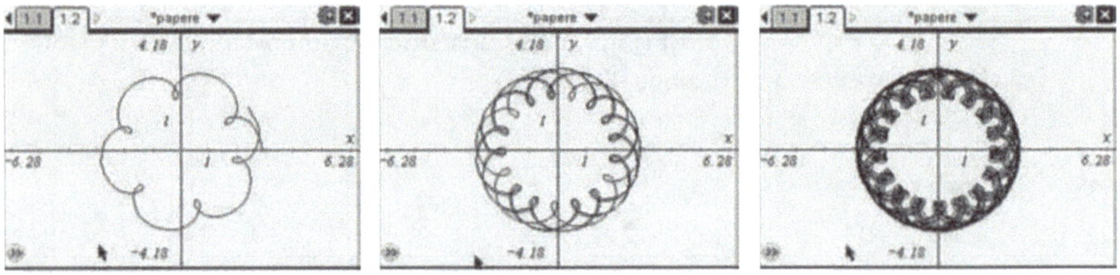

▲ **Figura 5.45 a, b, c** Istantanee successive durante la costruzione di una traiettoria aperta

◂ **Figura 5.46** Spirografo

---

[7] Il rapporto tra la velocità angolare della tazza e quella della piattaforma.

5.2.7 Un gioco didattico: lo spirografo

Al termine dell'attività, viene presentato lo spirografo, un gioco didattico che disegna lo stesso tipo di curve della giostra e che si basa sul rotolamento di una circonferenza su un'altra circonferenza; l'equivalenza tra le curve ottenute dai due modelli (quello "a rotolamento" e quello "epiciclo-deferente") è riportata nel paragrafo 5.1.4.

Nel primo assetto dello spirografo, si fa rotolare una circonferenza mobile all'interno di una circonferenza fissa. All'interno di quella mobile sono presenti dei fori in cui si colloca una penna che, durante il movimento, lascia traccia della traiettoria seguita. È necessaria una certa manualità per mantenere il contatto tra le due circonferenze, con contorno dentato, ma il disegno ottenuto è esteticamente molto gradevole.

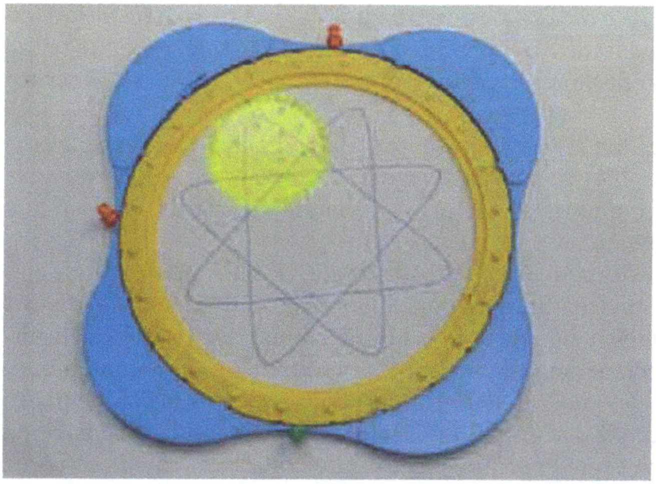

◂ **Figura 5.47** Corona e ruota dentata dello spirografo

La curva tracciata è un'ipocicloide, in quanto la circonferenza mobile compie una rotazione, attorno al proprio centro, di verso discorde rispetto alla sua rivoluzione attorno al centro della circonferenza fissa.

Nel secondo assetto dello spirografo si fa rotolare una circonferenza mobile all'esterno di una fissa; la curva tracciata risulta essere un'epicicloide, poiché la circonferenza mobile compie una rotazione concorde rispetto alla sua rivoluzione.

Vi sono anche spirografi "virtuali", disponibili su Internet con cui è possibile tracciare numerosissime curve, avendo un'ulteriore libertà di scelta dei parametri; alcuni di questi disegni "artistici" vengono mostrati agli allievi.

Per concludere, si mostrano agli studenti alcune fotografie di curve somiglianti a quelle trattate, presenti nella realtà che ci circonda, sempre allo scopo di rivedere, con "occhi matematici", oggetti e forme, che fanno parte della nostra vita quotidiana.

▲ **Figura 5.48** Epicicloidi nella realtà

5.2.8 La modellizzazione di "Colazione da Papere" e il percorso didattico

Viene data una possibile lettura del percorso didattico, ripercorrendo le tappe caratteristiche del ciclo di modellizzazione proposto da Blum-Leiss, descritte nel capitolo 1.

Si parte dalla situazione reale rappresentata dalla giostra, che si vuole esaminare, e si fissano gli obiettivi da raggiungere: descrivere gli elementi significativi dell'attrazione e analizzare la forma della traiettoria di una persona salita a bordo della stessa.

Si opera una semplificazione della giostra reale, trascurando tutti gli elementi non essenziali e mettendo in evidenza la presenza di due moti rotatori che si combinano. In questo, ha un ruolo la simulazione "vivente", che consente di evidenziare e tracciare dei grafici approssimativi del movimento. In questa prima ricostruzione elementare, gli studenti devono lavorare su due piani: quello teorico, cercando di disegnare uno schema grafico con la disposizione degli elementi coinvolti, e quello pratico, superando concretamente i tanti problemi incontrati nel muoversi in maniera "vincolata". Anche il paperografo, nel suo primo utilizzo come semplice tracciatore di curve, permette di costruire un modello reale su cui gli studenti possono lavorare. Inoltre, esso stesso, per come è costruito e per l'analogia del suo movimento con quello della giostra, costituisce un oggetto reale da esplorare.

L'analisi della struttura e del funzionamento del paperografo è utile per passare da questo (una giostra "spogliata"), alla sua modellizzazione geometrica. Si considerano quindi due circonferenze: quella principale, avente centro nel centro della piattaforma e raggio, che termina nel centro della tazza (deferente), e quella secondaria, avente centro nel centro della tazza e raggio, che termina nella persona seduta al suo interno (epiciclo).

L'inserimento di un sistema di riferimento cartesiano permette di passare dalla descrizione in termini fisici del moto della persona a quella in termini matematici: si ricavano ed esaminano le equazioni cartesiane della curva tracciata dalla persona seduta nella tazza, al variare del tempo. In questa esplorazione lo strumento dei palmari gioca il ruolo principale. Le curve trovate, grazie al deferente e all'epiciclo, che costituiscono il modello matematico della giostra, possono venire chiamate epicicloidi – ipocicloidi, grazie all'assimilazione di tali traiettorie con quelle ottenute nel rotolamento di una circonferenza mobile su una circonferenza fissa, come viene mostrato utilizzando lo spirografo. Le equazioni analitiche della curva permettono di dedurre in quale modo i parametri significativi della giostra influenzano la traiettoria, e tale influenza risulta ancora più evidente, modificando i parametri del paperografo, durante l'esplorazione di tale macchina. Infatti, l'esplorazione delle curve, in relazione alle grandezze significative, eseguita con la macchina, fornisce risultati identici a quelli ottenuti con l'esplorazione dell'equazione matematica delle curve, ma risulta sicuramente molto più immediata e comprensibile agli studenti.

Il paperografo rappresenta una miniatura della giostra con le sue stesse proporzioni e, come detto, costituisce quindi anche il modello reale, su cui testare la bontà interpretativa del modello matematico adottato, in quanto il tipo di traiettorie disegnate dalla macchina rispecchia sia il grafico tracciato con i palmari, attraverso le equazioni analitiche della curva, sia quello "abbozzato" a terra durante il modello vivente, sia quello percepito "visivamente" osservando la giostra in movimento.

5.3 Macchine matematiche utilizzate

Nel senso più ampio possibile, le macchine matematiche della giostra Colazione da Papere sono strumenti con cui gli studenti possono interagire e che svolgono la funzione di veicolo di significati matematici nei confronti dello studente stesso: il paperografo, lo spirografo, lo stesso modello vivente e le calcolatrici grafiche. Anche la giostra stessa è, a suo modo, una macchina matematica e la si potrebbe definire *macro-macchina* in quanto lo studente può entrarvi all'interno. Essa, inoltre, incorpora sapere matematico, ed è in grado di trasmetterlo a chi intende coglierlo. Nel passare attraverso tale macro-macchina, che in questo caso *costituisce* la situazione da modellizzare, al fine di giungere alla concettualizzazione puramente matematica di *epicicloide*, le *micro-macchine* (paperografo, calcolatrici grafiche) rappresentano un'importante e, a volte, imprescindibile tappa intermedia. La *riproduzione* in piccolo della macro-macchina, cioè la costruzione di una micro-macchina che, tramite un meccanismo assimilabile a quello della giostra, si comporti da "tracciatore di epicicloidi", permette di potersene impadronire, esplorare e gestire con consapevolezza. Il paperografo[8], per esempio, può svolgere questa funzione.

[8] Esistono in commercio, o disponibili attraverso Internet, diverse macchine o software in grado di riprodurre moti epicicloidali: alcune sono descritte nel seguito di questo capitolo e nel paragrafo 6.3.

Tale macchina è stata costruita appositamente per questi percorsi didattici ed è "uguale" alla giostra Colazione da Papere, in quanto alcune delle sue parti possono essere messe in corrispondenza a parti rilevanti della giostra, almeno per l'aspetto visibile e fenomenico. Non si pretende, naturalmente, almeno in questo contesto, che i meccanismi ricostruiti in scala "simulino" quelli veri, che, anzi, sono nascosti[9]. Per scopi didattici è bene, anzi, che essi siano semplificati al massimo, per poter essere compresi, se non a colpo d'occhio, almeno dopo breve analisi (per poi essere magari "dimenticati", permettendo così al discente un'attenzione focalizzata sul fenomeno studiato). Per fare un esempio: nel caso del paperografo, macchina costruita *a scopo didattico*, si trovano un certo numero di ruote dentate (come si vede in Fig. 5.50), di cui si può osservare il funzionamento, ma che poi possono essere ignorate, notando semplicemente che esse permettono alle singole parti di riprodurre moti del tutto simili a quelli dei vari elementi della giostra. È su tali moti che si concentrerà poi l'attenzione degli studenti.

Se dunque si vuole esplorare una macchina, per capire "come" essa produca quei moti (*che cosa fa la m acchina*), si deve scendere nel dettaglio dei meccanismi, che la costituiscono (*come è fatta la macchina*). Ciò viene fatto nel prossimo paragrafo per quanto riguarda due macchine: paperografo e spirografo. Si termina, poi, con un confronto tra tali macchine e alcune note sulle loro relazioni con le equazioni delle epicicloidi.

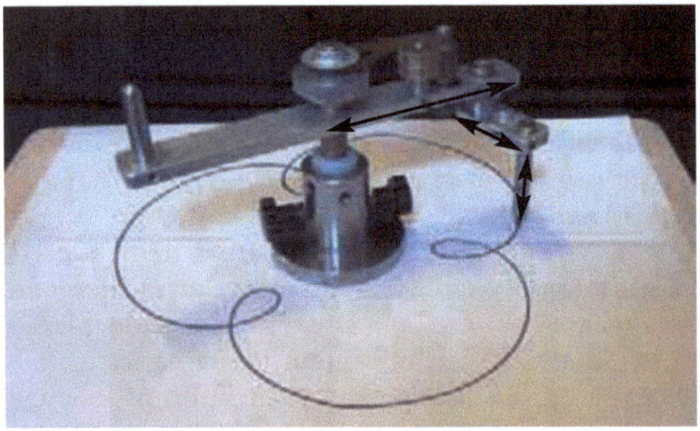

Figura 5.49
Il paperografo: sono evidenziati il braccio maggiore, il braccio minore e il pennarello

5.3.1 Paperografo

Come si vede dalla figura, il paperografo, modello meccanico che ricostruisce il moto della giostra Colazione da papere, è costituito da un certo numero di aste e ingranaggi. Si notano innanzitutto tre elementi:

---

[9] Il nascondimento dei meccanismi fa proprio parte del "gioco" di un parco dei divertimenti, mentre il suo svelamento fa parte di un "gioco" ingegneristico o, come qui, matematico.

- il braccio grande, che ruota attorno al perno centrale, rappresenta il moto del deferente, quindi il moto di rivoluzione della tazza attorno al centro della giostra;
- il braccio piccolo fa da epiciclo e rappresenta il moto di rotazione della tazza attorno al proprio asse;
- il pennarello, che traccia la curva sul foglio, simula la persona appoggiata allo schienale della tazza.

Guardando in dettaglio, si nota che la presenza di una base circolare B (vedi Fig. 5.50), fissata su un supporto rigido, su cui poggia il tutto: al centro di tale base è inserito un perno, attorno al quale ruota liberamente un'asta orizzontale A, che può venire spinta manualmente tramite manopola (1). In corrispondenza del perno centrale e a esso rigidamente vincolata, vi è una coppia di ruote dentate concentriche, disposte ad altezza diversa, una (quella inferiore) di diametro maggiore (2), e una di diametro minore. A ciascuna di esse può essere agganciata una cinghia dentata (3) (tenuta in tensione da un tendicinghia (4)), che muove una seconda ruota dentata più piccola (5), di diametro opportuno[10]. Il movimento della ruota piccola viene trasmesso all'asta C con pennarello (7) tramite un apposito inversore di moto (6), ovvero una coppia di ruote dentate con lo stesso raggio e ruotanti in senso opposto. È presente un ulteriore possibile alloggiamento (8) per il pennarello, più distante dal perno.

◂ **Figura 5.50** Struttura del paperografo

Per comprendere più agevolmente il moto prodotto da questa macchina, è sufficiente pensarla con l'asta maggiore ferma (per esempio, nella posizione in figura) e far muovere idealmente la base, il perno centrale e la ruota dentata (2) solidale con esso (per esempio, in senso orario) e gli ingranaggi a essa col-

[10]La scelta di cinghia e ruote dentate serve a evitare problemi di trascinamento.

legati: il moto del pignone centrale viene trasmesso in verso opposto (dunque antiorario) all'asta minore e al pennarello, con una velocità dipendente dal rapporto tra i raggi delle due ruote dentate (2 e 5). Il pennarello, in questo modo, traccia semplicemente delle piccole circonferenze. Se a questo punto la base viene fissata ed è invece l'asta principale a muoversi (in senso antiorario, se si vuole mantenere coerenza con la prova precedente), il moto del pennarello risulterà essere la composizione di due moti circolari di diametro e velocità diverse, ma dello stesso verso (antiorario).

Il collegamento con il moto della giostra, a questo punto, dovrebbe risultare evidente.

Le due ruote dentate fissate al pignone centrale, hanno rispettivamente 36 e 60 denti (proporzionalmente al loro diametro) e possono essere combinate con i 12 denti della puleggia secondaria laterale, abbassando o alzando la posizione della cinghia di trasmissione. In tal modo è possibile modificare il rapporto tra il numero di giri dell'asta maggiore e quello dell'asta minore.

È anche possibile modificare il raggio dell'asta minore (spostando il pennarello nel secondo foro), mentre il raggio dell'asta maggiore rimane fisso. Per superare questo limite, ci si potrà avvalere della simulazione attraverso le calcolatrici grafiche.

Per comodità e per un riferimento più esplicito alla giostra che vuole simulare, anche per il modello meccanico si può parlare di *velocità angolare* (w) dell'asta maggiore (*l'analogo della piattaforma della giostra*) e dell'asta minore (*tazza delle papere*), ben sapendo che, a differenza della giostra, la velocità del moto de ldeferente (asta maggiore) non è f issata, e quello che realmente importa per tracciare una determinata f igura è comunque solo il *rapporto* tra le due velocità angolari[11].

Tale rapporto è dato dal reciproco del rapporto dei raggi delle pulegge usate nella macchina. Infatti la velocità tangenziale della cinghia è identica in tutti i punti quindi: $v_Q = v_L$ da cui $w_p \cdot r_p = w_g \cdot r_g$ dove il pedice p indica la puleggia piccola pp mentre il pedice g indica la puleggia grande pg.

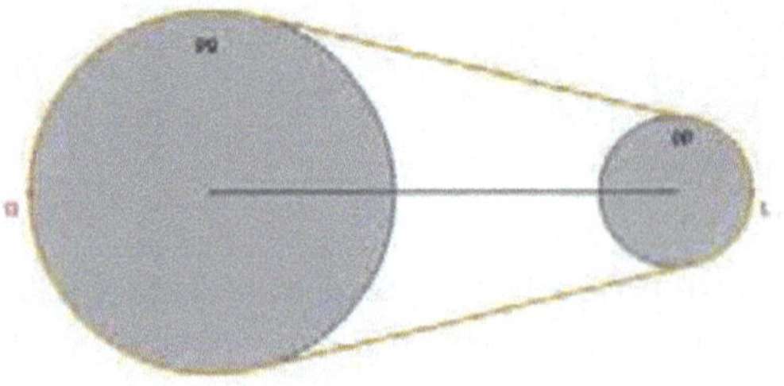

Figura 5.51 Schema delle pulegge e della cinghia di trasmissione

[11] Per una dimostrazione si veda il paragrafo 5.1.

Quindi

$$\frac{w_p}{w_g} = \frac{r_g}{r_p};$$

ciò significa che il rapporto dei raggi delle pulegge decide proprio il rapporto delle velocità angolari delle pulegge, le quali trasmettono tale velocità al braccio grande (piattaforma della giostra) e al braccio piccolo (tazza) della macchina. Il raggio di ciascuna puleggia è poi direttamente proporzionale al suo numero di denti; in definitiva (se chiamiamo f_p e f_g le frequenze di rotazione delle pulegge), possiamo riassumere così:

$$\frac{\text{N°giri tazza}}{\text{N°giri piattaforma}} = \frac{f_p}{f_g} = \frac{w_p}{w_g} = \frac{\text{raggio}_g}{\text{raggio}_p} = \frac{\text{N°denti}_g}{\text{N°denti}_p}.$$

I cosiddetti "parametri" di questo modello meccanico sono:

- r_1 = raggio della circonferenza *deferente* – valore (fisso): 11,2 cm;
- r_2 = raggio della circonferenza *epiciclo* – valori possibili: 2,5 cm e 4,5 cm;
- w_1 = velocità angolare del deferente;
- w_2 = velocità angolare dell'epiciclo.

Le dimensioni dei bracci del paperografo sono una riproduzione in scala di quelle dei raggi delle piattaforme della giostra.

Vediamo ora in dettaglio le curve, che questo modello meccanico permette di tracciare.

Primo assetto del modello meccanico:

- combinazione di pulegge con 12 e 36 denti rispettivamente (il rapporto dei raggi de le pulegge – o anche il reciproco del rapporto delle velocità angolari – è di 1 a 3);
- la penna è collocata nel foro con raggio minore.

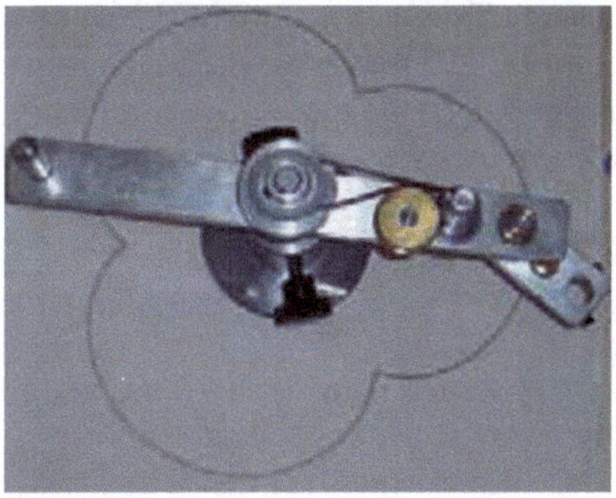

La curva tracciata dalla macchina è una sorta di trifoglio (Fig. 5.52). Essendo il rapporto dei raggi delle pulegge pari a 1/3, risultano tre rotazioni del raggio piccolo durante una rotazione completa del raggio grande[12].

◂ **Figura 5.52** Primo assetto del paperografo

[12] $[r_1; r_2; w] = [\ 11{,}2; 2{,}5; 3\ ]$; $[a; b; h] = [\ 8{,}4; 2{,}8; 2{,}5\ ]$; $[a/b; h/b; a+b] = [\ 3; 0{,}89; 11{,}2\ ]$.

Secondo assetto del modello meccanico:

- combinazione di pulegge con 12 e 36 denti rispettivamente (rapporto dei raggi delle pulegge: 1 a 3);
- la penna è collocata nel foro con raggio maggiore.

La curva tracciata dalla macchina è quella di Fig. 5.53. Essendo il rapporto dei raggi delle pulegge sempre 1/3, si ottiene ancora una curva che ha tre petali, ma questa volta sono presenti cappi molto evidenti. Inoltre le dimensioni della figura (misurate, per esempio, come distanza media dal centro) sono rimaste uguali, dal momento che agire su r_2 significa lasciare immutata la scala della figura, determinata, invece, da r_1[13].

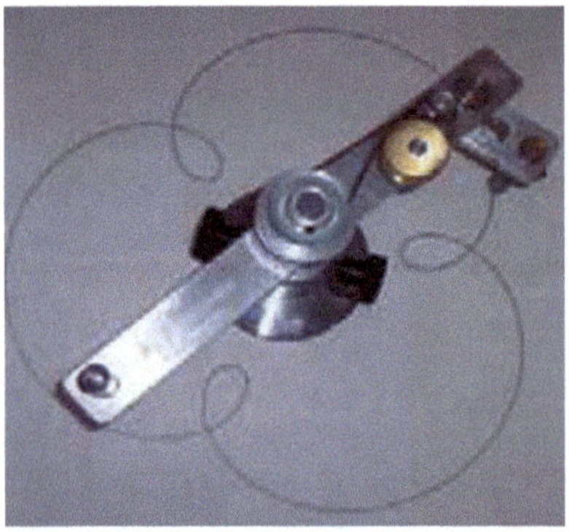

Figura 5.53 Secondo assetto del paperografo

Terzo assetto del modello meccanico:

- combinazione di pulegge con 12 e 60 denti rispettivamente (rapporto dei raggi delle pulegge: 1 a 5);
- la penna è collocata nel foro con raggio minore.

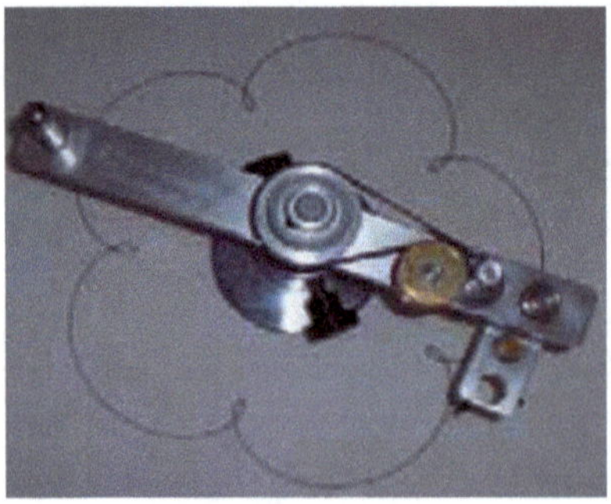

La curva tracciata dalla macchina è quella di Fig. 5.54. Tale curva, anche chiamata ranuncoloide, ha 5 petali, essendo il rapporto dei raggi delle pulegge 1/5. Le dimensioni sono come negli assetti precedenti[14].

Figura 5.54 Terzo assetto del paperografo

---

[13] $[r_1; r_2; w] = [\,11{,}2; 4{,}5; 3]$; $[a; b; h] = [\,8{,}4; 2{,}8; 4{,}5\,]$; $[a/b; h/b; a+b] = [3; 1{,}61; 11{,}2\,]$.

[14] $[r_1; r_2; w] = [\,11{,}2; 2{,}5; 5]$; $[a; b; h] = [\,9{,}33; 1{,}87; 2{,}5\,]$; $[a/b; h/b; a+b] = [5; 1{,}34; 11{,}2\,]$.

Quarto assetto del modello meccanico:
- combinazione di pulegge con 12 e 60 denti rispettivamente (rapporto 1 a 5);
- la penna è collocata nel foro con raggio maggiore.

La curva tracciata dalla macchina è in Fig. 5.55. Essendo il rapporto dei denti delle pulegge sempre 1/5, si ottiene una curva con cinque petali, ma con cappi di dimensioni maggiori[15].

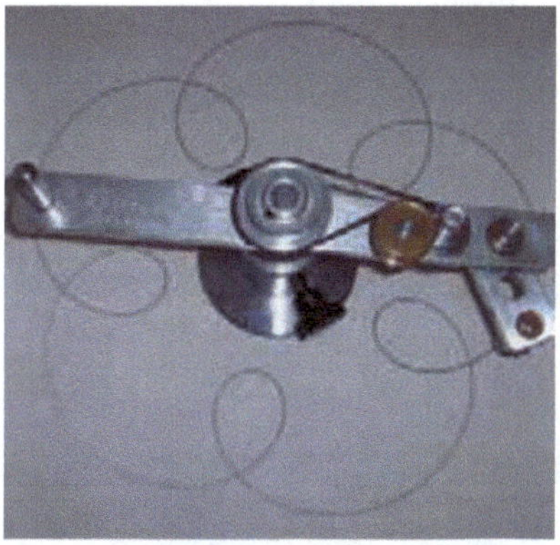

Figura 5.55 Quarto assetto del paperografo

Si può, inoltre, notare come il senso di rotazione del braccio minore sia concorde con quello del braccio maggiore, dando origine a petali rivolti all'esterno, e cappi (quando presenti) rivolti verso l'interno. Il paperografo può, quindi, disegnare solamente epicicloidi.

Un'ultima osservazione: nel modello meccanico i raggi della tazza e della piattaforma della giostra non influenzano la *chiusura* della curva ma solo la *forma* dei cappi. A decidere la chiusura della curva sono i numeri di giri, che compiono la tazza e la piattaforma nell'unità di tempo, cioè le frequenze di rotazione (che sono legate ai raggi delle pulegge, come visto prima), il cui rapporto, in questa macchina, è sempre un numero razionale (1/3 o 1/5). Ciò comporta che la curva tracciata risulti s empre chius a

5.3.2 Spirografo

Un altro modo di disegnare epicicloidi e ipocicloidi lo si ottiene tramite una seconda macchina che riproduce un moto diverso da quello della giostra Colazione da papere, ma comunque a esso assimilabile. Si tratta di un gioco, che si è diffuso a partire dagli anni '70: lo *spirografo*. È formato da due ruote dentate: una fissa e una che rotola senza strisciare su quella fissa; il contatto è man-

[15] $[r_1; r_2; w] = [\ 11{,}2; 4{,}5; 5]$; $[a; b; h] = [\ 9{,}33; 1{,}87; 4{,}5\ ]$; $[a/b; h/b; a+b] = [5; 2{,}41; 11{,}2\ ]$.

tenuto grazie al bordo dentato. La penna viene inserita in uno dei numerosi fori della ruota che rotola e traccia una curva sul foglio di carta posto sotto.

Generalmente, viene venduto provvisto di un set di ruote dentate di varie misure, e a volte di varie forme: si prenderanno qui in considerazione solo forme circolari.

Intuitivamente è abbastanza facile capire come il funzionamento dello spirografo sia assimilabile a quello *epiciclo-deferente* della giostra o del precedente modello meccanico: si tratta pur sempre di una composizione di moti circolari. L'assimilazione tra i due moti è stata discussa nel paragrafo 5.1.

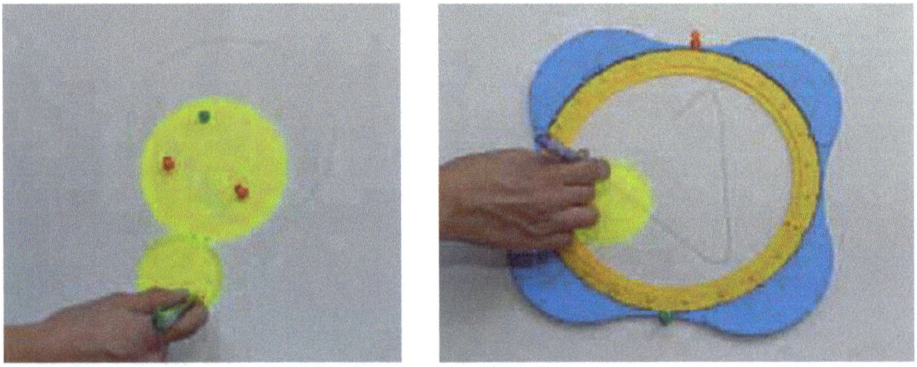

▲ **Figura 5.56** Spirografo: **a** rotolamento esterno (una ruota attorno a un'altra ruota); **b** rotolamento interno (una ruota all'interno della "corona")

Vi sono, in genere, due modalità di utilizzare uno spirografo: facendo rotolare una ruota all'esterno di un'altra (e generando così *epi*cicloidi, poiché i moti di rotazione e rivoluzione sono concordi), oppure all'interno di una particolare ruota, dentata internamente, chiamata in gergo "tecnico" *corona* (e generando così *ipo*cicloidi, dal momento che le rotazioni sono discordi). Attraverso le varie combinazioni di raggi delle ruote si possono ottenere svariate figure.

Nelle ruote mobili ci sono dei forellini, che partono da una posizione vicina al bordo della circonferenza e arrivano vicino al centro della ruota (in genere sono disposti a spirale). Più il foro si avvicina al centro della ruota, più la curva assomiglia a una circonferenza, diventando esattamente una circonferenza, quando il foro si trova al centro. In questo modo, lo spettro di figure tracciabili è molto ampio, comprendendo svariate epi- e ipocicloidi *contratte*.

La chiusura della curva dipende dal rapporto dei raggi delle circonferenze considerate, che corrisponde anche al rapporto del numero dei denti delle circonferenze stesse. Siccome il numero di denti di una ruota o di un ingranaggio è un parametro, che varia in uno spettro *discreto*, il rapporto tra i numeri dei denti risulta essere sempre un numero razionale, come nel caso del paperografo, e tutte le curve tracciate si chiudono[16].

Esistono anche spirografi *virtuali*, versioni digitali (simulazioni via software) di quelli manuali. Sono analoghi alle simulazioni fatte con le calcolatrici grafiche, ma i parametri modificabili sono relativi al rotolamento di due ruote dentate. Si possono, quindi, scegliere a piacere i raggi della ruota fissa e di quella rotante e anche la distanza della penna dal centro della ruota mobile, che in questo caso può anche essere maggiore o uguale al raggio stesso della ruota (vedi Fig. 5.57). Nello spirografo manuale ciò, evidentemente, è impossibile. Questo fatto comporta che con lo strumento manuale non si possano ottenere cappi, cioè epi- o ipo-cicloiodi *estese*, perché la penna non può mai oltrepassare il bordo della circonferenza fissa, quindi il moto non è mai retrogrado, anzi la velocità tangenziale è in tutti i punti strettamente positiva.

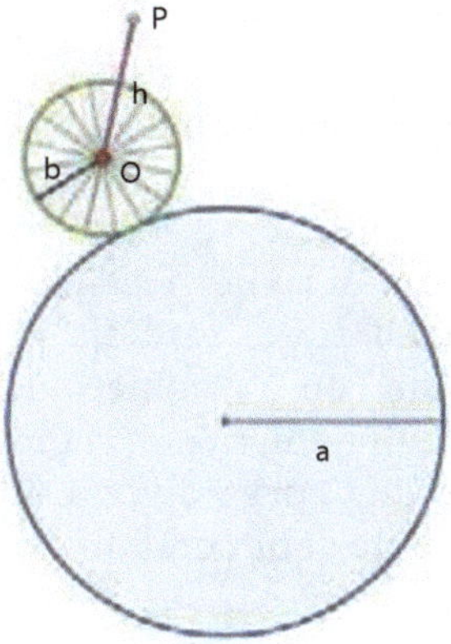

▲ **Figura 5.57** Spirografo virtuale con h > b

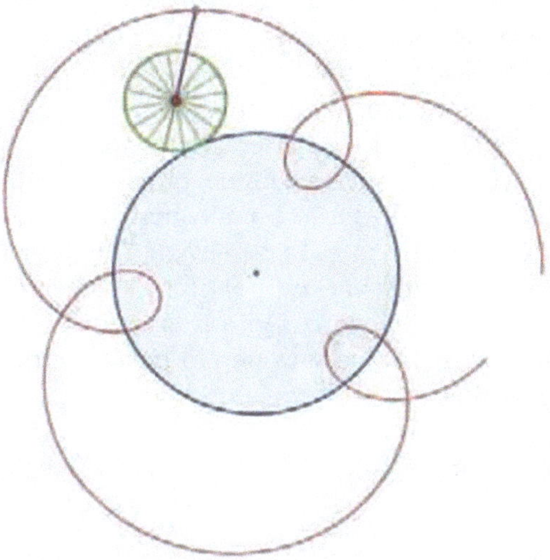

▲ **Figura 5.58** Epicicloide estesa tracciata dallo spirografo virtuale della figura precedente

In sintesi, i parametri caratteristici dello spirografo sono i seguenti:

- a = misura del raggio della circonferenza fissa;
- b = misura del raggio della circonferenza che rotola;
- h = misura del segmento OP, con O centro della circonferenza che rotola e P posizione della penna (che traccia la curva). Come detto h è necessariamente minore di b nello spirografo manuale.

---

[16] Viceversa, nel modello epiciclo-deferente realizzato con il palmare i vari parametri (raggio, velocità) possono variare in uno spettro *continuo*, e se i rapporti tra queste grandezze sono irrazionali le traiettorie risulteranno aperte.

Il numero dei denti di ciascuna ruota è in relazione al raggio della ruota (essendo essi proporzionali: $2r = \text{numero}_{\text{denti}} \cdot \text{larghezza}_{\text{dente}}$); quindi il rapporto dei raggi delle ruote utilizzate nello spirografo è uguale al rapporto tra il numero di denti delle stesse (ed è uguale al reciproco del rapporto del numero di giri delle ruote).

$$\frac{\text{raggio ruota fissa}}{\text{raggio ruota mobile}} = \frac{\text{n°denti ruota fissa}}{\text{n°denti ruota mobile}} = \frac{\text{n°giri ruota mobile}}{\text{n°giri ruota fissa}} = \frac{\text{n°petali o punte}}{\text{n° rivoluzioni}} .$$

Una volta ridotta la frazione ai minimi termini, il numeratore ci fornisce il numero degli apici (petali o punte) della curva, mentre il denominatore ci fornisce il numero di giri/rivoluzioni sulla circonferenza fissa, che vengono compiuti prima che la penna torni al punto di partenza. Questo numero è chiamato periodo. Si possono, per esempio, mostrare il numero di rivoluzioni sulla circonferenza fissa e di rotazioni della circonferenza mobile, usando un puntino disegnato su un dentino di ciascuna delle due ruote e contando dopo quanti giri combaceranno nuovamente.

Ci si può poi chiedere, dato un particolare spirografo, dotato di un certo numero di rotelline dentate, quante possibili combinazioni di ruote vi siano, e quanti tipi di curve (con riguardo al numero dei petali/punte) esso sia in grado di tracciare. In genere, le rotelline vengono fornite con un numero di denti tale che i vari rapporti, che si possono formare tra tali numeri, non siano equivalenti tra loro. Quindi ciascun rapporto produce una curva diversa. Il totale delle curve sarà perciò pari al numero delle combinazioni possibili tra le rotelle[17].

[17] Nel paragrafo 6.3 vengono notevolmente approfondite le caratteristiche e le possibilità di utilizzo degli spirografi attraverso una serie di proposte di possibili attività.

Capitolo 6
Laboratorio di matematica relativo alle attrazioni, con applicazioni informatiche

Questo capitolo raccoglie materiali di varia natura: in alcuni casi si tratta di studi più approfonditi, volti a comprenderne meglio le applicazioni; in altri, di materiali elaborati per la curiosità di affrontare nuove tematiche. I fili conduttori sono comunque l'attività svolta al parco e la metodologia laboratoriale scelta per tutte le applicazioni.

Una delle idee fondamentali di Matebilandia, infatti, è quella secondo cui il progetto non si esaurisce al termine della giornata, che gli studenti trascorrono al parco a studiare le curve matematiche individuate; una volta tornati a scuola, l'insegnante può guidare una discussione sulle curve esaminate e prendere spunto dagli stimoli gettati al parco, per definire un percorso didattico che assecondi le esigenze legate alla propria programmazione didattica e alle abilità degli studenti.

Ciascun insegnante può utilizzare il materiale come ritiene più opportuno:

- prendere spunto per introdurre nuovi argomenti del *curriculum* in modo diverso;
- approfondire argomenti già affrontati a Mirabilandia;
- trattare argomenti che non si affronterebbero, perché esulano dai *curricula* scolastici;
- motivare certi risultati, affrontati solo qualitativamente durante il percorso didattico al parco.

Proprio per la diversità dei contenuti riportati, il materiale presentato non è omogeneo. È stato suddiviso in tre paragrafi, ognuno dei quali contiene le at ivit àlaboratori di collegate ai percorsi vissuti al parco. Per ciascuna attività un'introduzione ne descrive i contenuti, per poterli collocare nei *curricula* scolastici, gli obiettivi e i prerequisiti necessari per affrontare gli argomenti.

6.1 Laboratorio di matematica relativo al Katun

6.1.1 Ricerca dell'asse di simmetria e del fuoco di una parabola

Introduzione

In questo paragrafo, viene proposto del materiale per costruire, in classe, con strumenti informatici, l'asse di simmetria e il fuoco di una parabola data. Se durante l'uscita didattica la ricerca di questi due elementi che caratterizzano la curva è stata eseguita in modo approssimativo con matita, squadra e goniometro, in questa unità l'attività viene svolta, usando il sistema TI-Nspire, sfruttando le proprietà geometriche della curva e le potenzialità dello strumento informatico scelto.

Per effettuare la ricerca, gli studenti devono disporre del grafico di una parabola: ne viene fornita l'equazione già inserita in un file dell'ambiente TI-Nspire. In questo modo, gli studenti non conoscono la posizione dell'asse e neanche quella del fuoco, quindi la situazione è simile a quella incontrata al parco.

Nel percorso dettagliato di seguito, si utilizza il grafico di una parabola con asse parallelo all'asse y, individuati i punti di intersezione della parabola con l'asse delle ascisse, si traccia l'asse del segmento che ha tali punti come estremi; la retta trovata in questo modo coincide con l'asse della parabola. Per individuare il fuoco, si utilizza il principio per cui due rette parallele all'asse di simmetria, fatte incidere sul profilo della parabola, si riflettono incontrandosi ,al variare della loro posizione, sempre in uno stesso punto, il fuoco della parabola. Si tracciano, quindi, una retta incidente, parallela all'asse di simmetria, la normale nel punto di incidenza della retta con la parabola e si costruisce la retta simmetrica rispetto alla normale della retta incidente, che è la retta riflessa. L'intersezione della retta riflessa con l'asse di simmetria della parabola individua il fuoco della parabola.

Indicazioni di lavoro per l'insegnante

Prerequisiti

- conoscere la definizione di retta tangente e normale a una curva in un punto;
- conoscere la simmetria assiale;
- conoscere la definizione di punto medio e di asse di un segmento.

Strumenti e materiali

- palmari TI-Nspire della Texas Instruments;
- schede guida per operare con le calcolatrici.

Metodologia

La metodologia suggerita è quella del lavoro individuale, in cui ogni studente, dotato di palmare, segue le schede guidate per risolvere autonomamente il problema, studiato durante l'uscita a Mirabilandia, trasferendo quanto appreso in procedure supportate da uno strumento tecnologico.

Collocazione nel curriculum

Durante lo studio della parabola.

Obiettivi

- conos cere le proprietà del fuoco di una parabola;
- realizzare costruzioni geometriche utilizzando il palmare TI-Nspire;
- individuare e riconoscere proprietà di particolari curve geometriche;
- tracci are l'ass edi simmetria di una parabola e individuarne il fuoco;
- fare congetture sulle proprietà del fuoco della parabola e verificarle attraverso le possibilità offerte dallo strumento informatico.

Schede per lo svolgimento dell'attività[1]

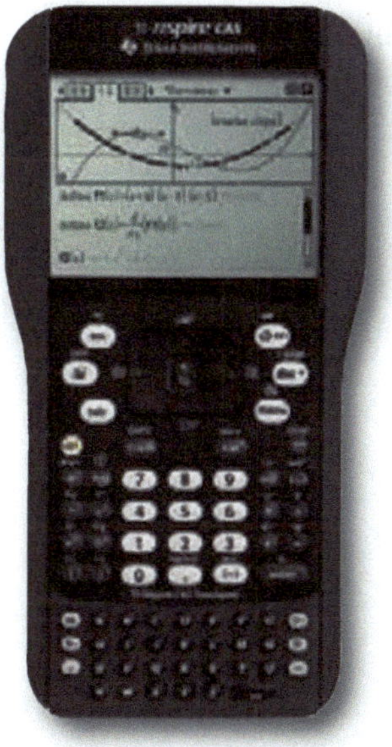

Palmare TI-Nspire™ CAS Handheld with Touchpad.
Photo used with permission from TI.
http://education.ti.com

Accendi il palmare premendo il tasto ON; nello schermo principale seleziona **2. Documenti.**

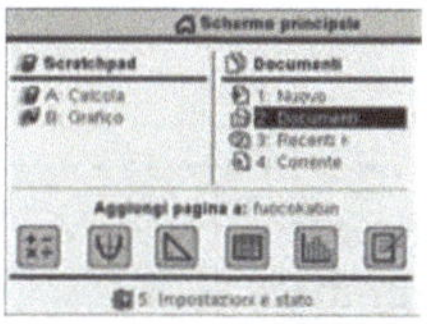

Seleziona il file *fuocokatun* e premi ENTER per aprirlo.

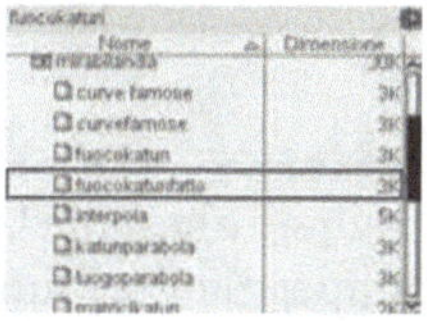

Appare il grafico di una parabola, come nella immagine a fianco.
Nota. Se compare anche la riga di introduzione delle equazioni è possibile nasconderla premendo CRTL G.

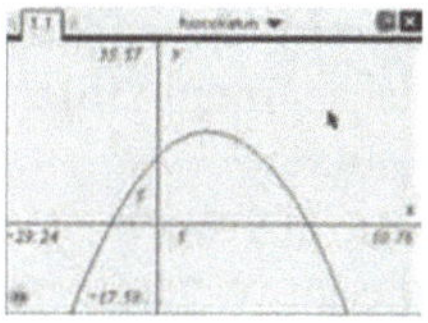

[1] Le schede di tutte le attività sono disponibili su http://extras.springer.com.

Procedura per trovare l'asse di simmetria della parabola

Premi il tasto MENU, seleziona 7: **Punti e linee**, poi 3: **Punto di intersezione.** (*Con questo comando si possono trovare i punti di inters ezione tra l'asse x e la parabola.)*

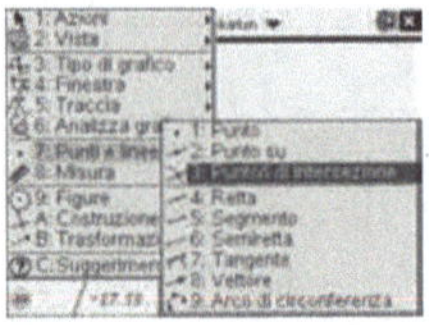

Usando il touchpad, sposta il cursore, a forma di freccia, fino all'asse *x*: quando si evidenzia e il cursore assume la forma di una manina, selezionalo premendo ENTER. L'asse lampeggia.

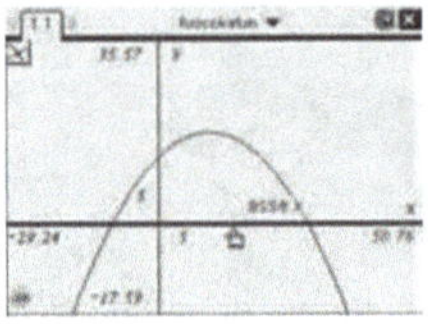

Sposta il cursore fino alla curva; quando la parabola è evidenziata, appare a fianco l'etichetta *grafico f1* e il cursore assume la forma di una manina; premi ENTER.

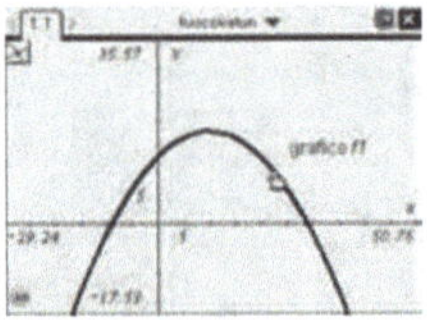

Premi ESC per uscire dal comando **Punto di intersezione.** Rimangono evidenziati i punti di intersezione fra l'asse *x* e la curva.

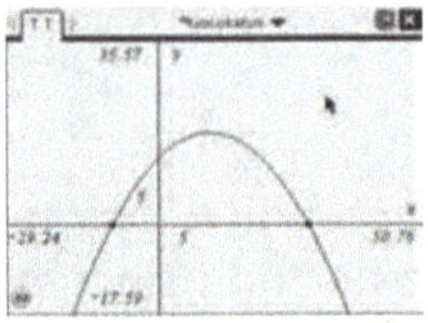

Premi il tasto MENU, poi **A: Costruzione, 5: Punto medio.**

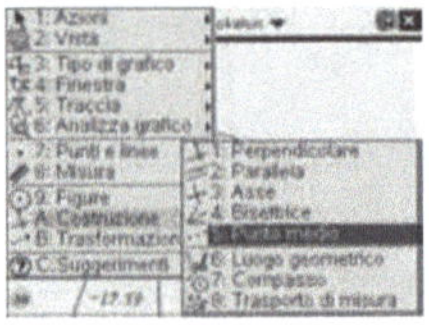

Il cursore assume la forma di una manina su un punto lampeggiante. Muovilo sui punti di intersezione della parabola con l'asse delle ascisse per selezionare gli estremi del segmento e determinare il punto medio del segmento intercettato dalla parabola sull'asse.

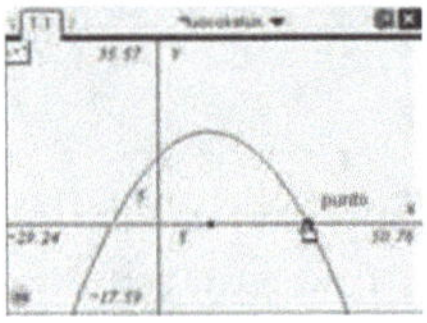

Ora si traccia la retta, perpendicolare all'asse x e passante per il punto medio individuato, che sarà l'asse di simmetria della parabola, avendo supposto l'asse verticale.
Premi MENU, poi **A: Costruzione, 1: Perpendicolare.**

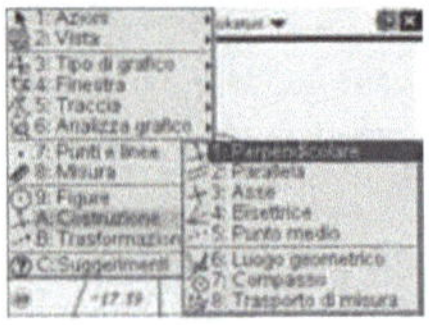

Spostati con il cursore, a forma di matita, sul punto medio appena trovato: quando il punto è evidenziato e il cursore assume la forma di una manina, selezionalo premendo ENTER.

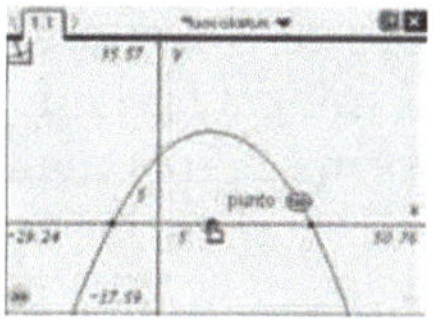

Spostati con il cursore sull'asse x: quando l'asse è evidenziato e il cursore assume la forma di una manina (appare tratteggiato l'asse di simmetria) premi ENTER.
Premi ESC per uscire dal comando **Perpendicolare**.

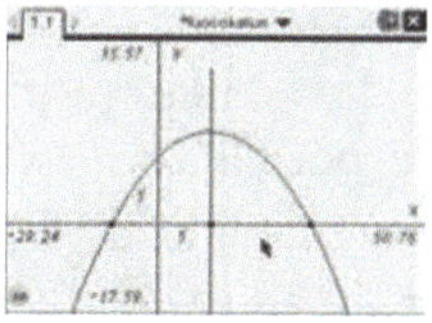

Procedura per trovare la tangente in un punto qualsiasi della curva

Premi MENU, poi 7: **Punti e linee**, poi 7: **Tangente**.

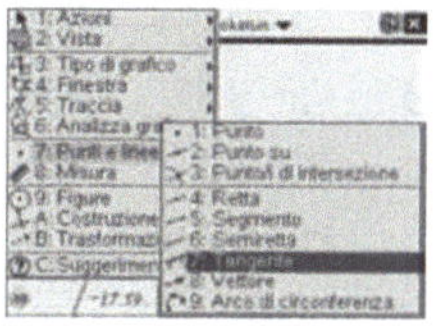

Posiziona il cursore su un punto qualsiasi della curva fino a vederla evidenziata. Premi ENTER.

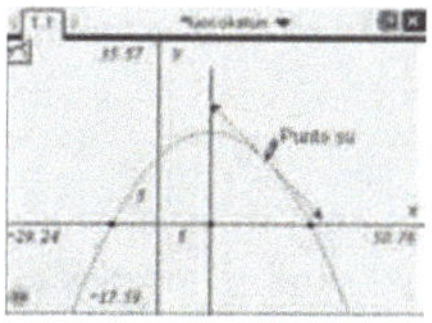

Premi ENTER. Si ottiene la tangente alla curva nel punto scelto.

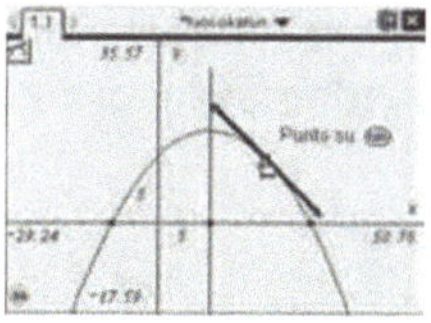

Per assegnare il nome P al punto di tangenza, premi CTRL+ MENU, poi 2: **Etichetta** Appare una casella di testo, premi SHIFT (per avere P maiuscolo), digita la lettera P, premi ENTER.

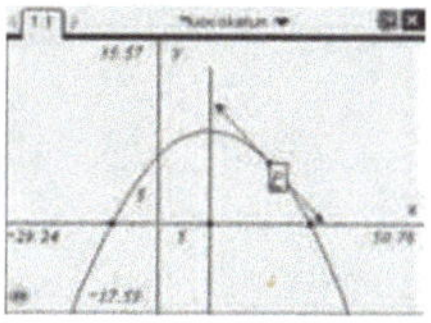

Procedura per disegnare la normale alla curva nel punto P

Premi MENU, attiva A: **Costruzione**, 1: **Perpendicolare.**

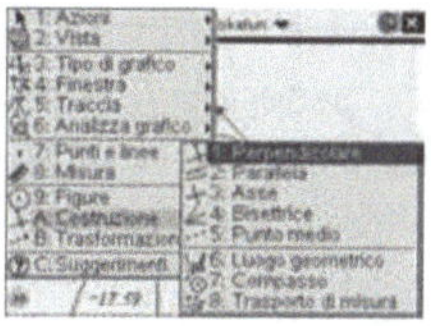

Sposta il cursore sul punto di tangenza *P*: quando comincia a lampeggiare e il cursore assume la forma di una manina, selezionalo.

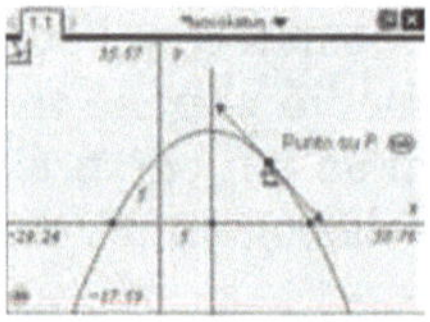

Spostati sulla retta tangente: si ottiene la *retta normale* alla curva in *P*. Premi ENTER per selezionarla, poi ESC.

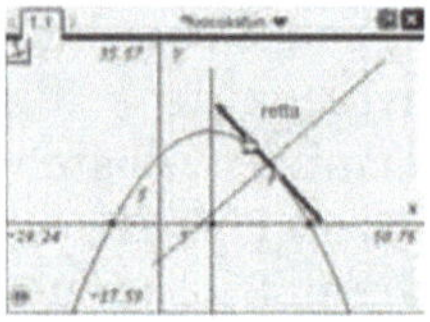

Procedura per disegnare una retta "raggio incidente" parallela all'asse di simmetria, che interseca la curva nel punto P

Premi tasto MENU, poi **A: Costruzione**, poi **2: Parallela.**

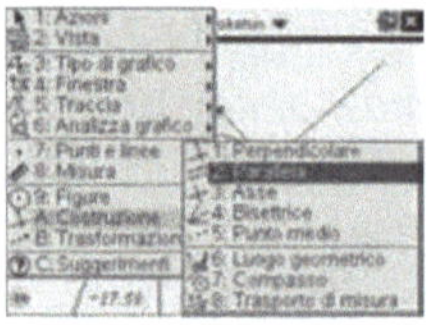

Sposta il cursore sul punto *P* e premi ENTER.

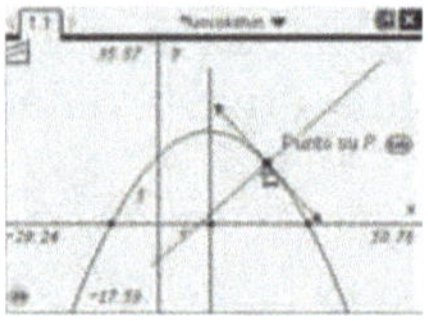

Sposta il cursore sull'asse di simmetria e, quando è evidenziato, premi ENTER.

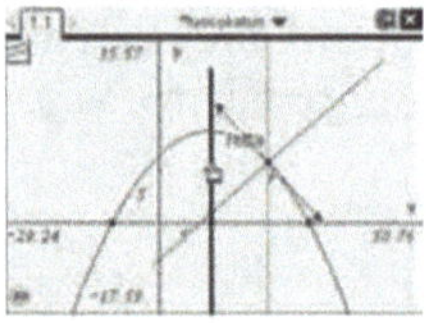

Viene visualizzato il raggio incidente.

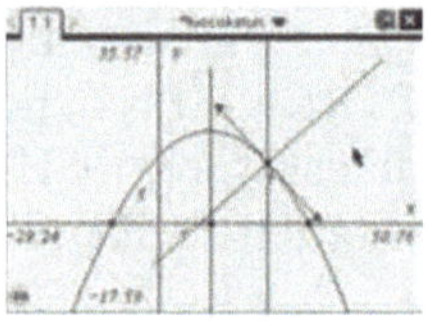

Ripetendo la procedura già affrontata in precedenza, assegna il nome *ri* al raggio incidente.

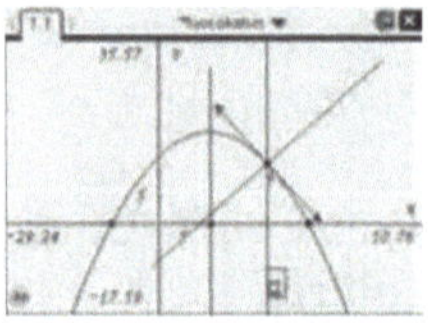

Procedura per disegnare la retta "raggio riflesso"

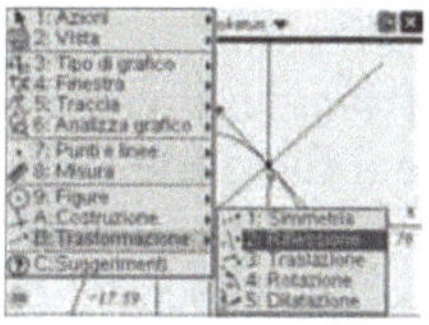

Premi tasto MENU, poi **B: Trasformazione**, poi **2: Riflessione.**

Nota. Con questo comando si trasforma il raggio incidente, *ri*, mediante una riflessione assiale rispetto alla retta normale alla parabola nel punto *P*. In tal modo si applica la prima legge di riflessione (angolo di incidenza congruente ad angolo di riflessione).

Sposta il cursore sulla retta normale alla parabola, quando si evidenzia, premi ENTER.

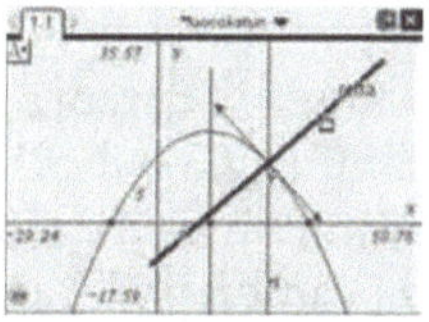

Sposta il cursore sulla retta *ri*, quando si evidenzia, premi ENTER.

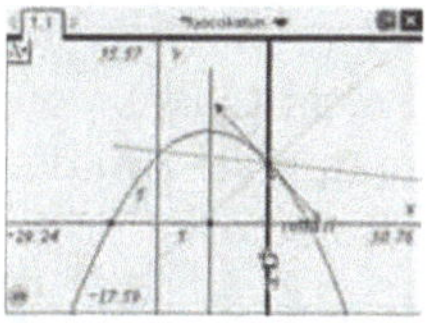

Premi ESC. Viene visualizzato il raggio riflesso.

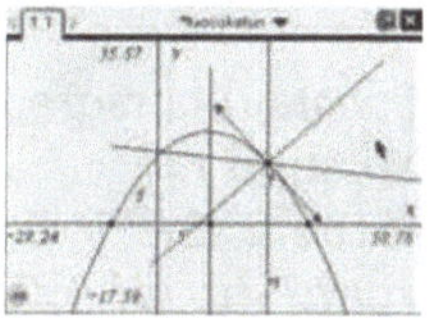

Ripetendo la procedura già affrontata in precedenza, assegna il nome *rf* al raggio riflesso.

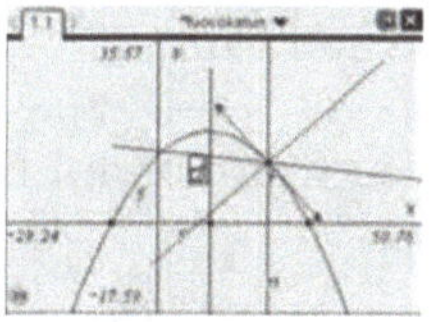

Procedura per trovare il fuoco della parabola

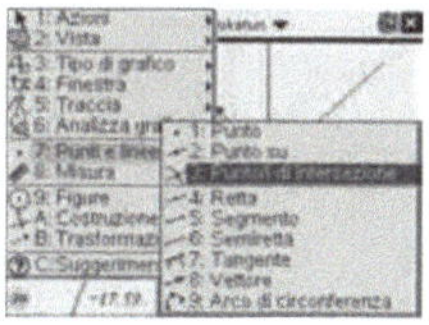

Premi il tasto MENU, poi **7: Punti e linee**, poi **3: Punto di intersezione.**

Seleziona sia il raggio riflesso, sia l'asse di simmetria: viene visualizzato il punto di intersezione che è il fuoco de la parabola.

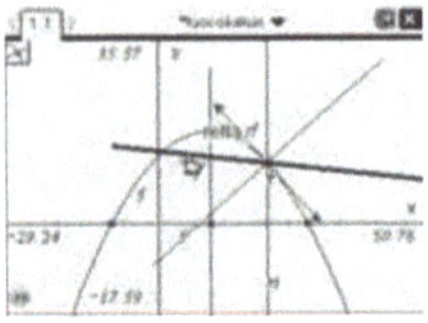

Ripe tendo la procedura già af fontata in precedenza, assegna il nome *F* al fuoco.

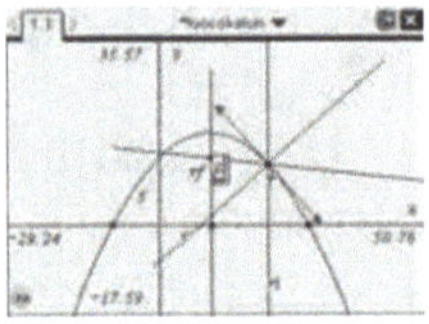

Muovi il cursore sul punto *P*, fino a che il punto lampeggia e il cursore diventa una manina.
Nota. Muovere il punto P sulla curva, di conseguenza cambiano il raggio incidente e il raggio riflesso, ci si accorge invece che la posizione di F non cambia.

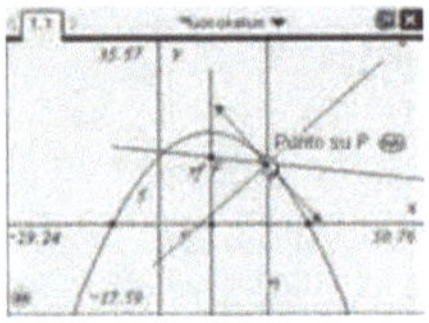

Premi C RT L poi il tasto centrale del touchpad. La manina si chiude, a significare che il punto *P* è stato afferrato.

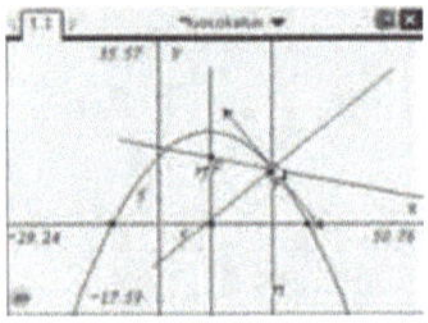

Sposta il cursore usando il touchpad; cosa succede al punto *F*?
Si nota che *P* è vincolato a muoversi solo sulla curva (ha un solo grado di libertà), la costruzione rimane come è stata creata e la posizione del fuoco F non cambia.

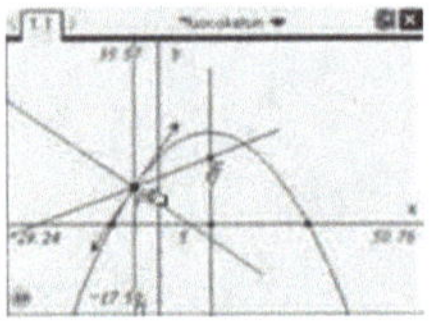

Per finire premi ESC.

6.1.2 Il parabolografo a filo teso: dallo strumento a un modello virtuale

◂ **Figura 6.1** Parabolografo a filo teso utilizzato nei percorsi didattici al parco

Introduzione

Si è visto che la prima disces adel *Katun* è assimilabile a un arco di parabola e durante il percorso didattico svolto al parco, si è utilizzata una macchina matematica, il parabolografo a filo teso, per tracciarne il grafico. Nella seguente attività di laboratorio, si propone di partire dallo strumento concreto utilizzato al parco, di analizzarlo e infine di chiedere agli studenti di produrne un modello virtuale, che funzioni come lo strumento concreto e che, per mezzo del comando Traccia (o Luogo) disegni un tratto di parabola.

Ricostruire passo-passo, fisicamente o virtualmente, alcune macchine matematiche utilizzate durante le attività, aiuta a capirne meglio il funzionamento, a completarne l'esplorazione e a recuperare anche una dimensione concreta e "artigianale" del fare matematica. A questo scopo, vengono utilizzati i software di geometria dinamica *Cabri* II *Plus* o analoghi, che possiedono alcune fondamentali caratteristiche, molto utili dal punto di vista didattico:

- interattività e dinamicità (per esempio nel tracciare curve);
- versatilità per la modellizzazione matematica;
- possibilità di simulazione e di animazione.

Indicazioni di lavoro per l'insegnante

Prerequisiti

- definizione di asse di un segmento;
- definizione di parabola come luogo geometrico.

Strumenti e materiali

- software di geometria dinamica;
- parabolografo a filo teso, oppure materiali "poveri" per la sua costruzione: piano di legno con listello orizzontale, squadra con angoli 30°-60°, spago, nastro adesivo, chiodo, pennarello e foglio trasparente.

Metodologia

Inizialmente si chiede agli studenti di esaminare la macchina matematica, per capire come è fatta, eventualmente usando anche strumenti di misura; si fanno poi osservare punti fissi, vincoli e movimenti possibili. Se, invece, si decide di ricostruire fisicamente la macchina usata al parco, si può fornire agli studenti una foto e il materiale necessario. Durante l'osservazione o la ricostruzione, gli studenti si rendono conto che per la successiva riproduzione con un software, vi sono elementi essenziali e altri non essenziali: infatti il software non rappresenta gli oggetti come sono nella realtà, ma la loro struttura geometrica.

Gli studenti hanno già discusso, durante l'attività al parco, su cosa fa la macchina e perché lo fa, ma potrebbe essere utile un breve ripasso guidato dall'insegnante.

A questo punto, si può avviare il processo di costruzione del modello matematico ma, prima di proporre il percorso, è importante che gli allievi facciano prove e congetture con il software: attraverso tale sperimentazione dovrebbero interrogarsi su quali sono gli elementi da cui partire, quali oggetti devono avere due gradi di libertà, quali invece uno o zero.

Collocazione nel curriculum

Durante lo studio della parabola.

Obiettivi

- riflettere sul significato matematico di "luogo geometrico";
- distinguere fra grandezze dipendenti e indipendenti in una costruzione geometrica;
- realizzare una costruzione geometrica e non un disegno tecnico della macchina;
- osservare un artefatto, proporre congetture sul funzionamento e sulla sua motivazione, infine dimostrare geometricamente le proprietà osservate.

Schede per la riproduzione del parabolografo con un software di geometria dinamica: Cabri II Plus

- si disegna una retta d (direttrice della parabola);
- si crea un punto F non appartenente alla direttrice d;
- si disegna la retta passante per F e perpendicolare alla direttrice; si chiama K il punto di intersezione di questa retta con la direttrice;
- si costruisce il segmento KS (dove S è un punto qualsiasi della direttrice);
- si costruisce un punto H appartenente al segmento KS;
- si disegna una "squadra 30°-60°" come nella figura riportata di seguito. Per costruirla, si fissa un segmento UV e si usa lo strumento Compasso. Con apertura UV, si costruisce il punto L sulla direttrice in modo che HL sia congruente a UV e poi un triangolo rettangolo di cateto minore UV in modo che AL sia il doppio di UV. In questo modo, il triangolo AHL simula una squadra (metà di un triangolo equilatero);
- si costruisce il segmento HF e il suo asse; intersecando l'asse con il segmento AH si ottiene il punto P;

- si costruiscono i segmenti *PF* e *AP*; la somma $\overline{AP} + \overline{PF}$ rimane costante al variare del punto *H*; per costruzione risulta uguale alla lunghezza del segmento costante *AH*. (AP+PF simula il filo del parabolografo);
- si costruisce il Luogo (oppure Traccia) di *P* al variare di *H* (oppure trascinando il punto *H*): si ottiene un arco di parabola (Fig. 6.2).

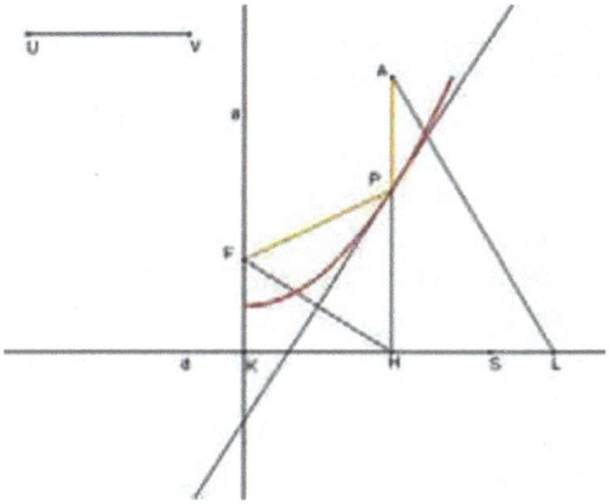

◂ **Figura 6.2** Simulazione del parabolografo a filo

Completato il modello matematico con il software, è necessario dimostrare che il luogo tracciato è proprio un arco di parabola. È importante, a questo punto, nascondere gli elementi utilizzati nella costruzione geometrica che non sono presenti nel parabolografo a filo, per far meglio corrispondere ciascun elemento fisico con la propria rappresentazione.

Un'ulteriore esplorazione può prendere avvio dalla domanda, che può nascere spontaneamente dagli allievi o essere stimolata dall'insegnante, su come sia possibile disegnare l'altro arco di parabola sia con la macchina matematica, sia con la sua simulazione virtuale.

Per completare il disegno della parabola, con la macchina basta utilizzare in modo simmetrico la squadra rispetto all'asse di simmetria, mentre con il software si può costruire il simmetrico *P'* del punto *P* rispetto all'asse *a* e poi usare lo strumento Luogo al variare di *H*.

Completato questo tipo di esplorazione, si può chiedere agli allievi di variare alcuni elementi della costruzione (la distanza di *F* dalla direttrice, le dimensioni della squadra), in modo da osservare come varia la forma della parabola.

◂ **Figura 6.3** Inversore di Peaucellier utilizzato nei percorsi didattici al parco

6.1.3 L'inversore di Peaucellier: dallo strumento a un modello virtuale

Introduzione

Il primo trat to del Katun è rettilineo, mentre tutti gli altri tratti sono ottenuti approssimando, con archi di circonferenza, diversi tipi di curva.

Tuttavia, anche un tratto rettilineo può essere costruito a partire da una circonferenza. Come già visto al capitolo 3, se assumiamo la circonferenza come unica curva di base, esiste uno strumento meccanico che permette di costruire una guida rettilinea: l'inversore di Peaucellier.

Nel 1864, un ufficiale navale francese, Charles Nicolas Peaucellier (1832-1913) inventò uno strumento articolato che aveva lo scopo di trasformare un moto circolare in un moto rettilineo, seguendo la teoria dell'inversione circolare, una particolare trasformazione geometrica del piano. Gli strumenti articolati, usati nella costruzione delle macchine, consistono in un insieme di aste rigide, collegate mediante giunture, in modo tale che l'intero sistema abbia la li bertà necessaria perché un punto su di esso descriva una certa curva. In questa attività laboratoriale, si guidano gli allievi nella costruzione di un modello matematico dell'inversore con l'ausilio di un software di geometria dinamica, per dimostrare, per via sia sintetica che analitica, la proprietà della macchina, apprezzata solo a livello qualitativo durante l'attività a Mirabilandia.

Indicazioni di lavoro per l'insegnante

Prerequisiti

Concetto di trasformazione geometrica, elementi di geometria analitica.

Strumenti e materiali

Software di geometria dinamica; lavagna.

Metodologia

Inizialmente si fornisce agli alunni la definizione della trasformazione geometrica "inversione circolare", se ne visualizzano le proprietà utilizzando il software di geometria, si ricavano le sue equazioni nel piano cartesiano e si applicano in situazioni particolari. Dopo aver studiato la trasformazione in generale, si ricostruisce il modello virtuale della macchina matematica osservata al parco, di cui viene fornita una fotografia, su cui fare un analisi della struttura fisica dell'artefatto. L'attività si può concludere con la dimostrazione per via sintetica o analitica della proprietà geometrica dell'inversore.

Collocazione nel curriculum

In collegamento al tema delle trasformazioni geometriche o delle geometrie non euclidee.

Obiettivi
- riflettere sul significato matematico di "trasformazione geometrica", attraverso lo studio di una trasformazione non prevista nel *curriculum* scolastico;
- distinguere fra grandezze dipendenti e indipendenti in una costruzione geometrica;
- osservare, congetturare e dimostrare.

Traccia dell'attività proposta

Definizione di inversione circolare

Sia γ una circonferenza di centro O e raggio ρ, si definisce inversione circolare rispetto a γ la funzione I, che associa a ogni punto P del piano distinto da O, il punto P' appartenente alla semiretta uscente da O e passante per P tale che

$$d(O,P)\cdot d(O,P') = \rho^2$$

con $d(O,P) = \overline{OP}$, distanza di P da O.

Il punto P' è detto *punto inverso* di P rispetto alla circonferenza γ e ρ^2 è la potenza dell'inversione.

Si possono distinguere tre casi:

1. Se il punto P è esterno alla circonferenza γ, per trovare P', tracciare la circonferenza γ_1 di diametro OP. Sia M uno dei suoi due punti di intersezione di γ_1 con γ e sia P' la proiezione ortogonale di M su OP. Si consideri il triangolo rettangolo OMP; per il primo teorema di Euclide:

$$\overline{OP}\cdot\overline{OP'} = \overline{OM}^2 = \rho^2.$$

Il punto P' è, quindi, il trasformato di P mediante l'inversione di centro O e di potenza ρ^2.

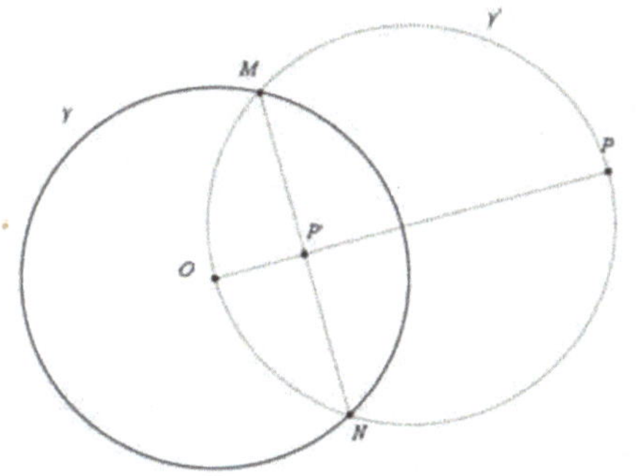

2. Se il punto P è interno alla circonferenza γ: si consideri la retta passante per O e per P. Si tracci la perpendicolare a tale retta passante per P. Detti M e N i suoi punti di intersezione con γ, si consideri il triangolo rettangolo

OMP', dove *P'* è il punto di intersezione delle tangenti a γ condotte per *M* e per *N*. Ancora per il primo teorema di Euclide:

$$\overline{OP} \cdot \overline{OP'} = \overline{OM}^2 = \rho^2 .$$

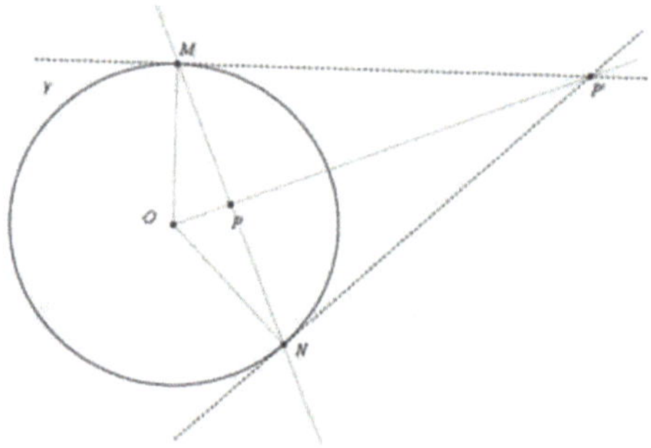

3. Se il punto *P* appartiene alla circonferenza γ, in questo caso *P'* coincide con *P*.

Questa trasformazione ha molte proprietà importanti che si possono esplorare usando un software di geometria come per esempio *Cabri II Plus*, che possiede la trasformazione *Inversione* nella casella di strumenti *Trasformazioni*.

È possibile scoprire che l'inversione circolare trasforma:

1. rette non passanti per *O* in circonferenze passanti per *O*, private di tale punto (Fig. 6.4);
2. rette per *O*, private di tale punto, in se stesse (Fig. 6.5);
3. circonferenze non passanti per *O* in circonferenze non passanti per *O* (Fig. 6.6);
4. circonferenze per *O*, private di tale punto, in rette non passanti per *O* (Fig. 6.7).

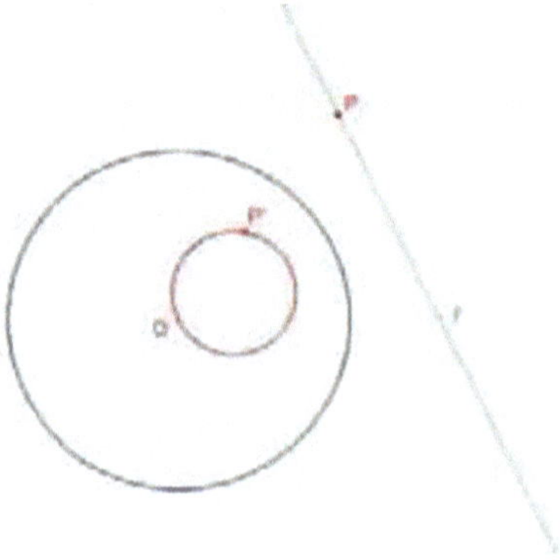

▲ **Figura 6.4** Trasformazione di una retta non passante per *O*

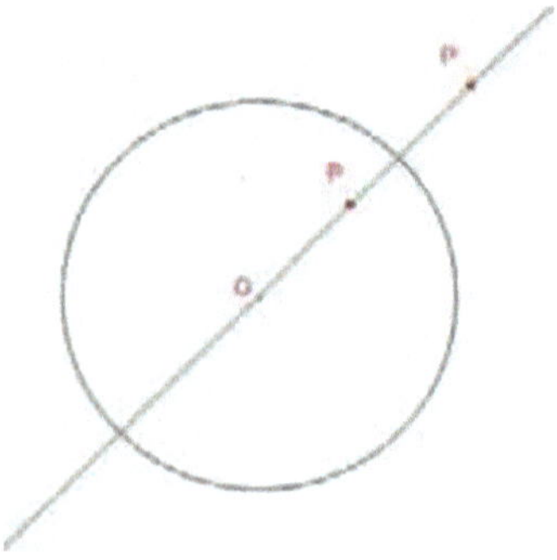

▲ **Figura 6.5** Trasformazione di una retta passante per *O*

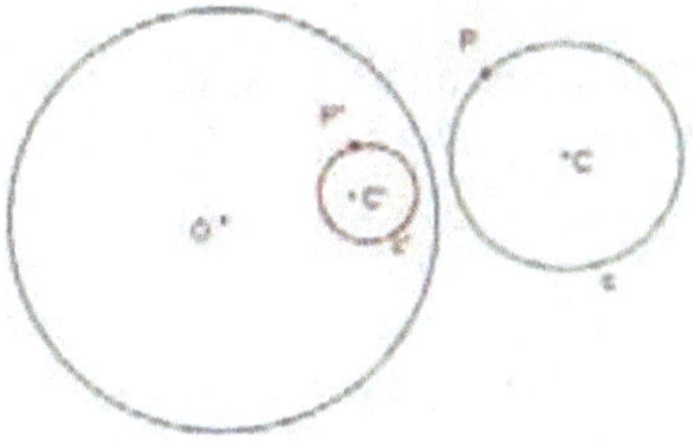

▲ **Figura 6.6** Trasformazione di una circonferenza non passante per *O*

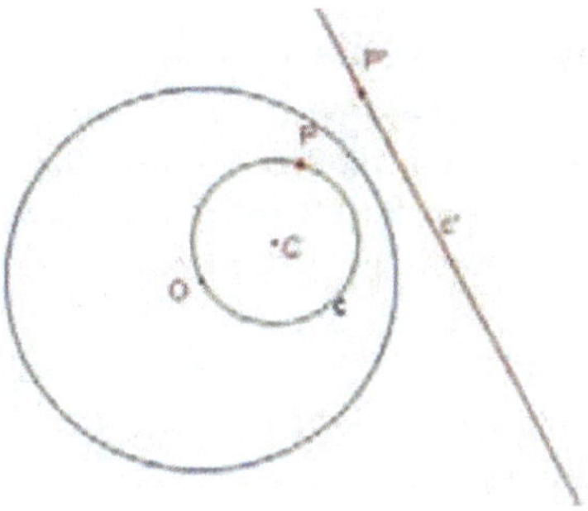

▲ **Figura 6.7** Trasformazione di una circonferenza passante per *O*

Questa esplorazione può essere affiancata all'analisi dei quattro casi descritti, usando le equazioni analitiche dell'inversione e trasformando le curve considerate in ciascun caso; si ricavano a tal fine le equazioni dell'inversione circolare rispetto alla circonferenza di centro *O*, scelto come origine del sistema di riferimento cartesiano, e raggio ρ.

Dato un punto $P(x,y)$ non coincidente con *O*, il punto *P'* (trasformato rispetto all'inversione circolare) appartiene alla semiretta uscente da *O* e passante per *P* e quindi ha coordinate $P'(kx, ky)$ con $k \in \mathfrak{R}^+$ ed è tale che

$$\overline{OP} \times \overline{OP'} = \rho^2,$$

e in modo equivalente

$$\overline{OP}^2 \times \overline{OP'}^2 = \rho^4.$$

Sostituendo le coordinate, si ha

$$\left(x^2 + y^2\right) \cdot \left(k^2 x^2 + k^2 y^2\right) = \rho^4,$$

da cui

$$k = \frac{\rho^2}{x^2 + y^2},$$

quindi il punto *P'* ha coordinate:

$$\begin{cases} x' = \dfrac{\rho^2 x}{x^2 + y^2} \\ y' = \dfrac{\rho^2 y}{x^2 + y^2} \end{cases}$$

Si considera ora la situazione descritta in Fig. 6.7, la stessa presente nell'inversore di Peaucellier.

Se si inserisce un sistema di assi cartesiani ortogonale xOy, di centro O e asse x passante per il centro C della circonferenza passante per O e per P, e si applicano le equazioni della trasformazione, si ha:

sia C di coordinate $(r,0)$, poiché P appartiene alla circonferenza di centro C e raggio r, avente equazione $(x - r)^2 + y^2 = r^2$, ed è generico ($\neq O$), ha coordinate parametriche:

$$\begin{cases} x = t \\ y = \pm\sqrt{2tr - t^2} \end{cases}$$

applicando l'inversione circolare precedente il suo trasformato P' ha ascissa

$$x' = \frac{\rho^2 t}{t^2 + 2tr - t^2} = \frac{\rho^2 t}{2tr} = \frac{\rho^2}{2r}$$

cioè costante, indipendente dal parametro t, quindi, al variare di t, P' appartiene a una retta parallela all'asse y, perpendicolare alla retta a cui appartiene OC, che coincide con l'asse x.

Svolto lo studio della trasformazione, per realizzare una simulazione dell'inversore di Peaucellier, si utilizza *Cabri II Plus*, seguendo la sequenza di istruzioni (Fig. 6.8):

- si disegnano una retta, due punti O e A sulla retta, e una circonferenza avente centro O e passante per A;
- si definisce un punto P sulla circonferenza;
- si traccia la retta AP;
- si disegna il segmento RS di lunghezza maggiore del diametro AB della circonferenza;
- si disegna il segmento UV di lunghezza minore del semento RS;
- si costruisce la circonferenza di centro A e raggio RS (si usa lo strumento Compasso);
- si costruisce la circonferenza di centro P e raggio UV (si usa lo strumento Compasso);
- si definiscono i punti L e K di intersezione delle ultime due circonferenze;
- si costruiscono i segmenti PL e PK e si determina il punto P', costruendo il rombo $KPLP'$;
- si costruisce il luogo di P' al variare di P (strumento Luogo).

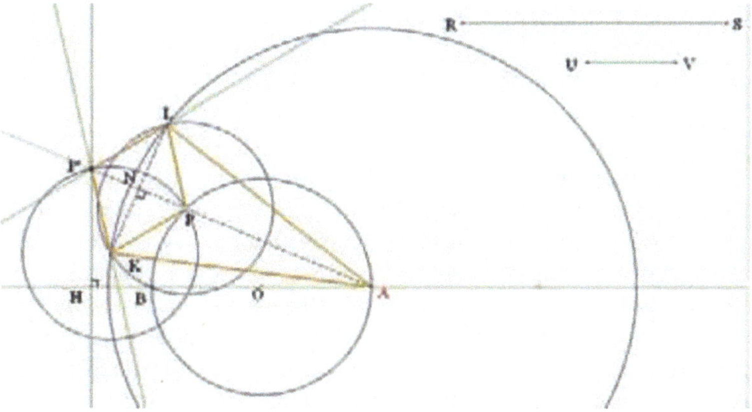

Figura 6.8 Simulazione dell'inversore di Peaucellier

Trascinando il punto *P*, osservare il punto *P'*. Che cosa si osserva?

Quando *P* descrive un arco di circonferenza di centro *O* e raggio *OP*, *P'* descrive un segmento di retta. Sempre guardando la foto della macchina matematica, gli studenti possono mettere in relazione gli elementi dell'artefatto con quelli della costruzione in *Cabri*, nascondendo quindi gli oggetti che sono serviti nella costruzione geometrica, ma non hanno riscontro nell'artefatto; si può altresì ragionare sul perché della presenza di un'asta, che nell'artefatto collega *P* a *O*, ma non è presente nel modello virtuale.

L'ultima fase dell'attività riguarda la dimostrazione della proprietà, cioè si può chiedere agli studenti perché la macchina matematica, riprodotta con il software, opera proprio un'inversione circolare, lo si dimostra ragionando sulla simulazione.

Si indichi con *N* il piede della perpendicolare condotta da *K* a *AP'*, si ha che:

$$\overline{AP}\cdot\overline{AP'}=\left(\overline{AN}-\overline{PN}\right)\cdot\left(\overline{AN}+\overline{PN}\right)=\overline{AN}^2-\overline{PN}^2=\left(\overline{AN}^2+\overline{KN}^2\right)-\left(\overline{PN}^2+\overline{KN}^2\right)=a^2-b^2$$

con a = lunghezza del segmento KA e b = lunghezza del segmento KP.
Ponendo $a^2 - b^2 = \rho^2$, allora si dimostra che

$$\overline{AP}\cdot\overline{AP'}=\rho^2$$

e quindi *P* e *P'* sono punti inversi rispetto alla circonferenza di centro *A* e raggio

$$\rho=\sqrt{a^2-b^2},$$

circonferenza non visibile nella Fig. 6.8 e neanche nella macchina matematica reale.

6.2 Laboratorio di matematica relativo all'Eurowheel

6.2.1 Le sezioni coniche come ombre della Ruota

Introduzione

In questa unità didattica, si studiano quantitativamente le ombre prodotte dalla Ruota, se illuminata da una sorgente posta nelle sue vicinanze, riprendendo il problema affrontato qualitativamente durante il percorso didattico a Mirabilandia (paragrafo 4.2). Si passa dalla situazione concreta a una sua schematizzazione e descrizione in termini di oggetti dello spazio tridimensionale. Segue una breve spiegazione dei primi elementi di geometria analitica spaziale, ricollegandosi, in maniera induttiva, agli elementi corrispondenti della geometria analitica del piano. L'equazione dell'ombra del profilo della Ruota[2], che si ottiene come sezione tra il cono d'ombra individuato dalla Ruota e il piano del terreno, è rappresentata da una famiglia di coniche di diverse tipologie. Tale famiglia viene esplorata, cercando di evidenziare le analogie-differenze tra le equazioni delle singole coniche e di determinare i casi particolari o degeneri, sempre in collegamento al problema di partenza. Lo studio algebrico dell'equazione delle ombre viene poi affiancato alla ricostruzione e analisi delle ombre, attraverso un software di geometria spaziale, *Cabri 3D*, strumento molto valido per la sua immediatezza, flessibilità e interattività, il quale rappresenta gli oggetti sullo schermo in prospettiva, riproducendone la visione naturale; ciò permette anche di riallacciarsi alla discussione sulla geometria della visione, introdotta durante il percorso didattico al parco.

Indicazioni di lavoro per l'insegnante

Prerequisiti

- fondamenti di geometria analitica piana: punto, retta, retta per due punti, circonferenza, sezioni coniche;
- in particolare, se si svolge la parte di studio analitico della famiglia di coniche, è d'aiuto saper classificare e ricondurre una conica a forma canonica.

Strumenti e materiali

- lavagna;
- computer con software di geometria dinamica tridimensionale (si è utilizzato *Cabri 3D*) e videoproiettore;
- un oggetto di forma circolare e un torcia.

Metodologia

4-5 ore impiegate nelle seguenti attività:

[2] L'ombra viene ottenuta al variare dell'altezza della sorgente luminosa rispetto al piano del terreno.

- gli studenti osservano le tipologie di ombre prodotte da un oggetto circolare illuminato da una torcia, ricollegandosi al percorso didattico svolto al parco;
- il docente definisce i concetti tridimensionali necessari, utilizzando la lavagna e, se disponibile, un software tridimensionale (si è impiegato *Cabri 3D*);
- gli studenti schematizzano il problema e lo descrivono in termini matematici, discutendo tra loro sotto la guida del docente;
- gli studenti, suddivisi in piccoli gruppi, esplorano l'equazione delle ombre ottenuta;
- confronto tra i vari gruppi e sintesi/revisione dei risultati ottenuti per via algebrica;
- con l'aiuto dell'insegnante, gli allievi ricostruiscono il problema proposto con l'ausilio di *Cabri 3D* ed esplorano in maniera autonoma le varie tipologie di ombre;
- discussione matematica tra i vari gruppi orchestrata dall'insegnante, riesame completo delle tipologie di ombre prodotte nella simulazione, parallelo fra i risultati conseguiti con approccio algebrico e con approccio informatico. Riflessione sulle operazioni compiute nel processo di modellizzazione.

Collocazione nel curriculum

Si consiglia di svolgere l'attività proposta nel triennio e di collegarla al *curriculum* scolastico con modalità diverse, in base alle proprie esigenze:

- prima possibilità: servirsi solo della parte di simulazione delle ombre svolta con *Cabri 3D*, per introdurre il tema delle coniche e poi trattarle come luoghi geometrici;
- seconda possibilità: svolgere in maniera completa questa attività al termine dello studio delle coniche, soffermandosi anche sulla loro genesi spaziale;
- terza possibilità: affrontare soltanto la parte relativa all'analisi di una famiglia di coniche che deriva da una situazione concreta, al termine dello studio delle coniche.

Obiettivi

- seguire le tappe fondamentali di una modellizzazione: ipotesi, schematizzazione, matematizzazione, lavoro con oggetti matematici, confronto tra i risultati ottenuti e la situazione reale, sintesi del problema;
- utilizzare un software di geometria spaziale, per simulare un problema assegnato;
- analizzare in maniera completa una famiglia di coniche di tipologie diverse;
- applicare i primi elementi di un software di geometria spaziale, per simulare un problema assegnato;
- affrontare la proiezione di una figura da un punto assegnato (sorgente vicina) o secondo una direzione assegnata (ombre solari);
- esaminare la genesi spaziale delle coniche.

Osservazioni

Questa attività può essere un momento di approfondimento, successivo allo svolgimento del percorso didattico di Mirabilandia dedicato alla Ruota, oppure può essere svolto anche da classi che non siano andate al parco ma vogliano cimentarsi con il problema.

L'attività proposta trova riscontro anche nelle Indicazioni Nazionali di Matematica per i Licei nell'attuale riforma della scuola secondaria superiore in cui, oltre a sottolineare l'importanza della modellizzazione, si inserisce la geometria analitica spaziale come argomento da trattare nel quinto anno di studio: *L'introduzione delle coordinate cartesiane nello spazio permetterà allo studente di studiare d d punto di vista analitico rette, piani e sfere.*

Percorso per le ombre della Ruota

1. *Introduzione al problema*

Si riassumono inizialmente le tappe fondamentali del percorso didattico della Ruota al parco di Mirabilandia (paragrafo 4.2): si è riflettuto sulle ombre che poteva produrre la Ruota s eilluminata da una sorgente luminosa posta nelle sue vicinanze, si è utilizzato un modello per le ombre, osservando che al variare dell'altezza della torcia si producono, sul piano del terreno, una parabola oppure delle iperboli.

Per determinare l'equazione analitica delle curve osservate, è necessario inserire un opportuno sistema di riferimento tridimensionale, costruito posizionando gli assi x e y lungo due direzioni ortogonali del piano delle ombre (incidenti nel punto O), mentre l'asse z, passante per O, è perpendicolare al piano delle ombre. Si suppone che la Ruota, schematizzata come una circonferenza **C**, sia contenuta nel piano xz e sia tangente al piano xy nel punto O, si ipotizza che la sorgente luminosa V sia variabile lungo una retta r parallela all'asse z e passante per un punto A fissato nel piano xy (Fig. 6.9).

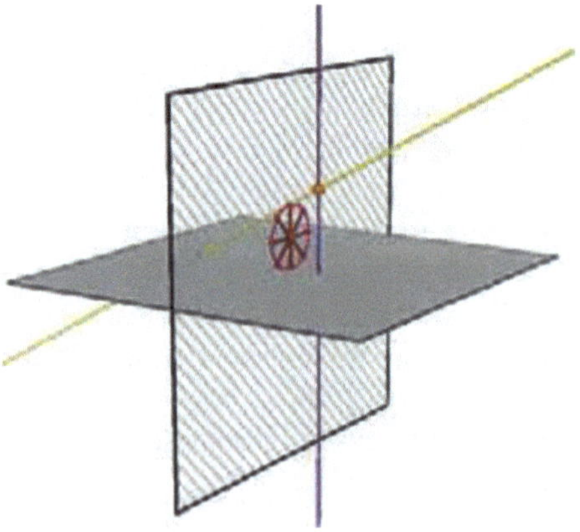

Figura 6.9 Ombra di un punto della Ruota

2. *Introduzione alla geometria analitica spaziale*

Per agevolare la comprensione dell'attività proposta, anche da parte di studenti delle classi che non hanno ancora affrontato la stereometria, vengono introdotti i primi elementi di geometria analitica dello spazio.

A ogni punto P dello spazio vengono associate tre coordinate cartesiane (x,y,z), che corrispondono alle componenti del vettore OP lungo i tre assi cartesiani; si osservano i valori assunti dalle tre coordinate al variare della posizione del punto P (Fig 6.10). L'utilizzo di un software come *Cabri 3D* risulta molto efficace per visualizzare gli oggetti tridimensionali, anche grazie alla possibilità di modificare il punto di vista.

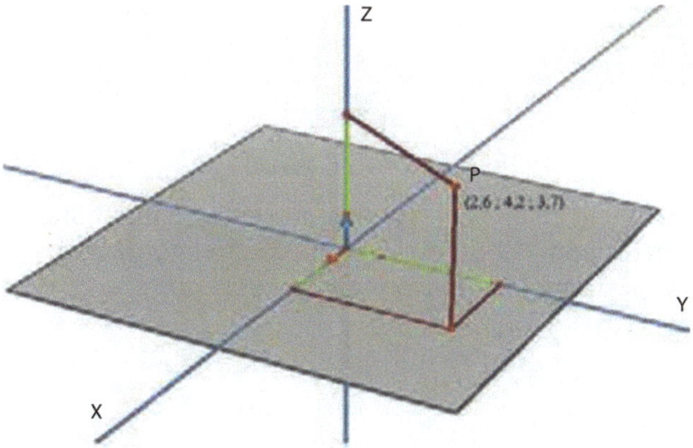

Figura 6.10 Coordinate spaziali di un punto

Siano ora $P(x, y, z)$ un punto generico dello spazio e $P_0(x_0, y_0, z_0)$ un punto di un piano π. Se $\vec{n}(a,b,c)$ è un vettore ortogonale al piano π, allora il punto P appartiene a π se, e solo se, il vettore $P - P_0$ è ortogonale a $\vec{n}$ e quindi $a(x - x_0) + b(y - y_0) + c(z - z_0) = 0$. Sviluppando i calcoli, si ottiene che l'equazione di un generico piano nello spazio è: $ax + by + cz + d = 0$, dove si è posto $d = -(ax_0 + by_0 + cz_0)$.

L'equazione $x = 0$ rappresenta, quindi, un piano per l'origine perpendicolare al vettore $(1,0,0)$, pertanto corrisponde al piano yz; l'equazione $y = 0$ rappresenta il piano xz; e infine $z = 0$ sarà l'equazione cartesiana del piano xy.

Dati due piani non paralleli, di equazioni $a_1x+b_1y+c_1z+d_1 = 0$ e $a_2x+b_2y+c_2z+d_2 = 0$, la retta r in cui essi si intersecano, è il luogo geometrico dei punti dello spazio che appartengono a entrambi i piani (Fig. 6.11). Quindi le coordinate di ogni punto della retta r soddisfano il sistema

$$\begin{cases} a_1x + b_1y + c_1z + d_1 = 0 \\ a_2x + b_2y + c_2z + d_2 = 0 \end{cases}$$

e viceversa, cioè ogni soluzione del sistema scritto rappresenta un punto appartenente a entrambi i piani e quindi alla retta r.

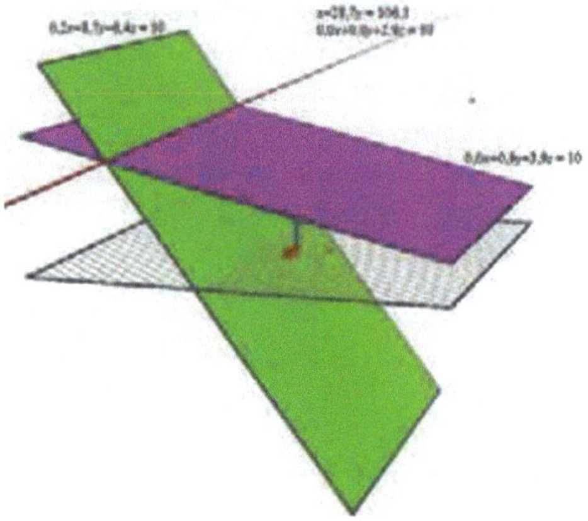

◂ **Figura 6.11** Retta nello spazio

Si può, quindi, affermare che il sistema scritto rappresenta analiticamente una retta nello spazio cartesiano. Gli assi coordinati si ottengono, intersecando i piani coordinati, pertanto le equazioni degli assi sono:

$$\text{asse } x: \begin{cases} y = 0 \\ z = 0 \end{cases} \qquad \text{asse } y: \begin{cases} x = 0 \\ z = 0 \end{cases} \qquad \text{asse } z: \begin{cases} x = 0 \\ y = 0 \end{cases}.$$

Sia r una retta nello spazio cartesiano parallela a un vettore $\vec{v}(l, m, n)$ e $P_1(x_1, y_1, z_1)$ un suo punto; allora un generico punto $P(x, y, z)$ appartiene alla retta r se, e solo se, il vettore $P - P_1$ è parallelo al vettore $\vec{v}$; cioè se esiste $t \in \Re$ per il quale

$$\begin{cases} x - x_1 = l \cdot t \\ y - y_1 = m \cdot t \\ z - z_1 = n \cdot t \end{cases}.$$

Quindi se l, m e n sono non nulli, la retta r ha equazione:

$$\frac{x - x_1}{l} = \frac{y - y_1}{m} = \frac{z - z_1}{n}.$$

Ora, se $P_2(x_2, y_2, z_2)$ è un altro punto della retta r con $x_1 \neq x_2, y_1 \neq y_2$ e $z_1 \neq z_2$, allora l'equazione della retta per due punti nello spazio si può scrivere come:

$$\frac{x - x_1}{x_2 - x_1} = \frac{y - y_1}{y_2 - y_1} = \frac{z - z_1}{z_2 - z_1},$$

che si può vedere come la generalizzazione della formula della retta del piano passante per due punti non allineati con gli assi coordinati.

3. *Equazione dell'ombra della Ruota e sua esplorazione*

Per rappresentare la Ruota panoramica, si considera una circonferenza C con centro L(0,0,1), e raggio unitario, collocata nel piano *xz*. L'equazione cartesiana di tale circonferenza risulta uguale a:

$$\begin{cases} x^2 + (z-1)^2 = 1 \\ y = 0 \end{cases}.$$

Siccome l'ombra della Ruota viene generata dall'intersezione di un cono d'ombra (avente vertice nella sorgente luminosa e passante per il bordo della Ruota) con il piano del terreno, si cerca di descrivere il cono d'ombra come insieme delle rette passanti per la sorgente e per i vari punti del bordo C della Ruota, rifacendosi alla definizione storica di Apollonio da Perga (paragrafo 4.1).
Avendo supposto di collocare la sorgente luminosa lungo una retta parallela all'asse z e passante per un punto A del piano xy, che si fissa nel punto (0,1,0), la posizione della sorgente è rappresentata da un punto di coordinate $V(0,1,k)$ con $k \in \Re$.
Siccome un generico punto P della circonferenza C ha coordinate $(l,0,p)$ con

$$\begin{cases} l^2 + (p-1)^2 = 1 \\ y = 0 \end{cases},$$

la retta per PV risulta:

$$\frac{x-l}{-l} = \frac{y}{1} = \frac{z-p}{k-p}$$

da cui

$$\begin{cases} \dfrac{x-l}{-l} = y \\ y = \dfrac{z-p}{k-p} \end{cases}.$$

Quindi, il cono formato dall'insieme delle rette PV, al variare di P sulla circonferenza, diventa:

$$\begin{cases} \dfrac{x-l}{-l} = y \\ y = \dfrac{z-p}{k-p} \end{cases}; \text{ con } l^2 + (p-1)^2 = 1.$$

Se si ricavano i parametri l ed p dalle equazioni e li si sostituisce nell'ultima equazione, si ottiene l'equazione del cono voluto.

$$\begin{cases} l = \dfrac{x}{1-y} \\ p = \dfrac{yk-z}{y-1} \\ l^2 + (p-1)^2 = 1 \end{cases},$$

da cui

$$\left(\frac{x}{1-y}\right)^2 + \left(\frac{yk-z}{y-1} - 1\right)^2 = 1,$$

$x^2 + (yk - z - y + 1)^2 = (y - 1)^2$ *equazione del cono* [1].
L'intersezione del cono con il piano xy rappresenta l'ombra della Ruota e ha equazione:

$$\begin{cases} (x)^2 + (yk - z - y + 1)^2 = (y-1)^2 \\ z = 0 \end{cases}$$

da cui

$$\begin{cases} (x)^2 + (yk - y + 1)^2 = (y-1)^2 \\ z = 0 \end{cases}.$$

Si prosegue lo studio lavorando nel piano xy; sviluppando si ottiene l'equazione:
$x^2 + (k^2 - 2k)\, y^2 + 2ky = 0$ *equazione dell'ombra* [2].

Prima esplorazione della famiglia di curve. In una prima esplorazione, si assegnano al parametro k, presente nell'equazione [2], alcuni valori fissati.
1° Caso: la componente z del vertice V risulta minore dell'altezza della Ruota, cioè del diametro della circonferenza C. Es: k=1
$x^2 - y^2 + 2y = 0$; $x^2 - (y-1)^2 = -1$, iperbole equilatera di centro (0,1) con fuochi sull'asse y.
2° Caso: La componente z del vertice V coincide con l'altezza della Ruota C, quindi k=2;

$$x^2 + 4y = 0; \; y = -\frac{x^2}{4};$$

parabola con concavità rivolta verso il basso e vertice nell'origine.

3° Caso: La componente z del vertice V risulta maggiore dell'altezza della Ruota C. Es: k=3

$$x^2+3y^2+6y=0;\; x^2+3\left(y^2+2y+1-1\right)=0;\frac{x^2}{3}+(y+1)^2=1;$$

ellisse di centro (0;-1), semiasse maggiore $\sqrt{3}$ e minore 1.

Studio completo della famiglia di curve. In questa seconda esplorazione si analizzano le varie tipologie di coniche al variare del parametro k presente nell'equazione [2].

Prima di passare dall'equazione [2] all'equazione [3], famiglia in forma canonica traslata, si discutono i casi degeneri che si presentano.

Come osservato nel caso 2), se il parametro assume un valore pari a 2, l'equazione [2] rappresenta una parabola, mentre, se assume valore nullo, la famiglia rappresenta una coppia di rette coincidenti con l'asse y.

Per $k \neq 0$ e $k \neq 2$, si applica il metodo del completamento dei quadrati:

$$x^2+\left(k^2-2k\right)\cdot\left(y^2+\frac{2k}{k^2-2k}y\right)=0,$$

$$x^2+\left(k^2-2k\right)\cdot\left(y^2+\frac{2}{k-2}y+\frac{1}{(k-2)^2}-\frac{1}{(k-2)^2}\right)=0$$

$$x^2+\left(k^2-2k\right)\cdot\left(y+\frac{1}{k-2}\right)^2=\frac{k}{k-2}.$$

Si può scrivere la conica in forma canonica traslata:

$$\frac{x^2}{\frac{k}{k-2}}+\frac{\left(y+\frac{1}{k-2}\right)^2}{\frac{1}{(k-2)^2}}=1 \quad [3] \;.$$

L'equazione [3] rappresenta un'ellisse, con centro in

$$\left(0;-\frac{1}{k-2}\right),$$

quando:

$$\frac{k}{k-2}>0,$$

cioè $k<0$ o $k>2$.

L'ellisse ha i fuochi sull'asse x se

$$\frac{k}{k-2} > \frac{1}{(k-2)^2},\ k < 1-\sqrt{2}\ \text{o}\ k > 1+\sqrt{2}\ .$$

Tale condizione, messa a sistema con quella che garantisce la natura di ellisse, fornisce i valori:

$$k < 1-\sqrt{2}\ \text{o}\ k > 1+\sqrt{2}\,.$$

L'ellisse ha i fuochi sull'asse y se:

$$\frac{k}{k-2} < \frac{1}{(k-2)^2},\ 1-\sqrt{2} < k < 1+\sqrt{2}\ .$$

Tale condizione, messa a sistema con quella che garantisce la natura di ellisse, fornisce i valori:

$$1-\sqrt{2} < k < 0\ \text{o}\ 2 < k < 1+\sqrt{2}\ .$$

Il passaggio da un'ellisse con fuochi sull'asse x (curva con semiasse maggiore orizzontale) a un'ellisse con fuochi sull'asse y (curva con semiasse maggiore verticale) è dato da una circonferenza curva in cui le lunghezze dei semiassi "maggiore" e "minore" coincidono.
L'equazione [3] rappresenta infatti una circonferenza di centro

$$\left(0;-\frac{1}{k-2}\right)$$

e raggio

$$\frac{1}{|k-2|}$$

quando:

$$\begin{cases} \dfrac{k}{k-2} = \dfrac{1}{(k-2)^2} \\ \dfrac{k}{k-2} > 0 \end{cases},\ \begin{cases} k^2-2k-1=0 \\ \dfrac{k}{k-2} > 0 \end{cases},$$

quindi $1\pm\sqrt{2}$ sono le soluzioni cercate.

L'equazione [3] rappresenta un'iperbole, con l'asse y come asse trasverso e centro in

$$\left(0;-\frac{1}{k-2}\right),$$

quando:

$$\frac{k}{k-2}<0,$$

cioè $0<k<2$.
L'iperbole risulta equilatera se:

$$-\frac{k}{k-2}=\frac{1}{(k-2)^2},$$

da cui $k^2 - 2k + 1 = 0$, quindi per $k=1$ come osservato nel caso 3) della prima esplorazione.

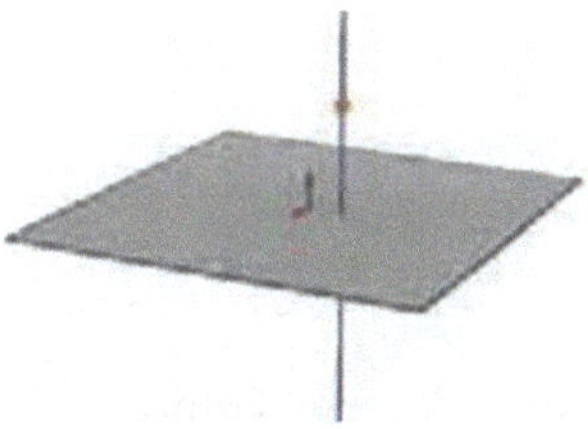

▲ **Figura 6.12** Retta *r*

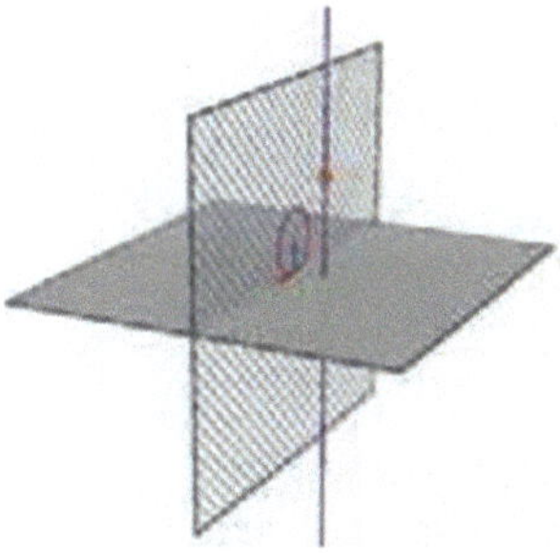

▲ **Figura 6.13** Circonferenza *C*

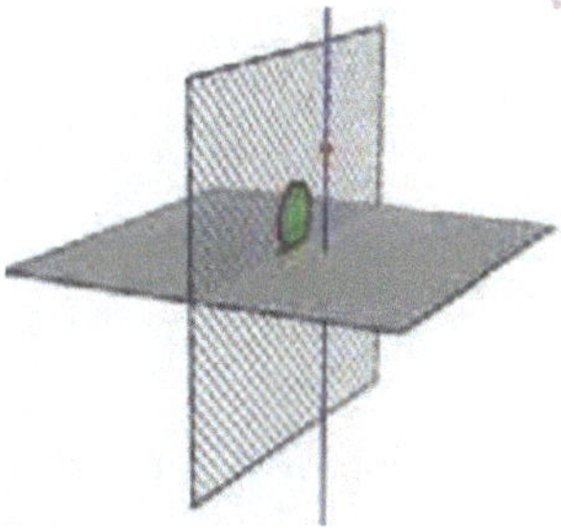

▲ **Figura 6.14** Ottagono inscritto in *C*

4. *Simulazione delle ombre della Ruota con Cabri 3D*
Costruzione dell'ombra proiettando alcuni punti della Ruota:

- si costruisce la sorgente luminosa schematizzata come punto *V* che varia su una retta *r* (Fig. 6.12), perpendicolare al piano di base e passante per il punto (0,1,0), che corrisponde al vertice del versore *J*;
- si individua il piano *xz* selezionando tre suoi punti, per esempio l'origine e i vertici del versori *I* e *K*;
- si costruisce la circonferenza *C* (Fig. 6.13), che rappresenta la Ruota, avente centro in L(0,0,1), raggio unitario e collocata nel piano *xz*;
- per evidenziare alcuni punti sulla circonferenza *C* si inscrive al suo interno un ottagono regolare (Fig. 6.14), avente il "primo" vertice coincidente con l'origine;
- per individuare le ombre dei punti individuati su *C*, cioè i vertici dell'ottagono, si tracciano le rette (Fig. 6.15) passanti per il vertice V e per ciascuno di questi punti;

- si costruisce l'intersezione di tali rette con il piano del terreno, che corrisponde all'ombra dei punti voluti (Fig. 6.16);
- si traccia la conica passante per cinque di questi punti ombra (Fig. 6.17) e si oss erva che tale conica passa anche per i restanti tre punti ombra.

Anche con la costruzione di questi pochi elementi è possibile procedere all'esplorazione delle diverse tipologie di ombre, che si possono ottenere al variare della posizione del vertice V lungo la retta r.

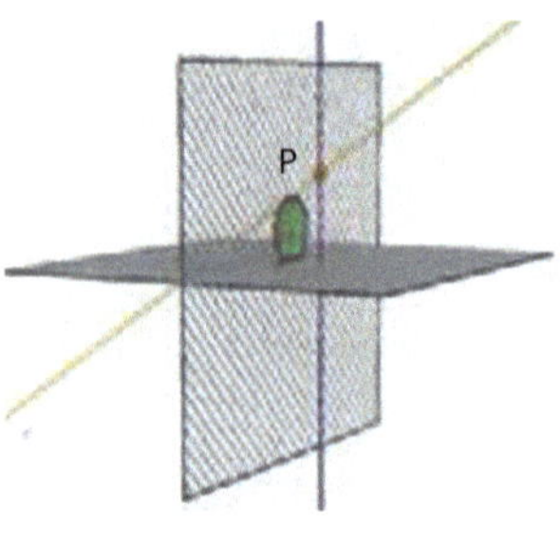

▲ **Figura 6.15** Raggio per un punto *P*

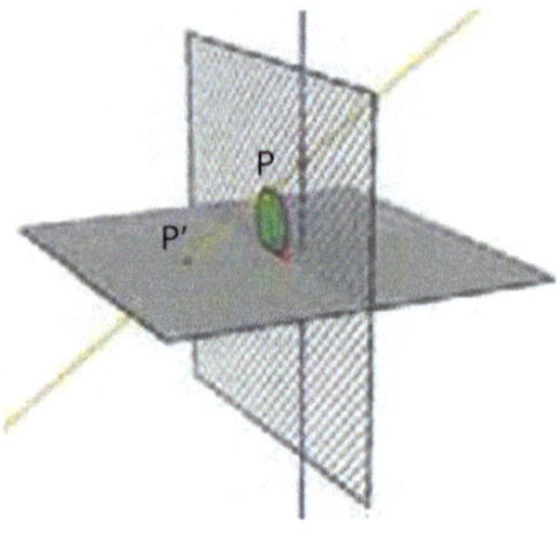

▲ **Figura 6.16** Ombra *P'* di *P*

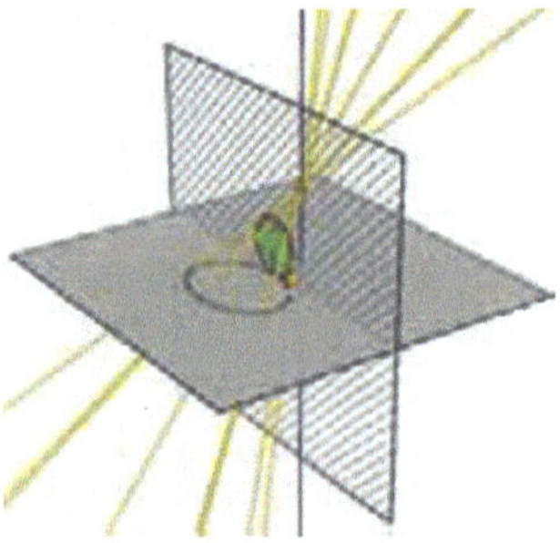

▲ **Figura 6.17** Ombra della Ruota

Costruzione dell'ombra proiettando tutti i punti della Ruota. Dopo aver costruito la sorgente luminosa che varia su una retta r e la circonferenza C che rappres enta la Ruota, occorre creare un cono di vertice V che si appoggia alla circonferenza C. A tal scopo si costruisce un piano p parallelo al piano xz e si proietta da V la circonferenza C sul piano p, ottenendo una nuova circonferenza C' che sarà la bas edel cono voluto.

- si traccia l'asse y come retta che pass aper i vertici del versore J e si sceglie un punto Q su di esso nel semiasse negativo;
- si costruisce un piano p passante per Q e perpendicolare all'asse y, quindi un piano parallelo al piano xz;
- si traccia l'asse z come retta che passa per i vertici del versore K;
- si interseca l'asse z con la circonferenza C, per individuare gli estremi D_1 e D_2 di un suo diametro (Fig. 6.18);
- si tracciano le rette r_1 ed r_2 passanti per V e per i due estremi del diametro;
- si individuano i punti di intersezione, P_1 e P_2 (Fig. 6.19), tra le rette r_1 ed r_2 e il piano p;
- si costruisce il punto R come punto medio del segmento P_1P_2 (corrisponde al centro della circonferenza C' e alla proiezione da V del punto L);
- si costruisce la circonferenza C' (Fig. 6.20) avente centro in R, raggio RP_1 e collocata nel piano p;

- si costruisce il cono avente base in *C'* e vertice in *V*: in tal modo il cono risulta tangente alla circonferenza *C* della Ruota (Fig. 6.21);
- l'ombra della Ruota si ottiene come intersezione di questo cono con il piano del terreno (Fig. 6.22);
- per migliorare la visualizzazione, si può nascondere il piano *p* e rendere più chiaro il piano *xz*.

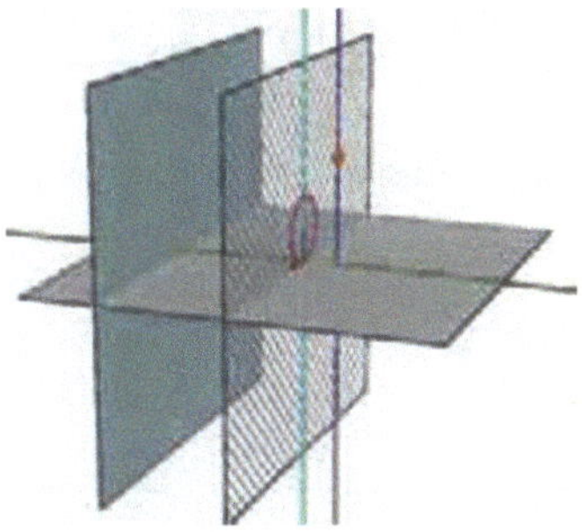

▲ **Figura 6.18** Piano *p*

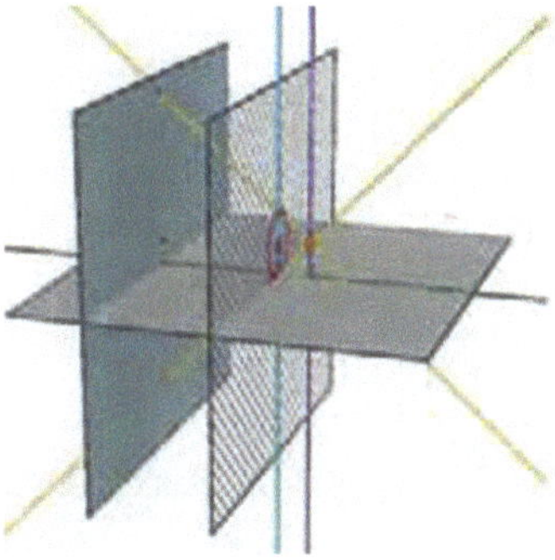

▲ **Figura 6.19** Proiezione dei vertici di un diametro

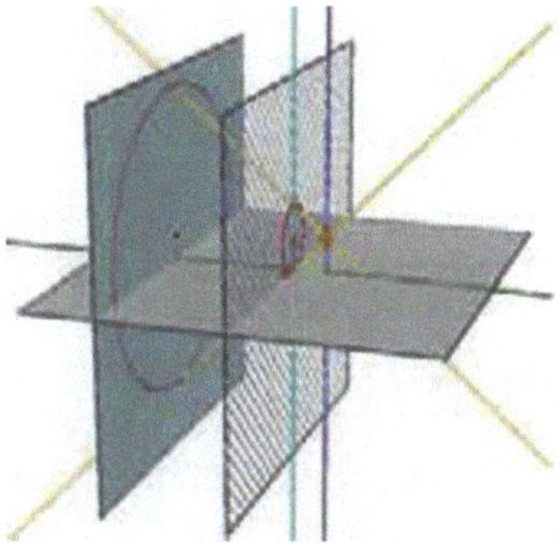

◂ **Figura 6.20** Circonferenza *C'*

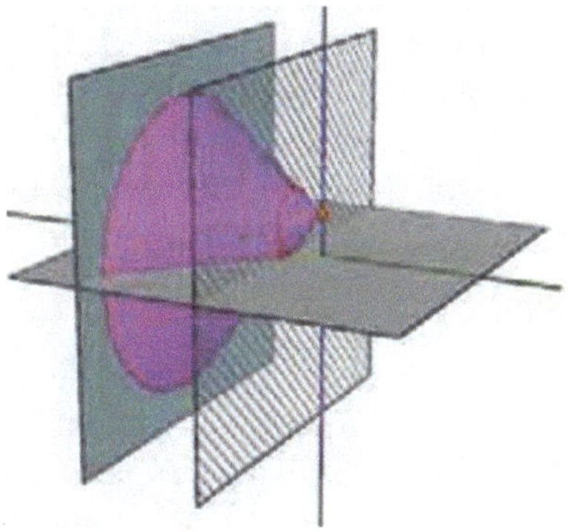

▲ **Figura 6.21** Cono che si appoggia alla Ruota

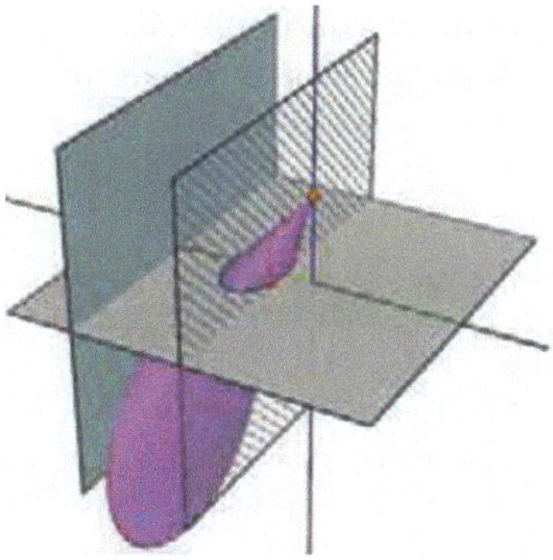

▲ **Figura 6.22** Ombra della Ruota

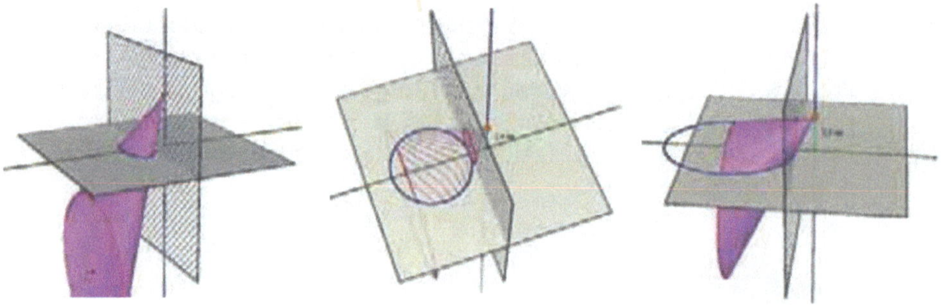

Ellisse con i fuochi sull'asse x Circonferenza ($k = 1+\sqrt{2}$) Ellisse con i fuochi sull'asse y

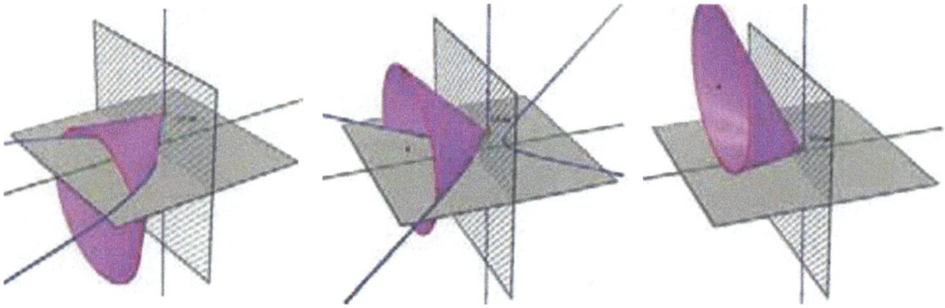

Parabola con asse di simmetria l'asse y Iperbole con i fuochi sull'asse y Caso degenere: asse y

▲ **Figura 6.23a** Esplorazioni dell'ombra della Ruota (altezza della sorgente non negativa). Le coniche soprastanti con $k>2$ hanno centro con ascissa negativa

Si possono osservare tutti i casi possibili per la forma dell'ombra della Ruota (Fig. 6.23), ricollegandosi allo studio algebrico della forma dell'ombra, svolto nel paragrafo precedente.
Per finire, si mostrano alcune "ombre" (Fig. 6.23b) non realizzabili concretamente con il modello delle ombre, in quanto la luce dovrebbe trovarsi al di sotto del piano delle ombre, mentre la Ruota è posizionata al di sopra, ma si possono trovare sia algebricamente sia con la simulazione informatica. Alcune animazioni più particolareggiate (Fig. 6.24), realizzate sempre con *Cabri 3D* e disponibili sulla piattaforma http://extras.springer.com, possono essere utili da mostrare agli studenti, ma risultano troppo laboriose da realizzare insieme a loro.

Costruzione dell'ombra solare della Ruota. Se invece si vuole rappresentare il caso delle ombre della Ruota formate da una sorgente luminosa posta a una distanza grandissima, come il caso del Sole, si può costruire un cilindro che si appoggi alla Ruota e abbia la direzione uguale a quella dei raggi solari. L'intersezione tra questo cilindro e il piano del terreno riproduce l'ombra

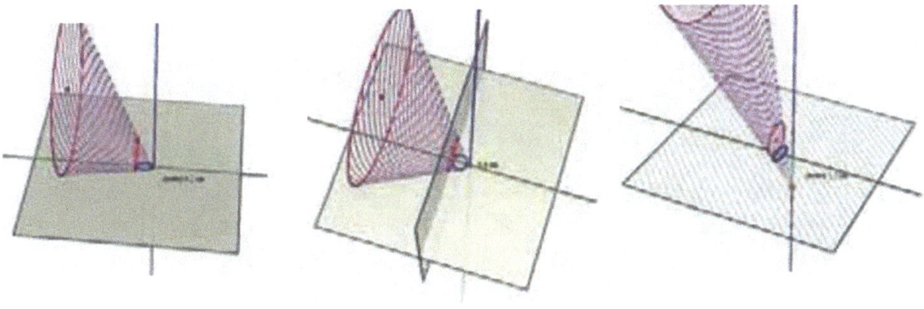

Ellisse con i fuochi sull'asse *y* Circonferenza ($k = 1 - \sqrt{2}$) Ellisse con i fuochi sull'asse *x*

▲ **Figura 6.23b** Esplorazioni dell'ombra della Ruota (coordinata della sorgente sull'asse *z* negativa). Tutte le tre coniche soprastanti hanno centro con ordinata positiva

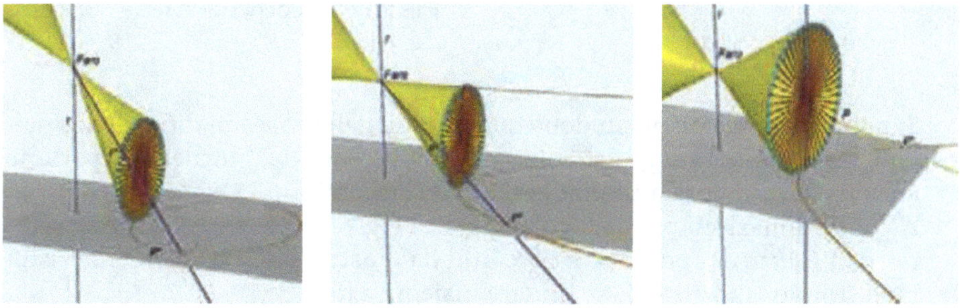

▲ **Figura 6.24** Ombra della ruota: ellisse, parabola, iperbole

della Ruota prodotta dal Sole. Si possono collegare i due casi (sorgente a distanza finita e sorgente a distanza infinita) riflettendo sul fatto che il cilindro può essere considerato come un cono con vertice posto all'infinito:

- si costruisce un punto *S* su una retta *t*, (Fig. 6.25) perpendicolare al piano di base e passante per un punto dell'asse *y*. La retta per *S* e per l'origine *O* fornirà la direzione dei raggi solari;
- si individua il piano *xz* selezionando tre suoi punti, per esempio l'origine e i vertici del versori *I* e *K*;
- si costruisce la circonferenza *C* (Fig. 6.13), che rappresenta la Ruota, avente centro L(0,0,1), raggio unitario e collocata nel piano *xz*;
- si costruisce la retta *r* passante per il punto *S* e l'origine *O*;
- si disegna il cilindro (Fig. 6.25) avente per base la circonferenza *C* e direzione individuata dalla retta *r*;
- l'ombra solare della Ruota (Fig. 6.26) si ottiene come intersezione di questo cilindro con il piano del terreno;
- per migliorare la visualizzazione si può modificare l'aspetto di alcuni oggetti.

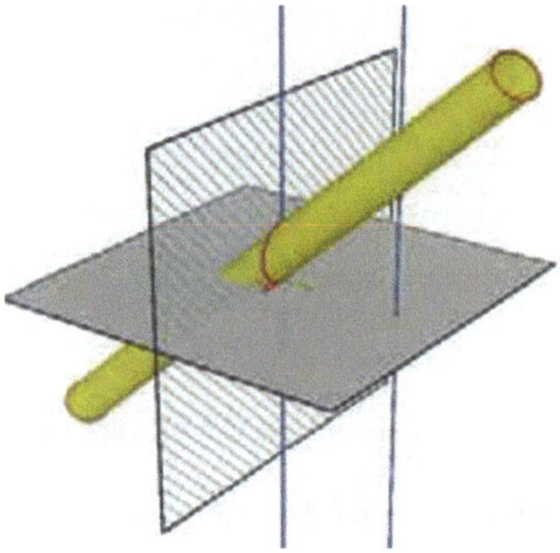

▲ Figura 6.25 Cilindro tangente alla Ruota

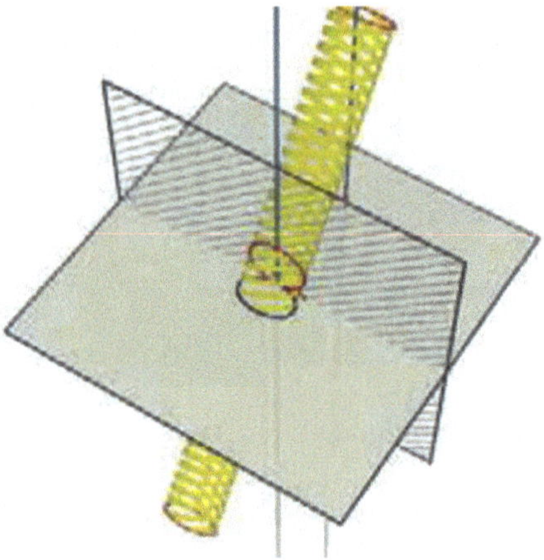

▲ Figura 6.26 Ombra solare della Ruota. Ellisse con i fuochi sull'asse *x*

Si può discutere con gli studenti sulla forma dell'ombra in dipendenza dall'inclinazione dei raggi del Sole nelle diverse ore del giorno; si riportano alcune curve-ombra a titolo di esempio (Fig. 6.27 – 6.28).
Alcune animazioni più particolareggiate (Fig. 6.29a, 6.29b), realizzate sempre con *Cabri 3D,* possono essere utili da mostrare agli studenti, ma risultano troppo laboriose da realizzare insieme a loro.

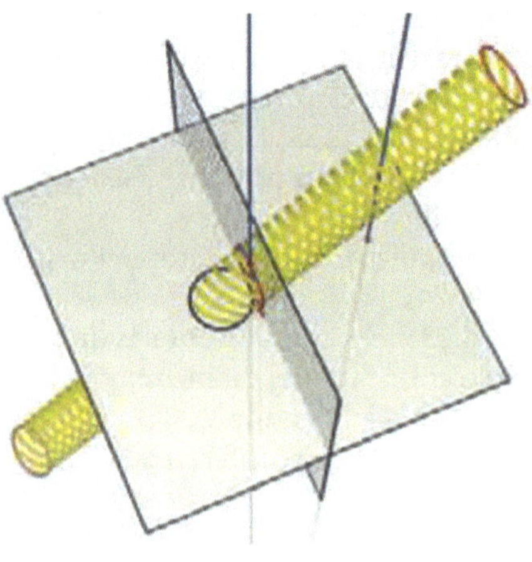

▲ Figura 6.27 Circonferenza quando i raggi sono inclinati di 45°

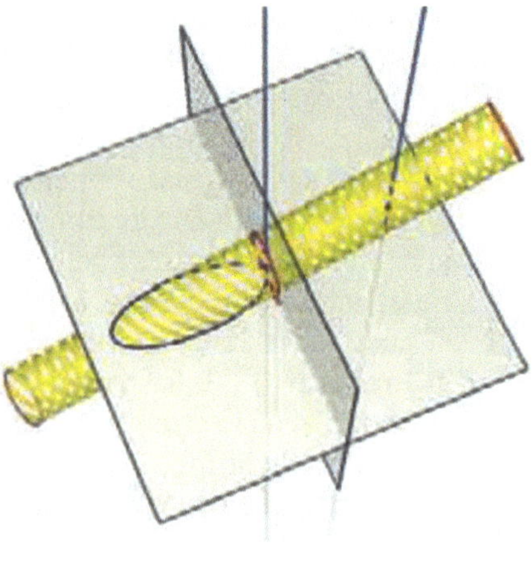

▲ Figura 6.28 Ellisse con i fuochi sull'asse y

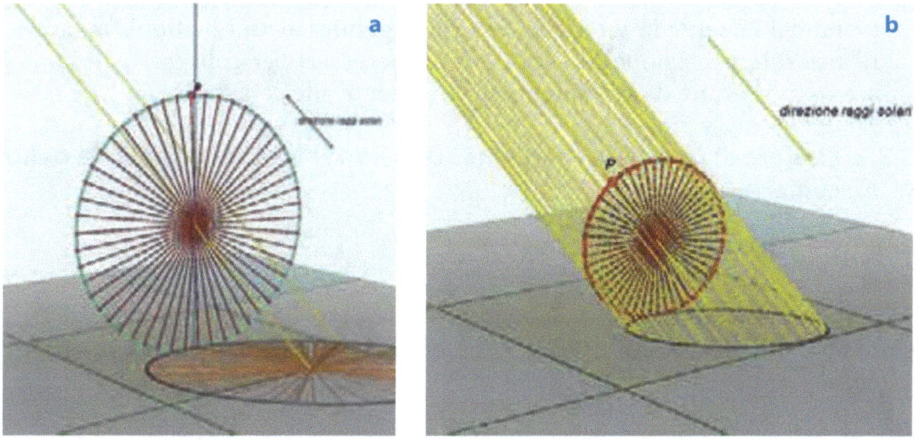

▲ **Figura 6.29 a** Ombra solare della Ruota; **b** proiezione parallela della Ruota

La modellizzazione nello studio delle ombre della Ruota. In questa unità didattica, si è operata una semplificazione della situazione reale e una sua descrizione in termini matematici. La Ruota e gli altri oggetti fisici significativi vengono tradotti in oggetti geometrici e matematizzati attraverso le loro equazioni analitiche. La ricerca dell'equazione delle ombre richiede un consistente lavoro di manipolazione algebrica, che permette una classificazione dettagliata di tutte le curve che si possono ottenere. Lo studio delle differenti tipologie di curve e delle loro specifiche caratteristiche (centro, fuochi, semiassi, eccentricità) permette di confrontare i risultati matematici con il modello reale, rappresentato, in primo luogo, dal modello delle ombre (nel paragrafo 4.3.3) e, in secondo luogo, dalla simulazione tridimensionale della situazione reale.

Da questo paragone, emerge che i risultati ottenuti con il modello matematico consentono di sottolineare anche alcune particolarità, che, solitamente, non emergono nell'esplorazione diretta del modello reale. Il processo di modellizzazione risulta "non lineare"[3] e richiede continui passaggi avanti-indietro tra le sue varie fasi.

Si ritiene che la simulazione al computer agevoli la comprensione della situazione reale e del funzionamento del modello meccanico delle ombre, perché si visualizzano il cono d'ombra e la sua intersezione con il

[3] R. Borromeo Ferri, Theoretical and empirical differentiations of phases in the modelling process, ZDM 2006 Vol. 38. In generale questi cicli di modellizzazione e la descrizione delle loro fasi sono "normativi" e sono da considerare come una modalità ideale di modellizzazione. Attraverso molte sperimentazioni si sa comunque che il processo di modellizzazione non si sviluppa in modo lineare.

piano del terreno; in tal modo vengono aggiunti alcuni mattoni "mancanti" nell'interpretazione della situazione, necessari per collegarsi alle conoscenze possedute dagli studenti relativamente alle coniche[4].

6.2.2 Le sfere di Dandelin con Cabri 3D, visione sintetica e analitica delle coniche

Indicazioni di lavoro per l'insegnante

Prerequisiti
Fondamenti di geometria dello spazio: punto, retta, piano, sfera, cono, sezioni coniche.

Strumenti e materiali
- lavagna;
- vari computer con software di geometria dinamica tridimensionale e bidimensionale (si sono utilizzati *Cabri 3D* e *Cabri II Plus*) e un videoproiettore.

Metodologia
2-3 ore impiegate come segue:
- il docente guida gli allievi nella ricostruzione individuale delle sezioni coniche e delle sfere di Dandelin nel caso dell'ellisse, parabola e iperbole;
- discussione matematica tra i vari gruppi, orchestrata dall'insegnante, relativa alla posizione delle sfere o della sfera.

Collocazione nel curriculum
L'attività può essere svolta in collegamento allo studio delle coniche per collegare la loro visione analitica, come luogo geometrico del piano, alla loro genesi spaziale.

Obiettivi
- applicare alcuni concetti di base della geometria dello spazio: punto, retta, piano, cono, sfera;
- applicare i primi elementi di un software di geometria dello spazio per realizzare la situazione proposta;
- affiancare la visione sintetica delle coniche a quella analitica;
- passare dalla visione spaziale di enti geometrici alla visione piana di loro sezioni e viceversa.

---

[4] Allo stesso modo, [Lingefjard, 2006] sottolinea come: "In questo tipo di apprendimento la Information Technology con il suo potere di produrre immagini grafiche, manipolare simboli, oggetti o numeri ha un ruolo importante come assistente tutor: illustrando i concetti matematici, incoraggiando le indagini dirette, agevolando la visualizzazione nell'esplorazione e nella trasformazione dei dati".

Osservazioni

Questa attività può diventare un momento di revisione successivo allo svolgimento del percorso didattico relativo alla Ruota (paragrafo 4.2) oppure può essere svolto anche da classi che non siano andate al parco ma vogliano affiancare il quadro sintetico e quello analitico relativamente alle coniche. Il teorema di Dandelin, illustrato nel paragrafo 4.1.5, può aiutare nel superare la discontinuità che si può creare fra le due visioni.

Costruzione delle sfere di Dandelin nel caso dell'ellisse

1. *Costruzione delle sezioni di un cono (ellisse)*

Nel paragrafo 4.1.5 è riportato il teorema di Dandelin che permette di passare dalla definizione delle coniche data da Apollonio di Perga (sezioni piane di un cono) alla loro definizione come luoghi geometrici del piano. Si riportano ora i passi della costruzione delle sfere di Dandelin nel caso dell'ellisse, con l'ausilio di *Cabri 3D* o programma analogo (Fig. 6.30):

- si costruisce una circonferenza γ di centro C nel piano di riferimento (e si nasconde il punto costruito sulla circonferenza);
- si costruisce la retta z perpendicolare al piano di base passante per il centro C della circonferenza;
- si costruisce un punto V sulla retta z;
- si costruisce un cono circolare retto definito dalla circonferenza γ e dal vertice V;
- si costruisce un punto P sulla circonferenza γ;
- si disegna la retta r, passante per V e P, che rappresenta una generatrice del cono;
- si costruisce la retta r' simmetrica della retta r rispetto all'asse z del cono;
- si costruisce un punto A sulla generatrice r' e un punto B sulla generatrice r e la retta a passante per A e B;
- si costruisce il piano β definito dalle rette r ed r';
- si costruisce la retta n perpendicolare al piano β, passante per il punto A;
- si costruisce il piano α definito dalla retta n e dalla retta AB;
- si interseca il piano α con il cono, si ottiene una conica; il software rileva che si tratta di un'ellisse, di asse maggiore il segmento AB.

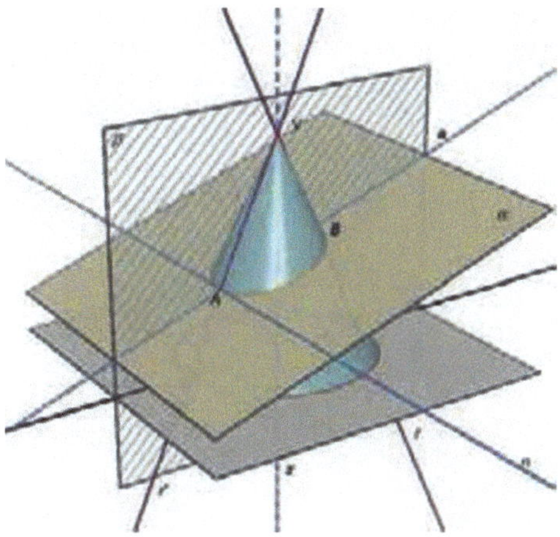

Figura 6.30 Piano secante a un cono

2. *Analisi nel piano della posizione delle sfere di Dandelin nel caso dell'ellisse*
Per de terminare i fuochi della conica ottenuta ci si può ricondurre a ragionare nel piano β che contiene le due generatrici *r* ed *r'* del cono e la retta *a* (Fig. 6.31, ottenuta nascondendo il piano α e il cono).

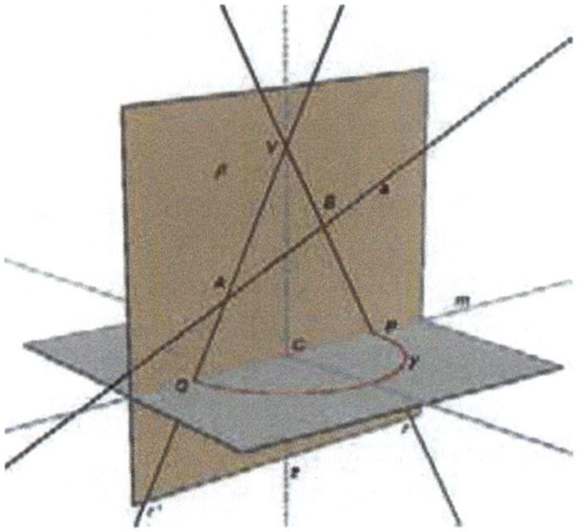

◂ **Figura 6.31** Visione nel piano β

A questo punto il procedimento si potrebbe svolgere soltanto nel piano β. Si possono quindi riprodurre gli elementi presenti nel piano β mediante un software di geometria piana - per esempio *Cabri II Plus* (Fig. 6.32) - in modo da rendere più snello lo schema.

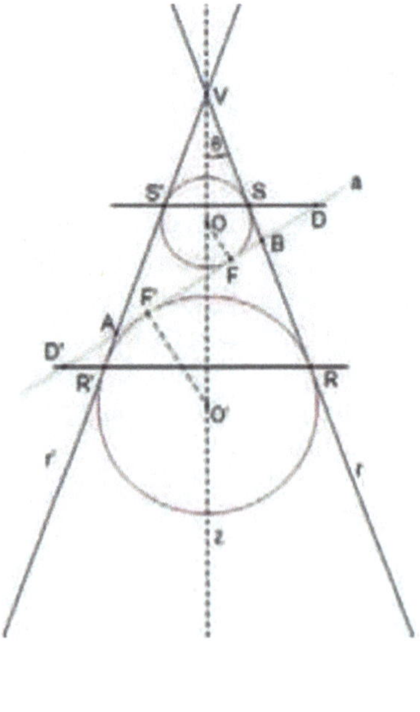

◂ **Figura 6.32** Caso dell'ellisse

Nella Fig. 6.32 la retta *a* è la proiezione ortogonale del piano secante α sul piano β della figura. I punti *A* e *B* sono i vertici dell'ellisse appartenenti al suo asse maggiore.
Per individuare i fuochi *F* ed *F'* dell'ellisse occorre inizialmente determinare i punti *O* e *O'* che sono i centri delle circonferenze tangenti alle generatrici del cono e alla retta *a*. Il punto *O* e il punto *O'* sono rispettivamente l'incentro del triangolo *ABV* e l'ex-incentro relativo al lato *AB* del triangolo *ABV*.
La costruzione nel piano procede tracciando la bisettrice dell'angolo *ABV* e successivamente intersecando questa bisettrice con l'asse *z* del cono; si ot tiene il punto *O*, che è il centro della prima sfera di Dandelin. Il fuoco *F* si ottiene mandando la perpendicolare per *O* alla retta *a* e intersecando questa perpendicolare con la retta *a;* si traccia la circonferenza di centro *O* e passante per *F*. Analogamente, si traccia la bisettrice dell'angolo esterno in *B* al triangolo *ABV* e successivamente intersecando questa bisettrice con l'asse *z* del cono; si ottiene il punto *O'*, che è il centro della seconda sfera di Dandelin. Il fuoco *F'* si ottiene mandando la perpendicolare da *O'* alla retta *a* e intersecando questa perpendicolare con la retta *a;* si traccia la circonferenza di centro *O'* e passante per *F'*.

Nella Fig. 6.32 i punti *S*, *S'* ed *R*, *R'* sono rispettivamente i punti di tangenza tra le circonferenze di centro *O* e di centro *O'* con le rette *r* ed *r'* generatrici del cono.
Per dimostrare che $SR \cong AB$ basta osservare che $BS \cong BF$ (perché segmenti di tangente condotti dal punto *B* alla stessa circonferenza di centro O) e che $BR \cong BF'$ (perché segmenti di tangente condotti dal punto *B* alla stessa circonferenza di centro O'). Sommando termine a termine e osservando, con proprietà analoghe, che $BF' \cong AF$ [5], si ottiene:

$$\overline{SR} = \overline{BS} + \overline{BR} = \overline{BF} + \overline{BF'} = \overline{BF} + \overline{AF} = \overline{AB}\,.$$

[5] Risulta che $AR' \cong AF'$ (perché segmenti di tangente condotti dal punto *A* alla stessa circonferenza di centro O'), $AF \cong AS'$ (perché segmenti di tangente condotti dal punto *A* alla stessa circonferenza di centro O), da cui

$$\overline{S'R'} = \overline{AR'} + \overline{AS'} = \overline{AF} + \overline{AF'} \quad \text{ed} \quad \overline{S'R'} = \overline{SR} = \overline{BF} + \overline{BF'}.$$

quindi

$$\overline{AF} + \overline{AF'} = \overline{BF} + \overline{BF'}.\ 2\cdot\overline{AF'} + \overline{FF'} = 2\cdot\overline{BF} + \overline{FF'}.$$

infine

$$\overline{AF'} = \overline{BF} \quad \text{e} \quad \overline{AF} = \overline{BF'}.$$

3. *Costruzione delle sfere di Dandelin nello spazio nel caso dell'ellisse*
Rimanendo esclusivamente nell'ambiente *Cabri 3D*, occorre disegnare il piano bisettore del diedro definito dai punti (nell'ordine) V, B, A e intersecare questo piano con l'asse del cono. Si ottiene in questo modo il punto O, che è il centro della prima sfera di Dandelin. Dal punto O si manda la perpendicolare al piano α, il suo piede fornisce il fuoco F dell'ellisse. Si disegna inf ine la sfera di centro O passante per F.
Analogamente si disegna il piano bisettore del diedro definito dai punti (nell'ordine) A, B e un altro punto sulla retta r dalla parte opposta di V rispetto a B. Intersecando questo piano con l'asse del cono si ottiene il punto O', centro della seconda sfera di Dandelin. Dal punto O' si manda la retta perpendicolare al piano α e intersecando questa retta con il piano α si ottiene il fuoco F' dell'ellisse. Si disegna infine la sfera di centro O' passante per F'.
In definitiva, si sono ottenute le sfere, inscritte nel cono, rispettivamente tangenti al piano α nei fuochi F ed F' dell'ellisse (Fig. 6.33, ottenuta nascondendo la superficie del cono e il piano β e aggiungendo le circonferenze di contatto tra le sfere e la superficie del cono).

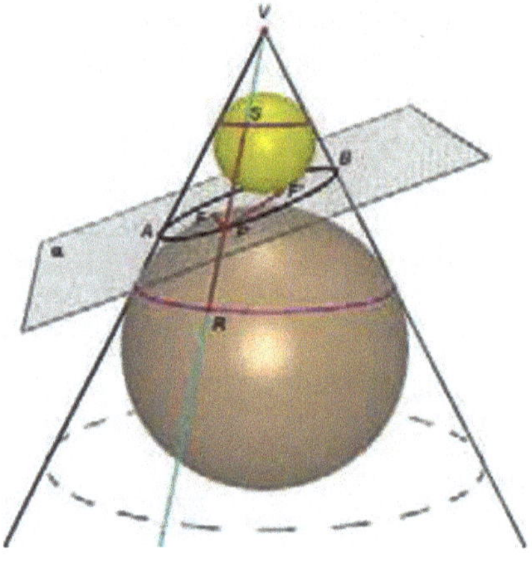

Figura 6.33 Sfere di Dandelin nel caso dell'ellisse

Si dimostra che la conica ottenuta è un'ellisse. Si considera un generico punto P appartenente alla conica (Fig. 6.33) e si traccia la retta generatrice del cono passante per P (oltre che per V). Questa retta interseca le circonferenze di tangenza tra il cono e le sfere di Dandelin rispettivamente nei punti R ed S.
Si ha $PR \cong PF$ (perché PR e PF sono segmenti di tangente condotti dal punto P alla sfera di Dandelin di centro O'). Si ha inoltre $PS \cong PF'$ (perché PS e PF' sono segmenti di tangente condotti dal punto P alla sfera di Dandelin di centro O). Quindi

$$\overline{PF} + \overline{PF'} = \overline{PR} + \overline{PS} = \overline{RS} = costante$$ [6].

Quest'ultima relazione dimostra che la conica ottenuta è un'ellisse. Spostando i punti A e B si può ottenere che $F=F'$; in questo caso l'ellisse è una circonferenza e le sfere di Dandelin sono tra loro tangenti nel centro della circonferenza.

Costruzione delle sfere di Dandelin nel caso dell'iperbole

1. *Costruzione delle sezioni di un cono (iperbole)*
   Si riportano ora i passi della costruzione delle sfere di Dandelin nel caso dell'iperbole, con l'ausilio di *Cabri 3D* o programma analogo (Fig. 6.34). In questo caso, a differenza dell'ellisse, occorre disegnare un doppio cono a forma di clessidra:
   - si costruisce una circonferenza γ di centro C nel piano di riferimento (e si nasconde il punto costruito sulla circonferenza);
   - si costruisce la retta z perpendicolare al piano di base passante per il centro C della circonferenza;
   - si costruisce un punto V sulla retta z;
   - si costruisce un cono circolare retto definito dalla circonferenza γ e dal vertice V;
   - si costruisce il cono simmetrico di quello precedente rispetto al vertice V; otteniamo così un doppio cono, formato da due coni opposti al vertice (detti "falde");
   - si costruisce un punto P sulla circonferenza γ;
   - si disegna la retta r, passante per V e P, che rappresenta una generatrice del cono;
   - si costruisce la retta r' simmetrica della retta r rispetto all'asse z del cono;
   - si costruisce un punto A sulla generatrice r' e un punto B sulla generatrice r (A e B non appartengono alla stessa f ἀda del doppio cono) e la retta a passante per A e B;
   - si costruisce il piano β definito dalle rette r ed r';
   - si costruisce la retta n perpendicolare al piano β, passante per il punto B;
   - si costruisce il piano α definito dalla retta n e dalla retta AB;
   - si interseca il piano α con il cono; si ottiene una conica e il software rileva che si tratta di un'iperbole, di ass etrasverso la retta AB.

[6] RS è il segmento di generatrice individuato dalle due circonferenze di tangenza tra le sfere di Dandelin e il cono.

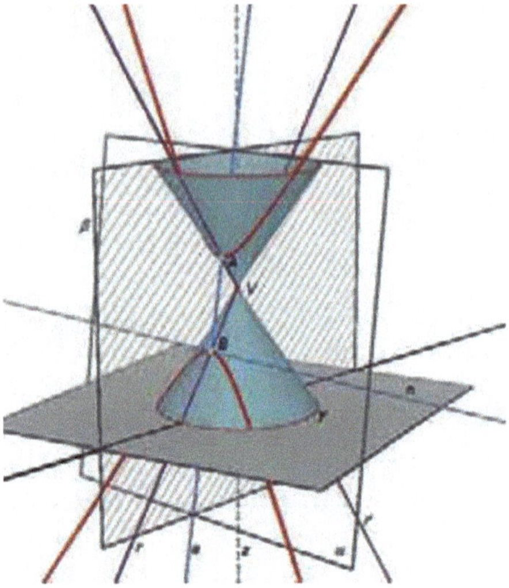

Figura 6.34 Piano secante a un doppio cono (iperbole)

2. *Analisi nel piano della posizione delle sfere di Dandelin (nel caso dell'iperbole)*
Per determinare i fuochi della conica ottenuta ci si riconduce di nuovo a ragionare nel piano β che contiene le due generatrici r ed r' del cono e la retta a (Fig. 6.35, ottenuta nascondendo il piano α e il cono).

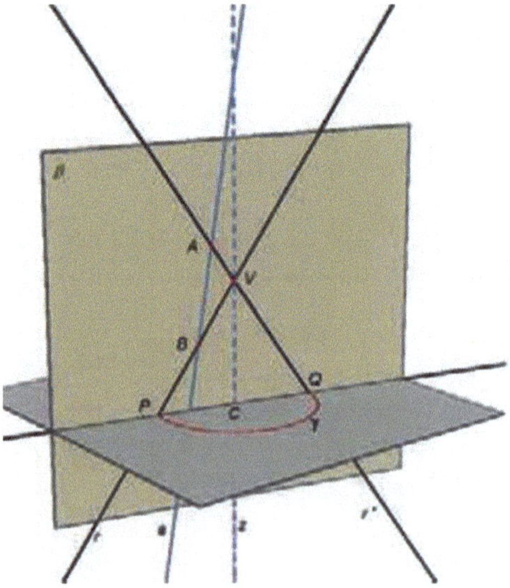

Figura 6.35 Visione sul piano β

A questo punto si prende in considerazione soltanto il piano β e si disegnano gli elementi presenti nel piano β mediante un software di geometria piana - per esempio *Cabri I I Plus* (Fig. 6.36).

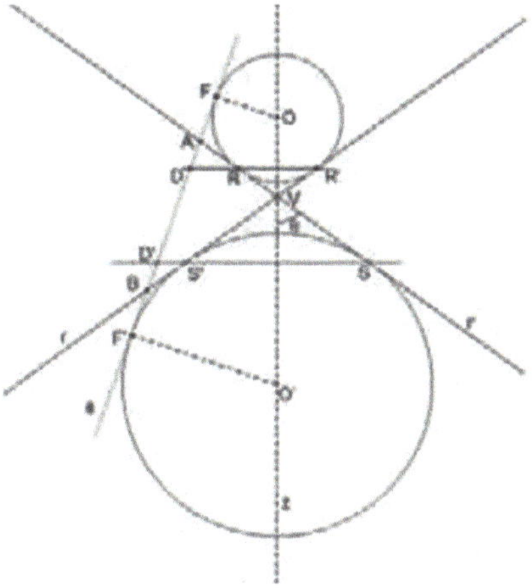

Figura 6.36 Caso dell'iperbole

Nella Fig. 6.36 la retta *a* è la proiezione ortogonale del piano secante α sul piano β della figura. I punti *A* e *B* sono i vertici dell'iperbole.
Per individuare i fuochi *F* ed *F'* occorre inizialmente determinare i punti *O* e *O'* che sono i centri delle circonferenze tangenti alle generatrici del cono e alla retta *a*. Il punto *O* e il punto *O'* sono rispettivamente gli ex-incentri del triangolo *ABV* relativi ai lati *VA* e *VB*.
La costruzione nel piano procede tracciando la bisettrice dell'angolo esterno in *A* del triangolo *ABV* e successivamente intersecando questa bisettrice con l'asse *z* del cono; si ottiene il punto *O*, che è il centro della prima sfera di Dandelin. Il fuoco *F* si ottiene mandando la perpendicolare per *O* alla retta *a* e intersecando questa perpendicolare con la retta *a;* si traccia la circonferenza di centro *O* e passante per *F*. Analogamente, si traccia la bisettrice dell'angolo esterno in *B* al triangolo *ABV* e successivamente intersecando questa bisettrice con l'asse *z* del cono; si ottiene il punto *O'*, che è il centro della seconda sfera di Dandelin. Il fuoco *F'* si ottiene mandando la perpendicolare da *O'* alla retta *a* e intersecando questa perpendicolare con la retta *a;* si traccia la circonferenza di centro *O'* e passante per *F'*.
Nella Fig. 6.36 i punti *R*, *R'* ed *S*, *S'* sono rispettivamente i punti di tangenza tra le c ṙconferenze di centro *O* e di centro *O'* con le rette *r'* ed *r* generatrici del cono.
Si propone agli allievi di dimostrare che $RS \cong AB$. Per questo occorre osservare che $BF \cong BR'$ (perché segmenti di tangente condotti dal punto *B* alla stessa circonferenza di centro O), che $AR \cong AF$ (perché segmenti di tangente condotti dal punto *A* alla stessa circonferenza di centro O) e infine che $BF' \cong AF$ ragionando in maniera similare a quanto svolto nel caso precedente dell'ellisse.

3. *Costruzione delle sfere di Dandelin nello spazio nel caso dell'iperbole*
Rimanendo esclusivamente nell'ambiente *Cabri 3D*, occorre disegnare il piano bisettore del diedro definito dai punti (nell'ordine) *V*, *A* e da un altro

punto della retta *a*, situato dalla parte opposta di *B* rispetto ad *A*. Si interseca questo piano con l'asse del cono; si ottiene in questo modo il punto *O*, che è il centro della prima sfera di Dandelin. Dal punto *O* si manda la perpendicolare al piano *a* e si ottiene il fuoco *F* dell'iperbole. Si disegna infine la sfera di centro *O* passante per *F*.
Analogamente si costruisce il piano bisettore del diedro definito dai punti (nell'ordine) *V*, *B* e da un altro punto sulla retta *r*, situato dalla parte opposta di *A* rispetto a *B*. Intersecando questo piano con l'asse del cono si ottiene il punto *O'*, centro della seconda sfera di Dandelin. Dal punto *O'* si manda la retta perpendicolare al piano α e intersecando questa retta con il piano α si ottiene il fuoco *F'* dell'iperbole. Si disegna infine la sfera di centro *O'* passante per *F'*.
In definitiva, si sono ottenute le sfere, inscritte nel cono, rispettivamente tangenti al piano α nei fuochi *F* ed *F'* dell'iperbole (si veda la Fig. 6.37, ottenuta nascondendo la superficie del cono e aggiungendo le circonferenze di contatto tra le sfere e la superficie del cono).

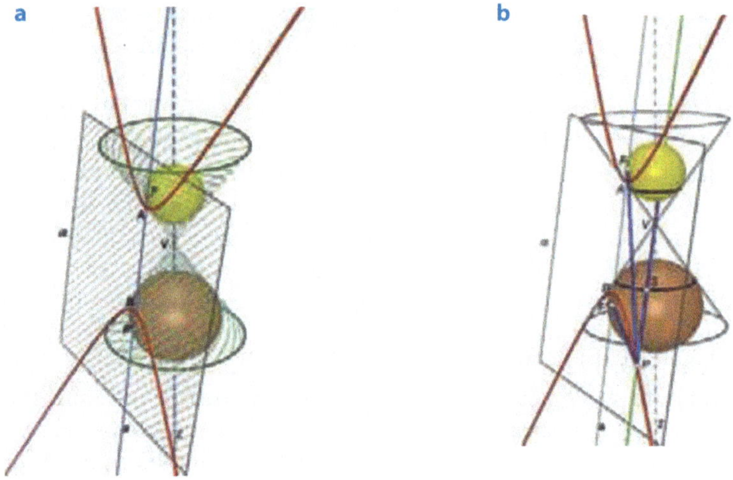

▲ **Figura 6.37 a** Sfere di Dandelin nel caso dell'iperbole; **b** sfere di Dandelin e punto sull'iperbole

Si può dimostrare che effettivamente la conica ottenuta è un'iperbole. Si considera un generico punto *P* appartenente alla conica e si traccia la retta generatrice del cono passante per *P* (oltre che per *V*). Questa retta interseca le circonferenze di tangenza tra il cono e le sfere di Dandelin rispettivamente nei punti *R* ed *S*.
Si ha $PR \cong PF$ (perché segmenti di tangente condotti dal punto *P* alla sfera di Dandelin di centro *O'*). Si ha inoltre $PS \cong PF'$ (perché segmenti di tangente condotti dal punto *P* alla sfera di Dandelin di centro *O*). Quindi

$$\overline{PF} - \overline{PF'} = \overline{PR} - \overline{PS} = \overline{RS} = costante^{7}.$$

Analogamente si procede se il punto P appartiene all'altro ramo dell'iperbole, in cui $PF' > PF$.
La relazione trovata dimostra che la conica ottenuta è un'iperbole.

Costruzione della sfera di Dandelin nel caso della parabola

1. *Costruzione delle sezioni di un cono (parabola)*
Si riportano di seguito i passi della costruzione della sfera di Dandelin nel caso della parabola, con l'ausilio di *Cabri 3D* o programma analogo (Fig. 6.38):
- si costruisce sul piano di riferimento una retta z (asse del cono) e un punto V su tale retta;
- si costruisce una circonferenza γ di centro C appartenente alla retta z e appartenente a un piano per C e perpendicolare alla retta stessa; per realizzare tale circonferenza cioè "una circonferenza attorno alla retta z" (senza dover specificare il piano a cui appartiene) si può indicare la retta voluta e poi allontanandosi con il mouse si crea la circonferenza cercata;
- si costruisce un punto P appartenente alla circonferenza γ;
- si costruisce la retta r (generatrice del cono) definita dai punti P e V;
- si costruisce la retta r' simmetrica di r rispetto all'asse z del cono;
- si costruisce il cono definito dalla circonferenza γ e dal punto V;
- si costruisce nel piano di riferimento xy la retta n perpendicolare alla retta r e passante per V;
- si costruisce la retta s perpendicolare al piano di base e passante per V (e nascondere il piano di base);
- si costruisce sulla retta s un punto M;
- si costruisce la retta a passante per M e parallela alla retta r;
- si costruisce la retta m passante per M e parallela alla retta n;
- si costruisce il piano α definito dalle rette a ed m;
- si interseca il piano α con il cono; si ottiene una conica che il software rileva essere una parabola.

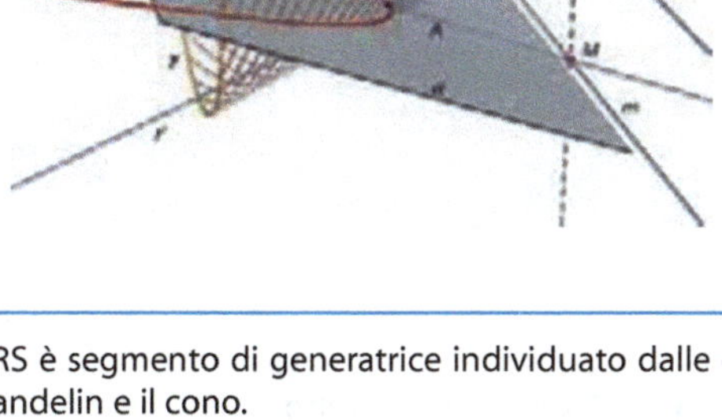

◂ **Figura 6.38** Piano secante a un cono (parabola)

[7] RS è segmento di generatrice individuato dalle due circonferenze di tangenza tra le sfere di Dandelin e il cono.

2. *Analisi nel piano della posizione della sfera di Dandelin (nel caso della parabola)*
Per de ėrminare il fuoco della parabola ci si riconduce a ragionare nel piano β che contiene le due generatrici r ed r' del cono e la retta a (Fig. 6.39, ottenuta nascondendo il cono).

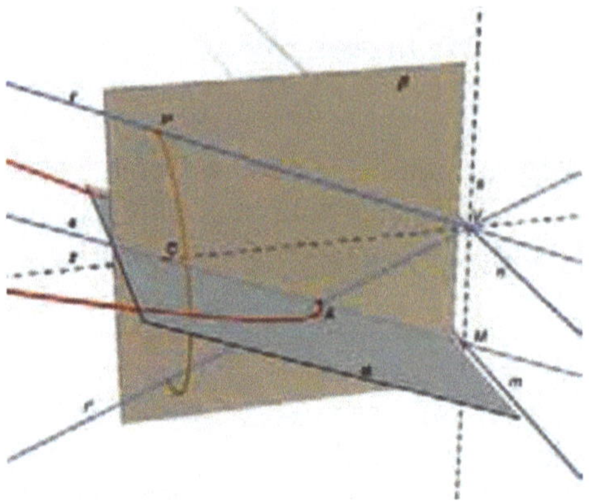

◂ **Figura 6.39** Visione sul piano β

A questo punto si prende in considerazione soltanto il piano β e si disegnano gli elementi presenti nel piano β mediante un software di geometria piana – per esempio *Cabri I I Ᵽus*. Nella Fig. 6.40 la retta a è l'asse della parabola; questa retta è parallela ad r e interseca la generatrice r' nel punto A, che è il vertice della parabola.
Per determinare il fuoco F occorre trovare il centro O della circonferenza tangente alla generatrice r, al segmento AV e alla retta a; quindi il punto O corrisponde al punto di intersezione tra l'asse del cono e la bisettrice dell'angolo determinato da V, A e da un punto sulla retta a (interno al cono). Il fuoco F si ottiene mandando la perpendicolare per O alla retta a e intersecando questa perpendicolare con la retta a; si traccia la circonferenza di centro O e passante per F.

Il punto F è il punto di contatto tra la circonferenza tracciata e la retta a. I punti R, R' sono i punti di tangenza tra la circonferenza di centro O e le generatrici r ed r' del cono. Il punto D è il punto di intersezione tra la retta a e la retta RR'. La retta d perpendicolare al piano β e passante per il punto D è la direttrice della parabola.

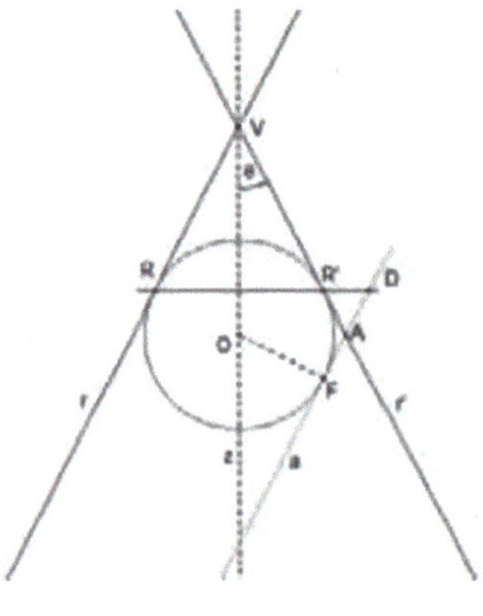

◂ **Figura 6.40** Caso della parabola

3. *Costruzione della sfera di Dandelin nello spazio (nel caso della parabola)*
Rimanendo esclusivamente nell'ambiente *Cabri 3D*, occorre disegnare il piano bisettore del diedro definito dai punti (nell'ordine) V, A e da un altro punto della retta a (interno al cono). Si interseca tale piano con l'asse del cono e si ottiene il punto O, che è il centro della sfera di Dandelin. La retta passante per O e perpendicolare al piano α lo incontra nel punto F, fuoco della parabola. Si disegna la sfera di centro O passante per F.
Si vuole ora tracciare la direttrice d della parabola; si traccia il punto L simmetrico del fuoco F rispetto al vertice A della parabola, il punto L apparterrà alla direttrice cercata. Si traccia il piano passante per L e perpendicolare all'asse z del cono; questo piano interseca il piano α lungo la direttrice d mentre interseca la sfera lungo la circonferenza di contatto tra cono e sfera. La Fig. 6.41 mostra la costruzione finale ottenuta.

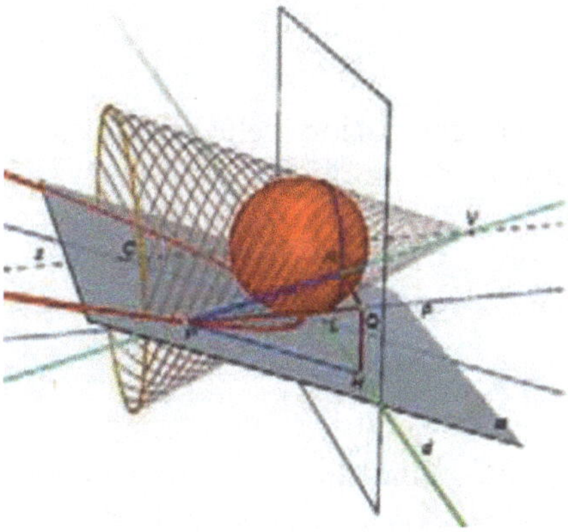

◂ **Figura 6.41** Sfera di Dandelin nel caso della parabola

Si dimostra che la conica ottenuta è una parabola, si considera un generico punto P appartenente alla conica e si traccia la retta generatrice del cono passante per P (oltre che per V). Questa retta interseca la circonferenza di tangenza tra il cono e la sfera di Dandelin nel punto R. Si osserva che $PF \cong PR$, perché segmenti di tangenti condotte dal punto P alla sfera. Chiamato H il piede della perpendicolare condotto da P, nel piano α, alla direttrice, si prova che $PR \cong PH$. A tal scopo si considera il piano che contiene la circonferenza di tangenza tra il cono e la sfera di Dandelin; dal punto P si manda la perpendicolare p a tale piano che lo interseca nel punto Q. Tale retta p risulta quindi parallela all'asse z del cono. Si considerano i triangoli rettangoli PQR e PQH: questi risultano isometrici perché hanno il cateto PQ in comune e l'angolo QPR è congruente all'angolo QPH in quanto congruenti alla metà dell'angolo di apertura del cono.
Quindi segue che $PR \cong PH$, inoltre poiché si è osservato che $PF \cong PR$, si conclude che per ogni punto della conica si ha $PF \cong PH$; pertanto la conica è una parabola.

6.2.3 Alcune costruzioni delle coniche come luoghi geometrici con l'ausilio di Cabri II Plus

Indicazioni di lavoro per l'insegnante

Prerequisiti
- fondamenti di geometria analitica piana;
- sezioni coniche.

Strumenti e materiali
- lavagna;
- computer con software di geometria dinamica piana (come *Cabri* II *Plus*, *GeoGebra* o analoghi; si è utilizzato *Cabri* II *Plus*) e videoproiettore;
- riga e compasso, carta.

Metodologia
3 ore impiegate come segue:
- il docente guida gli allievi nell'esecuzione di costruzioni relative alle coniche con l'ausilio di *Cabri* II *Plus*; esplorazione autonoma delle curve al variare dei parametri da cui dipendono;
- discussione matematica tra i vari gruppi orchestrata dall'insegnante: riproduzione di alcune costruzioni con riga e compasso e dimostrazione della loro validità.

Collocazione nel curriculum
Svolgere le costruzioni delle coniche in parallelo alla trattazione teorica dell'argomento.

Obiettivi
- riflettere sulle definizioni/proprietà fondamentali delle coniche;
- distinguere fra grandezze dipendenti/indipendenti in una costruzione geometrica
- dimostrare la validità di una costruzione geometrica.

Osservazioni
L'insegnante può scegliere, secondo le sue esigenze, quali parti delle attività proposte realizzare: se concentrarsi su un'unica conica e mostrare costruzioni diverse che realizzano lo stesso luogo, o mostrare una sola costruzione per ciascuna delle coniche.

Percorso per la costruzione di coniche con Cabri II Plus e altri strumenti

1. *Costruzione di ellisse e iperbole noti la distanza focale e l'asse maggiore (o anche data una circonferenza e un punto)*

Si vuole costruire un'ellisse avente distanza focale assegnata pari a $2c$ e asse maggiore noto di lunghezza $2a$; quindi occorre che $2c<2a$:

- si disegna una circonferenza C di centro un punto F_1 e raggio pari all'asse maggiore richiesto;
- si considera un punto F_2 interno alla circonferenza C, che dista da F_1 di una quantità pari a $2c$; in tal modo si riflette con gli studenti sul fatto che viene assicurato che sia $c < a$;
- si prende un punto A sulla circonferenza C;
- si definisce il punto P di intersezione tra la retta AF_1 e l'asse del segmento AF_2;
- il punto P, al variare di A sulla circonferenza C, descrive un'ellisse di fuochi F_1 e F_2 (Fig. 6.42) e con asse maggiore $2a$ pari al raggio della circonferenza C;
- per rendere più visibile la curva è stato cambiato lo spessore del tratto.

Se il punto P sta sulla curva, si ha infatti:

$$\overline{AF_1} = \overline{AP} + \overline{PF_1} = \overline{PF_2} + \overline{PF_1} = \text{costante}.$$

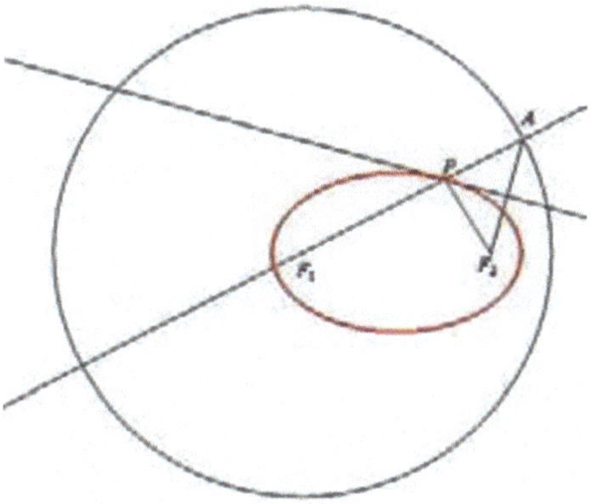

Figura 6.42 Costruzione di un'ellisse noti distanza focale e asse maggiore

Si può osservare che l'asse r del segmento AF_2 è tangente all'ellisse nel punto P; per dimostrarlo si considera un punto P' (Fig. 6.43) dell'asse r, diverso da P, e lo si congiunge con i fuochi dell'ellisse. Nel triangolo, si ha:

$$\overline{P'F_1} + \overline{P'A} > \overline{AF_1}$$

e osservando che

$$\overline{P'A} = \overline{P'F_2}$$

$$\overline{P'F_1} + \overline{P'F_2} > \overline{AF_1}$$

e quindi

$$\overline{P'F_1} + \overline{P'F_2} > \overline{PF_1} + \overline{PF_2}.$$

Pertanto il punto *P'* è esterno all'ellisse. Quindi l'unico punto di *r* in comune con l'ellisse è il punto *P;* se ne deduce che la retta *r* è tangente all'ellisse nel punto *P.*

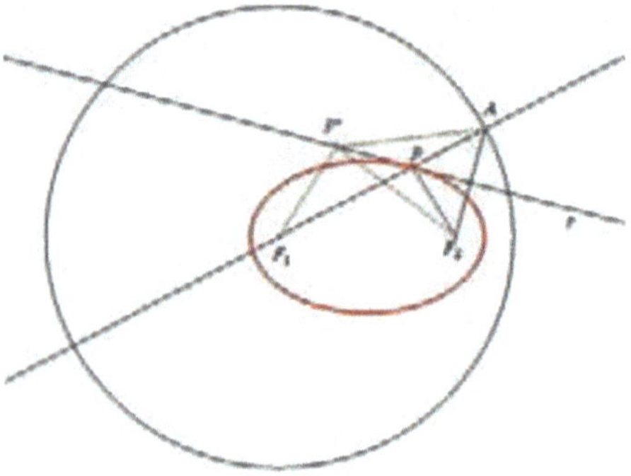

Figura 6.43 L'asse di AF_2 è tangente all'ellisse nel punto P

Se si trascina il punto F_2 all'esterno della circonferenza, che corrisponde ad assegnare $2c > 2a$, la curva che si ottiene è un iperbole. Per ripetere la costruzione:

- si disegna una circonferenza di centro un punto F_1 e raggio pari a $2a$;
- si definisce un punto F_2 esterno alla circonferenza a una distanza $2c$ da F_1;
- si considera un punto A sulla circonferenza;
- si traccia la retta AF_1 e l'asse r del segmento AF_2;
- si definisce il punto P di intersezione tra la retta AF_1 e l'asse r del segmento AF_2;
- il punto P, al variare di A sulla circonferenza C, descrive un'iperbole di fuochi F_1 e F_2 (Fig. 6.44) e con asse maggiore $2a$ pari al raggio della circonferenza C.

Se il punto P sta sulla curva, si ha infatti:

$$\overline{AF_1} = \overline{PF_1} - \overline{PA} = \overline{PF_1} - \overline{PF_2} = \text{costante}.$$

In generale si ha

$$\overline{AF_1} = \left|\overline{PF_1} - \overline{PF_2}\right| = \text{costante}.$$

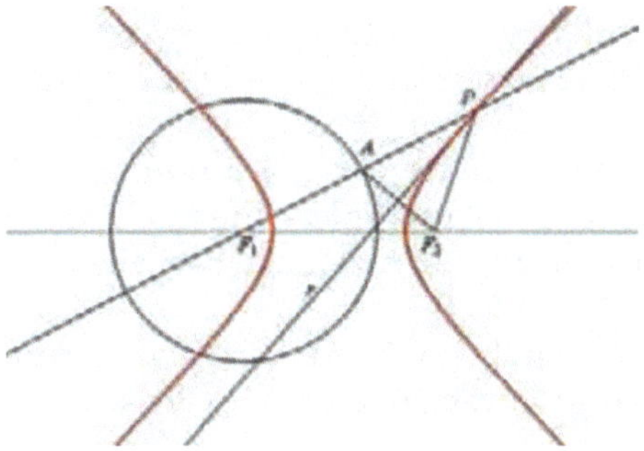

◂ **Figura 6.44** Costruzione di un'iperbole nota distanza focale e asse maggiore

2. *Costruzione dell'ellisse con il "metodo del giardiniere", noti asse maggiore e distanza focale*
   - si costruisce un segmento AB di misura pari a $2a$;
   - si costruisce un punto Q appartenente ad AB e si definiscono i segmenti AQ e QB;
   - si costruiscono due punti F_1 ed F_2 tali che $\overline{F_1F_2} = 2c$ con $2c < 2a$;
   - servendosi dello strumento compasso, si tracciano le due circonferenze di raggi AQ, QB e centri F_1 e F_2;
   - si definiscono i punti di intersezione P e P' tra le due circonferenze. I punti di intersezione P e P' appartengono all'ellisse in quanto la somma de le loro distanze dai fuochi è pari alla lunghezza del segmento AB;
   - per tracciare l'ellisse occorre creare il luogo di P al variare di Q su AB e successivamente il luogo di P' al variare di Q su AB (Fig. 6.45).

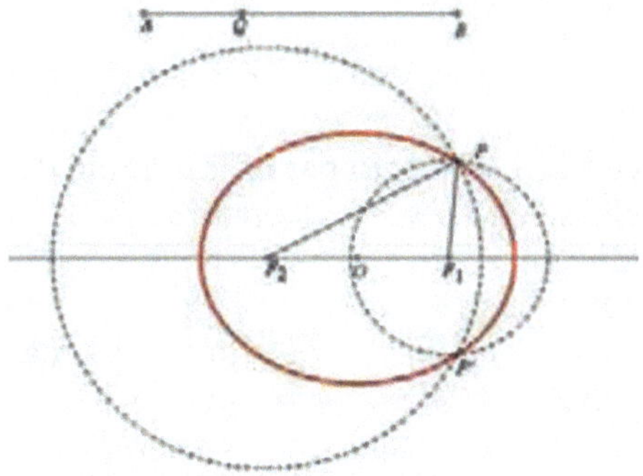

◂ **Figura 6.45** La costruzione di un'ellisse con "il metodo del giardiniere"

È interessante esplorare la forma dell'ellisse, variando sia la lunghezza dell'asse maggiore sia la distanza focale.

3. *Costruzione analoga dell'iperbole, noti asse maggiore e distanza focale*
   - si costruisce inizialmente una retta r e un segmento AB di misura $2a$;
   - si costruisce un punto Q sulla retta r esterno al segmento AB;
   - si definiscono i segmenti AQ e QB;

- si costruiscono due punti F_1 ed F_2 tali che $\overline{F_1F_2} = 2c$ con $2c > 2a$;
- servendosi dello strumento compasso, si tracciano le due circonferenze di raggi *AQ*, *QB* e centri F_1 e F_2;
- si definiscono i punti di intersezione *P* e *P'* tra le due circonferenze. I punti di intersezione *P* e *P'* appartengono all'iperbole, in quanto il valore assoluto della dif ferenza delle distanze dai due fuochi è pari alla lunghezza del segmento AB;
- per tracciare l'iperbole, occorre creare il luogo di *P* al variare di Q su *r* e, successivamente, creare il luogo di *P'* al variare di *Q* su *r* (Fig. 6.46).

È interessante esplorare la forma dell'iperbole, variando sia la lunghezza dell'asse maggiore sia la distanza focale.

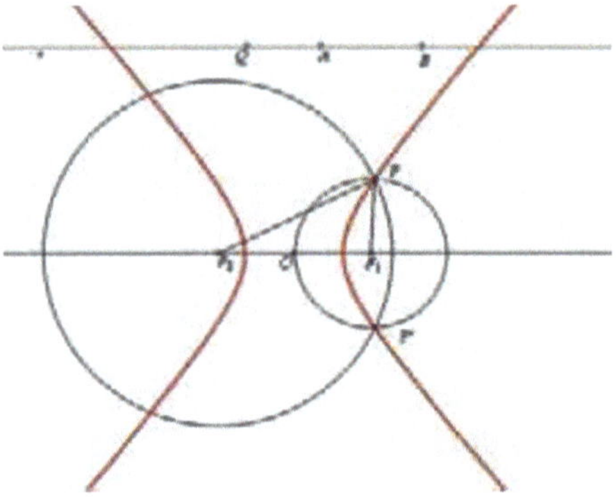

Figura 6.46 Una costruzione dell'iperbole analoga al metodo del giardiniere

4. *Costruzione dell'ellisse con l'ellissografo "a croce", noti gli assi maggiore e minore*

- si disegna una circonferenza *c* di centro *O* e raggio pari alla somma del semiasse maggiore e minore dell'ellisse che si vuole costruire;
- si disegnano due diametri perpendicolari;
- si definisce il punto *M* sulla circonferenza;
- si tracciano le proiezioni ortogonali *A* e *B* del punto *M* sui due diametri rispettivamente;
- si disegna il segmento *AB* e si crea un punto *P* su *AB* con $\overline{PA} = b$ e $\overline{PB} = a$;
- si costruisce il luogo descritto da *P* al variare di *M* su *c*, che si osserva essere un'ellisse (Fig. 6.47).

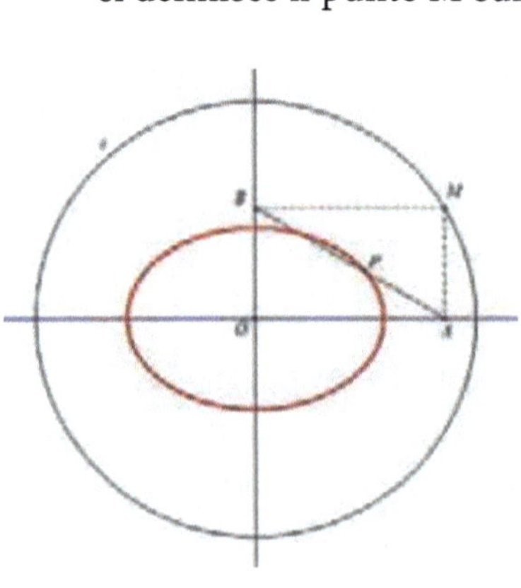

Figura 6.47 Costruzione di un'ellisse con un ellissografo "a croce"

Il raggio della circonferenza corrisponde anche alla lunghezza dell'asta AB, essendo le diagonali del rettangolo $OAMB$.
Per dimostrare che il luogo descritto da P è un'ellisse, conviene inserire un sistema di assi cartesiani coincidenti con i due diametri (Fig. 6.48).

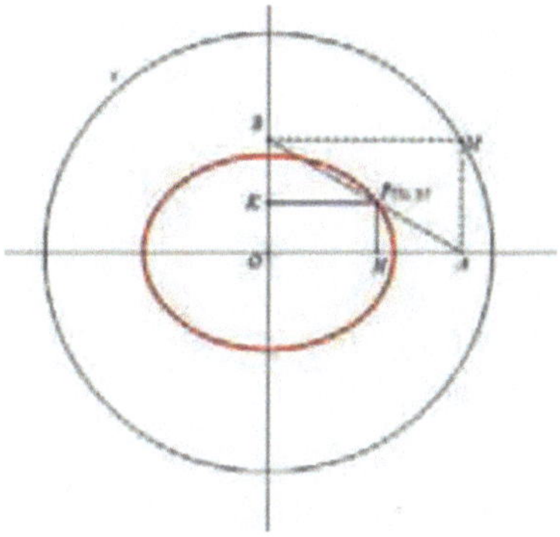

◂ **Figura 6.48** Schema per la dimostrazione del funzionamento dell'ellissografo "a croce"

Il punto P ha coordinate (x,y) e, siccome $\overline{PA} = b$ e $\overline{PB} = a$, la lunghezza dell'asta AB è pari ad $a + b$. Dalla Fig. 6.48 si ottiene, per similitudine tra i triangoli rettangoli HAP e KPB:

$$\frac{|x|}{a} = \frac{\sqrt{b^2 - y^2}}{b}.$$

Quadrando, si ottiene l'equazione canonica di un'ellisse:

$$\frac{x^2}{a^2} + \frac{y^2}{b^2} = 1.$$

Su questo schema è basato l'ellissografo a "croce", detto anche "compasso ellittico"; il segmento AB simula l'asta dell'ellissografo. Si può confrontare questa costruzione e la sua dimostrazione con il funzionamento della macchina presente nel paragrafo 4.3.4, in cui il pennarello è posto all'esterno del segmento AB.

5. *Altra costruzione dell'ellisse, noti gli assi*
- con lo strumento compasso si costruisce una circonferenza C_1 di centro O, a piacere, e raggio a;
- con lo strumento compasso si costruisce una circonferenza C_2 di centro O e raggio b;
- si tracciano due diametri perpendicolari (che di seguito verranno chiamati "verticale" ed "orizzontale" per semplicità);
- si costruisce un punto A sulla prima circonferenza C_1;
- si traccia la retta AO e si chiama B la sua intersezione con la seconda circonferenza C_2;

- si traccia la parallela p_1 al diametro verticale passante per A;
- si traccia la parallela p_2 al diametro orizzontale passante per B;
- si definisce il punto P di intersezione tra le rette p_1 e p_2;
- si costruisce il luogo di P al variare di A sulla circonferenza C_1, che si osserva essere un'ellisse (Fig. 6.49).

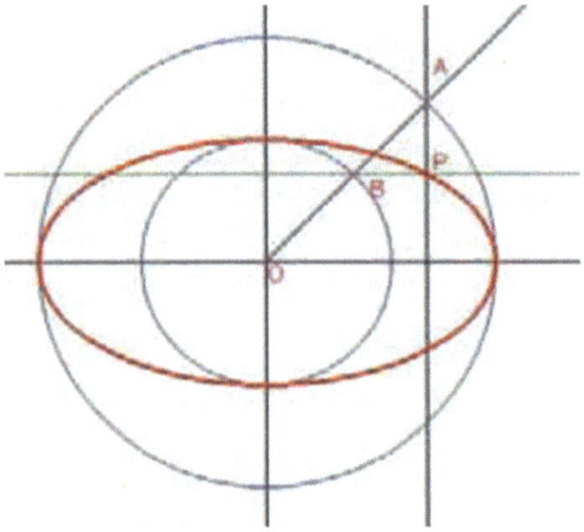

Figura 6.49 Costruzione a partire dagli assi dell'ellisse

La dimostrazione può essere sviluppata in maniera immediata, sia applicando la similitudine, sia usando i concetti base di trigonometria.

Dimostrazione applicando la similitudine: il punto P ha coordinate (x,y), inoltre $\overline{OB} = b$ ed $\overline{OA} = a$. Siccome il triangolo OBB' risulta simile al triangolo OAA' (Fig. 6.50), si ha:

$$\overline{AA'} = \frac{ay}{b}.$$

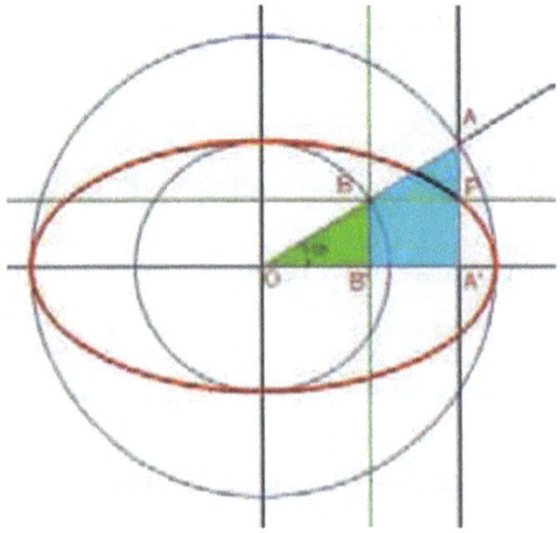

Figura 6.50 Schema per la dimostrazione

Applicando il Teorema di Pitagora al triangolo *OAA'* si ha:

$$\overline{OA}^2 = \overline{OA'}^2 + \overline{AA'}^2 .$$

Quindi

$$a^2 = x^2 + \left(\frac{a \cdot y}{b}\right)^2 ,$$

da cui si ottiene l'equazione canonica di un'ellisse.

Dimostrazione usando la trigonometria: il punto P ha coordinate (x, y), nel triangolo OAA' si ha $x = a \cdot \cos\alpha$, mentre nel triangolo OBB' risulta $y = b \cdot \text{sen}\beta$. Si ricava quindi

$$\cos\alpha = \frac{x}{a} \quad \text{e} \quad sen\alpha = \frac{y}{b}$$

che, grazie all'identità fondamentale della goniometria, portano all'equazione canonica di un'ellisse.

6. *Prima costruzione della parabola a partire dal fuoco e dalla direttrice*

- si costruisce una retta d, direttrice della parabola voluta;
- si costruisce un punto F, fuoco della parabola, non appartenente alla retta d;
- si sceglie un punto H su d;
- si traccia l'asse a del segmento FH;
- si costruisce la retta s perpendicolare alla direttrice d e passante per il punto H;
- si definisce il punto P di intersezione delle rette a ed s e si osserva che, per costruzione, $\overline{PF} = \overline{PH}$;
- si traccia il luogo di P al variare di H su d, che si osserva essere una parabola (Fig. 6.51).

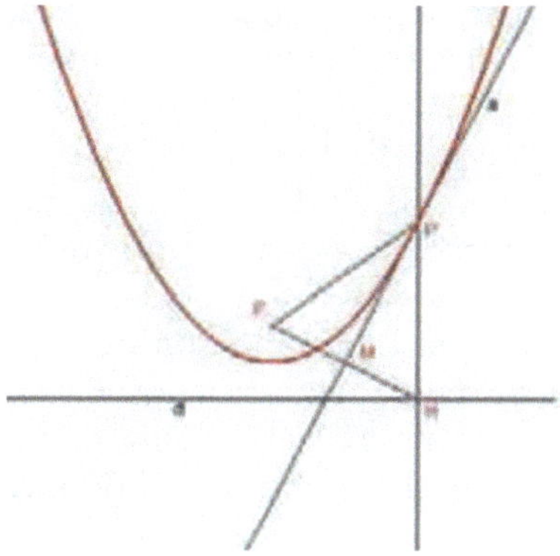

Una volta ottenuto il luogo descritto da P, s esi muove il fuoco, si osserva che la parabola si modifica istantaneamente, seguendo lo spostamento del fuoco.

◂ **Figura 6.51** Costruzione della parabola come luogo geometrico

Si può osservare che l'asse *a* del segmento *FH* è tangente alla parabola nel punto *P*; per dimostrarlo si considera un punto *P'*, diverso da *P*, appartenente all'asse *a* (Fig. 6.52). Siccome $P'F \cong P'H$ e $P'H > P'K$, si ha $P'F > P'K$ per ogni punto *P'* diverso da *P*, da cui risulta che l'unico punto in comune tra l'asse *a* e la parabola è il punto *P*. Si può quindi concludere che l'asse *a* del segmento *FH* è tangente alla parabola nel punto *P*.

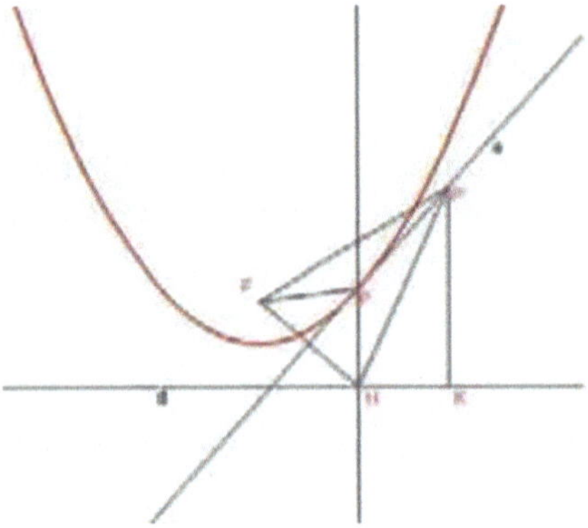

Figura 6.52 L'asse di *FH* è tangente alla parabola nel punto P

7. *Seconda costruzione della parabola a partire dal fuoco e dalla direttrice*
   - si costruisce una retta *d*, direttrice della parabola voluta;
   - si definisce un punto *H* appartenente alla retta *d*;
   - si costruisce un punto *F*, fuoco della parabola, non appartenente alla retta *d*;
   - si traccia una retta *s* passante per *H* e perpendicolare alla direttrice *d*;
   - si definisce un punto *Q* appartenente alla retta *s*;
   - con lo strumento compasso si traccia una circonferenza *c* con centro nel fuoco *F* e raggio pari a *QH*;
   - si traccia una retta *r* parallela alla direttrice e passante per *Q*, in tal modo la retta *r* ha distanza dalla direttrice pari al raggio della circonferenza *c*;
   - se *QH* risulta maggiore della metà della distanza tra fuoco e direttrice, si individuano due punti di intersezione, *A* e *B*, tra la retta *r* e la circonferenza *c*; questi due punti appartengono alla parabola voluta. Quando *QH* risulta uguale alla metà della distanza fuoco-direttrice, si ha un solo punto di intersezione tra *r* e *c*, che corrisponde al vertice V della parabola. Non si hanno intersezioni, quando, invece, *QH* risulta minore della metà della distanza fuoco-direttrice;
   - dopo aver costruito almeno cinque punti, si traccia la conica passante per cinque punti, ottenendo la parabola cercata (Fig. 6.53). Oppure si tracciano il ramo sinistro e destro della parabola come luogo di *A* al variare di *Q* su *s* e come luogo di *B* al variare di *Q* su *s*, rispettivamente.

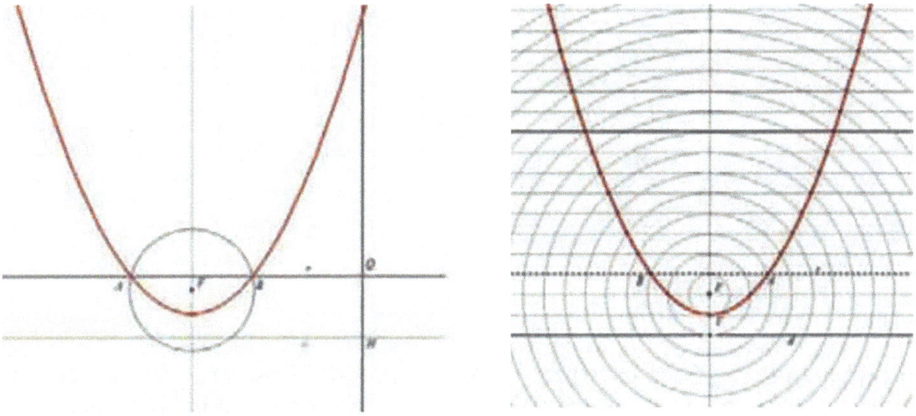

▲ **Figura 6.53** Costruzione della parabola con riga e compasso come luogo o per punti

8. *Ellisse e iperbole piegando la carta*

Su un foglio di carta, formato A4, si disegna una circonferenza γ di centro O e un suo punto interno P diverso dal centro.

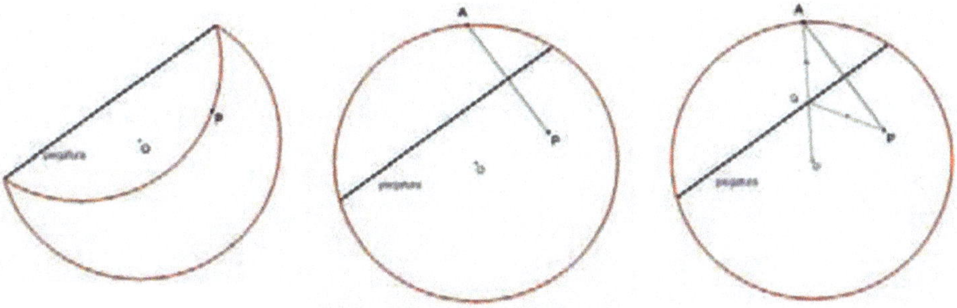

▲ **Figura 6.54** Costruzione e dimostrazione dell'ellisse piegando la carta

Si piega il foglio, in modo che il punto fissato P si sovrapponga a un generico punto A della circonferenza (Fig. 6.54); la piega che si forma è una parte dell'asse a del segmento AP. Si realizza il maggior numero possibile di pieghe (Fig. 6.55) che individuano un'ellisse, avente fuochi in P e O. Se si chiama Q il punto di intersezione tra l'asse a di AP e il raggio OA, risulta che:

$$\overline{OQ} + \overline{QP} = \overline{OQ} + \overline{QA} = \overline{OA} = \text{costante}\,.$$

Come mostrato anche all'interno della costruzione 1, la curva che si ottiene è un'ellisse con asse maggiore pari al raggio della circonferenza γ; inoltre l'asse del segmento AP risulta tangente alla curva nel punto Q.

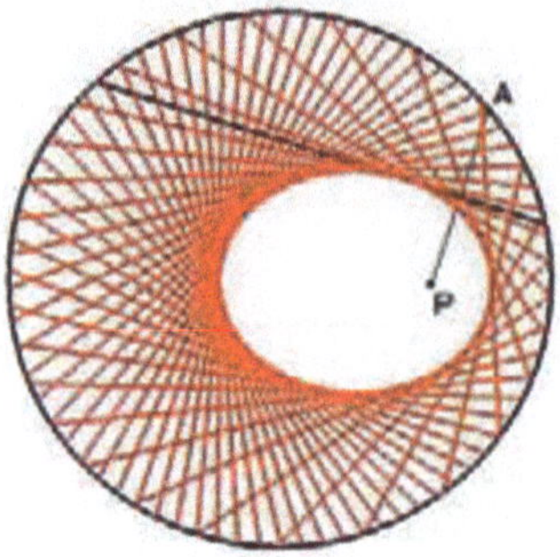

Figura 6.55 Ellisse come inviluppo delle "pieghe"

Ripetendo la stessa costruzione, ma scegliendo il punto P esterno al cerchio, la curva che si ottiene dall'inviluppo delle pieghe è un'iperbole.

9. *Parabola piegando la carta*
Su un foglio di carta, formato A4, si disegna una retta d e un punto P non appartenente alla retta (Fig. 6.56).

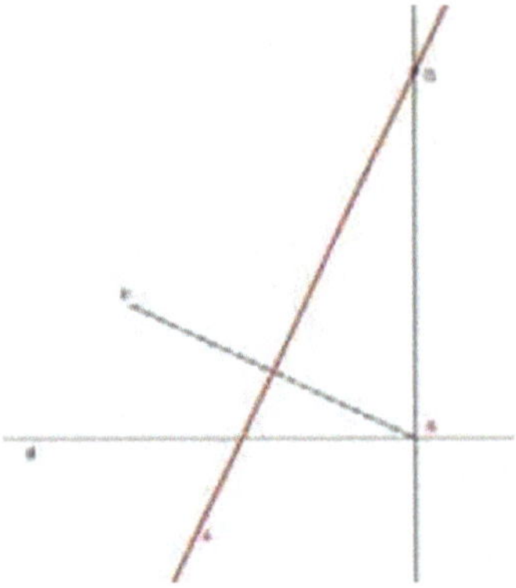

Figura 6.56 Parabola piegando la carta

Si piega il foglio, in modo che il punto fissato P si sovrapponga a un generico punto A della retta d; la piega che si forma è l'asse a del segmento AP. Si realizza il maggior numero possibile di pieghe (Fig. 6.57), che individuano una parabola avente fuoco in P e direttrice d. Se si chiama Q il punto di intersezione tra l'asse a di AP e la retta passante per A e perpendicolare alla retta d, si osserva che $PQ \cong QA$.
Come mostrato anche all'interno della costruzione 6, la curva che si ottiene è una parabola e l'asse a del segmento AP risulta a essa tangente in Q.

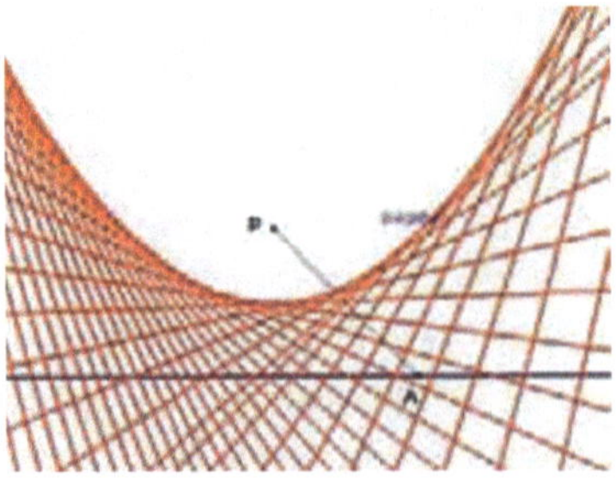

Figura 6.57 Parabola come inviluppo delle "pieghe"

6.3 Laboratorio di matematica relativo a Colazione da Papere

a
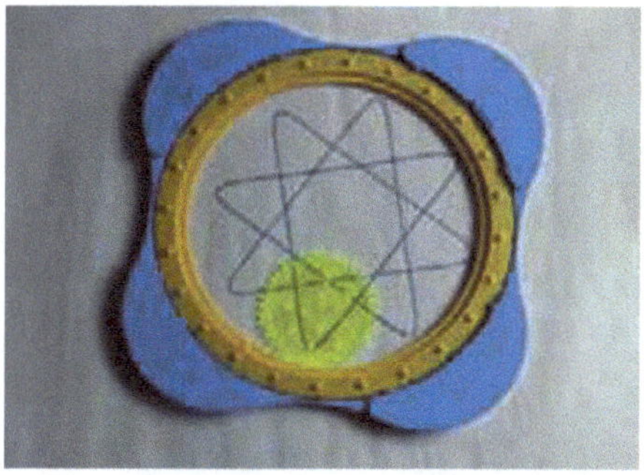
b
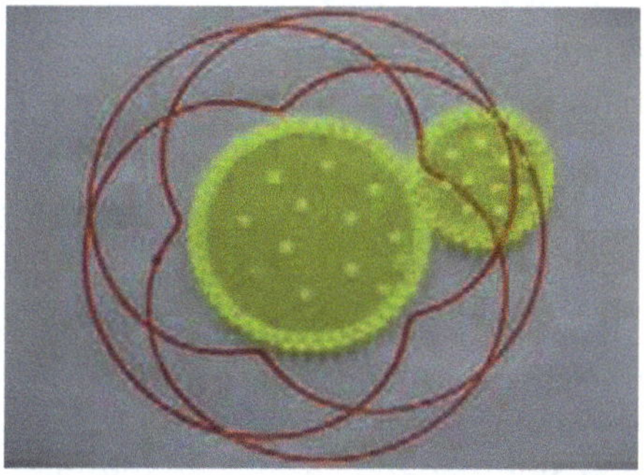

▲ Figura 6.58 a Spirografo: rotolamento interno; b Spirografo: rotolamento esterno

Introduzione

Lo spirografo, come già illustrato nel capitolo 5, è formato da due sagome dentate di forma circolare. Una delle due è fissa, mentre l'altra rotola su quella fissa, mantenendo il contatto sul bordo dentato. Si inserisce una penna all'interno di uno dei fori della ruota mobile, in modo che tracci una curva sul foglio di carta posto sotto. Tali fori sono posti a diverse distanze dal centro della ruota mobile.

La penna disegna così una figura, che dipende dalla grandezza delle sagome circolari usate e dal foro scelto, e può riprodurre anche alcune curve "famose".

L'attività, centrata sul gioco didattico spirografo, è articolata in tre sezioni, che sviluppano un percorso di graduale approfondimento di argomenti matematici a esso correlati. Il percorso è pensato per studenti delle scuole secondarie di secondo grado: alcune parti possono essere affrontate solo da studenti del triennio che hanno conoscenze e competenze più avanzate. L'insegnante, a seconda del livello della classe e delle esigenze didattiche, può adattare la proposta scegliendo le sezioni che ritiene essere più adeguate agli alunni. Ogni s cheda è già pronta per l'utilizzo in class e; si tenga conto, a tal fine, che le parti evidenziate nelle schede sono rivolte al solo docente, in quanto contengono annotazioni e suggerimenti per la realizzazione del percorso nonché le risposte ai quesiti. Il docente troverà una copia delle schede senza le risposte sulla piattaforma http://extras.springer.com.

La metodologia che caratterizza questa attività è varia: si impiegano palmari, applet e un gioco didattico.

Si riporta di seguito il percorso completo che è possibile svolgere con la classe, corredato di alcuni riferimenti teorici, solitamente non noti a livello di primo biennio superiore.

NOTA: i testi evidenziati in *corsivo rosso* sono indicazioni per il docente o risposte alle domande.

6.3.1 Esplorazione dello spirografo

Indicazioni di lavoro per l'insegnante

Prerequisiti
Fondamenti di aritmetica

Strumenti e materiali
- spirografo[8], uno per gruppo;
- pennare lli colorati lavabili, fogli di carta, una tavoletta di legno su cui appoggiare il tutto, 4 puntine da disegno per fissare lo spirografo al piano;
- schede guida per studenti;
- schede guida per docenti;
- computer con spirografo digitale[9], uno per gruppo.

Metodologia
3 ore impiegate nelle seguenti attività:
- lavoro di gruppo e/o individuale su schede;
- sistematizzazione del docente.

Collocazione nel curriculum
A introduzione o conclusione di moduli di geometria.

Obiettivi
- consentire una maggiore familiarità con lo strumento, in vista dell'utilizzo che ne verrà fatto nelle successive sezioni;
- conoscere i parametri che caratterizzano le curve tracciate dallo spirografo.

Osservazioni
Questa prima scheda, introduttiva, si prefigge l'obiettivo di avvicinare gli studenti al gioco, facendo loro acquisire manualità e intuire i parametri più significativi: le dimensioni delle sagome dentate e la posizione della penna che traccia la curva. Gli studenti vengono, infatti, invitati a riflettere sui limiti del gioco "manuale" e a utilizzare uno spirografo digitale in grado di superarli.

Dopo alcune brevi note tecniche, segue la scheda per lo studente, divisa in due parti: la prima utilizza lo spirografo materiale, la seconda quello virtuale.

---

[8] Nel seguito si farà riferimento al modello *Spirogiro* della "Quercetti", in quanto effettivamente utilizzato nei percorsi. Per informazioni: http://www.quercetti.com.

[9] Il software utilizzato è stato realizzato da David P. Little (Penn State University, Mathematics Department), che ne ha autorizzato l'impiego all'interno di questa pubblicazione. Alcune indicazioni, per reperirlo e utilizzarlo, vengono date in bibliografia e nel corso di questa prima sezione. Anche in questo caso si fa, quindi, riferimento a un particolare software: per suggerimenti su ulteriori software utilizzabili, si veda in bibliografia.

Spirogiro Quercetti
Informazioni tecniche per il docente

Materiale disponibile: sono disponibili ruote da: 30, 36, 45, 50, 63 denti; corona: 96 denti.

Curve tracciabili
Ipocicloidi: sono tracciabili 5 tipologie di ipocicloidi (una per ogni ruota dentata), in ognuna delle quali è modulabile il parametro h (distanza tra la penna e il centro della ruota mobile) .
Per esempio: utilizzando la corona e la ruota da 30 denti lo spirografo descrive una curva con 16 punte in 5 rivoluzioni

$$\left(\frac{96}{30}=\frac{16}{5}\right).$$

Le altre combinazioni:

$$\frac{96}{36}=\frac{8}{3}; \qquad \frac{96}{45}=\frac{32}{15}; \qquad \frac{96}{50}=\frac{48}{25}; \qquad \frac{96}{63}=\frac{32}{21}.$$

Epicicloidi: dal momento che le ruote dentate sono 5 le combinazioni possibili risultano essere 20. Sono dunque tracciabili 20 tipi di epicicloidi, in ognuna delle quali è modulabile il parametro h.

Per un'immediata panoramica a uso del do ente, si elencano di seguito i rapporti disponibili con tale spirografo:
Ruota 63 denti:

$\frac{63}{30}=\frac{21}{10};$	$\frac{63}{36}=\frac{7}{4};$	$\frac{63}{45}=\frac{7}{5};$	$\frac{63}{50}$	------

Ruota 50 denti:

$\frac{50}{30}=\frac{5}{3};$	$\frac{50}{36}=\frac{25}{18};$	$\frac{50}{45}=\frac{10}{9};$	------	$\frac{50}{63}$

Ruota 45 denti:

$\frac{45}{30}=\frac{3}{2};$	$\frac{45}{36}=\frac{5}{4};$	------	$\frac{45}{50}=\frac{9}{10};$	$\frac{45}{63}=\frac{5}{7}$

Ruota 36 denti:

$\frac{36}{30}=\frac{6}{5};$	------	$\frac{36}{45}=\frac{4}{5};$	$\frac{36}{50}=\frac{18}{25};$	$\frac{36}{63}=\frac{4}{7}$

Ruota 30 denti:

------	$\frac{30}{36}=\frac{5}{6};$	$\frac{30}{45}=\frac{2}{3};$	$\frac{30}{50}=\frac{3}{5};$	$\frac{30}{63}=\frac{10}{21}$

Scheda (1) per lo svolgimento dell'attività

Prima parte

Domanda 1. Scegli una ruota dentata dello spirografo. Leggi il numero dei denti stampato sulla plastica *36*
Quanti denti ci sono complessivamente in tutta la corona dello spirografo? *96*

Domanda 2. ROTOLAMENTO INTERNO. Interponi un foglio di carta tra spirografo e tavoletta. Fiss ala corona dentata dello spirografo con quattro puntine (poste all'esterno della base) alla tavoletta di legno, perché non si muova. Posiziona la ruota dentata scelta (*36*) entro la corona, nel punto più alto, facendo coincidere le dentature. Inserisci un pennarello in uno dei fori più vicini al bordo della ruota dentata e muovi la ruota fino a quando la penna si sovrappone al punto iniziale della traccia.
Fai uno schizzo della curva tracciata.

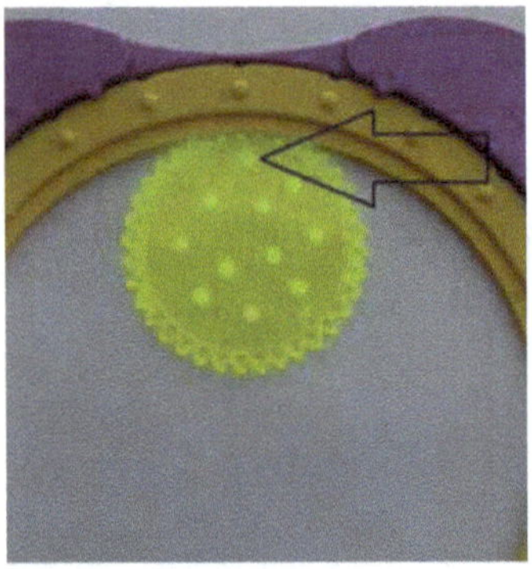

Quante "punte" ha la curva disegnata? *8*
Quante *rivoluzioni* ha compiuto la ruota dentata, ovvero quante volte ha dovuto ruotare attorno alla corona dello spirografo perché la penna si sovrapponesse al punto iniziale della traccia? *3*

Domanda 3. Questa volta posiziona la ruota dentata scelta (*36*) entro la corona, ma nel suo punto più basso, in modo che la ruota sia *solo* traslata (ma non ruotata) rispetto alla precedente posizione iniziale. Cambia il colore del pennarello, ma inseriscilo sempre nel foro precedentemente utilizzato.
Muovi la ruota fino a quando la penna si sovrappone al punto iniziale della traccia.
Fai uno schizzo della curva tracciata.

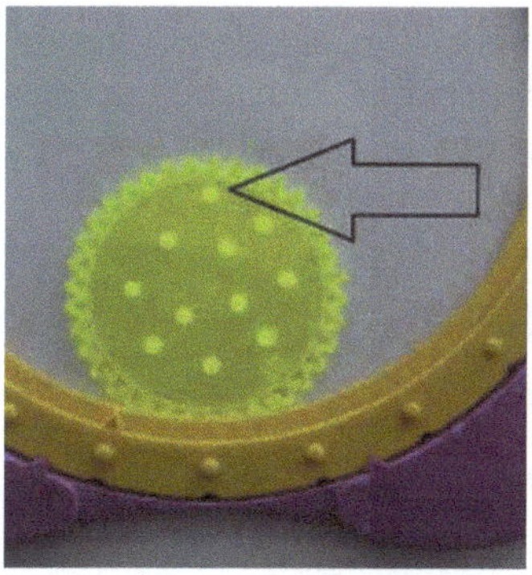

La curva appare disegnata nella stessa posizione? *No, risulta ruotata di 1/16 di giro (22°30').*

Domanda 4. Torna alla configurazione della ruota dentata-corona dello spirografo, presentata alla domanda 2. Cambia, però, il foro in cui inserire la penna: scegli uno dei fori più vicini al centro della ruota dentata. Fai uno schizzo della curva tracciata.

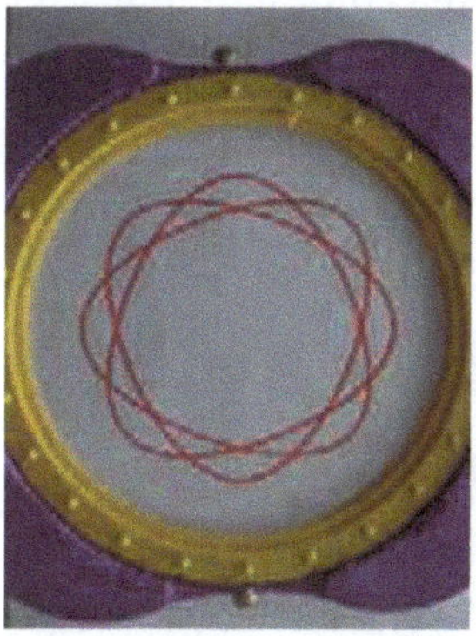

Quante "punte" ha la curva disegnata? *8*
Le "punte" della curva hanno una curvatura, intuitivamente, maggiore o minore rispetto a quella delle punte della curva che risulta in risposta alla domanda 2? *Le punte sono molto più arrotondate e meno spigolose: hanno una curvatura minore.*
Quante rivoluzioni ha compiuto la ruota dentata? *3*

Nota. Se pensiamo a una generica linea de lpiano, la curvatura della linea in un punto è intuitivamente la misura di quanto la linea devia rispetto alla retta tangente nel punto: la curvatura in C è maggiore della curvatura in A o B[10].

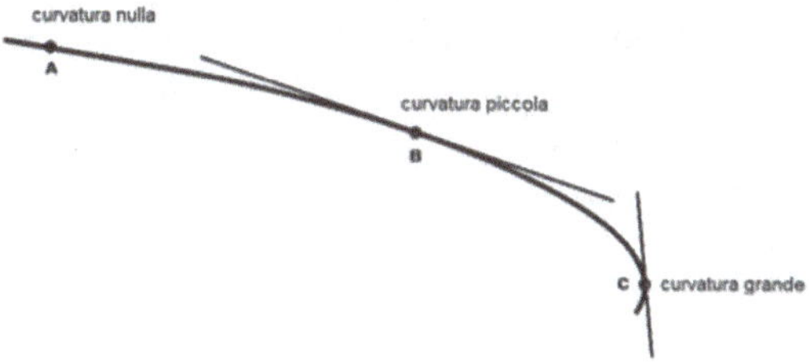

[10] Per la definizione rigorosa di curvatura si veda il paragrafo 3.1.3.

Domanda 5. Cambia ruota dentata (30 denti): posizionala entro la corona, nel punto più alto, analogamente a prima. Inserisci una nuova penna colorata in uno dei fori più vicini al bordo della ruota dentata. Muovi la ruota fino a quando la penna si sovrappone al punto iniziale della traccia.
Fai uno schizzo della curva tracciata.

Quante "punte" ha la curva disegnata? *16*
Quante rivoluzioni ha compiuto la ruota dentata? *5*

Domanda 6. ROTOLAMENTO ESTERNO. Scegli ora due ruote dentate. Fissa la ruota più grande *(50)* con tre chiodini alla tavoletta di legno, interponendo un nuovo foglio di carta. Scegli un foro della ruota più piccola *(30)*, vicino al bordo, in cui inserire la penna colorata. Dopo aver fatto coincidere le dentature, muovi la ruota fino a quando la penna si sovrappone al punto iniziale della traccia.
Fai uno schizzo della curva tracciata

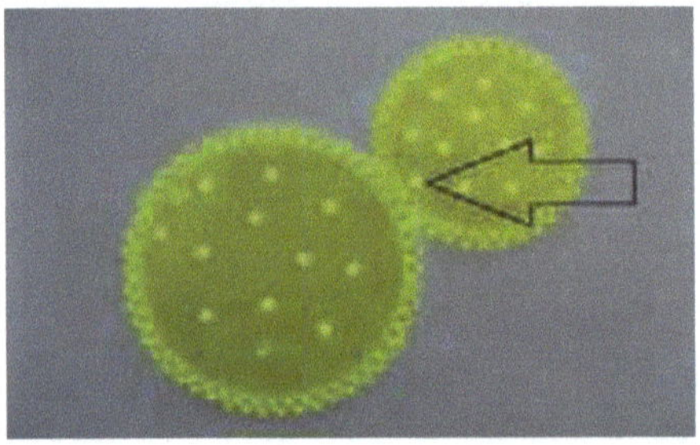

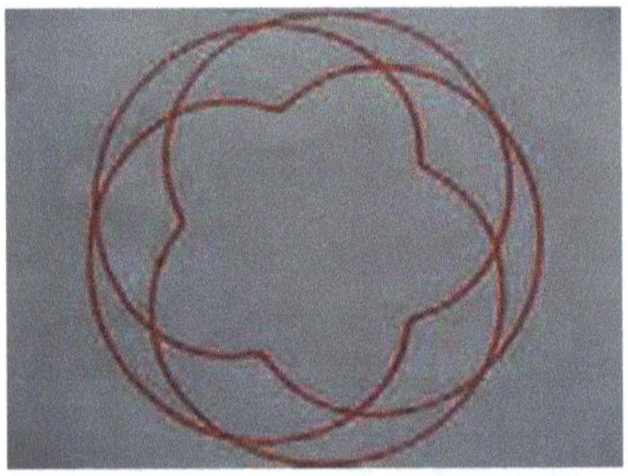

La curva è simile a quella ottenuta utilizzando una ruota dentata e la corona dello spirografo, come richiesto nelle domande precedenti?
La curva tracciata utilizzando la configurazione ruota dentata-ruota dentata appare diversa da quelle ottenute con la configurazione ruota dentata-corona: nel primo caso la curva sembra simile a un fiore (le punte sono rivolte verso l'interno), nel secondo a una stella con le punte rivolte all'esterno.

Quanti "petali" ha la curva disegnata? *5*
Quante rivoluzioni ha compiuto la ruota dentata? *3*

Conclusioni

Il rapporto tra i numeri dei denti sulle due ruote determina: *il numero di punte petali che possiede la curva tracciata e il numero di giri che deve compiere la ruota in movimento attorno alla ruota fissa perché la penna si sovrapponga al punto iniziale della traccia (rivoluzioni).*

La distanza della penna, che disegna la curva, dal centro della ruota influenza: *la curvatura dei petali/punte: più la penna si avvicina al bordo della ruota dentata, più i petali/punte possiedono curvatura maggiore (sono più appuntiti).*
Se si us ala corona e si f arotolare la ruota dentata *all'interno* di essa, si ottiene .... *una stella*
Se si usano due ruote dentate, una delle quali rotola *esternamente* all'altra, si ottiene .... *un fiore*

Limiti dello spirografo manuale

- hai a disposizione solo 5 ruote dentate e una corona entro cui far muovere le ruote, per cui si possono studiare solo alcune limitate configurazioni;
- non avendo una ruota dentata con 96 denti (pari al numero dei denti della corona dello spirografo) non si possono studiare le curve "esterne" analoghe a quelle tracciate usando la corona;
- non si possono tracciare curve disegnate da una penna distante dal centro della ruota più del raggio della ruota stessa. Allora, con lo spirografo manuale non si possono tracciare curve con "cappi";
- nello spirografo manuale si ottengono sempre curve chiuse in uno o più giri, perché il rapporto dei raggi è sempre un numero razionale, pari al rapporto dei denti che è un quoziente di numeri interi.

Seconda parte

Per approfondire lo studio dello spirografo e superare alcuni limiti sopra elencati, è possibile utilizzare uno spirografo digitale. Tra i vari trovati in rete, consigliamo l'installazione e l'uso di un software (*SpiroGraph*), disponibile all'indirizzo: www.math.psu.edu/dlittle/java/parametricequations/spirograph/index.html.

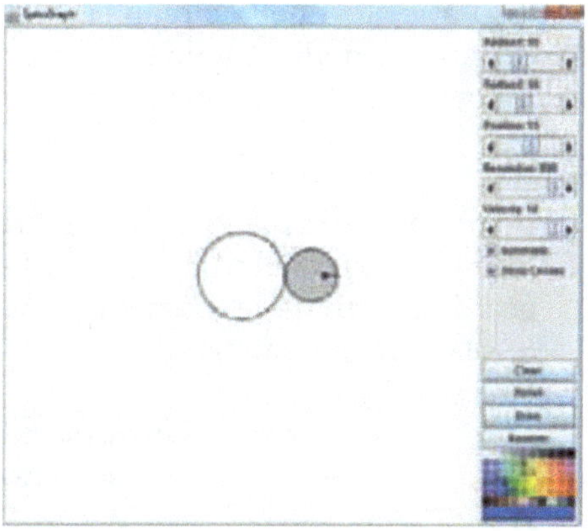

▸ L'interfaccia dello spirografo digitale *SpiroGraph*

Il programma, sviluppato con linguaggio Java dall'autore della pagina Internet, è di facile utilizzo:

- Attraverso i comandi a destra possono essere variati a piacere i parametri *Radius1*, *Radius2* e *Position*, che corrispondono rispettivamente al raggio della circonferenza fissa, al raggio della circonferenza mobile, e alla distanza della penna dal centro della circonferenza mobile. Può poi essere selezionata anche la risoluzione e la velocità di composizione del grafico, oltre al colore.
- Deselezionando *Automatic*, è possibile vedere la curva mentre viene tracciata, ed è inoltre possibile comporre più curve sovrapposte.
- Con *Show Circles* si possono mostrare o nascondere le circonferenze che danno origine alla curva.
- Con *Clear*, *Reset* e *Draw*, rispettivamente, si cancellano le curve tracciate, si riporta alla posizione iniziale la penna e si inizia a tracciare la curva.

Per convenzione chiamiamo:

- a = misura del raggio della circonferenza fissa;
- b = misura del raggio della circonferenza che rotola;
- h = misura del segmento OP, con O centro della circonferenza che rotola e P posizione della penna (che traccia la curva).

Si noti che:

- a può assumere i valori tra +5 e +150;
- b può assumere i valori tra - (a-2) e +150;
- h può assumere i valori tra -200 e +195.

La circonferenza fissa può, dunque, avere solamente raggio positivo. Per quanto riguarda la circonferenza mobile:

- con raggio *positivo*, essa rotola *esternamente* a quella fissa, dunque traccia epicicloidi;
- con raggio *negativo*, essa rotola *internamente* a quella fissa, dunque traccia ipocicloidi.

Il segno di h, invece, indica semplicemente da che parte si trova la penna rispetto al centro della circonferenza mobile. Valori opposti di h producono perciò curve uguali, a meno eventualmente di una rotazione. Nel testo seguente, dunque, si è scelto di mantenere positivo il segno di h.

Domanda 1. Sono date le figure seguenti. Scrivi sulle due figure, nelle posizioni corrette, le "etichette" ***a***, ***b*** e ***h***, relative ai parametri suddetti.

▸ Ruota in moto esternamente/internamente a quella fissa

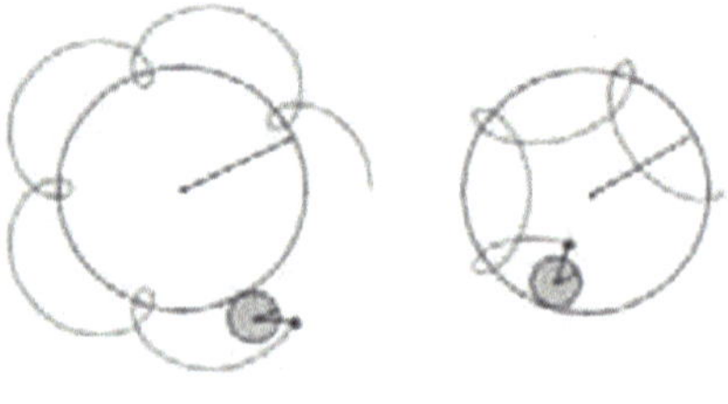

Domanda 2. Avvia il software *SpiroGraph*. Proviamo a disegnare la curva che compare in risposta alla domanda 6 *(prima parte)*, relativa allo spirografo manuale appena esaminato. Imposta le lunghezze dei raggi delle due ruote:

$a =$ 50

$b =$ 30

Nota che, essendo b positivo, si tratta di un rotolamento esterno. Poi imposta h=22.

Seleziona una velocità di tracciamento bassa, in modo da riuscire a capire quanti giri effettua la penna perché si sovrapponga al punto iniziale del tratto.

Fai uno schizzo della curva tracciata.

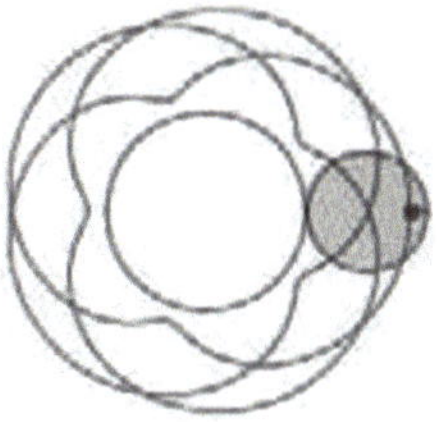

$a = 50$ $b = 30$ $h = 22$

Quante "punte" ha la curva disegnata? 5

Quante rivoluzioni ha compiuto la ruota dentata? 3

Domanda 3. Cancella la curva precedente, premendo *clear* (ogni volta che tracci una nuova curva cancella la precedente, a meno che non ti venga detto il contrario).

Imposta i valori: $a = 135$ $b = -30$ $h = 25$

Nota che ora b è negativo, e si tratta quindi di un rotolamento interno.

Fai uno schizzo della curva tracciata.

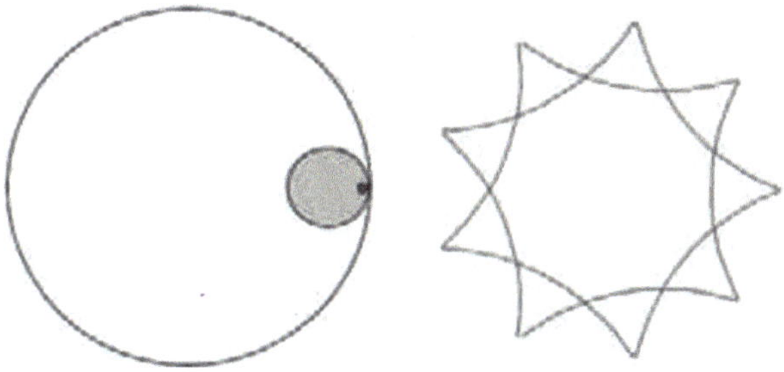

Quante "punte" ha la curva disegnata? 9

Quante rivoluzioni ha compiuto la ruota dentata? 2

Domanda 4. Mantieni costanti i valori di a,b e h, ma inverti il segno di b. Come si modificherà la curva?
Fai uno schizzo della curva tracciata.

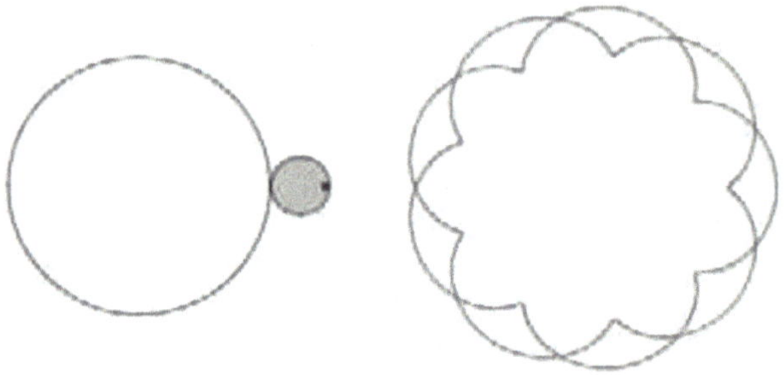

$a = 135$ $b = 30$ $h = 25$

Quanti "petali" ha la curva disegnata? *9*
Quante rivoluzioni ha compiuto la ruota dentata? *2*

Prova ora a sovrapporre le due curve: disegna le due curve, una di s guito all'altra senza cancellare la precedente, cioè senza premere "Clear". Cosa osservi? *Le punte si corrispondono. Gli archi con concavità "verso l'interno" (petali, in rosa) corrispondono agli archi con concavità "verso l'esterno" (stella, in viola).*

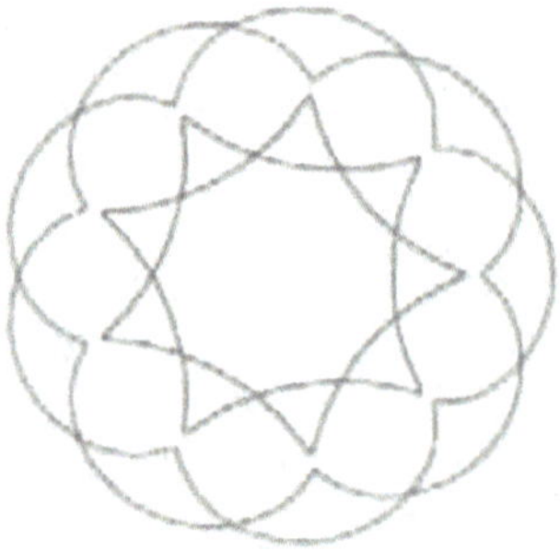

Domanda 5. Imposta: $a = 120$ $b = 30$ $h = 20$

Fai uno schizzo della curva tracciata.

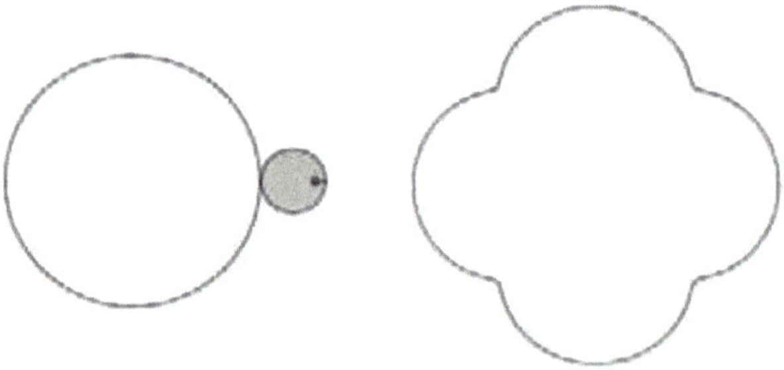

Ora, mantenendo la curva appena tracciata, modifica il parametro h, distanza della penna dal centro della circonferenza rotante, in modo che sia maggiore della lunghezza del raggio. Poni $h=60$.

Come si modificherà la curva? *All'aumentare della distanza della penna dal centro della ruota la curva presenta dei "cappi" di ampiezza sempre maggiore.*
Fai uno schizzo.

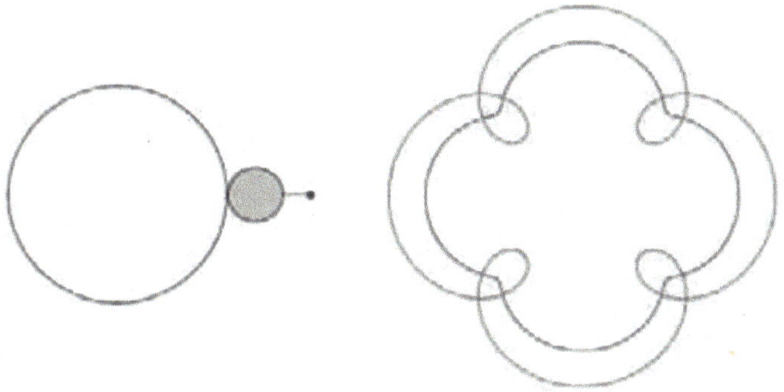

Modifica ancora la distanza della penna dal centro della circonferenza in moto, in modo che sia uguale alla lunghezza del raggio. Poni $h=30$.

Come si modificherà la curva? *È il valore di h al di sotto del quale la curva non presenta "cappi".*
Fai uno schizzo.

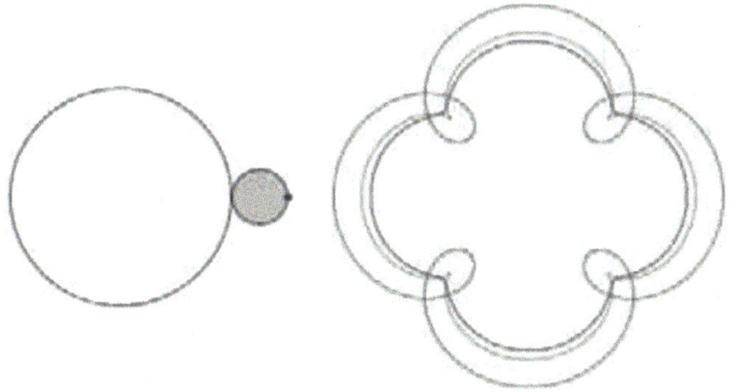

Domanda 6. Cancella tutto. Ora, imposta nuovamente gli stessi valori del primo grafico di domanda 5 *(seconda parte)*, ma invertendo il segno di b.
$a = 120$ $b = -30$ $h = 20$

Fai uno schizzo della curva tracciata.

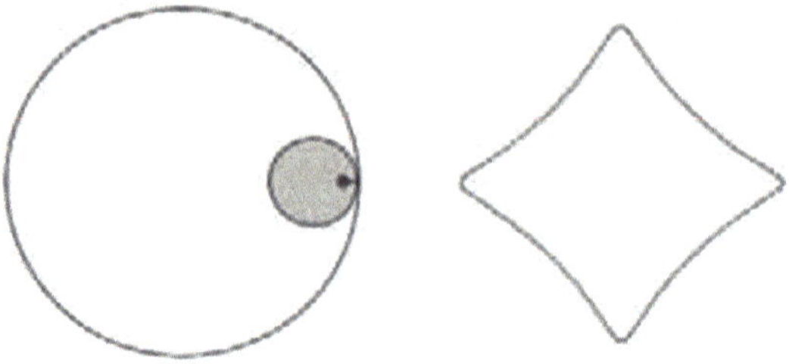

Ora modifica la distanza della penna dal centro della circonferenza in moto, in modo che sia maggiore della lunghezza del raggio. Poni $h = 60$.

Come si modificherà la curva? *All'aumentare della distanza della penna d d centro della ruota, la curva presenta dei "cappi" di ampiezza sempre maggiore.*
Fai uno schizzo.

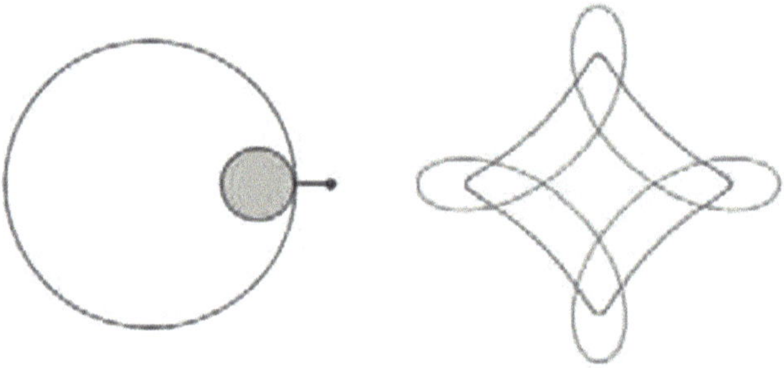

Modifica ancora il parametro h in modo che sia uguale alla lunghezza del raggio. Poni $h = 30$.
Come si modificherà la curva? *È il valore di h al di sotto del quale la curva non presenta "cappi".*
Fai uno schizzo.

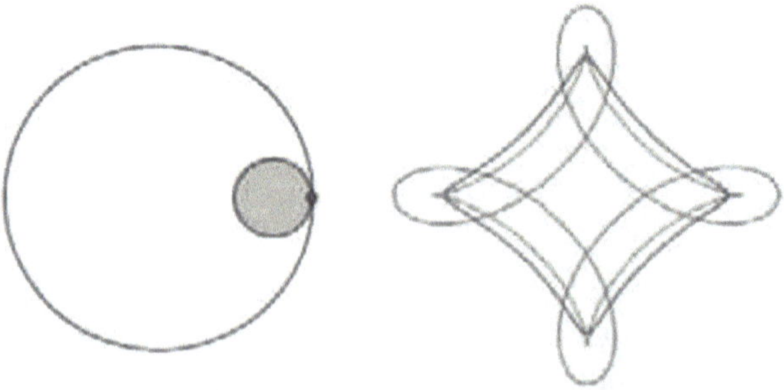

Limiti dello spirografo digitale

- Anche con lo spirografo digitale suggerito si ottengono solo curve chiuse in uno o più giri, perché il rapporto dei raggi è sempre un numero razionale (i raggi non possono mai assumere valori irrazionali, per come è stato costruito lo spirografo). Mentre con altri software matematici, per es. TI-Nspire, Derive,... ,s esi imposta come rapporto dei raggi un numero irrazionale si ottengono curve aperte.
- Ci sono dei valori massimi e dei valori minimi selezionabili per i parametri a, b e h.

6.3.2 Curve e parametri dello spirografo

Indicazioni di lavoro per l'insegnante

Prerequisiti
- fondamenti di aritmetica;
- lunghezza circonferenza;
- funzioni goniometriche;
- composizione dei moti;
- argomenti trattati nella prima sezione.

Strumenti e materiali
- spirografo, uno per gruppo;
- pennarelli lavabili, fogli di carta, una tavoletta di legno su cui appoggiare il tutto, 4 puntine da disegno per fissare lo spirografo al piano;
- schede guida per studenti;
- schede guida per docenti;
- computer con software "spirografo", uno per gruppo;
- palmare TI-Nspire, una per gruppo.

Metodologia
4 ore impiegate nelle seguenti attività:
- lavoro di gruppo e/o individuale su schede;
- sistematizzazione del docente.

Collocazione nel curriculum
- argomento conclusivo del modulo di trigonometria;
- in collegamento alla parametrizzazione di curve.

Obiettivi
- ricavare, in base ai parametri, la tipologia della curva disegnata dallo spirografo (epi- o ipocicloide), il numero di petali/punte, che essa possiede, e il numero di giri necessari, perché il tratto della penna si sovrapponga al punto iniziale;
- mettere in relazione il tipo di curva (epi- o ipocicloidi) con il verso di rotazione delle ruote;

- dimostrare che i due tipi di moto, deferente/epiciclo e rotolamento di due circonferenze, sono assimilabili;
- conoscere alcune delle curve famose;
- prevedere il tipo di curva che scaturirà dalle equazioni parametriche, noto il valore dei parametri.

Osservazioni

In questo paragrafo si analizzano, in maniera dettagliata, le curve epi-ipocicloidi che si possono tracciare, usando varie combinazioni degli elementi a disposizione e soffermandosi su alcune curve celebri. Oltre agli spirografi manuali e digitali, si utilizzano le calcolatrici grafico simboliche TI-Nspire. Con quest'ultimo strumento, si studiano le curve ottenute da un moto tipo deferente-epiciclo, assimilabili alle curve disegnate con lo spirografo. In questo modo si mostra, in maniera più approfondita, il legame dello spirografo con la giostra Colazione da Papere, legame a cui si è fatto cenno durante la visita al Parco.

Tale sezione è quindi suddivisa in due schede: la prima approfondisce l'uso degli spirografi e la relazione tra i parametri f sici dello strumento e i parametri geometrici delle curve tracciate. La seconda guida all'utilizzo delle calcolatrici grafiche per tracciare curve notevoli.

Scheda (2) per lo svolgimento delle attività

Prima parte

Domanda 1. Prendi lo spirografo e osserva le varie ruote dentate. Qual è la relazione matematica tra il numero dei denti delle ruote e la lunghezza del raggio delle stesse?
Il legame tra il raggio delle ruote, r, e il numero dei denti di ciascuna ruota è:
$2\pi r = numero_{denti} * larghezza_{dente}$.

Nota. Per semplicità, pensiamo fissa una ruota grande e in moto attorno a essa una ruota più piccola.

Considerando due ruote con denti aventi la stessa forma e stessa distanza l'uno dall'altro, a che cos aè uguale il rapporto dei raggi delle ruote utilizzate nello spirografo? *Il rapporto dei raggi delle ruote utilizzate nello spirografo è uguale al rapporto tra il numero di denti delle stesse .*

$$\frac{r\_ruota\_grande}{r\_ruota\_piccola} = \frac{n°denti\_ruota\_grande}{n°denti\_ruota\_piccola}$$

Nota. Quando parliamo di rivoluzioni di una ruota dentata, intendiamo i giri che compie attorno a un'altra ruota o all'interno della corona. Quando parliamo di rotazioni, invece, intendiamo i giri che compie attorno al proprio centro: una rotazione si intende completa, quando un dente, che toccava la corona, torna a toccarla nuovamente.

Domanda 2. Considera la corona dello spirografo (96 denti) e la ruota con 36 denti. Con un pennarello fai un segno su uno dei denti della ruota da 36 denti e un segno sulla corona circolare dello spirografo, in corrispondenza di uno spazio vuoto fra due denti. Posiziona la ruota da 36 denti in modo che i segni fatti sulla ruota e sulla corona siano uno di fronte all'altro. Muovi la ruota da 36 denti entro la corona, fino a quando uno dei denti non torna a inserirsi nello spazio vuoto di partenza.
Dopo che la ruota da 36 denti ha percorso un *primo* giro (rivoluzione) della corona dello spirografo, quante rotazioni intere ha compiuto attorno al proprio centro? *2*
Dopo che la ruota da 36 denti ha percorso una *seconda* rivoluzione, quante rotazioni intere ha compiuto dall'inizio del moto? *5*
Dopo che la ruota da 36 denti ha percorso una *terza* rivoluzione, quante rotazioni intere ha compiuto dall'inizio del moto? *8*

Riassumendo, il dente della ruota da 36, marcato, si incastra nuovamente nello spazio vuoto da cui è partito
dopo .... *3* giri completi della corona dello spirografo;
dopo .... *8* giri completi della ruota da 36 denti.

Domanda 3. Considera due ruote, una fissa (che immaginiamo grande) e l'altra più piccola che le si muove sopra. Immagina che la ruota in movimento debba compiere 3 rivoluzioni attorno alla ruota fissa. Essa percorrerà, quindi, una lunghezza L pari a 3 volte il perimetro della ruota fissa, ovvero:

$$L = 3*2\pi r = 3 * \text{numero}_{\text{denti ruota fissa}} * \text{larghezza}_{\text{dente}}.$$

Per un numero generico di rivoluzioni, come puoi quindi scrivere la lunghezza L, in funzione del numero dei denti della ruota grande e del numero di rivoluzioni necessarie alla piccola, per coprire tale lunghezza?
$L =$ .... *n°giri_attorno_a_ruota grande * n°denti_ruota_grande* larghezza_dente*
Immagina ora di fissare la ruota piccola e che sia la ruota grande a dover ruotare attorno all'altra per coprire la **stessa** lunghezza L. Come puoi esplicitare la lunghezza L, in funzione del numero dei denti della ruota piccola e del numero di giri?

$L =$ .... *n°giri_ attorno_a_ruota _piccola * n°denti_ruota_ piccola * larghezza_dente*

Uguagliando i due membri di destra relativi alla lunghezza *L*, a che cosa corrisponde il rapporto tra il numero dei denti delle due ruote?

$$\frac{n°denti\_ruota\_grande}{n°denti\_ruota\_piccola} = \ldots\ldots \frac{n°giri\_attorno\_a\_ruota\_piccola}{n°giri\_attorno\_a\_ruota\_grande}$$

Domanda 4. Torna a considerare la corona dello spirografo e la ruota con 36 denti. Riduci ai minimi termini la frazione 96/36, che corrisponde al numero dei denti della corona dello spirografo / numero dei denti della ruota in movimento,

$$\frac{96}{36} = \ldots\ldots 8/3$$

Quindi il .... *numeratore ridotto* ci fornisce il numero delle *rotazioni* della ruota mobile, mentre il .... *denominatore ridotto* ci fornisce il numero delle *rivoluzioni* della ruota mobile attorno alla circonferenza fissa, che vengono compiute prima di tornare al punto di partenza.

$$\frac{n°denti\_ruota\_grande}{n°denti\_ruota\_piccola} = \frac{n°rotazioni}{n°rivoluzioni}$$

Domanda 5. Inserisci ora un pennarello colorato in uno dei fori della ruota dentata da 36. Fai muovere la ruota fino a quando il pennarello non torna al punto di partenza. Quanti "petali" o "punte" disegna il pennarello? *8*
cioè il .... *numeratore ridotto* fornisce anche il numero degli apici della curva tracciata dal pennarello

$$\frac{n°rotazioni}{n°rivoluzioni} = \ldots\ldots \frac{n°petali / punte}{n°rivoluzioni}$$

Domanda 6. Considera due ruote dentate, una fissa e una in rotazione sulla prima. Con un pennarello fai un segno su uno dei denti della ruota in movimento. Muovi la ruota in senso antiorario attorno al suo centro.
In che senso avviene la rotazione?........... *antiorario*
In che senso avviene la rivoluzione?.......... *antiorario*

Allora, i versi di rotazione dei denti delle due ruote dentate sono concordi o discordi? .... *concordi*
La curva, che verrà disegnata da un pennarello inserito in uno dei fori della ruota dentata in movimento, si chiama .... *epicicloide*
A ogni rotazione della ruota in movimento, la penna disegnerà apici simili a petali di un fiore o a punte di una stella? .... *petali*
Cosa significa EPI? .... *Al di sopra, cioè all'esterno*
Dove si trova la ruota che si muove, rispetto alla ruota fissa? .... *Sopra, fuori*

Domanda 7. Ora considera la corona dello spirografo e una qualsiasi ruota dentata. Con un pennarello fai un segno su uno dei denti della ruota in movimento. Muovi la ruota in senso antiorario, attorno al suo centro.
In che senso avviene la rotazione? .... *antiorario*
In che senso avviene la rivoluzione? .... *orario*
Allora, i versi di rotazione dei denti delle due ruote dentate sono concordi o discordi? .... *discordi*
La curva, che verrà disegnata da un pennarello inserito in uno dei fori della ruota dentata in movimento, si chiama .... *ipocicloide*
A ogni rotazione della ruota in movimento, la penna disegnerà apici simili a petali o a punte? .... *punte*
Cosa significa IPO? .... *Al di sotto, cioè all'interno*
Dove si trova la ruota che si muove, rispetto alla corona dello spirografo? .... *Dentro, sotto*

Domanda 8. A questo punto, sei in grado di scegliere una qualsiasi coppia di ruote dentate e prevedere il tipo di curva che verrà disegnata:
se sarà una ipo- o epicicloide, analizzando la posizione delle due ruote una rispetto all'altra;
quanti petali/punte avrà, riducendo ai minimi termini il rapporto tra il numero dei denti delle ruote.

Esempio:

$$\frac{63}{36} = \ldots\ldots\ldots\ldots$$

La curva sarà un'ipocicloide o un'epicicloide?
Quanti petali o punte verranno disegnati? *7*

Quante rivoluzioni compirà la ruota in movimento attorno a quella fissa, prima che il pennarello torni al punto di partenza? *4*

Seconda parte

Domanda 9. Lo spirografo manuale ti vincola a tracciare solo alcune curve. Usando quello digitale, invece, è possibile disegnarne molte di più, tra cui anche alcune curve “famose”. Avvia il software *SpiroGraph*.
Imposta i valori: $a = 60$ $b = 60$ $h = 60$

Quanti petali o punte verranno disegnati? *1*

Quante rivoluzioni compirà la ruota in movimento attorno a quella fissa, prima che il punto che disegna torni alla posizione di partenza?
.... *1*
Fai uno schizzo della curva tracciata.

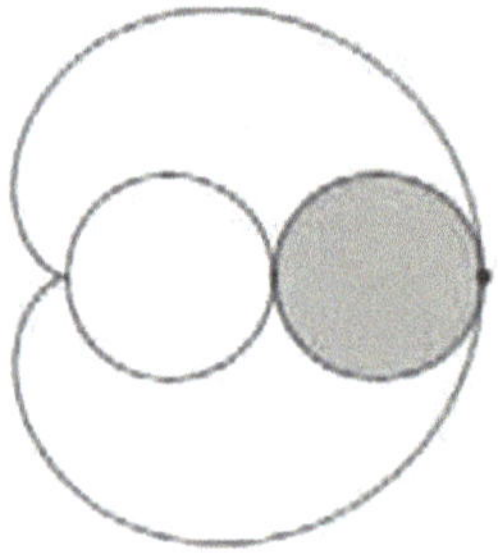

Come si chiama questa curva? *Cardioide.*

Domanda 10. Imposta: $a = 120$ $b = 60$ $h = 60$

Quanti petali o punte verranno disegnati? *2*

Quante rivoluzioni compirà la ruota in movimento attorno a quella fissa, prima che il punto che disegna torni alla posizione di partenza?
.... *1*
Fai uno schizzo della curva tracciata.

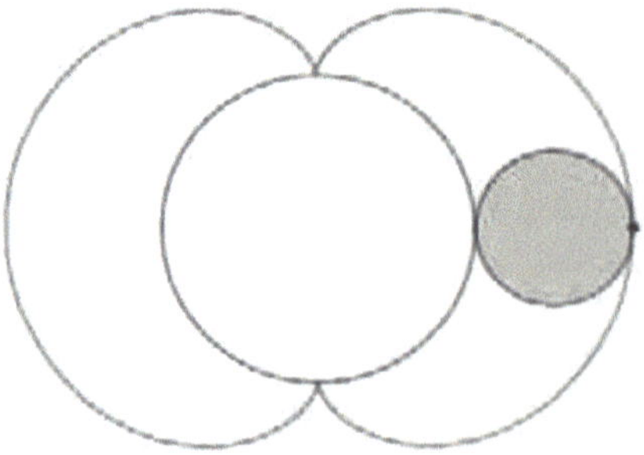

Come si chiama questa curva? *Nefroide.*

Domanda 11. Imposta: $a = 150$ $b = 50$ $h = 50$

Quanti petali o punte verranno disegnati? *3*

Quante rivoluzioni compirà la ruota in movimento attorno a quella fissa, prima che il punto che disegna torni alla posizione di partenza?
.... *1*
Fai uno schizzo della curva tracciata.

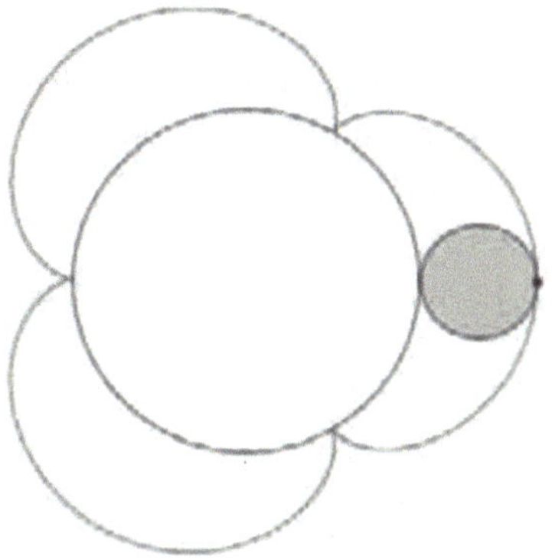

Come si chiama questa curva?
Curva a tre petali.

Domanda 12. Imposta: $a = 150$ $b = 30$ $h = 30$

Quanti petali o punte verranno disegnati? *5*
Quante rivoluzioni compirà la ruota in movimento attorno a quella fissa, prima che il punto che disegna torni alla posizione di partenza?
.... *1*
Fai uno schizzo della curva tracciata.

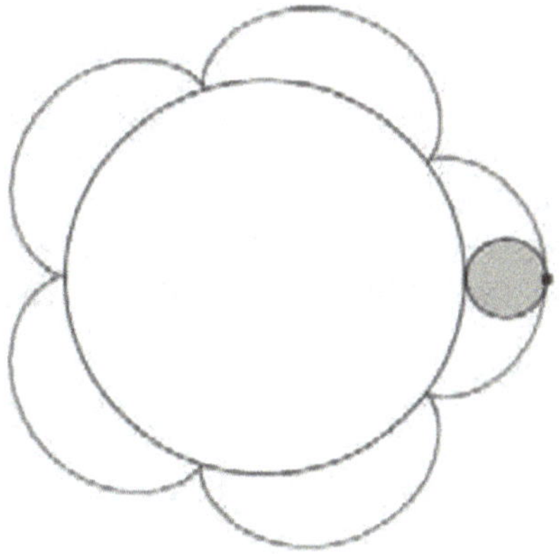

Come si chiama questa curva?
Ranuncoloide.

Domanda 13. Imposta: $a = 120$ $b = -60$ $h = 60$

Quanti petali o punte verranno disegnati? *2*
Quante rivoluzioni compirà la ruota in movimento attorno a quella fissa, prima che il punto che disegna torni alla posizione di partenza? *1*
Fai uno schizzo della curva tracciata.

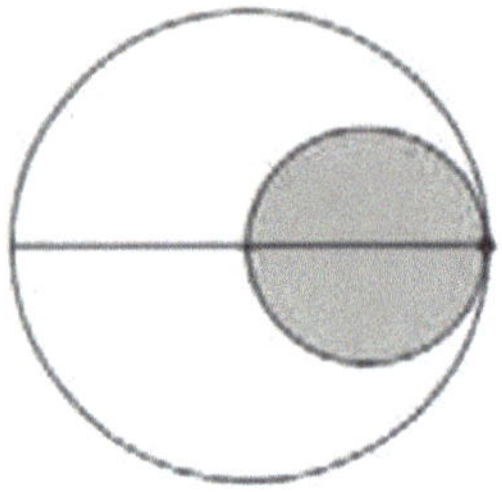

Come si chiama questa curva? *Segmento.*[11]

Come mai non si notano punte o petali nel grafico tracciato? ...... *Perché la curva degenera in un segmento i cui estremi corrispondono alle punte dell'ipocicloide.*

Domanda 14. Imposta: $a = 120$ $b = -60$ $h = 110$

Quanti petali o punte verranno disegnati? *2*
Quante rivoluzioni compirà la ruota in movimento attorno a quella fissa, prima che il punto che disegna torni alla posizione di partenza? *1*
Fai uno schizzo della curva tracciata.

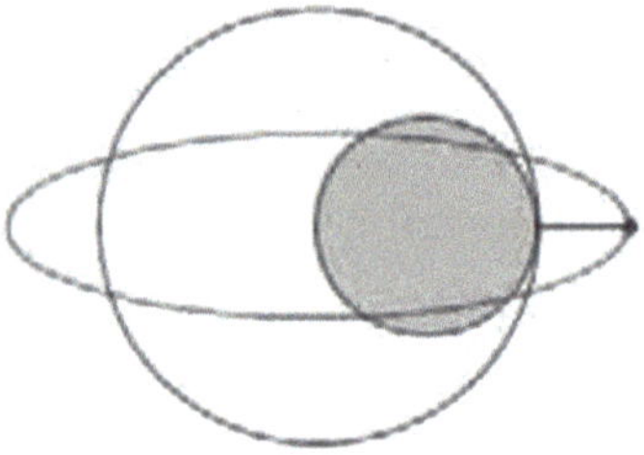

Come si chiama questa curva? *Ellisse.*

Domanda 15. Imposta: $a = 150$ $b = -50$ $h = 50$

Quanti petali o punte verranno disegnati? *3*
Quante rivoluzioni compirà la ruota in movimento attorno a quella fissa, prima che il punto che disegna torni alla posizione di partenza? *1*
Fai uno schizzo della curva tracciata.

[11] Sostituendo nelle equazioni del rotolamento il valore dei parametri suindicato, risulta evidente che si tratta dell'equazione di un segmento scritta in forma parametrica. Lo stesso vale per l'ellisse della domanda successiva.

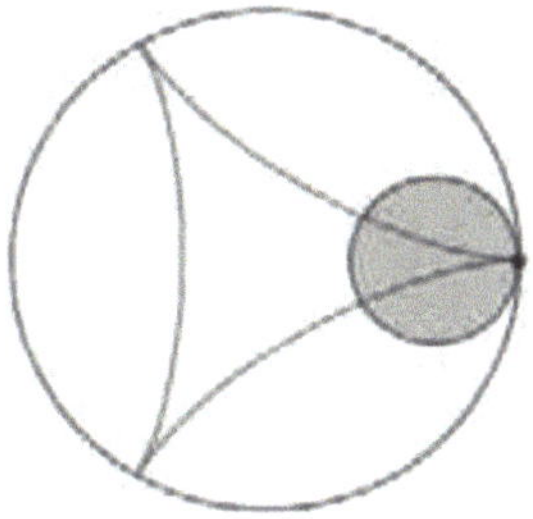

Come si chiama questa curva? *Deltoide.*

Domanda 16. Imposta: $a = 120$ $b = -30$ $h = 30$

Quanti petali o punte verranno disegnati? *4*
Quante rivoluzioni compirà la ruota in movimento attorno a quella fissa prima che il punto che disegna torni alla posizione di partenza? *1*
Fai uno schizzo della curva tracciata.

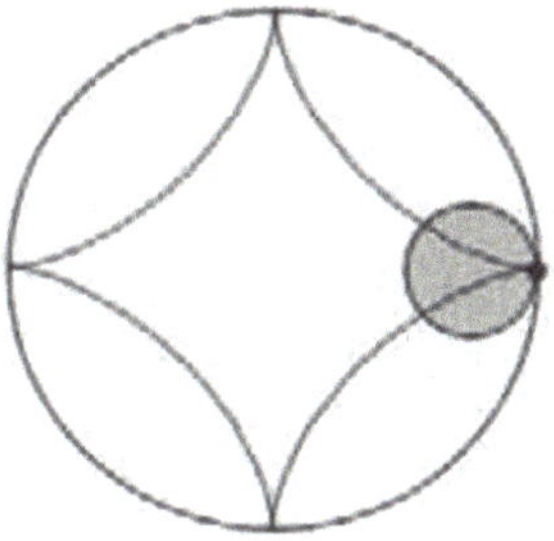

Come si chiama questa curva? *Asteroide.*

Domanda 17. Imposta: $a = 150$ $b = -30$ $h = 30$

Quanti petali o punte verranno disegnati? *5*
Quante rivoluzioni compirà la ruota in movimento attorno a quella fissa, prima che il punto che disegna torni alla posizione di partenza? *1*
Fai uno schizzo della curva tracciata.

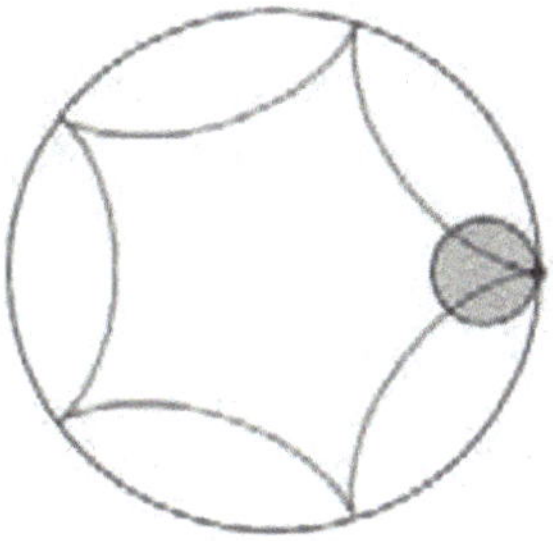

Come si chiama questa curva? *Stella.*

Scheda (3). Curve "celebri" disegnate con il palmare TI-Nspire

L'insegnante presenta le curve epi- o ipocicloidi come moto di rotazione di una circonferenza il cui centro si muove a sua volta lungo una seconda circonferenza (moto deferente – epiciclo)[12]

$$\begin{aligned} x(t) &= r_1\cos(w_1 t) + r_2\cos(w_1 t + w_2 t) \\ y(t) &= r_1 sen(w_1 t) + r_2 sen(w_1 t + w_2 t) \end{aligned} \qquad [1]$$

Dopo che l'insegnante avrà presentato le equazioni delle epi- o ipocicloidi, espresse anche come rotolamento di una circonferenza sopra o sotto un'altra fissa, sarà possibile dimostrare come i due tipi di moto siano assimilabili[13].

Una volta scelta una versione delle [1] più comoda per il confronto, e osservando le equazioni parametriche che descrivono i due tipi di moto:

deferente-epiciclo (attenzione al segno):

$$\begin{aligned} x(t) &= r_1\cos(w_1 t) - r_2\cos(w_1 t + w_2 t) \\ y(t) &= r_1 sen(w_1 t) - r_2 sen(w_1 t + w_2 t) \end{aligned}$$

rotolamento:

$$\begin{aligned} x(\alpha) &= (a+b)\cos\alpha - h\cos\left(\frac{a+b}{b}\cdot\alpha\right) \\ y(\alpha) &= (a+b)sen\alpha - h sen\left(\frac{a+b}{b}\cdot\alpha\right) \end{aligned}$$

si possono mettere in relazione i parametri presenti nelle equazioni:

$r_1 =$ .... $a + b$

$r_2 =$ .... h

$\alpha =$ .... $w_1 t$

$w_1 t + w_2 t =$ .... $\alpha + \frac{a}{b}\alpha$

$\frac{w_2}{w_1} =$ .... $\frac{a}{b}$

L'uso del palmare TI-Nspire dà la possibilità di inserire le equazioni parametriche della curva (si utilizzerà l'equazione [1] in coerenza a quanto fatto nei percorsi didattici svolti), modificare i parametri e visualizzare la curva. In particolare, modificando i valori delle grandezze coinvolte, si possono tracciare le curve "famose" disegnate in precedenza con lo spirografo digitale.

---

[12] Si veda paragrafo 5.1.2.

[13] Per tale dimostrazione si veda il paragrafo 5.1.4, facendo attenzione alla differente scelta di segno nelle equazioni utilizzate per il modello deferente-epiciclo.

◂ Palmare TI-Nspire™ CAS Handheld with Touchpad. Photo used with permission from TI. http://education.ti.com

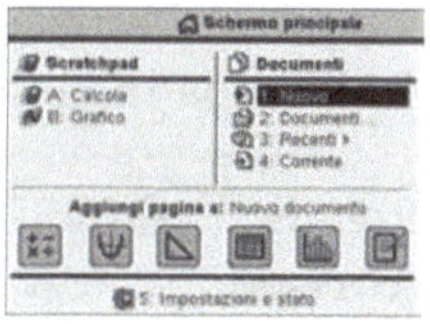

Accendi il palmare premendo il tasto ON; nello schermo principale seleziona **1. Nuovo.**

Utilizzeremo una pagina dell'ambiente **Calcolatrice** per impostare i parametri delle equazioni parametriche delle curve, e una pagina dell'ambiente **Grafici** per visualizzarle.

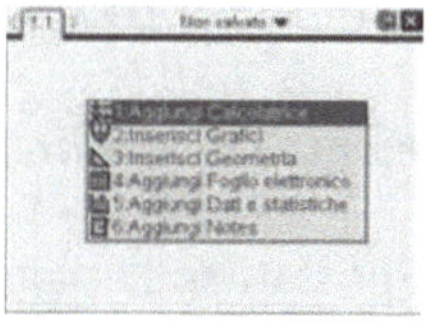

Premi MENU e seleziona **1: Aggiungi Calcolatrice.**

Istruzioni generali. *Per attivare un com ando, è possibile muoversi in due modi alternativi:*
spostarsi con il touchpad sul comando, poi premere ENTER;
oppure premere il pulsante del palmare, in questo caso l'1.
Per disattivare un comando, premere ESC.

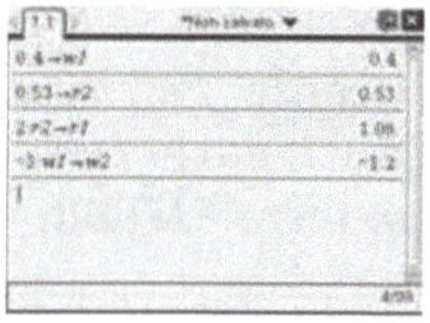

Digita 0.4, premi CTRL VAR (= STO, comando di assegnazione), poi digita w1. Premi ENTER.
Digita 0.53, premi CTRL VAR, poi digita *r*2. Premi ENTER. Infine digita:

$2 \times r_2 \rightarrow r_1$
$-3 \times w_1 \rightarrow w_2$

I valori di w_1 e r_2 verranno considerati fissi, mentre varieranno di volta in volta w_2 e r_1.

Premi CTRL DOC per inserire una pagina dell'ambiente **Grafici.**

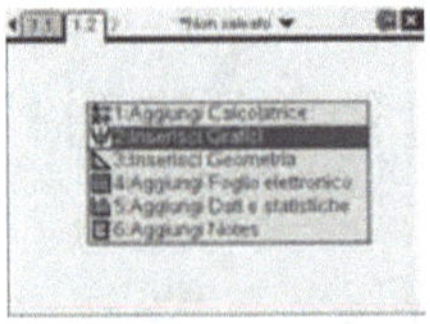

Compare la pagina **Grafici,** ma per inserire l'equazione parametrica della curva è necessario cambiare alcune impostazioni. Premi MENU, poi **3: Tipo di grafico,** poi **2: Parametrica.**

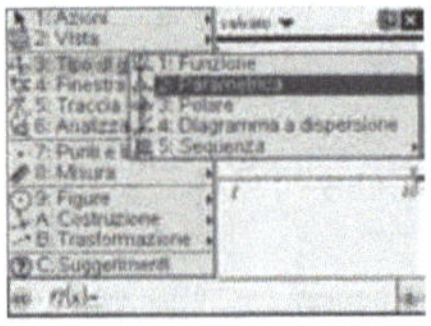

Digita l'equazione parametrica delle epi-/ ipocicloidi, come appare nella schermata a fianco (premi il tasto trig, per selezionare le funzioni trigonometriche).

Modifica l'estremo superiore dell'intervallo del tempo, sostituendo 6.28 con 16.

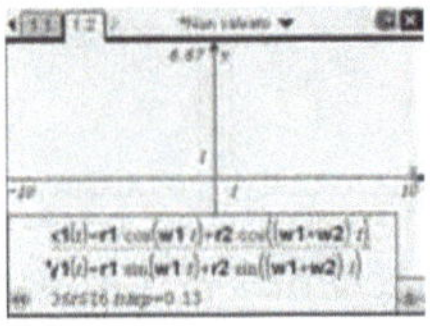

Premendo ENTER, viene tracciata la curva deltoide corrispondente all'equazione parametrica inserita.

Ricorda. *Per nascondere / visualizzare la riga di introduzione, premere CRTL G.*
Per nascondere l'equazione della curva che appare a fianco nella pagina grafica, selezionarla e, dal menu, selezionare Nascondi.

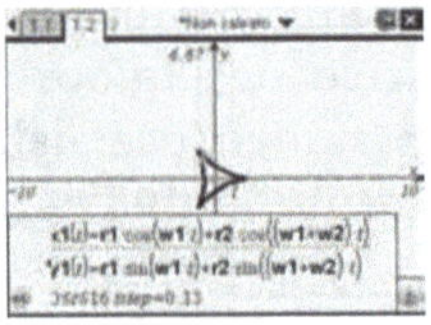

Spostati sulla pagina **Calcolatrice,** premendo CTRL e freccia a sinistra. Spostati con la freccia in alto del touchpad per richiamare il parametro (in questo caso r_1) di cui si vuole modificare il valore; premi ENTER.

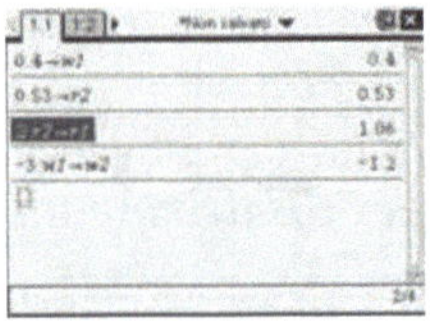

Ricorda. *Per richiamare un comando già eseguito, selezionarlo con le frecce alto/basso del touchpad e premere ENTER.*

Il comando viene ricopiato.

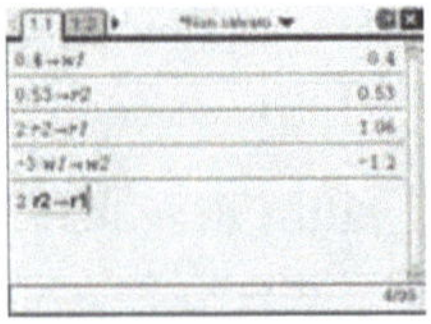

Spostati con il cursore, cancella il numero 2 premendo il tasto CLEAR, e digita:
$4 \times r_2 \rightarrow r_1$
Premi ENTER.

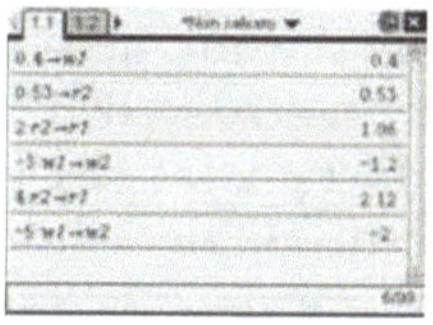

Richiama $-3 \times w_1 \rightarrow w_2$ e sostituiscilo con $-5 \times w_1 \rightarrow w_2$.

Spostati nella pagina **Grafici**, premendo CTRL e freccia a destra del touchpad.
Viene visualizzata la *stella*.

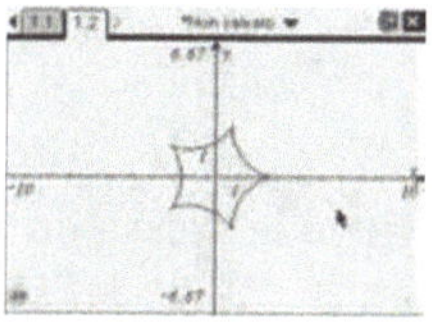

Torna alla pagina **Calcolatrice**. Ripeti i passaggi già svolti e inserisci i seguenti valori:
$3 \times r_2 \rightarrow r_1$
$2 \times w_1 \rightarrow w_2$
per produrre così la *nefroide*.

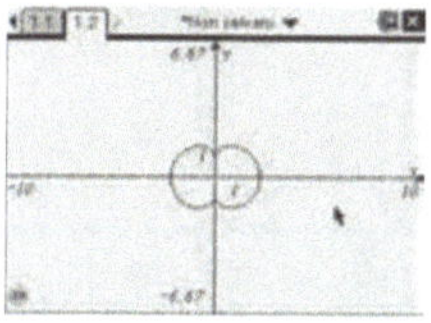

Premendo MENU, **4. Finestra**, poi **3. Zoom** avanti si può ingrandire la figura.

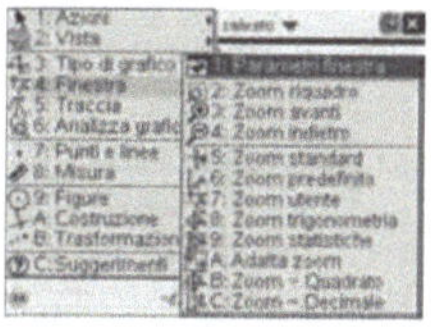

Inserisci i seguenti valori per tracciare la *cardioide*:
$2 \times r_2 \rightarrow r_1$
$w_1 \rightarrow w_2$
La figura riportata è stata ingrandita con i comandi di Zoom.

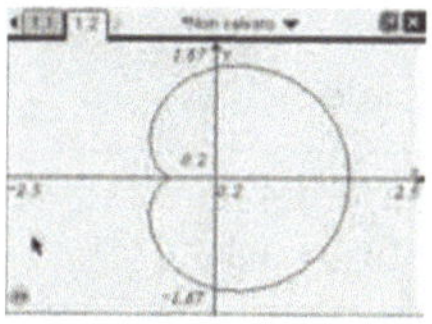

Per salvare il file, premi DOC, poi **1:File**, e **4:Salva**.

Nella casella **Nome file**, digita il nome del file (*curvecelebri*). Poi seleziona Salva e premi ENTER.

Ricorda. *Per spostarsi da un'opzione a un'altra, premere il tasto TAB.*

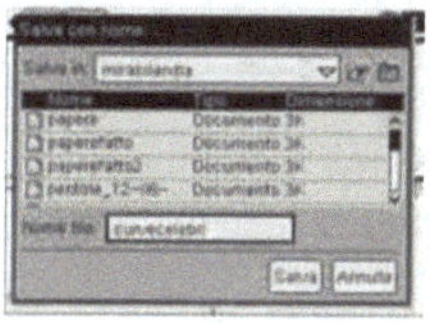

Utilizzando la tabella guida seguente, abbina le curve che ottieni con la TI-Nspire ai valori della velocità angolare, w_2, e della lunghezza del raggio, r_1, proposti; inoltre scrivi il nome e il tipo della curva. In tutti i casi studiati abbiamo considerato fissi: $w_1 = 0.4$; $r_2 = 0.53$.

Tutti gli elementi sono contenuti nelle tabelle seguenti: puoi facilmente verificare che, s eil rapporto tra le lunghezze dei raggi delle ruote dello spirografo è uguale al rapporto tra le velocità angolari delle due circonferenze in moto, cioè se

$$\frac{a}{b} = \frac{w_2}{w_1},$$

si ottiene la stessa curva.

Per le trasformazioni parametriche tra le terne $[w, r_1, r_2]$ e $[a, b, h]$, dove $w=w_2/w_1$, e tra queste e le più significative $[w, (1+w)r_2/r_1, r_1]$ e $[a/b, h/b, a+b]$ si veda anche il capitolo 5.1.4.

	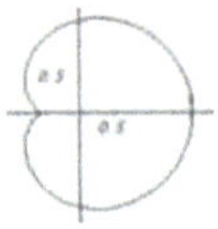	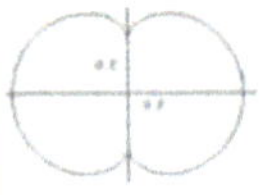	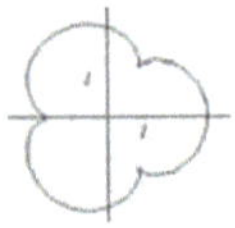	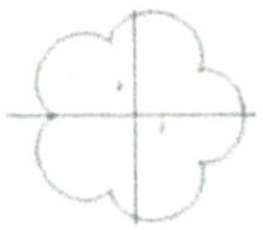	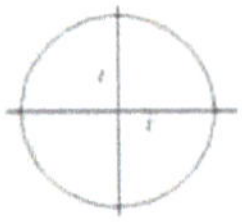
Nome curva	*cardioide*	*nefroide*	*curva a tre petali*	*ranuncoloide*	*Circonferenza di centro C(o;o)*
Epi/ ipocicloide	*epicicloide*	*epicicloide*	*epicicloide*	*epicicloide*	*epicicloide*
$r_1 = 3r_2 = 1,59$ $w_2 = 2w_1 = 0,8$		×			
$r_1 = 2r_2 = 1,06$ $w_2 = w_1 = 0,4$	×				
$r_1 = 4r_2 = 2,12$ $w_2 = 3w_1 = 1,2$			×		
$r_1 = 6r_2 = 3,24$ $w_2 = 5w_1 = 2$				×	
$r_1 = 2,38$ $w_2 = 0$ (r_1 può assumere un qualsiasi valore positivo)					×

	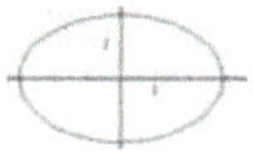	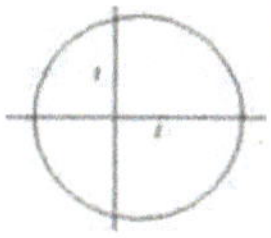	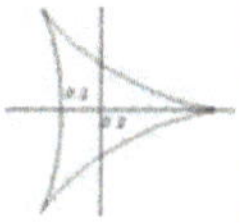	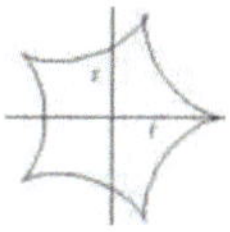	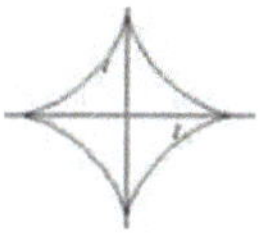	
Nome curva	*ellisse*	*circonferenza di centro C (r_2;o)*	*deltoide*	*stella*	*asteroide*	*segmento*
Epi/ ipocicloide	*ipocicloide*	*ipocicloide*[14]	*ipocicloide*	*ipocicloide*	*ipocicloide*	*ipocicloide*
$r_1 = 2r_2 = 1{,}06$ $w_2 = -3w_1 = -1{,}2$			×			
$r_1 = 4r_2 = 2{,}12$ $w_2 = -5w_1 = -2$				×		
$r_1 = 3r_2 = 1{,}59$ $w_2 = -4w_1 = -1{,}6$					×	
$r_1 = r_2 = 0{,}53$ $w_2 = -2w_1 = -0{,}8$						×
$r_1 = 2{,}38$ $w_2 = -2w_1 = -0{,}8$ (r_1 può assumere un qualsiasi valore positivo)	×					
$r_1 = 2{,}38$ $w_2 = -w_1 = -0{,}4$ (r_1 può assumere un qualsiasi valore positivo)		×				

[14] Questa curva non può essere prodotta dal modello a rotolamento, in quanto *a* e *b* non sono definiti. Ciononostante essa può essere pensata come ipocicloide, dal momento che w_2 e w_1 hanno segno opposto.

6.3.3 Matematica dello spirografo

Indicazioni di lavoro per l'insegnante

Prerequisiti
- fondamenti di aritmetica;
- argomenti della prima sezione.

Strumenti e materiali
- spirografo, uno per gruppo;
- pennarelli lavabili, fogli di carta, una tavoletta di legno su cui appoggiare il tutto;
- computer con software "spirografo", uno per gruppo;
- schede guida per studenti;
- schede guida per docenti.

Metodologia
5 ore impiegate nelle seguenti attività:
- lavoro di gruppo e/o individuale su schede;
- sistematizzazione del docente.

Collocazione nel curriculum
L'attività può essere presentata in collegamento a:
- mcm e mcd, per integrare l'argomento e rafforzarne la comprensione (prima parte);
- relazioni di equivalenza (seconda parte);
- istruzioni mod e div in informatica;
- concetto di periodicità, per rafforzarne la comprensione.

Obiettivi
- comprendere e "visualizzare" la definizione di minimo comune multiplo;
- operare con l'aritmetica modulare.

Osservazioni
Questo paragrafo presenta alcuni elementi di "matematica" dello spirografo. Si affrontano concetti come il minimo comune multiplo tra due numeri e l'aritmetica modulare, con l'impiego dello spirografo.

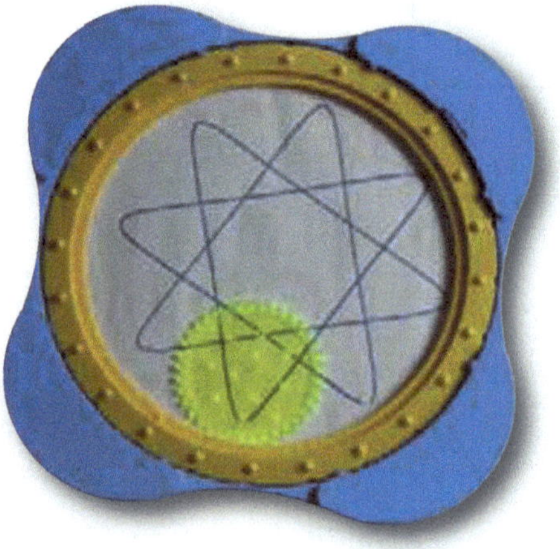

Scheda (4) per lo svolgimento delle attività

Prima parte

Domanda 1. Scrivi la definizione di minimo comune multiplo di due numeri naturali *a* e *b*.
Il minimo comune multiplo (mcm) d due naturali a e b è il più piccolo naturale positivo che è multiplo sia di a che di b.

Domanda 2. Considera la corona dello spirografo e la ruota con 36 denti. Con un pennarello fai un segno su uno dei denti della ruota da 36 e un segno sulla corona circolare dello spirografo, in corrispondenza di uno spazio vuoto fra due denti sotto la corona. Posiziona la ruota da 36 denti in modo che i segni fatti sulla ruota e sulla corona siano uno di fronte all'altro. Muovi la ruota da 36 denti entro la corona fino a quando i due segni non tornano a coincidere.
Quante rivoluzioni ha compiuto la ruota da 36 denti? *3*
Ricordando che la corona dello spirografo ha 96 denti, dopo quanti denti la ruota torna al punto di partenza ?............. *Dopo* $3 \cdot 96 = 288$ *denti*
Nello stesso movimento, quante rotazioni ha compiuto la ruota attorno al proprio centro? *8*
Ricordando che la ruota ha 36 denti, dopo quanti denti la ruota torna quindi al punto di partenza? .... *Dopo* $8 \cdot 36 = 288$ *denti*

Considerando i due numeri, 96 e 36, si può concludere che il mcm tra 96 e 36 coincide con il prodotto tra il numero di rivoluzioni della ruota mobile, cioè .... *3*, e il numero dei denti della corona, quindi a........................ $3 \cdot 96 = 288$; o analogamente coincide con il prodotto tra il numero di rotazioni della ruota mobile, cioè .... *8*, e il numero dei denti della ruota stessa, quindi nuovamente a ....
$8 \cdot 36 = 288$

Domanda 3. Verifica che il mcm tra 96 e 36 è proprio 288. Scrivi la regola per calcolare il mcm di due numeri naturali ....
....
Il mcm è il prodotto di tutti i fattori primi dei numeri dati, presi una sola volta con il massimo esponente.
Scomponi in fattori primi il 96: .... $2^5 \cdot 3$
Scomponi in fattori primi il 36: .... $2^2 \cdot 3^2$
Calcola l'mcm tra 96 e 36: .... $2^5 \cdot 3^2 = 288$

Domanda 4. Ora riduci ai minimi termini la frazione 96/36 che rappresenta il rapporto tra i numeri dei denti di corona (numeratore) e ruota dentata (denominatore). Ottieni 8/3

Che cosa puoi concludere? .... *Se si considera la frazione, ridotta ai minimi termini, ottenuta facendo il rapporto tra i numeri dei denti delle ruote, si può vedere che il numeratore indica il numero di rotazioni, mentre il denominatore il numero di rivoluzioni.*

Domanda 5. Utilizzando un'altra ruota dentata e la corona, trova il mcm tra 96 e 30. Riduci il loro rapporto ai minimi termini e ottieni:
Numero di rotazioni della ruota mobile: *16*
Numero di rivoluzioni della ruota mobile: *5*
Il mcm tra 30 e 96 risulta quindi .... *$5 \cdot 96 = 16 \cdot 30 = 480$, mcm tra 96 e 30.*
Verifica con lo spirografo che il numero di rotazioni e rivoluzioni concordi con quello trovato algebricamente.

Domanda 6. Utilizzando due ruote dentate, trova il mcm tra 63 e 45, agendo come sopra.
Numero di rotazioni *7*
Numero di rivoluzioni *5*
Mcm .... *$5 \cdot 63 = 7 \cdot 45 = 315$, mcm tra 63 e 45.*
Verifica sperimentalmente i risultati trovati.

Domanda 7. Utilizza ora lo spirografo virtuale (software *Spirograph*) e scegli opportunamente i raggi delle due ruote per trovare il mcm tra 90 e 30, agendo come sopra.
Numero di rotazioni *3*
Numero di rivoluzioni *1*
Mcm .... *$1 \cdot 90 = 3 \cdot 30 = 90$, mcm tra 90 e 30.*
Verifica sperimentalmente sul computer i risultati trovati. Che figura ottieni? .... *deltoide/curva a tre petali.*
In questo caso il numero di denti della ruota fissa è multiplo del numero di denti della ruota mobile: la figura si chiude dopo una sola rivoluzione.

Domanda 8. Utilizza ancora lo spirografo virtuale e scegli opportunamente i raggi delle due ruote per trovare il mcm tra 47 e 29, agendo come sopra.
Numero di rotazioni *47*
Numero di rivoluzioni *29*
Mcm .... *$29 \cdot 47 = 47 \cdot 29 = 1363$, mcm tra 47 e 29.*
Verifica sperimentalmente sul computer i risultati trovati. Che figura ottieni? .... *una stella a 47 punte .*
In questo caso, il numero di denti della ruota fissa e quello della ruota mobile sono primi tra loro: la figura si chiude solo dopo un numero di rivoluzioni pari ai denti della ruota piccola.

Seconda parte

Domanda 1. Considera la corona dello spirografo (96 denti) e la ruota con 36 denti. Con un pennarello fai un segno su uno dei denti della ruota da 36 denti e un segno sulla corona circolare dello spirografo, in corrispondenza di uno spazio vuoto fra due denti. Posiziona la ruota da 36 denti in modo che i segni fatti sulla ruota e sulla corona siano uno di fronte all'altro. Il dente contrassegnato corrisponde al numero uno, poi via via i numeri crescono, andando in senso orario fino all'ultimo dente, che corrisponde al numero 36. Muovi la ruota da 36 denti, ruotandola su se stessa in senso antiorario, fino a quando **uno dei denti** non torna a inserirsi nello spazio vuoto di partenza.
Dopo che la ruota da 36 denti ha percorso un *primo* giro della corona de lo spirografo, a quale numero corrisponde (da 1 a 36) il dente che si inserisce nello spazio vuoto di partenza? *24*

Quante rotazioni complete ha effettuato la ruota? *2*

Esegui ora la divisione intera 96:36 e ottieni: quoziente *2*
resto *24*

Lo spirografo può allora essere usato come macchina per fare alcune divisioni: il **quoziente** è il numero di rotazioni complete in una sola rivoluzione; il **resto** è il numero di denti restanti dopo l'ultima rotazione completa, ovvero il numero del dente che chiude la prima rivoluzione.

Prova con l'aiuto dello spirografo, a eseguire le seguenti operazioni:
96 : 30 = ...
50 : 30 = ... (in questo caso devi usare due ruote dentate)
30 : 5 = ... (puoi usare lo spirografo virtuale)

Diamo la seguente definizione:
Dato $k \in N$, $k > 1$, si dice che i numeri naturali n e m sono congrui modulo k, e si scrive $n \equiv m \pmod{k}$ se le divisioni di n e m per k hanno lo stesso resto.

Per stabilire se due numeri naturali sono congrui modulo k, risulta utile il seguente teorema:
Dati due numeri naturali m e n, si ha $n \equiv m \pmod{k}$ se, e soltanto se, m-n è un multiplo intero di k, ossia se, e solo se, esiste $h \in Z$ tale che $m-n = kh$.

Nota per il docente. Se la situazione lo consente, è possibile eseguire la dimostrazione del teorema. Inoltre, la relazione definita gode delle proprietà riflessiva, simmetrica e transitiva ed è dunque una relazione di equivalenza. Le classi di equivalenza rispetto a tale relazione sono chiamate **classi resto** (modulo k).

Domanda 2. Indichiamo con $[m]_k$, la class edi equivalenza di un numero m. Da quali numeri naturali è formata la classe di equivalenza $[m]_k$?
.... *Da tutti i numeri naturali che, nella divisione per k ,d anno lo stesso resto di m.*

Domanda 3. Il resto di una divisone per k è un numero naturale

☐ maggiore ☐ uguale ☐ minore

di k?

Quali numeri naturali apparterranno alla *prima* classe di equivalenza?
.... *Tutti i numeri naturali che divisi per k danno resto 0, cioè i multipli di k .*
Tale classe sarà quindi chiamata $[0]_k$, perché .... *il resto della divisione 0: k è uguale a 0.*
Quali numeri naturali apparterranno alla *seconda* classe di equivalenza? ....*Tutti i numeri naturali che divisi per k danno resto 1.*
Tale classe sarà quindi chiamata $[1]_k$.
Quante sono le classi resto (modulo k)? .... *Le classi resto sono k.*

Domanda 4. Ora considera le ruote dello spirografo, quella da 63 e quella da 30. Con un pennarello fai un segno su uno dei denti della ruota da 30 denti e un segno su uno spazio vuoto sulla ruota da 63. Sulla ruota mobile, il dente contrassegnato corrisponde al numero uno, poi via via andando in senso orario fino all'ultimo dente, corrispondente al numero 30. La ruota con il numero maggiore dei denti è mantenuta fissa (con tre chiodini). Posiziona le due ruote in modo che i segni fatti si ano uno di fronte all'altro. Muovi la ruota da 30 denti, ruotandola su se stessa in senso antiorario, fino a quando **uno dei denti** non torna a inserirsi nello spazio vuoto di partenza.
Dopo che la ruota da 30 denti ha percorso un *primo* giro della ruota da 63, a quale numero corrisponde il dente che si inserisce nello spazio vuoto di partenza? *3*
Quante rotazioni *intere* ha compiuto la ruota da 30 denti? *2*
Quindi, ricordando che $n \equiv m(\text{mod } k)$, dove m vale .... *63* e k vale .... *30* qual è il numero n a cui equivale 63 (mod 30)?
.... *3*
Quali numeri formano la classe $[3]_{30}$? .... *3, 33, 63, 93…*
Se avessimo fatto muovere la ruota da 63 su quella da 30, tenuta f ssa, quale numero n avremmo trovato equivalente a 30 (mod 63)?
.... *30*

Domanda 5. Ora considera le ruote dello spirografo, quella da 50 e quella da 30 e ripeti le procedure descritte alla domanda 4. Il dente contrassegnato corrisponde al numero uno, l'ultimo dente al numero 30.
Dopo che la ruota da 30 denti ha percorso un *primo* giro della ruota da 50, a quale numero corrisponde il dente che si inserisce nello spazio vuoto di partenza? *20*
Quante rotazioni *intere* ha compiuto la ruota da 30 denti? *1*
Qual è il numero *n* a cui equivale 50 (mod 30)? *20*
Come si indica la classe resto? .... $[20]_{30}$

Sostituisci quella da 50 denti con quella da 36.
Dopo che la ruota da 30 denti ha percorso un *primo* giro della ruota da 36, a quale numero corrisponde il dente che si inserisce nello spazio vuoto di partenza? *6*
Quante rotazioni *intere* ha compito la ruota da 30 denti? *1*
Qual è il numero *n* a cui equivale 36 (mod 30)? *6*

Domanda 6. In base alle risposte date alla domanda 5, qual è il risultato di
50 (mod 30) + 36 (mod 30) = ... *20+6=26=86 (mod 30)*
Avendo a disposizione tutte le ruote dello spirografo (30, 36, 45, 50, 63 denti e la corona da 96), in che modo puoi verificare la risposta data alla domanda 6? .... *Facendo muovere la ruota da 30 denti entro la corona da 96: con un pennarello marca lo spazio vuoto corrispondente al numero 86 (50+36); fai muovere la ruota da 30 fino a quando un suo dente si incastra nell'86esimo spazio vuoto della corona. Conta a che numero (da 1 a 30) corrisponde il dente: 26.*

Domanda 7. Usando lo spirografo *risolvi* e *verifica*, la seguente somma:
50 (mod 36) + 45 (mod 36) = ... *14+9=23=95 (mod 36)*

Capitolo 7
Risultati e osservazioni

7.1 La percezione degli studenti

I percorsi didattici, illustrati nei capitoli precedenti, sono stati sperimentati, al momento della stesura del libro, in tre occasioni differenti, che sono indicate in seguito con la sigla A, B, C. In ognuna di queste, dopo l'attività svolta al parco, sono stati compilati dagli studenti dei questionari di gradimento dell'iniziativa e, nei primi due casi, delle verifiche di comprensione relative ai percorsi svolti.

I questionari di gradimento erano composti da dieci domande a risposta chiusa, relative alle caratteristiche dell'attività svolta al parco, all'attrazione studiata, all'utilizzo delle macchine matematiche, alla qualità degli altri supporti (schede di lavoro, cartelloni, palmari), al ruolo del tutor, al lavoro di gruppo, alla durata temporale del percorso, alla comprensione dei vari argomenti trattati nelle specifiche attività (un'autovalutazione del proprio grado di comprensione). Le risposte date dagli studenti erano espresse da numeri naturali che variavano da uno (per niente) a cinque (molto). Al termine, vi erano due quesiti aperti in cui si chiedeva di segnalare liberamente qualche aspetto particolarmente apprezzato e argomenti da discutere o approfondire. Si riporta il testo del questionario in Appendice.

Lo scopo dei questionari era capire la reazione degli studenti all'iniziativa proposta, per poi intervenire sugli aspetti che potevano essere migliorati.

Le tre situazioni analizzate:

Situazione A

Arco temporale: primavera 2008.
Numero di studenti coinvolti: circa 130 (6 classi).
Scuole di provenienza: cinque classi del Liceo "E. Torricelli" di Faenza e una classe del Liceo "G. R. Curbastro" di Lugo (RA).
Indirizzi delle classi coinvolte: scientifico (cinque classi) e classico (una classe).
Età degli studenti: 15-16 anni (tre classi - biennio), 16-17 anni (una classe - triennio) e 17-18 anni (due classi - triennio).
Tutor: Lorenza Resta, Sandra Gaudenzi, Stefano Alberghi, Lucia Paglialonga.
Rapporto tra i Tutor e le classi coinvolte: nessun Tutor era docente delle classi coinvolte, le professoresse Resta e Gaudenzi erano insegnanti del Liceo "E. Torricelli".
Percorsi affrontati: Eurowheel per due ore (2classi), Katun per due ore (2 classi) Papere per due ore (2 classi).

Situazione B

Arco temporale: primavera 2009.
Numero di studenti coinvolti: circa 200 (11 classi).
Scuole di provenienza: Liceo "E. Torricelli" di Faenza (RA).
Indirizzi delle classi coinvolte: scientifico (otto classi), classico (una classe), linguistico (una classe), socio-psico-pedagogico classico (una classe).
Età degli studenti: 15-16 anni (quattro classi - biennio), 16-17 anni (tre classi - triennio) e 17-18 anni (quattro classi - triennio).
Tutor: Lorenza Resta, Sandra Gaudenzi, Stefano Alberghi, Lucia Paglialonga.
Rapporto tra i Tutor e le classi coinvolte: le professoresse Resta e Gaudenzi erano titolari in quattro delle classi coinvolte.
Tipo di percorsi affrontati: Eurowheel per due ore (4 classi), Katun per due ore (5 classi), Papere per due ore (2 classi).

Nota. Si sono esaminati solo i dati di nove delle undici classi coinvolte, quelle in cui i questionari sono stati somministrati in condizioni omogenee e confrontabili; quindi le classi, in cui i tutor erano i docenti di matematica, rappresentavano quasi la metà di quelle analizzate.

Situazione C

Arco temporale: primavera 2009.
Numero di studenti coinvolti: circa 70 (5 classi).
Scuole di provenienza: Liceo scientifico (Liceo "Russell" di Garbagnate Milanese, Liceo "G. R. Curbastro" di Lugo), Liceo classico (Liceo "D. Alighieri" di Ravenna), I.T.I. (Nocera Umbra), I.T. Geometri ("Quarenghi" di Bergamo).
Indirizzi delle classi coinvolte: non sono pervenute ulteriori informazioni.
Età degli studenti: 15-16 anni (una classe – biennio – Geometri), 16-17 anni (due classi – triennio – Liceo Scientifico), 17-18 anni (una classe – triennio – Liceo Classico), 18-19 anni (una classe – triennio – I.T.I.).
Tutor: studenti universitari degli ultimi anni delle facoltà di ingegneria, fisica, che avevano seguito un percorso di formazione specifico tenuto dagli ideatori del progetto.
Rapporto tra i Tutor e le classi coinvolte: i Tutor non conoscevano le classi coinvolte.
Percorsi affrontati: un'ora di attività al Katun e una alla Ruota (2 classi – Geometri, Liceo Classico) oppure Katun per due ore (2 classi – Liceo Scientifico, I.T.I.) oppure Ruota per due ore (1 classe - Liceo Scientifico).

Le classi, provenienti da tutta Italia, che hanno svolto i percorsi di matematica al parco nella primavera 2009 e 2010, sono state parecchie decine, per un totale di alcune migliaia di studenti; per problemi logistici e di tempo sono stati somministrati i questionari solo a un piccolo campione di studenti, scelti in maniera casuale dai responsabili del parco.

Si riportano alcuni dati delle analisi statistiche svolte.

Dati della situazione A

L'attività svolta:	1 per niente	2 poco	3 suff.	4 discreto	5 molto
Utile	3%	16%	30%	42%	9%
Difficile	19%	41%	26%	14%	1%
Interessante	2%	7%	22%	46%	23%
Divertente	5%	12%	29%	32%	22%
Stimolare*	3%	11%	22%	45%	18%
Avvincente**	0%	3%	14%	45%	38%

(* curiosità ed interesse; ** rispetto ad una lezione in aula)

La presenza delle macchine:	1 per niente	2 poco	3 suff.	4 discret	5 molto
Utile	1%	4%	14%	39%	42%
Interessante	0%	4%	15%	47%	34%

Dati della situazione B

L'attività svolta:	1 per niente	2 poco	3 suff.	4 discreto	5 molto
Utile	1%	5%	33%	50%	11%
Difficile	14%	50%	28%	5%	3%
Interessante	1%	1%	17%	52%	29%
Divertente	1%	14%	31%	36%	18%
Stimolare*	1%	4%	35%	37%	23%
Avvincente**	1%	1%	14%	37%	46%

La presenza delle macchine:	1 per niente	2 poco	3 suff.	4 discreto	5 molto
Utile	1%	0%	20%	47%	33%
Interessante	0%	4%	29%	41%	25%

Dati della situazione C

L'attività svolta:	1 per niente	2 poco	3 suff.	4 discreto	5 molto
Utile	0%	6%	49%	37%	7%
Difficile	22%	37%	24%	13%	3%
Interessante	4%	13%	51%	25%	6%
Divertente	4%	13%	51%	25%	6%
Stimolare*	1%	9%	33%	51%	6%
Avvincente**	0%	5%	15%	43%	38%

La presenza delle macchine:	1 per niente	2 poco	3 suff.	4 discret	5 molto
Utile	0%	6%	24%	53%	16%
Interessante	0%	5%	41%	38%	16%

Confronto tra i dati raccolti nelle tre diverse situazioni

I risultati sono stati molto soddisfacenti in tutte e tre le condizioni studiate, come si evince dalle tabelle sopra riportate; in particolare, sono molto elevati i punteggi che riguardano le voci: "Interessante", "Stimolare curiosità e interesse", "Avvincente rispetto a una lezione di matematica svolta in aula".

Nella situazione B, in cui i docenti erano titolari di metà delle classi esaminate, si hanno giudizi positivi leggermente più elevati rispetto alle altre situazioni, probabilmente dovuti a una migliore conoscenza delle classi da part e dei docenti, che ha favorito l'interattività e il dialogo, e alla volontà degli studenti di mostrare ai propri docenti una valutazione positiva dell'iniziativa proposta.

Le situazioni A e C possono considerarsi confrontabili, anche perché i tutor, in entrambi i contesti, non avevano un rapporto pre-esistente con gli studenti, che si trovavano a gestire. Confrontando gli esiti delle diverse tipologie di scuole e dei differenti indirizzi di studio, non si sono evidenziate sensibili differenze nel gradimento dell'iniziativa, a eccezione dell'Istituto Tecnico per Geometri in cui si è avuto un risultato lievemente inferiore. Anche un'indagine statistica suddivisa in classi di biennio e di triennio non ha evidenziato una distinzione significativa; solo per quanto riguarda la comprensione dei concetti proposti, gli studenti di biennio hanno percepito di aver raggiunto una comprensione lievemente inferiore rispetto a quella degli studenti di triennio; tale autovalutazione è stata, però, smentita dai risultati ottenuti nelle verifiche sommative, tutte di buon livello.

Analisi dei dati suddivisi per giostra

I punti di forza evidenziati dagli studenti relativamente a tutti i percorsi sono stati: la presenza delle macchine, il lavoro di gruppo, la disponibilità e la competenza dei tutor, il continuo passaggio tra aspetti teorici e aspetti pratici, ma, soprattutto, la curiosità che desta l'attrazione (che influenza l'aspetto motivazionale), e l'immagine positiva della matematica emersa durante l'attività.
In un contesto più generale sono molti coloro che auspicano un cambiamento dell'immagine della matematica, in particolare M.G. Bartolini e M. Maschietto specificano che questa modifica deve riguardare gli aspetti affettivi e culturali:

> L'attenzione agli aspetti affettivi si manifesta nella ricerca di modi per costruire un atteggiamento positivo verso la matematica, attraverso la proposta di attività che sottolineano il divertimento, la sorpresa, la scoperta. L'attenzione agli aspetti culturali si manifesta nella ricerca di modi di presentare la matematica come parte non statica della cultura umana, in stretta connessione con l'arte, la tecnologia e la vita di tutti i giorni. [Bartolini Bussi, Maschietto, 2006]

Parole degli studenti: *Ho apprezzato molto la possibilità di andare a Mirabilandia, la matematica può essere interessante, scoprire che intorno a noi c'è la matematica (e non solo a scuola).*

Parole degli studenti: *È stato un metodo utile per appassionare i ragazzi alla matematica.*

I dati riportati nelle tabelle soprastanti riguardano complessivamente le tre attrazioni esaminate; è stata condotta anche un'analisi relativa alle singole attrazioni, che non si riporta nel dettaglio per brevità, ma si riassume nelle sue linee principali.

Si nota una leggera differenza di gradimento nei tre percorsi proposti: l'attività svolta in Colazione da Papere piace un po' meno agli studenti rispetto alle altre, forse perché l'attrazione è percepita come una giostra "da piccoli", quindi la componente emotiva e la dinamica dell'interesse non aiutano nella conduzione del percorso. La matematica che si propone in questa giostra invece è tutt'altro che banale, quindi, in alcune classi, con una preparazione matematica e fisica non particolarmente approfondita, è stato necessario spendere un maggior tempo per agevolare la comprensione delle parti più tecniche del percorso. É stato però particolarmente apprezzato il modello vivente e l'utilizzo delle simulazioni della giostra sia attraverso il modello meccanico sia attraverso i palmari.

Parole degli studenti: *Ho apprezzato l'iniziativa stessa, l'approccio più pratico dell'osservare quanto studiato nel concreto: imparare divertendosi è il miglior modo per imparare.* ☺

Parole degli studenti: *Avrei preferito studiare altre attrazioni, per esempio il Katun.*

Una risposta molto buona da parte degli studenti si è ottenuta alla Ruota che, pur non essendo un'attrazione adrenalinica, ha permesso la rivisitazione di argomenti, già conosciuti dalla maggior parte degli allievi, in maniera definita, da alcuni di loro, *originale*. L'utilizzo delle macchine matematiche è stato fondamentale: gli studenti hanno evidenziato la loro concretezza, la possibilità di interagire con la macchina, la capacità di far riflettere da diversi punti di vista su aspetti e proprietà di curve note. Ciò concorda con la visione vygotskijana descritta da Bartolini Bussi – Maschietto secondo cui:

> Un artefatto – strumento può, nell'interazione sociale a scuola, assumere anche un'altra funzione, collegata con l'intenzione di insegnare: può mediare significati relativi ai saperi che vi sono incorporati. [Bartolini Bussi, Maschietto, 2006]

Parole degli studenti: *Ho apprezzato la presenza delle macchine, che mi hanno aiutato a capire molte cos e e mi h anno interess ato molto.*

Anche l'attività del problem-solving alla Ruota ha coinvolto in maniera sensibile gli alunni che hanno gestito l'attività con impegno e partecipazione; vari allievi hanno espresso soddisfazione per la loro libertà di azione e di espressione, non sentendosi oggetto di valutazione da parte dei tutor, per la possibilit àdi collaborare in gruppi o per la non passività della loro posizione.

Parole degli studenti: *Ho apprezzato il fatto che sia stato dato tempo per riflettere e non sia stato dato nulla per scontato, che ognuno abbia potuto esprimere la propria idea.*

Anche Kaiser e Schwarz testimoniano situazioni analoghe, riscontrate durante progetti relativi alla modellizzazione, condotti in scuole secondarie:

> Durante i lavori, gli studenti hanno dato largo spazio alla loro creatività, trovando diverse strade per risolvere i problemi. [...] La motivazione cres œ anche quando viene chiesto agli studenti di sviluppare i problemi autonomamente. [Kaiser, Schwarz, 2006]

In questa attività al parco, gli studenti sono usciti dallo *stile di insegnamento EEE* (*Explanation, Examples, Exercises con ruolo direttivo del docente e funzionale a un apprendimento imitativo*), descritto da [Burkhardt, 2006] e hanno svolto una vera e propria modellizzazione "attiva" (cioè *modellizzazione in cui si utilizza la matematica per affrontare problemi nuovi per gli studenti*), in cui il compito assegnato loro è stato percepito come "autentico"[1].

Grande interesse ha suscitato il percorso didattico al Katun; solo una piccolissima percentuale di studenti ha dato, infatti, un giudizio parzialmente negativo dell'iniziativa, definendola *interessante, ma noiosa*, oppure troppo teorica o troppo lunga; molti invece si sono fatti coinvolgere nell'attività a tal punto, che avrebbero voluto ampliarla per approfondire il funzionamento delle attrazioni, le giustificazioni fisiche delle sensazioni provate a bordo dell'ottovolante, i sistemi di sicurezza, ecc.; alcuni alunni avrebbero voluto analizzare anche altre parti del tracciato della giostra, dal punto di vista delle curve matematiche presenti e delle motivazioni delle forme geometriche adottate.

Il percorso all'ottovolante è quello in cui l'attività di modellizzazione è più guidata ed esplicitata nelle sue fasi. Vari studenti sottolineano di aver appreso un metodo di indagine matematica non affrontato a scuola e di aver capito come la matematica possa essere utile a comprendere meglio la realtà che li circonda.

Parole degli studenti: *Mi è piaciuto molto disegnare con le macchine le curve, per poi andare a verificare se potevano o no essere simili a quelle dell'attrazione.*

Infine, alcuni soggetti mettono in evidenza come il solo fatto di svolgere le attività a Mirabilandia, rispetto a una normale attività scolastica, promuova maggiormente la predisposizione ad apprendere e favorisca la motivazione, la partecipazione attiva e l'effettiva comprensione dei temi affrontati.

Parole degli studenti: *L'iniziativa è interessante e coinvolgente perché stimola la comprensione di alcuni concetti matematici che in classe rimangono astratti.*

---

[1] Per la descrizione di un problema autentico si veda il paragrafo 1.1.4.

Parole degli studenti: *È stato utilissimo, per me, vedere e interagire con gli elementi che stavamo studiando.*

Valutazione del livello di comprensione dei contenuti/metodi affrontati nei percorsi

Nelle situazioni A e B sono state somministrate a tutti gli studenti prove di valutazione sommativa, predisposte dagli ideatori del progetto, in cui si chiedeva, attraverso una decina di domande aperte o chiuse, di riesaminare tutto il percorso af fontato al parco e di des civerne le tappe più signif cative (a disposizione in Appendice).

I risultati sono stati positivi: il livello di comprensione è stato per la maggior parte dei partecipanti, discreto: in particolare per quanto riguarda il Katun e la Ruota, anche relativamente alle parti dedicate ad argomenti che non appartengono al bagaglio di conoscenze di studenti di scuola superiore, come la clotoide o le macchine matematiche. Inoltre un gran numero di studenti è riuscito a ricostruire le tappe salienti del percorso svolto al parco e ha descritto in maniera corretta il processo di modellizzazione; alcuni hanno mostrato qualche difficoltà nel ricordare gli aspetti più tecnici, per esempio la struttura o il funzionamento di alcune macchine, pur avendo ben chiaro lo scopo che realizzavano, la derivazione analitica di alcune equazioni, qualche termine o definizione teorica, pur avendo compreso il concetto associato.

Qualche studente ha espresso il desiderio di avere ulteriori spiegazioni relative ad alcune parti del percorso svolto al parco: per esempio, per le ombre della Ruota (soprattutto nelle classi di biennio, in cui le conoscenze delle coniche risultano parziali), per il funzionamento del clotoidografo. Gli approfondimenti, presenti nel capitolo 6, nascono proprio per soddisfare l'esigenza emersa nel confronto con gli studenti.

Nella situazione B, essendo i tutor docenti in varie classi coinvolte, è stato possibile effettuare alcuni confronti sul comportamento degli studenti nel contesto classe e nel contesto parco, rispettivamente.

Alcuni, che a volte non avevano un buon rendimento in matematica durante le attività in classe, hanno accettato di mettersi "in gioco" e di provare a modificare la propria posizione nel fare matematica. Di questi alunni, coloro che possedevano una preparazione matematica di livello sufficiente hanno ottenuto un grande miglioramento nelle valutazioni conseguite nelle verifiche di comprensione, mentre quelli, con una preparazione più carente, hanno evidenziato un certo miglioramento e una buona visione d'insieme della problematica, pur mantenendo alcune difficoltà negli aspetti più formali o analitici.

Alcuni allievi, anche con un rendimento soddisfacente in matematica, sono risultati intimiditi dalla richiesta di abbandonare le regole canoniche per esplorare un nuovo tipo di lavoro e anche le valutazioni raggiunte sono state lievemente inferiori ai loro standard.

Ci sono stati anche altri casi particolari: qualche studente, che si è mostrato particolarmente entusiasta e protagonista al parco, nei momenti di valutazione ha mostrato di non aver recepito e trattenuto pienamente quanto vissuto, qualcun altro, che al parco ha avuto un atteggiamento molto riservato, ha mostrato nelle prove di aver colto ogni aspetto di quanto proposto, anche le informazioni che si erano fornite in maniera marginale.

7.2 La percezione degli insegnanti

Sono stati esaminati i dati dei questionari di gradimento anonimi, somministrati a circa 100 docenti di scuole secondarie di secondo grado, di diverse tipologie, provenienti da tutta Italia per svolgere i percorsi didattici nella primavera del 2009. I questionari erano strutturati, analogamente a quelli per gli studenti descritti nel paragrafo 7.1, in varie domande a risposta chiusa e in due domande aperte, in cui scrivere aspetti apprezzati o da approfondire/modificare.

	1	2	3	4	5
L'attività svolta a Mirabilandia, nel suo complesso, le è sembrata:	per niente	poco	suff.	discret	molto
Utile, poiché ricca di possibili ricadute sul piano didattico	1%	4%	16%	41%	37%
Di facile comprensione per gli allievi	0%	3%	23%	29%	45%
Capace di stimolare curiosità e interesse	1%	1%	17%	51%	29%
Complementare all'attività didattica svolta in aula	1%	4%	15%	45%	35%

	1	2	3	4	5
L'uso delle macchine matematiche le è sembrato:	per niente	poco	suff.	discret	molto
Utile alla comprensione dei concetti teorici	0%	3%	8%	38%	51%
Capace di stimolare interesse nei ragazzi	0%	3%	19%	49%	30%
Elemento di novità rispetto all'attività normalmente svolta in aula	3%	3%	10%	32%	52%

	1	2	3	4	5
L'utilizzo delle calcolatrici grafiche a Mirabilandia le è sembrato (solo per il percorso Colazione da Papere):	per niente	poco	suff.	discret	molto
Facile	0%	0%	14%	36%	50%
Utile per l'attività	0%	0%	7%	29%	64%
Dispersivo	31%	62%	0%	0%	8%

	sì	no
Le sembra utile proseguire l'esperienza con attività da svolgere in classe?	97%	3%

Come si può notare, i docenti hanno espresso un gradimento molto alto in tutte le voci richieste, e, nelle domande aperte del questionario, hanno manifestato un apprezzamento particolare per le macchine matematiche, l'attività di problem solving, il lavoro di gruppo, l'alternanza tra attività pratiche e teoriche, il continuo passaggio tra conoscenze teoriche e situazione reale, la ricaduta delle attività sulla percezione della matematica da parte degli studenti, l'aspetto "ludico" della matematica.

Parole dei docenti: *Ho apprezzato particolarmente la costruzione del significato di oggetti matematici e definizioni tramite congetture e verifica delle stesse tramite semplici esperimenti.*

Ci sono stati anche suggerimenti non sempre concordi da parte dei docenti, forse a causa delle diverse tipologie di scuole e delle specifiche necessità delle classi: alcuni avrebbero voluto ridurre i tempi dedicati alla teoria, altri hanno ritenuto adeguato il livello dei percorsi proposti, in relazione al tempo a disposizione, altri ancora avrebbero voluto approfondire gli aspetti più analitici delle curve trattate fino alle loro equazioni parametriche. Nel percorso di Colazione da Papere si è riusciti ad arrivare alla giustificazione delle equazioni de la curva studiata, ma alla Ruota e al Katun questo dettaglio può essere raggiunto solo riprendendo l'attività in aula. Queste parti possono, quindi, essere riprese una volta tornati a scuola, affiancando a carta e matita anche strumenti informatici come fogli di calcolo, software di geometria dinamica piana e spaziale, ambienti grafico-simbolici, come mostrato nel capitolo 6.

Questa revisione, al rientro a scuola, può essere vantaggiosa anche perché permette una riflessione sul processo messo in atto al parco, recuperando così la componente metacognitiva della modellizzazione. L'ampliamento successivo dell'esperienza vissuta, in diversi momenti dell'attività scolastica, è pensato con lo scopo di renderla stabile (sia dal punto di vista cognitivo sia relazionale), non episodica, significativa, quindi capace di motivare lo studente. Vari ricercatori hanno sottolineato come "una sequenza di attività di modellizzazione possa migliorare in maniera considerevole le idee matematiche degli studenti coinvolti"; anche per questo motivo si pensa sia importante dilatare il percorso della modellizzazione affrontato al parco e ricollegarlo ai temi trattati nella programmazione scolastica.

Le possibili modificazioni provocate dalle attività svolte nell'apprendimento dei concetti coinvolti, dovrebbero essere oggetto di valutazione, considerate di pari dignità rispetto alle attività standard [D'Amore, Giovannoni, 1997].

Anche le opinioni sul ruolo delle giostre nei percorsi non sono state sempre unanimi: in qualche commento si è suggerito di utilizzare maggiormente le attrazioni, mentre in altri si è proposto di svolgere i percorsi didattici in posizioni protette, lontane dalle giostre o addirittura in classe, per non disperdere l'attenzione. Sono le parole degli studenti a sottolineare come le stesse attività svolte in classe non avrebbero avuto lo stesso risultato.

Parole degli studenti: *Il fatto di essere all'aria aperta è stato importante, perché ha stimolato di più la mia curiosità essendo liberi dall'"ombra" della scuola.*

Parole degli studenti: *Mi è piaciuta perché è una lezione di matematica diversa dalle solite e, fatta sui giochi, può essere più coinvolgente che fatta in classe.*

Più in generale, [Mousoulides, Christou, Sriraman, 2006] sottolineano che il ruolo de lcontesto, nel quale inquadrare il problema e sviluppare la matematica, è molto importante nella modellizzazione matematica.

7.3 Ruolo del docente-tutor nelle attività di modellizzazione in Matebilandia

Nei percorsi didattici si evidenzia una caratteristica comune: la modellizzazione che svolgono gli studenti è, in un certo s enso, "guidata" dal docente che pone domande stimolo, ma è anche "autonoma", poiché gli allievi vivono l'esperienza da protagonisti, possono proporre le loro idee per proseguire il percorso e per risolvere i sottoproblemi che si presentano. Il tutor gestisce la discussione e l'interazione con gli studenti, soprattutto nei momenti in cui si utilizzano strumenti e conoscenze specifiche, che non appartengono al bagaglio di conoscenze della maggior parte di loro.

Sono già molte le esperienze di pratica didattica in cui il docente assume il ruolo di *guida esperta* verso l'appropriazione degli oggetti del sapere: organizza l'ambiente, pianifica l'attività di esplorazione e la orienta verso una formulazione coerente con la sistemazione della matematica; si veda [Bartolini Bussi, Maschietto, 2006].

Alcune attività di modellizzazione proposte in vari stati, europei e non, sia a livello universitario sia a livello di scuola secondaria superiore, sono intese, invece, come *processi autonomi* condotti dagli studenti, per risolvere i problemi assegnati. [Maaß, 2006] afferma che "lo sviluppo delle competenze caratteristiche della modellizzazione avviene non tanto presentando esempi di modellizzazione quanto nell'incentivare la ricerca autonoma e individuale di processi di modellizzazioni"; [Blomhøj, Kjeldsen, 2006] sollevano il problema di come insegnare l'autonomia: si vuole che gli studenti si assumano la responsabilità delle loro decisioni per il lavoro di modellizzazione, ma allo stesso tempo prendano corrette decisioni usando le loro conoscenze di matematica per sviluppare il ciclo di modellizzazione. Due strategie didattiche possono portare risultati: a) "disponendo la scena", cioè impostare il problema, delimitarlo, scandire le fasi di lavoro, dare le informazioni necessarie; b) "lezione dialogata", cioè presentare i contenuti matematici che servono per affrontare il problema, ma lasciare libertà nella conduzione del lavoro. Inoltre gli stessi autori sottolineano la necessità da parte dei docenti, emersa in alcune ricerche, di guidare passo-passo gli studenti attraverso i punti cruciali del processo di modellizzazione per le difficoltà degli studenti nel lavoro indipendente. Gli studenti hanno invece riscontrato minori difficoltà nei progetti in cui gli insegnanti sono stati molto espliciti nelle richieste e hanno focalizzato l'attenzione degli studenti sui punti cruciali senza svolgere il compito al posto degli studenti.

Il dibattito sul ruolo del docente nell'insegnamento della modellizzazione è ancora molto aperto, poiché tale insegnamento richiede uno spettro più ampio di strategie didattiche rispetto a quelle utilizzate nell'insegnamento imitativo. La modellizzazione coinvolge, infatti, tutti gli aspetti chiave del fare matematica che si possono riassumere secondo [Burkhardt, 2006] in conoscenza dei concetti e abilità, strategie e tattiche per modellizzare con queste conoscenze, controllo metacognitivo del processo di soluzione del problema, disposizione al pensare matematicamente, basata sull'idea della matematica come un potente *tool-kit* piuttosto che come un corpo di conoscenze da imparare. Questi non sono elementi indipendenti, e devono essere integrati nella pratica di modellizzazione per affrontare qualunque problema. Le attività di apprendimento possono, così, risultare più articolate e quelle di modellizzazione dovrebbero riguardare situazioni pratiche non usuali; bisognerebbe assegnare diversi tipi di verifiche per la valutazione; risultano quindi necessarie un'assunzione di responsabilità da parte degli allievi dei propri ragionamenti e della loro correttezza e una profonda discussione in classe di approcci e risultati alternativi.

Il gruppo dei docenti, che ha ideato i percorsi didattici di Matebilandia, ha sviluppato sia una modellizzazione delle attrazioni sia una trasposizione didattica del processo di modellizzazione, allo scopo di renderlo fruibile da studenti di scuola secondaria di secondo grado. C'è stato, quindi, un lavoro importante, precedente alle attività didattiche, comprensivo di studio matematico, organizzazione, predisposizione dei materiali. Successivamente, il ruolo del docente nella conduzione delle attività, come evidenziato in varie occasioni, è risultato fondamentale, perché doveva fornire stimoli per innescare una discussione tra gli studenti, fare le domande giuste, a volte anche provocatorie. Doveva lasciare spazio alle idee e alle iniziative proposte agli studenti, cercando di orchestrare tutti i contributi, senza perdere il "senso della direzione" nella gestione del processo, sapere tacere o "scomparire", quando la motivazione al lavoro negli alunni era molto sentita.

In tal modo, con questa attività, ci si è voluti collocare in quella che Vygotskij descrive come "zona di sviluppo prossimale" e che [Bartolini Bussi, Maschietto, 2006] articolano come "la zona metaforica dove si svolge l'attività di problem solving in collaborazione tra un soggetto (allievo) e un adulto (insegnante) o pari più competenti". Tali autori sottolineano che "attraverso l'aiuto offerto il soggetto è in grado di risolvere problemi, che non sarebbe in grado di risolvere da solo. L'aiuto può essere fornito in modi diversi, durante un'attività svolta insieme, agendo e parlando, con l'introduzione di uno strumento (es. riga, compasso, curvigrafo, prospettografo), con l'introduzione di un sistema di segni (gesti, linguaggio verbale, linguaggio scritto, sistemi di rappresentazione convenzionale)".

Dopo aver analizzato il ruolo del tutor nell'attività di M&A in Matebilandia, si può considerare come, invece, si può modificare l'atteggiamento degli studenti, grazie al particolare contesto e alla modalità, con cui si sono svolte le attività, come in parte è già stato scritto nel paragrafo 7.1.

Cambiando le condizioni, rispetto alle attività scolastiche standard di tipo imitativo, nelle attività proposte al parco, il ruolo degli studenti si è modificato; si è richiesto, infatti, agli allievi una forte partecipazione attiva, di uscire dalla sicurezza dell'impostazione frontale della lezione, di raccogliere aspetti di sf ida per risolvere quesiti e problemi. Il contesto insolito e la tipologia di percorso af fontato hanno modif icato la percezione di tutti e tre gli elementi cruciali del processo di insegnamento/apprendimento, descritti nel triangolo di Chevallard[2]: allievo, docente, sapere.

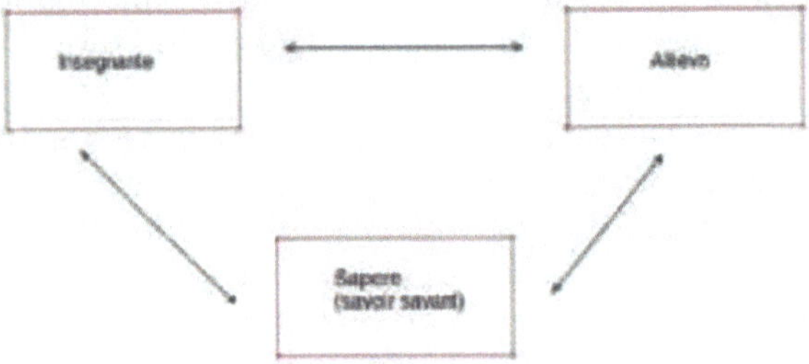

◂ **Figura 7.1** Triangolo di Chevallard

Anche la matematica stessa, cioè il sapere, viene valutata in modo differente dai soggetti coinvolti perché oltre agli imprescindibili aspetti di logica, astrazione, formalismo, vengono sperimentati anche aspetti di applicazione, di modellizzazione, di ricaduta su situazioni reali autentiche.

Basandosi sulla percezione del gradimento degli studenti e sui risultati ottenuti dalle valutazioni condotte sul progetto, si può sottolineare che la presenza di un particolare contesto/situazione può concorrere a modificare le relazioni che intercorrono nei tre lati del triangolo di Chevallard: la relazione allievo-insegnante, la relazione allievo-sapere, la relazione insegnante-sapere. Ognuno dei tre vertici del triangolo, oggetto di una didattica dedicata, ha un ruolo cruciale e diventa protagonista in momenti alterni e complementari. L'influenza della situazione didattica sulle relazione tra i vertici del triangolo è stata evidenziata anche da Brousseau[3] nella "Teoria delle situazioni".

7.4 Ruolo delle macchine matematiche nelle attività di modellizzazione in Matebilandia

La modellizzazione matematica di una situazione reale, come è stato delineato nel capitolo 1, è un processo complesso che coinvolge molti fattori e la cui strutturazione può cambiare a seconda dell'oggetto della modellizzazione e del grado di precisione che a ess asi vuole dare. Tale processo, come si è visto, può essere studiato nelle sue singole parti e schematizzato in varie forme: il ciclo di Blum-Leiss è un esempio di tale descrizione.

---

[2] Come viene riassunto ad esempio in [D'Amore, 1999].

[3] Anche per questo si può consultare [D'Amore, 1999].

Nelle attività di Matebilandia, volte a modellizzare matematicamente la realtà di alcune attrazioni del parco, tale complessità permane, pur se alleggerita dal fatto che le stesse attrazioni studiate sono in realtà prodotti artificiali di tipo ingegneristico e che incorporano già in se stesse conoscenze matematiche e fisiche e le mostrano in maniera abbastanza trasparente. Non è quindi difficile, per un occhio attento, leggere la matematica che sta dietro tali realtà. Tuttavia i percorsi didattici di Matebilandia mirano a far sperimentare *agli studenti* processi di modellizzazione che permettono di passare dall'oggetto reale al sapere matematico. Per tale motivo, prevedono l'utilizzo di svariate strategie didattiche e di strumenti[4], che permettano una più immediata comprensione delle proprietà dell'oggetto reale studiato e dei concetti matematici coinvolti.

Gli strumenti sono di ausilio nelle varie tappe del processo di modellizzazione: possono costituire l'oggetto concreto su cui sperimentare, o sui cui validare un modello, fornire analogie, aiutare a comprendere meglio una proprietà geometrica incontrata nel percorso, possono fungere semplicemente da supporto di calcolo o grafico. Naturalmente, uno stesso strumento può avere rilevanza in diverse parti del processo di modellizzazione, così come una data fase di questo processo può essere percorsa più volte utilizzando strumenti differenti[5]. In particolare, in Matebilandia tali strumenti consistono principalmente in macchine matematiche e tecnologie informatiche.

Nei capitoli relativi alle singole attrazioni, si è proposta una rilettura di questo percorso didattico, basato sulla modellizzazione e attuato con l'impiego di strumenti, nei termini delle varie componenti del ciclo di Blum-Leiss, ben sapendo che qualsiasi schematizzazione non può rappresentare nei dettagli la complessità del processo; come si dice, con un'analogia: "la mappa non è il territorio"[6].

Come esempio di una possibile lettura in termini di processo di modellizzazione, si consideri il percorso didattico svolto alla giostra Colazione da Papere, dove si intende modellizzare la traiettoria di un passeggero a bordo di una tazza. Riferendosi allo schema di Blum-Leiss la *situazione reale* da descrivere in termini matematici è la traiettoria, quindi il moto della giostra che la produce. Per rappresentare visivamente la traiettoria e per esplorarne le caratteristiche, si utilizzano alcuni strumenti: il cosiddetto "modello vivente" (si fa riprodurre agli studenti, col proprio corpo, il moto della giostra), il "paperografo" (un meccanismo che simula il movimento della giostra), i palmari, lo

[4] Per una definizione di *strumento*, in relazione ad *artefatto*, si veda il paragrafo 1.6.
[5] Questo processo ciclico nell'utilizzo di strumenti ha una forte analogia con il *ciclo di insieme* di Rabardel descritto in Bartolini Bussi e Maschietto (2006) e con i processi di *strumentazione* e *strumentalizzazione*. Con essi Rabardel (1995), analizzando il processo di interazione uomo-artefatto, intende descrivere tutte quelle modifiche che l'uomo compie sullo strumento e sulle proprie azioni man mano che impara a utilizzarlo. Nel caso in questione non vengono modificate parti dello strumento, ma viene sostituito integralmente lo strumento con un altro più adeguato all'azione concettuale che si intende svolgere in quel dato momento.
[6] Alfred Korzybski, filosofo polacco (1879-1950).

spirografo (un gioco didattico). Tutti questi producono delle traiettorie epicicloidali che possono essere considerate *modelli reali* su cui studiare. La modellizzazione ha, quindi, lo scopo di dare uno status matematico alle curve tracciate da questi strumenti. L'oggetto reale rimane sempre la giostra e il suo moto, tuttavia le prove, le verifiche, la *validazione* vengono fatte sui modelli reali (siano essi concreti o informatici). L'analogia tra questi e l'oggetto reale è comunque esplicita ed evidente: il paperografo è addirittura un modellino in scala della giostra reale, anche se molto semplificato. Come il paperografo, alcuni strumenti permettono anche di esaminare le cause che producono queste curve, dal momento che il loro meccanismo è visibile e che i loro parametri sono modificabili: sono *essi stessi* modelli reali su cui è possibile lavorare; inoltre, strumenti informatici, come i palmari, permettono anche di trattare matematicamente il *modello matematico* delle equazioni della curva.

Si potrà notare che alcuni modelli reali sono più rozzi (modello vivente), altri più raffinati (il paperografo); la scarsa accuratezza dei modelli più rozzi fa sì che sia molto difficile farne davvero un trattamento matematico e percorrere a partire da essi tutto il ciclo di modellizzazione. Su di essi non è possibile validare, per esempio, per l'imprecisione della curva tracciata e la difficoltà di uno studio quantitativo. Tuttavia i modelli più rozzi hanno a volte il vantaggio di essere più immediatamente gestibili dagli studenti, perché coinvolgono lo spazio e la corporeità. Viceversa, anche lo strumento più sofisticato (il paperografo o una simulazione con palmari), in realtà, è una semplificazione ad hoc della realtà da modellizzare.

Comunque, ogni strumento porta con sé significati e mette in campo competenze/conoscenze diverse e gioca un ruolo importante nella modellizzazione, alla stregua degli altri.

L'utilizzo di modelli semplificati su cui sperimentare, del resto, è pratica ben nota in fisica, dove l'ambiente del laboratorio contribuisce alla nascita stessa di tale scienza (da Galileo in poi) e ne costituisce un aspetto fondamentale. Ma questo è vero per ogni scienza sperimentale: il laboratorio è il luogo in cui si estraggono dal contesto pezzi della realtà, li si semplifica e con essi si sperimentano i modelli interpretativi, per ritrasferirli, poi, nella realtà.

> I laboratori sono basati sull'assunto che gli oggetti naturali non siano entità rigide che debbano essere prese *come sono* o lasciate lì. Infatti raramente nei laboratori si lavora con gli oggetti così come si trovano in natura. Piuttosto si lavora con le loro immagini, con le loro tracce video, audio o elettriche, con le loro componenti, estrazioni, e con le loro versioni *purificate*[7]. [Knorr-Cetina, 1999].

[7] "Laboratories are based upon the premise that natural objects are not fixed entities that are to be taken "as they are" or left by themselves. In fact, one rarely works in laboratories with objects as they occur in nature. Rather, one works with object images or with their visual, auditory, or electrical traces, and with their components, their extractions, and their "purified" versions".

Nei percorsi di Matebilandia, come visto, non sempre sono le macchine matematiche a rivestire il ruolo di modelli reali: a volte può fungere da modello reale semplicemente la fotografia di un'attrazione, o la *curva* tracciata da una macchina, al di là del meccanismo che la produce. Viceversa la macchina matematica può servire come strumento interno alla matematica per produrre curve geometricamente ben definite. Un esempio è l'impiego del parabolografo nell'attrazione Katun: esso viene utilizzato come tracciatore di parabole dalle prefissate caratteristiche geometriche, le quali poi vengono confrontate con il mode lo reale (la fotograf ia del Katun, in questo caso).

In questo senso la macchina matematica non è usata come strumento di modellizzazione, ma come mezzo per veicolare un concetto puramente matematico. Anzi, essa stessa può costituire un *oggetto reale* da esplorare e da modellizzare a sua volta: è necessario, infatti, che gli studenti ne prendano familiarità, ne osservino le componenti, le curve che traccia e si diano una spiegazione del perché le traccia[8]. In questo modo prendono maggiore confidenza anche con le proprietà geometriche della curva (la parabola, in questo caso) e possono *lavorare matematicamente* con maggiore consapevolezza. Si può parlare, in un certo senso, di modellizzazione *interna alla matematica*. Tale modellizzazione può, a sua volta, essere descritta con un ciclo innestato sul precedente ciclo di modellizzazione della giostra, in cui questa volta l'oggetto da modellizzare è la macchina stessa.

Non è quest'ultimo, però, lo scopo principale dei progetti didattici di Matebilandia: essi si prefiggono soprattutto di far vivere agli studenti un'esperienza di modellizzazione, che favorisca la comunicazione tra il mondo reale e quello della matematica; e il mezzo, per raggiungere tale obiettivo, è principalmente quello del coinvolgimento dello spazio fisico e del corpo, del macrospazio del parco e del microspazio delle macchine, della manualità e del movimento, dell'analogia e del gioco, dell'emozione e della curiosità.

7.5 Oltre Matebilandia

Dall'esperienza descritta, si sono sviluppate altre iniziative, quali una mostra, "La Bottega Matematica", svoltasi a Faenza nel marzo del 2010, e la partecipazione degli autori, come formatori, al progetto SeT nell'a.s. 2009/2010; entrambe le iniziative nascono grazie alla collaborazione degli stessi con la Prof.ssa Bartolini Bussi dell'Università di Modena.

La mostra si è articolata in varie sezioni dedicate alla matematica e alla sua divulgazione: una prima sezione relativa alle macchine matematiche dell'Università di Modena, una seconda alle macchine matematiche del progetto Matebilandia, una terza a strumenti di calcolo, nella loro evoluzione storica, del

[8] Questa è per esempio la metodologia di esplorazione delle macchine utilizzata nel Laboratorio di Macchine Matematiche di Modena (si veda il paragrafo 1.6).

Museo del Calcolo Mateureka di Pennabilli, una quarta a giochi matematici. La quinta e sesta sezione sono state destinate all'esposizione di oggetti matematici e fotografie di contenuto matematico prodotti dalle scuole della Provincia di Ravenna e località limitrofe (sezione locale) o dalle scuole superiori del territorio nazionale (sezione fuori-provincia) per il concorso bandito in occasione della mostra. Gli elaborati risultati vincitori sono esposti presso la Palestra della Scienza di Faenza (http://palestradellascienzafaenza.racine.ra.it/) e documentati anche nel testo "Buon pratiche d'aula in matematica" [Sbaragli, 2011].

In seguito alla suddetta collaborazione, Faenza è diventata, dall'a.s. 2009/2010, sede di un'aula decentrata del laboratorio di macchine matematiche di Modena; ospita (presso la Palestra della Scienza e in convezione con il C SC - Centro Servizi e Consulenza alle autonomie locali - di Lugo (RA)) più di sessanta macchine dedicate alle trasformazioni geometriche e alle coniche, ed è luogo di formazione per docenti che intendono utilizzare questi strumenti in aula[9]. Al contempo, il progetto Matebilandia è diventato una testimonianza dell'uso delle macchine in un processo di modellizzazione, all'interno del progetto regionale SeT dell'Emilia Romagna (relativo alle aule decentrate del laboratorio della macchine dell'Università di Modena) per le sedi di Piacenza, Rimini, Ravenna.

[9] Si veda il testo [USR E-R, ANSAS EX IRRE E-R, Regione Emilia-Romagna, 2010].

Appendice 1
Algoritmo per la costruzione della clotoide e della sua evoluta in linguaggio di progetto

La costruzione descritta nel capitolo 3 è valida per una qualsiasi curva di cui si conosca l'equazione della curvatura, quindi è stata applicata nel caso della clotoide, la cui curvatura ha equazione: $k(s)=s$ (l'equazione generale della curvatura della clotoide sarebbe $k(s) = a \cdot s$ ma si assume $a=1$ essendo a un parametro di scala che modifica le dimensioni lineari della curva ma non la sua forma).

Il procedimento è stato tradotto in un algoritmo in linguaggio di progetto per poi trasformarlo in un programma, in linguaggio Java, eseguibile da un computer e disponibile on-line su http://extras.springer.com; se ne riportano gli elementi essenziali:

Dati in ingresso

- l'equazione della curvatura della curva: $k(s) = s$;
- il punto di partenza: l'origine O(0;0);
- il vettore unitario tangente: con direzione e verso dell'asse delle ascisse, $\vec{t} = (t_x;t_y) = (1;0)$;
- il vettore unitario normale $\vec{n} = (n_x;n_y) = (0;1)$;
- la lunghezza iniziale dell'arco di curva s_0;
- la lunghezza fissata dell'arco di circonferenza da tracciare: il passo Δs;
- il numero d'iterazioni del procedimento prima di fermare l'esecuzione: n.

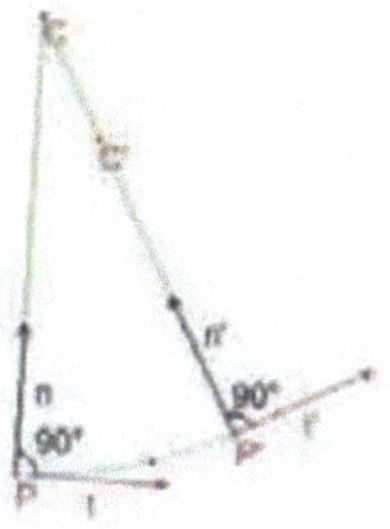

◂ **Figura A.1** Vettori tangente, normale, centro di curvatura in due step successivi

Procedura

Per trovare le coordinate del centro del cerchio osculatore all'iterazione generica, si sfrutta la relazione

$$\overrightarrow{OC} = \overrightarrow{OP} + \frac{1}{k(s)} \cdot \vec{n}$$

quindi se il punto P ha coordinate x_p e y_p allora il centro C ha coordinate:

$$\begin{cases} x_c = x_p + \dfrac{n_x}{k(s)} \\ y_c = y_p + \dfrac{n_y}{k(s)} \end{cases}.$$

I vettori $\overrightarrow{t}$ e $\overrightarrow{n}$ vengono ruotati di un angolo

$$\Delta\theta = \frac{\Delta s}{R} = k(s)\cdot\Delta s,$$

quindi il nuovo vettore tangente ha componenti:

$$\begin{cases} t_x' = t_x\cos(\Delta\theta) - t_y\sin(\Delta\theta) \\ t_y' = t_x\sin(\Delta\theta) + t_y\cos(\Delta\theta) \end{cases}.$$

Per le componenti del nuovo vettore normale si può applicare ancora la formula della rotazione oppure basta ruotare il nuovo vettore tangente $\overrightarrow{t'}$ di 90°: $n_x' = -t_y'$ e $n_y' = t_x'$.

Per trovare le coordinate del nuovo *P'* a partire dal centro *C*, ci si sposta sempre di un vettore avente intensità pari al raggio del cerchio osculatore, direzione della normale $\overrightarrow{n'}$ ma verso opposto rispetto a quello indicato da $\overrightarrow{n'}$, vale quindi la relazione

$$\overrightarrow{OP'} = \overrightarrow{OC} - \frac{1}{k(s)}\cdot\overrightarrow{n'}.$$

Quindi si ottengono le coordinate di P':

$$\begin{cases} x_p' = x_c - \dfrac{n_x'}{k(s)} \\ y_p' = y_c - \dfrac{n_y'}{k(s)} \end{cases}.$$

Prima di ricominciare il ciclo e ripetere il procedimento occorre aggiornare il valore di *s*: $s' = s + \Delta s$ e di conseguenza vengono ricalcolati la curvatura *k(s')* e il raggio $R = 1/k(s')$.

Ne lcaso in cui $k(s) = 0$, i vettori $\overrightarrow{t}$ e $\overrightarrow{n}$ rimangono invariati e il nuovo punto *P'* si ottiene semplicemente spostandosi di Δs in direzione di $\overrightarrow{t}$, si può allora scrivere che

$$\overrightarrow{OP'} = \overrightarrow{OP} + \Delta s \cdot \vec{t}$$

da cui si ottiene che

$$\begin{cases} x_p' = x_p + \Delta s \cdot t_x \\ y_p' = y_p + \Delta s \cdot t_y \end{cases}.$$

Dati in uscita

- posizioni successive del punto *P* appartenente alla clotoide;
- posizioni successive del centro *C* del cerchio osculatore, appartenente all'evoluta della clotoide.

Appendice 2
Proprietà della parabola e dimostrazioni

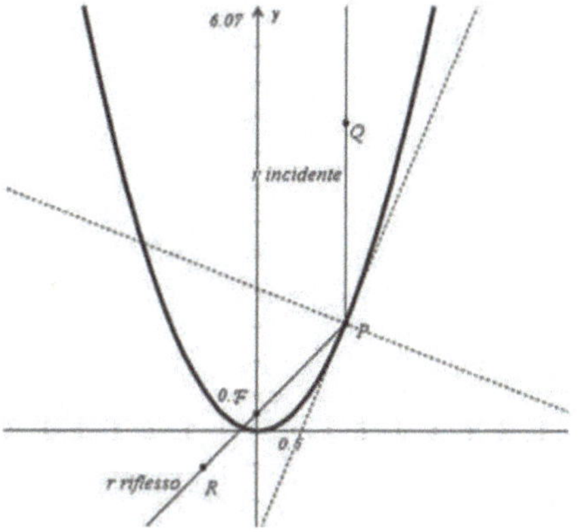

◂ **Figura A.2** Schema per la prima dimostrazione

Data una parabola, ogni retta parallela all'asse di simmetria della parabola si riflette nel fuoco.

Dimostrazione

Sia $y=px^2$ una parabola generica con vertice nell'origine e asse di simmetria coincidente con l'asse y. Sia Q (α, β) un punto generico della retta – raggio incidente – parallela all'asse di simmetria, di equazione $x = \alpha$ con $\alpha \neq 0$, e sia $P(\alpha, p\alpha^2)$,il punto in cui il raggio interseca la parabola.

Si può allora scrivere l'equazione della retta tangente in P alla parabola:

$$y - p\alpha^2 = 2p\alpha \cdot (x - \alpha)$$

da cui si ha che la pendenza della retta normale alla parabola in P è

$$-\frac{1}{2p\alpha}$$

e la sua equazione:

$$y - p\alpha^2 = \frac{-1}{2p\alpha}(x - \alpha)$$

da cui

$$2p\alpha y - 2p^2\alpha^3 = -x + \alpha .$$

Sia $R\ (\bar{x},\bar{y})$ il punto simmetrico di Q rispetto alla normale alla curva passante per P, le condizioni da imporre per trovare le coordinate di R sono:

- il punto medio del segmento RQ deve appartenere alla normale suddetta;
- il segmento RQ deve essere perpendicolare alla normale, quindi parallelo alla tangente in P.

Tali condizioni si trasformano nel seguente sistema:

$$\begin{cases} 2p\alpha\dfrac{\bar{y}+\beta}{2}-2p^2\alpha^3=-\dfrac{\bar{x}+\alpha}{2}+\alpha \\ \dfrac{\bar{y}-\beta}{\bar{x}-\alpha}=2p\alpha \end{cases}$$

risolvendolo si ottengono le s eguenti coordinate di R

$$\begin{cases} \bar{x}=\dfrac{8p^2\alpha^3-4p\alpha\beta+\alpha}{4p^2\alpha^2+1} \\ \bar{y}=\dfrac{8p^3\alpha^4-4p^2\alpha^2\beta+\beta}{4p^2\alpha^2+1} \end{cases}.$$

Si determina ora l'equazione della retta PR – raggio riflesso -, per facilitare i calcoli si ricava prima la pendenza m, poi s'impone il passaggio per il punto P:

$$m_{PR}=\frac{p\alpha^2-\dfrac{8p^3\alpha^4-4p^2\alpha^2\beta+\beta}{4p^2\alpha^2+1}}{\alpha-\dfrac{8p^2\alpha^3-4p\alpha\beta+\alpha}{4p^2\alpha^2+1}}=\frac{p\alpha^2+4p^2\alpha^2\beta-\beta-4p^3\alpha^4}{-4p^2\alpha^3+4p\alpha\beta},$$

equazione retta PR:

$$y-p\alpha^2=\frac{p\alpha^2+4p^2\alpha^2\beta-\beta-4p^3\alpha^4}{-4p^2\alpha^3+4p\alpha\beta}(x-\alpha);$$

il punto in cui il raggio rif lesso PR interseca l'asse di simmetria di equazione $x=0$ ha coordinate:

$$\begin{cases} y-p\alpha^2=\dfrac{p\alpha^2+4p^2\alpha^2\beta-\beta-4p^3\alpha^4}{-4p^2\alpha^3+4p\alpha\beta}(x-\alpha) \\ x=0 \end{cases}$$

$$\begin{cases} y = \dfrac{-4p^3\alpha^5 + 4p^2\alpha^3\beta - p\alpha^3 - 4p^2\alpha^3\beta + \alpha\beta + 4p^3\alpha^5}{-4p^2\alpha^3 + 4p\alpha\beta} \\ x = 0 \end{cases}$$

$$\begin{cases} y = \dfrac{-p\alpha^3 + \alpha\beta}{-4p^2\alpha^3 + 4p\alpha\beta} \\ x = 0 \end{cases}$$

$$\begin{cases} y = \dfrac{\alpha(-p\alpha^2 + \beta)}{4\alpha p(-p\alpha^2 + \beta)} \\ x = 0 \end{cases}$$

da cui semplificando

$$\begin{cases} y = \dfrac{1}{4p} \\ x = 0 \end{cases}$$

che sono proprio le coordinate del fuoco F.

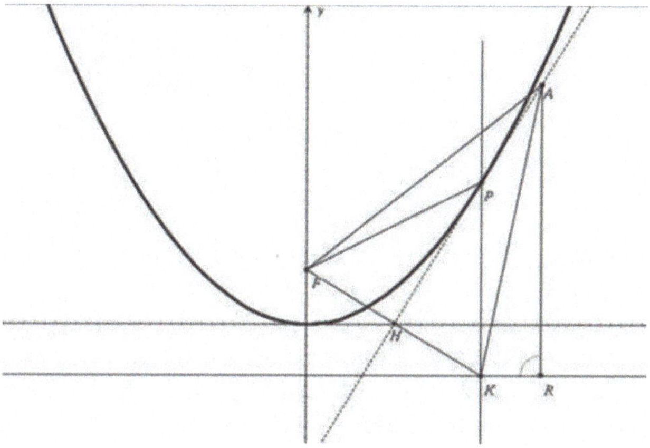

◂ **Figura A.3** Schema per la seconda dimostrazione

Per ogni punto P di una parabola, l'angolo che la retta tangente forma con la retta congiungente il fuoco è congruente all'angolo che la stessa retta tangente forma con la perpendicolare alla direttrice passante per P.

Dimostrazione

Sia P un punto della parabola, sia F il fuoco e K il piede della distanza di P dalla retta direttrice, per la definizione di parabola si ha quindi che $PF \cong PK$. Dato il segmento FK, per la definizione di asse di un segmento come luogo geometrico dei punti equidistanti dagli estremi, il punto P appartiene all'asse di FK. Sia H l'intersezione fra tale asse e il segmento FK. Si ha quindi che gli angoli FPH e HPK sono congruenti. Si vuole dimostrare che tale asse è proprio la tangente alla parabola in P e s'imposta la dimostrazione per assurdo.

Se si pone che l'asse del segmento FK non sia tangente alla curva, si avrebbe un altro punto A d'intersezione, diverso da P. Poiché A appartiene all'asse di FK, per l'ipotesi assurda, ne viene che $AF \cong AK$, ma poiché A è anche un punto della parabola, $AF \cong AR$, per definizione. Per la proprietà transitiva della congruenza si avrebbe quindi $AK \cong AR$. Tale congruenza è assurda perché il triangolo AKR è rettangolo, quindi $AK > AR$ poiché AR è un cateto e AK è l'ipotenusa, da cui l'assurdo.

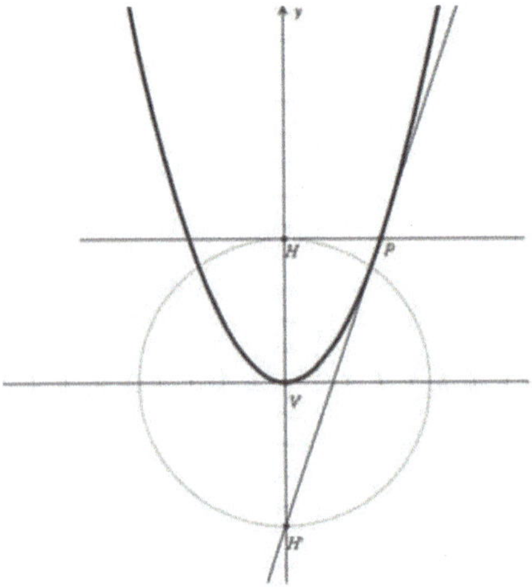

◂ **Figura A.4** Schema per la terza dimostrazione

Procedura per la costruzione della tangente alla parabola in un suo punto[1].

Dimostrazione

Sia $P(x_0;y_0)$ un punto della parabola di equazione $y = kx^2$ per cui si ha $P(x_0; kx_0^2)$. Si tracci la retta perpendicolare all'asse della parabola, asse y, passante per P e sia H il punto d'intersezione di tale retta con l'asse della parabola. Il punto H ha coordinate $(0; kx_0^2)$. Sia H' il simmetrico di H rispetto al vertice della parabola coincidente con l'origine, H ha coordinate $(0; - kx_0^2)$.

Si consideri la retta passante per P e H', di equazione:

$$\frac{y-kx_0^2}{-kx_0^2-kx_0^2}=\frac{x-x_0}{0-x_0};\quad \frac{y-kx_0^2}{-2kx_0^2}=\frac{x-x_0}{-x_0};\quad \frac{y-kx_0^2}{2kx_0}=(x-x_0);$$

[1] Procedura applicata durante i percorsi didattici, si veda il paragrafo 3.2.1.

da cui

$$y - kx_0^2 = 2kx_0 \cdot (x - x_0) \ .$$

Tale retta coincide con la retta tangente in P: $y - f(x_0) = f'(x_0)\,(x - x_0)$, e infatti risolvendo il sistema tra l'equazione della retta e della parabola

$$\begin{cases} y = kx^2 \\ y - kx_0^2 = 2kx_0 \cdot (x - x_0) \end{cases} \begin{cases} y = kx^2 \\ kx^2 - kx_0^2 = 2kx_0x - 2kx_0^2 \end{cases} \begin{cases} y = kx^2 \\ kx^2 - 2kx_0x + kx_0^2 = 0 \end{cases}$$

si ottiene un'equazione risolvente di secondo grado con $\Delta = k^2 - k^2 = 0$, per cui il sistema ha due soluzioni coincidenti in $x = x_0$.

Appendice 3
Questionario di gradimento. STUDENTI

Ti invitiamo a esprimere liberamente una valutazione complessiva sull'attività di Matematica che hai compiuto. Segna con una crocetta il punto che meglio esprime il tuo giudizio.

Legenda
1 = per niente
2 = poco
3 = sufficientemente
4 = discretamente
5 = molto

Quale attrazione hai esaminato?

☐ KATUN ☐ EUROWHEEL ☐ COLAZIONE DA PAPERE

L'attività svolta a Mirabilandia ti è sembrata:

	USCITA				
	1	2	3	4	5
Utile	☐	☐	☐	☐	☐
Difficile	☐	☐	☐	☐	☐
Interessante	☐	☐	☐	☐	☐
Divertente	☐	☐	☐	☐	☐
Capace di stimolare curiosità e interessi	☐	☐	☐	☐	☐

L'attrazione che hai esaminato, ti è sembrata:

Interessante dal punto di vista matematico					Coinvolgente					Divertente				
1	2	3	4	5	1	2	3	4	5	1	2	3	4	5
☐	☐	☐	☐	☐	☐	☐	☐	☐	☐	☐	☐	☐	☐	☐

Le schede utilizzate durante l'uscita ti sono sembrate:

	1	2	3	4	5
Facili da usare	☐	☐	☐	☐	☐
Utili per l'attività	☐	☐	☐	☐	☐
Complete	☐	☐	☐	☐	☐

L'attività svolta al parco, a livello di tempo, è stata:

☐ troppo lunga ☐ lunga ☐ giusta ☐ corta ☐ troppo corta

La presenza di un tutor presso l'attrazione che hai esaminato ti è sembrata:

Necessaria					Favorire la tua comprensione del percorso seguito				
1	2	3	4	5	1	2	3	4	5
☐	☐	☐	☐	☐	☐	☐	☐	☐	☐

La presenza delle macchine ti è sembrata:

	1	2	3	4	5
Utile	☐	☐	☐	☐	☐
Interessante	☐	☐	☐	☐	☐
Divertente	☐	☐	☐	☐	☐

I cartelloni mostrati dai tutor ti sono sembrati:

	1	2	3	4	5
Utili per l'attività	☐	☐	☐	☐	☐
Fornire nuove idee o stimoli	☐	☐	☐	☐	☐

L'utilizzo delle calcolatrici grafiche direttamente a Mirabilandia ti è sembrato (rispondere solo in caso si sia esaminato Colazione da Papere):

	1	2	3	4	5
Facile	☐	☐	☐	☐	☐
Utile per l'attività	☐	☐	☐	☐	☐
Necessario per l'attività	☐	☐	☐	☐	☐

La collaborazione di gruppo ti è sembrata:

	1	2	3	4	5
Importante	☐	☐	☐	☐	☐
Insopportabile	☐	☐	☐	☐	☐
Favorire la tua comprensione degli argomenti	☐	☐	☐	☐	☐

Per ogni argomento di matematica affrontato esprimi il tuo livello di comprensione (rispondi solo per l'attrazione da te svolta).

KATUN					
	1	2	3	4	5
Curvatura	☐	☐	☐	☐	☐
Retta	☐	☐	☐	☐	☐
Parabola	☐	☐	☐	☐	☐
Circonferenza	☐	☐	☐	☐	☐
Clotoide	☐	☐	☐	☐	☐

EUROWHEEL					
	1	2	3	4	5
Ellisse	☐	☐	☐	☐	☐
Sezioni coniche	☐	☐	☐	☐	☐
Ombre della ruota	☐	☐	☐	☐	☐
Problema aperto sulla circonferenza	☐	☐	☐	☐	☐
Stima di π	☐	☐	☐	☐	☐

COLAZIONE DA PAPERE					
	1	2	3	4	5
Moto circolare uniforme	☐	☐	☐	☐	☐
Composizione di moti con modello vivente	☐	☐	☐	☐	☐
Composizione di moti con vettori e trigonometria	☐	☐	☐	☐	☐
Composizione di moti con modello meccanico	☐	☐	☐	☐	☐
Utilizzo calcolatrice grafica per modificare i parametri della curva	☐	☐	☐	☐	☐

Rispetto a una normale lezione di Matematica, l'uscita sul campo ti è sembrata:

	1	2	3	4	5
Indifferente	☐	☐	☐	☐	☐
Avvincente per la tua partecipazione	☐	☐	☐	☐	☐

Esprimi alcuni aspetti dell'iniziativa che hai particolarmente apprezzato.

Esprimi alcuni argomenti che ti sarebbe piaciuto discutere o approfondire durante le attività.

Appendice 4
Questionario di gradimento. DOCENTI

Il presente questionario ha lo scopo di valutare l'attività di sperimentazione svolta dalla tua classe a Mirabilandia nel suo complesso, la tua valutazione e le tue osservazioni saranno un aiuto prezioso per un'eventuale revisione delle attività. Segna con una crocetta il punto che meglio esprime il tuo giudizio.

Legenda
1 = per niente
2 = poco
3 = sufficientemente
4 = discretamente
5 = molto

Quale attrazione ha esaminato la tua classe?

☐ KATUN ☐ EUROWHEEL ☐ COLAZIONE DA PAPERE

L'attività svolta a Mirabilandia, nel suo complesso, ti è sembrata:

	1	2	3	4	5
Utile, poiché ricca di possibili ricadute sul piano didattico	☐	☐	☐	☐	☐
Di facile comprensione per gli allievi	☐	☐	☐	☐	☐
Capace di stimolare curiosità e interessi	☐	☐	☐	☐	☐
Complementare all'attività didattica svolta in aula	☐	☐	☐	☐	☐

Note

Le schede utilizzate durante l'uscita ti sono sembrate:

	1	2	3	4	5
Facili da usare	☐	☐	☐	☐	☐
Utili per l'attività da svolgere in loco	☐	☐	☐	☐	☐
Esaustive	☐	☐	☐	☐	☐
Utili per un ulteriore approfondimento in aula	☐	☐	☐	☐	☐

Se vuoi, puoi esprimere qualche proposta per migliorare la struttura delle schede:

Il tempo di svolgimento dell'attività è stato:

	1	2	3	4	5
Organizzato correttamente	☐	☐	☐	☐	☐
Giusto rispetto alle attività da svolgere	☐	☐	☐	☐	☐

Note

La presenza di un tutor ti è sembrata utile a:

	1	2	3	4	5
Favorire la comprensione del percorso da eseguire	☐	☐	☐	☐	☐

Note

La presenza di macchine matematiche ti è sembrata:

	1	2	3	4	5
Utile alla comprensione dei concetti teorici	☐	☐	☐	☐	☐
Capace di stimolare interesse nei ragazzi	☐	☐	☐	☐	☐
Elemento di novità rispetto all'attività normalmente svolta in aula	☐	☐	☐	☐	☐

Note

I cartelloni mostrati dai tutor ti sono sembrati:

	1	2	3	4	5
Utili per l'attività	☐	☐	☐	☐	☐
Interessanti	☐	☐	☐	☐	☐
Capaci di fornire nuovi spunti per eventuali approfondimenti successivi	☐	☐	☐	☐	☐

Note

L'utilizzo delle calcolatrici grafiche direttamente a Mirabilandia ti è sembrato (rispondere solo in caso si sia esaminato Colazione da Papere):

	1	2	3	4	5
Facile	☐	☐	☐	☐	☐
Utile per l'attività	☐	☐	☐	☐	☐
Dispersivo	☐	☐	☐	☐	☐

Note

La suddivisione dei ragazzi in gruppi ti è sembrata:

	1	2	3	4	5
Utile per una migliore comprensione degli argomenti	☐	☐	☐	☐	☐

Per ogni argomento di matematica affrontato esprimi una tua valutazione:

KATUN

Curvatura					
	1	2	3	4	5
La trattazione è stata chiara	☐	☐	☐	☐	☐
L'argomento può essere sfruttato nel percorso didattico futuro	☐	☐	☐	☐	☐
L'argomento è interessante benché non sia inserito nel percorso didattico standard	☐	☐	☐	☐	☐

Retta					
	1	2	3	4	5
La trattazione è stata chiara	☐	☐	☐	☐	☐
L'argomento è aderente al percorso didattico svolto in aula	☐	☐	☐	☐	☐
L'argomento può essere sfruttato nel percorso didattico futuro	☐	☐	☐	☐	☐

Parabola					
	1	2	3	4	5
La trattazione è stata chiara	☐	☐	☐	☐	☐
L'argomento è aderente al percorso didattico svolto in aula	☐	☐	☐	☐	☐
L'argomento può essere sfruttato nel percorso didattico futuro	☐	☐	☐	☐	☐

	Circonferenza				
	1	2	3	4	5
La trattazione è stata chiara	☐	☐	☐	☐	☐
L'argomento è aderente al percorso didattico svolto in aula	☐	☐	☐	☐	☐
L'argomento può essere sfruttato nel percorso didattico futuro	☐	☐	☐	☐	☐

	Clotoide				
	1	2	3	4	5
La trattazione è stata chiara	☐	☐	☐	☐	☐
L'argomento può essere sfruttato nel percorso didattico futuro	☐	☐	☐	☐	☐
L'argomento è interessante benché non sia inserito nel percorso didattico standard	☐	☐	☐	☐	☐

Note

Per ogni argomento di matematica affrontato esprimi una tua valutazione:

EUROWHEEL

	Ellisse				
	1	2	3	4	5
La trattazione è stata chiara	☐	☐	☐	☐	☐
L'argomento è aderente al percorso didattico svolto in aula	☐	☐	☐	☐	☐
L'argomento può essere sfruttato nel percorso didattico futuro	☐	☐	☐	☐	☐

Sezioni coniche					
	1	2	3	4	5
La trattazione è stata chiara	☐	☐	☐	☐	☐
L'argomento è aderente al percorso didattico svolto in aula	☐	☐	☐	☐	☐
L'argomento può essere sfruttato nel percorso didattico futuro	☐	☐	☐	☐	☐

Ombre della ruota					
	1	2	3	4	5
La trattazione è stata chiara	☐	☐	☐	☐	☐
L'argomento è aderente al percorso didattico svolto in aula	☐	☐	☐	☐	☐
L'argomento può essere sfruttato nel percorso didattico futuro	☐	☐	☐	☐	☐

Metodi per la misura del perimetro della giostra					
	1	2	3	4	5
La trattazione è stata chiara	☐	☐	☐	☐	☐
L'argomento è aderente al percorso didattico svolto in aula	☐	☐	☐	☐	☐
L'argomento può essere sfruttato nel percorso didattico futuro	☐	☐	☐	☐	☐

Stima di π					
	1	2	3	4	5
La trattazione è stata chiara	☐	☐	☐	☐	☐
L'argomento è aderente al percorso didattico svolto in aula	☐	☐	☐	☐	☐
L'argomento può essere sfruttato nel percorso didattico futuro	☐	☐	☐	☐	☐

Note

Per ogni argomento di matematica affrontato esprimi una tua valutazione:

COLAZIONE DA PAPERE

Moto circolare uniforme	1	2	3	4	5
La trattazione è stata chiara	☐	☐	☐	☐	☐
L'argomento è aderente al percorso didattico svolto in aula	☐	☐	☐	☐	☐
L'argomento può essere sfruttato nel percorso didattico futuro	☐	☐	☐	☐	☐

Composizione di moti con modello vivente	1	2	3	4	5
La trattazione è stata chiara	☐	☐	☐	☐	☐
L'argomento è aderente al percorso didattico svolto in aula	☐	☐	☐	☐	☐
L'argomento può essere sfruttato nel percorso didattico futuro	☐	☐	☐	☐	☐

Composizione di moti con i vettori e la trigonometria	1	2	3	4	5
La trattazione è stata chiara	☐	☐	☐	☐	☐
L'argomento è aderente al percorso didattico svolto in aula	☐	☐	☐	☐	☐
L'argomento può essere sfruttato nel percorso didattico futuro	☐	☐	☐	☐	☐

Composizione di moti con un modello meccanico					
	1	2	3	4	5
La trattazione è stata chiara	☐	☐	☐	☐	☐
L'argomento è aderente al percorso didattico svolto in aula	☐	☐	☐	☐	☐
L'argomento può essere sfruttato nel percorso didattico futuro	☐	☐	☐	☐	☐

Utilizzo calcolatrice grafica per modificare i parametri della curva					
	1	2	3	4	5
La trattazione è stata chiara	☐	☐	☐	☐	☐
L'argomento è aderente al percorso didattico svolto in aula	☐	☐	☐	☐	☐
L'argomento può essere sfruttato nel percorso didattico futuro	☐	☐	☐	☐	☐

Utilizzo dello spirografo					
	1	2	3	4	5
La trattazione è stata chiara	☐	☐	☐	☐	☐
L'argomento può essere sfruttato nel percorso didattico futuro	☐	☐	☐	☐	☐
L'argomento è interessante benché non sia inserito nel percorso didattico standard	☐	☐	☐	☐	☐

Note

Ti sembra necessario integrare l'attività svolta a Mirabilandia con una fase preliminare di preparazione in aula?

☐ SÌ ☐ NO Perché?

Ritieni che per svolgere l'attività, i ragazzi avrebbero avuto bisogno di ulteriori prerequisiti rispetto a quelli richiesti dal progetto?

☐ SÌ ☐ NO Se Sì, quali?

Ti sembra utile proseguire l'esperienza con attività di approfondimento da svolgere in classe o a casa?

☐ SÌ ☐ NO

Esprimi alcuni aspetti dell'iniziativa che hai particolarmente apprezzato.

Esprimi alcuni aspetti dell'iniziativa che suggerisci di modificare.

Esprimi alcuni argomenti che ti sarebbe piaciuto discutere o approfondire durante le attività.

Grazie per la collaborazione!

Appendice 5
Verifica di comprensione. KATUN

La matematica sul KATUN

Ti proponiamo alcune domande per verificare la comprensione delle attività svolte per il progetto MATEBILANDIA:

1. Quali passaggi abbiamo eseguito per stabilire se il tratto di giostra dopo la rampa di salita era proprio un tratto di parabola?

2. Cosa abbiamo osservato nell'esperimento dello specchio parabolico relativamente al comportamento dei raggi laser e relativamente alla relazione fra l'angolo di incidenza e l'angolo di riflessione ?

3. Come funziona il parabolografo? Perché siamo sicuri che tale macchina traccia proprio delle parabole?

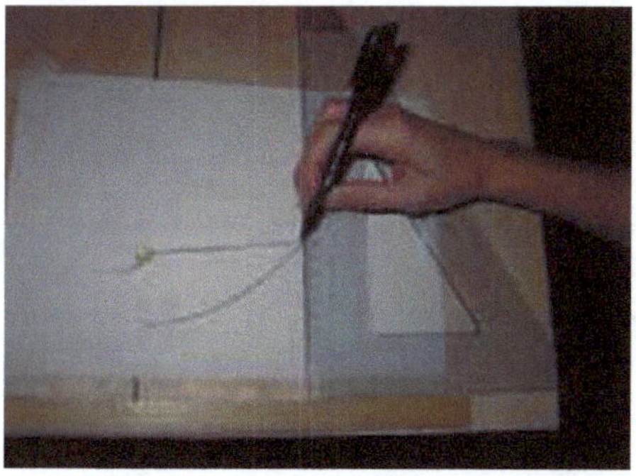

4. Dopo aver usato il parabolografo, come abbiamo concluso che il tratto voluto era proprio un tratto di parabola?

5. Quale parte del tracciato del Katun è stato descritto da un arco di circonferenza?

6. Le rette analizzate dai vari gruppi avevano pendenze uguali o differenti? Perché?

7. Come si definisce la curvatura di una curva in un suo punto?

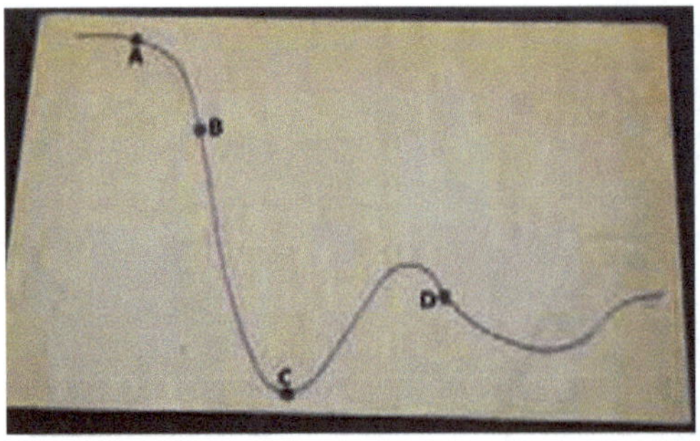

8. Se indichiamo con k_A, k_B, k_C, k_D la curvatura del profilo nei punti A, B, C e D rispettivamente, quali delle seguenti affermazioni sono vere?

- ☐ $k_A > k_C$
- ☐ $k_A < k_B$
- ☐ $k_C < k_D$
- ☐ $k_B = 0$

9. Come si chiama la curva matematica che descrive il loop? Quali proprietà possiede? Traccia uno schizzo del suo grafico. Com'era fatto lo strumento con cui abbiamo tracciato il suo grafico?

10. Quali spirali matematiche hai osservato nel cartellone? Quali applicazioni delle spirali (in natura e arte) ricordi? Quali ti hanno sorpreso di più?

Grazie per la collaborazione!

Appendice 6
Verifica di comprensione. EUROWHEEL

La matematica sull'Eurowheel

Ti proponiamo alcune domande per verificare la comprensione delle attività svolte per il progetto MATEBILANDIA, relativamente all'attrazione Eurowheel.

1. Quando abbiamo osservato la ruota dalla posizione laterale, quale forma (curva matematica) ci sembrava avesse il suo profilo?

2. Dopo che abbiamo tracciato il profilo della ruota con il prospettografo, quali passaggi abbiamo eseguito per essere sicuri che il profilo coincidesse con la particolare curva matematica che abbiamo individuato?

3. Con quali macchine o strumenti matematici abbiamo ricostruito tale curva? Prova a tracciare uno schizzo dei due strumenti e spiegane brevemente il funzionamento.

4. Come abbiamo fatto a valutare se il profilo tracciato era descritto fedelmente dalla curva matematica ipotizzata?

5. Completa la seguente tabella. Nel modellino "a fili", le varie sezioni coniche si ottenevano quando i fili (che chiamiamo raggi del cono visivo) e il piano laser (che indichiamo con p) erano:

Sezione da ottenere	il piano p interseca tutti i raggi	il piano p interseca tutti i raggi ed è perpendicolare all'asse del cono	il piano p è parallelo ad un raggio	il piano p è parallelo all'asse del cono
Ellisse				
Circonferenza				
Iperbole				
Parabola				

6. Completa la seguente tabella. Nel modellino delle ombre della Ruota, si ottenevano i vari tipi di ombra quando la torcia (sorgente di luce puntiforme) si trovava:

ombra da ottenere	Ellisse	Iperbole	Parabola
sopra alla ruota			
in corrispondenza del punto più alto della ruota			
in corrispondenza di un punto interno alla ruota			

7. Nel cartellone "Una vacanza tra le Coniche" ti è stato mostrato dove è possibile trovare altre coniche oltre a quelle presenti nel Parco di Mirabilandia.
Quali fotografie ricordi? Quali ti hanno sorpreso di più?

8. Quali metodi sono stati proposti per stimare la lunghezza della circonferenza della ruota?

9. Descrivi i passaggi significativi del metodo da te seguito nel parco per stimare il raggio della ruota.

10. Quale metodo ha fornito un risultato più vicino al valore reale?
Come abbiamo fatto per stabilirlo?

Grazie per la collaborazione!

Appendice 7
Verifica di comprensione. COLAZIONE DA PAPERE

Matematica in rotazione: colazione da papere

Ti proponiamo alcune domande per verificare la comprensione delle attività svolte per il progetto MATEBILANDIA.

1. Quali movimenti condizionano il moto di una persona seduta nella tazza della giostra?

2. Spiega come si muovevano gli studenti che costituivano il modello vivente della giostra (puoi fare anche uno schizzo) e a quale elemento corrispondevano nella giostra.

3. Nelle applicazioni delle curve descritte dalla giostra:
Cos'erano il deferente e l'epiciclo (puoi fare uno schizzo)?

Come tali curve spiegavano il moto retrogrado dei pianeti?

4. Descrivi gli elementi significativi del modellino meccanico della giostra: quale elemento rappresentava la piattaforma della giostra, la tazza, la persona seduta nella tazza?

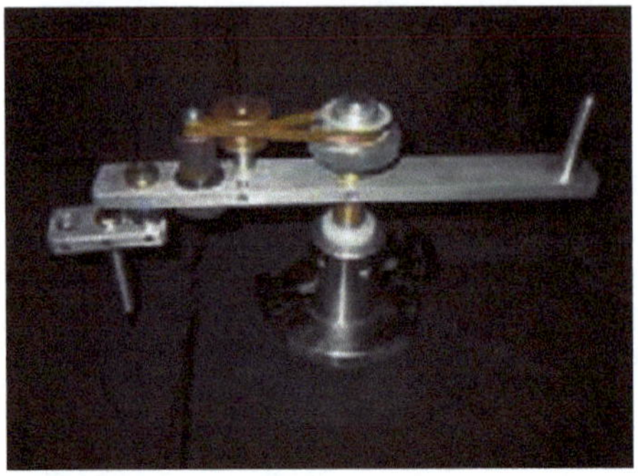

Traccia uno schizzo delle curve disegnate dal modellino (nei vari assetti che ti sono stati mostrati).

5. Aiutandoti con lo schema riportato spiega come abbiamo ricavato le equazioni analitiche della curva descritta dalla giostra.

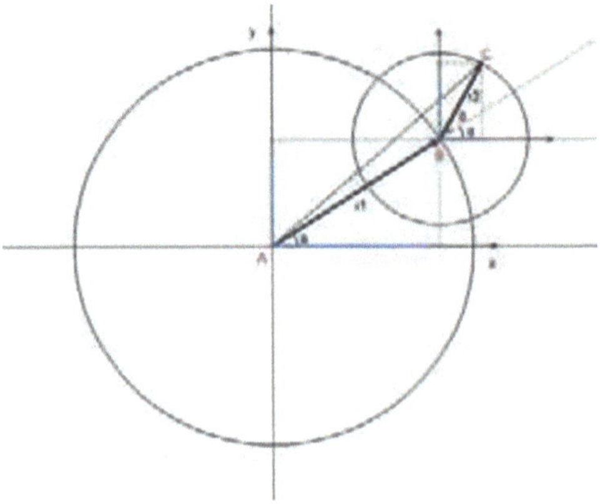

6. Come si chiamano le curve descritte dalla giostra?

7. Quando abbiamo utilizzato le calcolatrici grafiche abbiamo modificato alcuni parametri delle curve; quali effetti abbiamo ottenuto: inserisci una croce nella tabella.

Se si raddoppia il valore di:	diminuisce la dimensione dei cappi e aumenta la dimensione dei petali	s'ingrandisce la dimensione dei cappi	raddoppia il numero di rotazioni/ cappi in uno stesso giro di rivoluzione	dimezza il numero di rotazioni/ cappi in uno stesso giro di rivoluzione
r2 (raggio tazza)				
w2 (vel. angolare tazza)				
r1 (raggio piattaforma)				
w1 (vel. angolare piatt.)				

8. Cosa succedeva alla curva se si raddoppiavano tutti i parametri contemporaneamente?

Che forma assumeva la curva se la tazza ruotava in verso contrario rispetto alla piattaforma?

9. Quando la curva tracciata si chiudeva e quando rimaneva aperta? Inserisci una croce.

n2/n1 = n° giri tazza/ n° giri piattaforma	Numero razionale m/n	Numero intero	Numero irrazionale
Traiettoria chiusa in 1 giro			
Traiettoria chiusa in più giri			
Traiettoria aperta			

10. Come si chiamava il gioco che riproduceva le curve studiate? Com'è fatto tale gioco?

Grazie per la collaborazione!

Bibliografia

Alberghi S. (2007), "Insegnamento e Apprendimento delle Coniche con l'impiego di Macchine Matematiche e oggetti d'uso comune: un Percorso di Motivazione in una prima Liceo Classico", tesi di specializzazione per l'insegnamento secondario, Università di Bologna. Articolo inserito negli Atti del III Convegno Nazionale di Didattica della Fisica e della Matematica, Università di Torino

Alberghi S., Foschi A., Ortolani F., Pezzi G. (2007), "Is It More Thrilling to Ride at the Front or the Back of a Roller Coaster?", *The Physics Teacher*, dicembre 2007, http://scitation.aip.org/tpt/

Arzarello F., Pezzi G., Robutti O. (2007), "Modelling Body Motion: an approach to functions using measure instruments", in Blum et al., Modelling and Applications in Mathematics Education, the 14th ICMI Study, a cura di Blum W., Galbraith P.L., Henn H.W., Niss M., Springer

Bagni G.T. (1996), *Storia della Matematica*, Pitagora Editrice, Bologna

Bagni G.T. (2008), Materiali del corso di Didattica della Matematica, Università di Udine, Facoltà di Scienze della Formazione, in www.syllogismos.it/giorgiobagni/appdid/2-APPREN.pdf

Bagni G.T., "Alle radici storiche della prospettiva", in http://www.syllogismos.it/history/Prospettiva.pdf

Bagni G.T., "Arte e matematica: breve storia della prospettiva", in http://www.fisica.uniud.it/URDF/masterDidSciUD/materiali/pdf/Bagnisc07.pdf

Bartolini Bussi M.G., Maschietto M. (2006), *Macchine matematiche: dalla storia alla scuola*, Springer, Milano

Bartolini Bussi M.G. (2010), "Macchine matematiche reali e virtuali: Cabri come ambiente di modellizzazione", in Accascina G., & Rogora E., *Seminari di geometria dinamica*, Edizioni Nuova Cultura, Roma

Bartolini Bussi M.G., Mariotti M.A. (2008), "Mediazione semiotica nella didattica della matematica: artefatti e segni nella tradizione di Vygotskij", progetto PRIN2005 *Significati, congetture, dimostrazioni: dalle ricerche di base in didattica della matematica alle implicazioni curricolari*, Unità di Ricerca di Modena e Reggio Emilia e di Siena http://www.dm.unito.it/semdidattica/2010/2009_Bartolini_Mariotti.pdf

Bartolini Bussi M.G., Boni M., Ferri F. (1995), *Interazione sociale e conoscenza a scuola: la discussione matematica*, CDE, Modena

Beutelspacher A., Wagner M. (2009), *Piega e spiega la matematica. Laboratorio di giochi matematici*, Ponte alle Grazie, Milano

Blomhøj M., Kjeldsen T.H. (2006), "Teaching mathematical modelling through project work", ZDM, Vol. 38

Blum W., Borromeo Ferri R. (2009), "Mathematical Modelling: Can It Be Taught And Learnt?", *Journal of Mathematical Modelling and Application*, Vol. 1, No. 1

Blum W., Leiss D. (2005), "Filling Up – the problem of independence-preserving teacher interventions in lessons with demanding modelling tasks", *Paper for the CERME4* 2005, WG 13

Blum W., Niss M. (1991), "Applied mathematical problem solving, modelling, applications and links to other subjects - state, trends and issues in mathematical instruction", *Educational studies in mathematics*, 22

Blum W. et al. (2007), "Modelling and Applications in Mathematics Education", the 14th ICMI Study, a cura di Blum W., Galbraith P.L., Henn H.W., Niss M., Springer

Borromeo Ferri R. (2006), "Theoretical and empirical differentiations of phases in the modelling process", ZDM, Vol. 38

Bottazzini U. (1990), *Storia della Matematica. Moderna e Contemporanea*, Utet, Torino

Boyer C.B. (1968), *Storia della Matematica*, Mondadori, Milano

Brandi P., Salvadori A. (2004), *Modelli matematici elementari*, Mondadori, Milano

Burkhardt H. (2006), con il contributo di Pollak H., "Modelling in Mathematics classrooms: reflections on past developments and the future", ZDM, Vol. 38

CabrIRRSAE, febbraio 1995, "Meccanismi articolati per moti quasi rettilinei"

Castelnuovo E., Gori Giorgi C., Valenti D. (1986), *La matematica nella realtà*, La Nuova Italia, Firenze

Castelnuovo E., Barra M. (2000), "Matematica e Realtà", Bollati Boringhieri, Torino

Catastini L., Ghione F. (2006), *Le Geometrie della Visione. Scienza, Arte, Didattica*, Springer, Milano

Catastini L., Ghione F. (2010), *Matematica e Arte. Forme di pensiero artistico*, Springer, Milano

Colom A.A. (2006), "Analysis of the shape of a sheet of paper when two opposite edges are joined", *Am . J Phys.*, Vol. 74, n. 7

Courant R., Robbins H. (2000), *Che cos'è la matematica?*, seconda edizione riveduta da Ian Stewart, Bollati Boringhieri, Torino

Cresci L. (1998), *Le Curve Celebri. Invito alla storia della matematica attraverso le curve piane più affascinanti*, Franco Muzzio Editore, Padova

Cresci L. (2005), *Le curve matematiche. Tra curiosità e divertimento*, Hoepli, Milano

Cundy H.M., Rollet A.P. (1974), *I modelli matematici*, Feltrinelli, Milano

D'Amore B. (2007), *Matematica dappertutto. Percorsi matematici inusuali e curiosi*, Pitagora Editrice, Bologna

D'Amore B. (1999), *Elementi di didattica della matematica*, Pitagora Editrice, Bologna

D'Amore B., Giovannoni L. (1997), "Coinvolgere gli allievi nella costruzione del sapere matematico. Un'esperienza didattica nella scuola media", *La matematica e la sua didattica*

DaPueto C., Parenti L., (1999), "Contributions and obstacles of contexts in the development of mathematical knowledge", *Educational Studies in Mathematics*, 39

Dedò M. (1996), *Trasformazioni Geometriche*, Decibel Zanichelli, Bologna

DeFranco T.C., Curcio F.R. (1997), "A division problem with remainder embedded across two contexts: children's solutions in restrictive vs. real-world settings", *Focus on learning problems in mathematics,* 19(2)

Dodero N., Baroncini P., Manfredi R. (1998), *Nuovi elementi di matematica*, Vol. A, Cap.1, Ghisetti e Corvi

Dragoni G., Bergia S., Gottardi G. (1999), *Dizionario biografico degli scienziati e dei tecnici*, Zanichelli, Bologna

Escobar C. (1994), "Amusement Park Physics", American Association of Physics Teachers Publisher, USA

Ferrara F. (2002), "Due esperienze a confronto: il senso del grafico con e senza l'uso della tecnologia", *Ipotesi*, n. 2

Freguglia P. (1982), *Fondamenti storici della geometria*, Milano, Feltrinelli

Garuti R., Orlandoni A., Ricci R. (2007), "Il laboratorio matematico-scientifico: suggerimenti ed esperienze", Irre Emilia Romagna, *Innovazione Educativa*

Gasperoni G. (2008), *Le competenze degli studenti in Emilia-Romagna. I risultati di PISA 2006*, Il Mulino, Bologna

Gell Mann M. (2000), *Il quark e il giaguaro*, Bollati Boringhieri, Torino

Giusti E., Conti F. (2000), *Oltre il com passo. La geometria delle curve*, Polistampa, Firenze

Grigutsch S. (1996), "Mathematische weltbilder von schulern, struktur, entwicklung, einflussfaktoren", *unpublished doctoral dissertation*, Duisburg, Germany

Hanna G., Janhke H.N. (1993), "Proof and application", *Educational Studies in mathematics,* 24:421-438

INVALSI (Maria Teresa Siniscalco). Il livello di competenza dei quindicenni italiani in matematica, lettura, scienze e problem solving. Prima sintesi dei risultati di PISA 2003

Israel G. (1986), *Modelli matematici*, Editori Riuniti, Roma

Kaiser G., Messner R. (1986), *Anwendungen im Mathenatikunterricht*, 2 voll., Bad Salzdetfurth, Franzbecker

Kaiser G. (2005), "Mathematical Modelling in School - Examples and Experiences", in Kaiser G., Henn H.W. (Eds.), *Mathematikunterricht im Spannungsfeld von Evaluation und Evolution,* Hildesheim, Franzbecker

Kaiser G., Schwarz B. (2006), "Mathematical modelling as bridge between school and university", ZDM, Vol. 38

Kaiser G., Blomhøj M., Sriraman B. (2006), "Towards a didactical theory for mathematical modelling", ZDM, Vol. 38

Knorr-Cetina K. (1999), *Epistemic Cultures: How the Sciences Make Knowledge*, Harvard MA: Cambridge University Press

Lingefjärd T. (2006), "Faces of mathematical modelling", ZDM, Vol. 38

Lockwood E.H. (2009), *A Book of Curves*, Cambridge University Press

Loria G. (1930), *Curve piane speciali algebriche e trascendenti. Teoria e storia*, 2 voll., Hoepli, Milano

Luminati D., Tamanini I. (2006), *Matetrentino. Percorsi matematici a Trento e dintorni*, Springer, Milano

Maaß K. (2004), *Mathematisches Modellieren imUnterricht. Ergebnisse einer empirischen Studie*, Hildesheim, Franzbecker

Maaß K. (2006), "What are modelling competencies?", ZDM, Vol. 38

Maschietto M. (2005), "I prospettografi: dalla storia alla scuola", http://galileo.cincom.unical.it/convegni/cd_ma&ic/English/atti/Paper%20 completi/MaschiettoMichela.pdf

Ministero dell'Istruzione, dell'Università e della Ricerca, Direzione Generale per la formazione, UMI, Società Italiana di Statistica, Mathesis, Liceo S. A. Vallisneri (2003), "Matematica 2003. Matematica per il cittadino. Attività didattiche e prove di verifica per un nuovo curricolo di matematica", Matteoni Stampatore, Lucca

Mousoulides N., Sriraman B., Christou C. (2006), "The Modeling perspective in the teaching and learning of mathematical Problem Solving at the elementary and secondary school level", Department of Mathematical Sciences of the University of Montana, Technical Reports

OCSE (2007), *Valutare le competenze in scienze, lettura e matematica. Quadro di riferimento di PISA 2006*, Armando, Roma

OCSE/PISA (2004), *Valutazione dei quindicenni*, Armando editore, INVALSI, Frascati

Palm (2002), *The realism of mathematical school tasks - Features and consequences*, Umea University, Sweden

Paola D. (2005), Possibili conseguenze didattiche dell'uso dei test strutturati per la valutazione delle competenze matematiche: i casi delle prove PISA e INVALSI - Progetto Alice, Vol. VI, n. 18

Paola D., Robutti O. (2008), "L'uso dei sensori di movimento per recuperare le radici cognitive del concetto di funzione", FORM@RE, Vol. 57; in http://formare.erickson.it/wordpress/?p=1802

Pellegrino C. (1999), *Prospettiva: il punto di vista della geometria*, Pitagora Editrice, Bologna

Pellegrino C., Zuccheri L. (2008), *Tre in uno, piccola enciclopedia della Matematica Intrigante*, Athena, Modena

Pendrill A.M., Lindberg L., Weibull T. (2005), "Amusement Park Mathematics in Teacher Education" Göteborg University, Göteborg; in http://fy.chalmers.se/~f3aamp/rhu/rhu_013_G03.html

Pendrill A.M., Lindberg L. (2009), "Assessment in mathematics Teacher Education", *Voices on learning and instruction in mathematics*, ed. J. Häggström et al. GU; in http://physics.gu.se/LISEBERG/M/lindberg_pendrill_09.html

Pergola M., Maschietto M. (2007), "Modelli fisici per la matematica: strumenti per lo studio delle coniche", Pagine, Progetto Alice, Vol. VIII n. 22, Anno 2007 - I

Pezzi G. (1999), "Fisica in vacanza", *Ipotesi*, Anno 2, n. 1

Pollak H. (1968), "On some of the problems of teaching applications of mathematics", *Educational Studies in Mathematics*, 1

Popper K. (1970), *Logica della scoperta scientifica*, Einaudi, Milano

Rabardel P. (1995), *Les hommes et les technologies*, Armand Colin, Paris
Resta L. (2010), "Matebilandia: percorsi di matematica nel parco di Mirabilandia", Conferenze e Seminari 2009-2010, Associazione Subalpina Mathesis
Resta L. (2011), "Approfondimenti in classe dopo i percorsi didattici a Mirabilandia, con uno sguardo ai nuovi programmi. Conseguenze del progetto", Conferenze e Seminari 2010-2011, Associazione Subalpina Mathesis
Resta L., Gaudenzi S., Pezzi G., Foschi A. (2009), "Matematica e fisica in un parco dei divertimenti", Progetto Alice, Vol. X, n. 30
Resta L., Gaudenzi S. (2009), "Matebilandia: un'esperienza di matematica in un parco di divertimenti", emmeciquadro, n. 36, Agosto 2009
Resta L., Gaudenzi S. (2009), "Matebilandia: il parco di Mirabilandia diventa un'aula senza pareti per studiare matematica", xlatangente, n. 17
Reusser K., Stebler R. (1997), "Realistic mathematical modeling through the solving of performance tasks", *paper presented at the 7th European conference on Learning and Instruction*, Athens, Greece
Ricci R. (1995), "Meccanismi articolati per moti quasi rettilinei e rettilinei", Cabri/rrsae
Robutti O. (2006), "Motion, Technology, Gesture in Interpreting Graphs", *The International Journal for technology in mathematics education*, Vol. 13, n.3
Robutti O. (2007), "Bambini-con-tecnologie alla scuola primaria: il contapassi per descrivere grafici di moti", *Innovazione Educativa*, Vol. 3, Inserto del n.8; in: http://kidslink.bo.cnr.it/irrsaeer/rivista/innoegionale8-06.pdf
Robutti O. (2009), "Space-time representations in young children: Thinking through gestures in motion experiments", in Christopher Andersen C. et al., *Representational Systems and Practices as Learning Tools in Different Fields of Knowledge*, Sense Publishers, Rotterdam
Rossi C. (1999), *La matematica dell'incertezza*, Zanichelli, Bologna
Sala N., Cappellato G. (2003), *Viaggio matematico nell'arte e nell'architettura*, Franco Angeli, Milano
Saljo R., Wyndhamn J. (1993), "Solving everyday problems in the formal setting: an empirical study of the school as context for thought", in Chaiklin, Lave, *Understanding practice: Perspectives on activity and context*, Cambridge University Press
Sbaragli S. (2011), *Buone pratiche d'aula in matematica. Percorsi didattici in continuità tra scuola dell'infanzia e secondaria di secondo grado*, Pitagora Editrice, Bologna
Smirnov V.I. (2000), "Corso di matematica superiore", Vol. III
Spotorno B., Villani V. (1976), *Mondo reale e modelli matematici*, La Nuova Italia, Firenze
Tomasi L., Bainville E. (2006), *Introduzione a Cabri 3D*, Media Direct, Bassano del Grappa
Unterman N.A. (2001), "Amusement Park Physics. A teacher guide", J. Weston Walch Publisher, USA

USR E-R, ANSAS EX IRRE E-R, Regione Emilia-Romagna (2010), "Scienze e Tecnologie in Emilia-Romagna, Un nuovo approccio per lo sviluppo della cultura scientifica e tecnologica nella Regione Emilia-Romagna", Tecnodid Editrice, Napoli

Verschaffel L., Greer B., DeCorte E. (2000), *Making sense of word problems*, Swets&Zeitlinger

Vygotskij L. (1974), *Storia dello sviluppo delle funzioni psichiche superiori e altri scritti*, Giunti, Roma

Zan R. (2007), *Difficoltà in matematica*, Springer, Milano

Sitografia

Sito UMI CIIM:
http://www.umi-ciim.it/realizzazioni--63.html

Sito CentoScuole:
http://www.fondazionescuola.it/magnoliaPublic/iniziative/centoscuole/presentazione.html
http://www.fondazionescuola.it/magnoliaPublic/iniziative/bp-torricelli/abstract.html

Alcuni siti per macchine matematiche di Modena:
http://www.mmlab.unimore.it/on-line/Home.html
http://www.museo.unimo.it/theatrum/macchine/_00lab.htm
http://www.macchinematematiche.org/
http://web.math.unifi.it/archimede/archimede/index.html

Alcuni siti di curve matematiche:
http://xahlee.org/SpecialPlaneCurves_dir/specialPlaneCurves.html
http://areeweb.polito.it/didattica/polymath/
http://curvebank.calstatela.edu/home/home.htm

Alcuni spirografi virtuali:
http://www.math.psu.edu/dlittle/java/parametricequations/spirograph/index.html
http://temasmatematicos.uniandes.edu.co/Trocoides/paginas/espirografo.htm
http://wordsmith.org/~anu/java/spirograph.html
http://www.lagmonster.info/games/spirograph/spirograph1.html
http://www.dr-mikes-math-games-for-kids.com/spirograph-applet.html
http://www.eddaardvark.co.uk/python_patterns/spirograph.html
http://cgibin.erols.com/ziring/cgi-bin/spiro.pl/spiro.html

Altri:
http://www.liceotorricelli.it
http://palestradellascienzafaenza.racine.ra.it/IndiceSito.html
http://www.syllogismos.it/italiano.htm
http://www.invalsi.it/invalsi/index.php
http://www.indire.it/piano_informazione_miur_invalsi/index.php
http://www.matematica.it/tomasi/
http://www.mirabilandia.it/#/scuole/
http://www.quercetti.com

CONVERGENZE
Collana promossa dall'UMI-CIIM

M.G. Bartolini Bussi, M. Maschietto
Macchine Matematiche
2006, XVI+160 pp, 978-88-470-0402-3

G.C. Barozzi
Aritmetica
2007, VI+124 pp, 978-88-470-0581-5

R. Zan
Difficoltà in matematica
2007, XIV+306 pp, 978-88-470-0583-9

G. Lolli
Guida alla teoria degli insiemi
2008, X+148 pp, 978-88-470-0768-0

M. Donaldson
Come ragionano i bambini
2009, XII+154 pp, 978-88-470-1447-3

F. Ghione, L. Catastini
Matematica e Arte
2010, XVI+162 pp, 978-88-470-1728-3

L. Resta, S. Gaudenzi, S. Alberghi
Matebilandia
2011, VIII+336 pp, 978-88-470-2311-6

FSC
www.fsc.org
MIX
Papier | Fördert
gute Waldnutzung
FSC® C083411

Kolibri 360 GmbH
Ferdinand-Jühlke-Straße 7
99095 Erfurt, Deutschland
produktsicherheit@kolibri360.de